Excelで学ぶ統計解析入門

Statistical Analysis

菅 民郎 ● 著

まえがき

今やインターネットで簡単に情報が集められる時代です。そして皆様の手元にも仕事や研究で収集したデータ（例えば、アンケートデータ、顧客データ、売上データ、品質検査データ、臨床データなど）の情報があるのではないでしょうか。

どんなにたくさんの情報（データ）があっても解析力がなければ、仕事や研究に役立つアウトプットを導けず、分析目的を解決することはできません。

解析力とは、データの中に潜む、隠れた宝（目的）を見出す力です。

解析力は次の五つを備えた力だと筆者は考えます。

1. 数多くの解析手法名と概要を知っている
2. 目的を解明するための解析手法を、数多くある解析手法の中から選択できる
3. 選択した解析手法について、ソフトウェアで出力することができる
4. 出力された結果の見方や解釈ができる
5. 結果を活用し、目的解明のためのレポート（論文）を書ける

このことを踏まえてこの書籍では、各種解析手法についての概要、選択方法、結果の見方・活用方法を解説し、理論より実践を学ぶことを目的としました。この書籍を読むことによって、読者の解析力がアップすると信じております。

1999年10月、統計学や統計解析ソフトをより身近なものとして有効に利用していただけるようにと「Excelで学ぶ統計解析入門」を発行しました。書籍は、統計解析の基礎、因果関係を把握する相関分析・回帰分析、統計学の学習者にとって1つの到達点というべき「統計的仮説・検定」までを解説した入門書です。

Excelを使った統計入門書として、Excel使用者の増加、統計解析のニーズの高まりに伴い、加筆・修正による重版を重ね、お陰様で発行部数は延べで10万部を突破しました。

さらに読者のご要望に応えるべき、この度、ノンパラメトリック検定、ANOVA（分散分析法）、多重比較法、検出力を書き加え、400ページを超える新刊として発刊することになりました。分析、研究の現場で必要とする解析手法をほとんどカバーされていると思います。

この本によって、読者の解析力アップの一助になれば幸いです。

執筆の機会を与えてくださった株式会社オーム社編集局津久井靖彦取締役、作成にご尽力をいただいた株式会社アイスタットの姫野尚子様には心からお礼申し上げます。

2020年11月

菅　民郎

目次

まえがき iii

第1章　代表値と散布度 1

1.1 統計データの種類 2
1.2 代表値と散布度 3
1.3 平均値、中央値、最頻値 4
1.4 パーセンタイル、第1四分位点、第3四分位点 5
1.5 標準偏差 8
1.6 四分位偏差 12
1.7 箱ひげ図 13
1.8 外れ値 14
1.9 基準値と偏差値 16

第2章　度数分布と正規分布 19

2.1 度数分布 20
　1 | 度数分布の概要 20
　2 | 度数分布の代表値 21
　3 | 度数分布の散布度 22
2.2 正規分布 23
　1 | 正規分布の概要 23
　2 | 正規分布の性質 24
　3 | 正規分布の面積の求め方 25
　4 | 正規分布の活用 26
2.3 正規分布の関数式とグラフ 27
2.4 標準正規分布 28
　1 | 標準正規分布の概要 28
　2 | 標準正規分布の性質 29
2.5 度数分布の正規分布の当てはめ 30
　1 | 理論度数 30
　2 | 理論度数の求め方 31
2.6 度数分布が正規分布であることの判定 32
2.7 歪度、尖度 33
　1 | 歪度、尖度の概要 33
　2 | 歪度、尖度の計算方法 34

2.8 正規確率プロット 35
2.9 正規性の検定 36

第3章 相関分析 37

3.1 相関分析 38
3.2 関数関係、相関関係、因果関係 39
1 | 関数関係 39
2 | 相関関係 40
3 | 因果関係 41
3.3 単相関係数 42
1 | 単相関係数の概要 42
2 | 単相関係数算出の考え方 43
3 | 単相関係数の計算方法 44
3.4 単回帰式 45
3.5 スピアマン順位相関係数 48
1 | スピアマン順位相関係数の概要 48
2 | 順序尺度データのタイの長さと順位 49
3 | スピアマン順位相関係数の計算方法 50
3.6 クロス集計とクラメール連関係数 51
1 | クロス集計の概要 51
2 | クロス集計の種類と見方 52
3.7 クラメール連関係数 54
1 | クラメール連関係数の概要 54
2 | クラメール連関係数の計算方法 55
3.8 相関比 57
1 | 相関比の概要 57
2 | 相関比算出の考え方 59
3 | 群内変動とは 60
4 | 群間変動とは 61
5 | 相関比の計算方法 62

第4章 母集団と標準誤差 63

4.1 母集団と標本 64
4.2 中心極限定理 65
1 | 中心極限定理とは 65
2 | 標本平均の分布が正規分布になることの検証 66
4.3 標準誤差 72
1 | 標準誤差とは 72
2 | mean ± SD、mean ± SEとは 73
3 | 誤差グラフ、エラーバーとは 74

4.4 自由度 75
1 | 自由度とは 75
2 | 標本標準偏差は自由度 $n-1$ で割る理由 77
4.5 標本平均の基準値の分布 78
1 | 標本平均の基準値 78
2 | 標本平均の基準値の分布 80
4.6 標本割合の基準値の分布 86
1 | 標本割合の基準値 86
2 | 標本割合の基準値の分布 86
第5章 統計的推定 89
5.1 統計的推定 90
5.2 母平均の推定 91
1 | 母平均の推定の概要 91
2 | 母平均の推定の結果 93
3 | 母平均の推定の計算方法 94
4 | 母平均の推定の公式はどのような方法で作られたか 96
5.3 母比率の推定 97
1 | 母比率の推定の概要 97
2 | 母比率の推定の結果 99
3 | 母比率の推定の計算方法 100
5.4 母分散の推定 101
1 | 母分散の推定の概要 101
2 | 母分散の推定の結果 102
3 | 母分散の推定の計算方法 102
5.5 母相関係数の推定 103
1 | 母相関係数の推定の概要 103
2 | 母相関係数の推定の結果 104
3 | 母相関係数の推定の計算方法 104
第6章 統計的検定 105
6.1 統計的検定 106
1 | 統計的検定とは 106
2 | 帰無仮説、対立仮説とは 106
3 | p値とは 106
4 | 有意水準とは 106
5 | 有意差判定 107
6 | NS (Not Significant) あるいはp＞0.05とは 107
6.2 両側検定、片側検定 108
6.3 対応のない、対応のある 109
6.4 統計的検定の考え方 110
6.5 統計的検定の手順 111

第7章　平均に関する検定……113

7.1　平均に関する検定手法の種類と名称……114

7.2　母平均の差の検定……115

7.3　t検定（スチューデントのt検定）……117

1｜t検定の概要……117
2｜t検定の結果……120
3｜t検定の計算方法……122
4｜検定統計量と棄却限界値の比較による有意差判定……124
5｜t検定の検定統計量はt分布になることを検証……126

7.4　ウェルチのt検定……128

1｜ウェルチのt検定の概要……128
2｜ウェルチのt検定の結果……131
3｜ウェルチのt検定の計算方法……133

7.5　z検定……135

1｜z検定の概要……135
2｜z検定の結果……138

7.6　対応のあるt検定……140

1｜対応のあるt検定の概要……140
2｜対応のあるt検定の結果……143
3｜対応のあるt検定の計算方法……145

7.7　1標本母平均検定（1群t検定）……147

1｜1標本母平均検定の概要……147
2｜1標本母平均検定の結果……149
3｜1標本母平均検定の計算方法……150

7.8　同等性試験……152

1｜p値＞0.05から2群の平均は同等といえない……152
2｜同等性試験とは……153

第8章　割合（比率）に関する検定……155

8.1　母比率の差の検定……156

8.2　対応のない場合の母比率の差の検定……158

1｜「対応のない場合の母比率の差の検定」の概要……158
2｜「対応のない場合の母比率の差の検定」の結果……160
3｜「対応のない場合の母比率の差の検定」の計算方法……163

8.3　対応のある場合の母比率の差の検定_マクネマー検定……165

1｜「マクネマー検定」の概要……165
2｜「マクネマー検定」の結果……168
3｜「マクネマー検定」の計算方法……169
4｜マクネマー検定の検定統計量が分布になることの検証……170

8.4　1標本母比率検定……172

1｜1標本母比率検定の概要……172

2 | 1標本母比率検定の結果 174
3 | 1標本母比率検定の計算方法 175

8.5 コクランのQ検定 176

1 | コクランのQ検定の概要 176
2 | コクランのQ検定の結果 177
3 | コクランのQ検定の計算方法 178

第9章 度数に関する検定 179

9.1 度数の検定 180

9.2 独立性の検定 182

1 | 独立性の検定の概要 182
2 | 独立性の検定の結果 183
3 | 2×2分割表の独立性の検定の結果 184
4 | 調整残差分析の結果の結果 185
5 | 独立性の検定の計算方法 186
6 | 2×2分割表の独立性の検定の計算方法 189
7 | フィッシャーの正確確率検定の計算方法 190
8 | 調整残差分析の結果の計算方法 192

9.3 適合度の検定 193

1 | 適合度の検定の概要 193
2 | 適合度の検定（同等性）の結果 194
3 | 適合度の検定（正規性）の結果 195
4 | 適合度の検定（同等性）の計算方法 196
5 | 適合度の検定（正規性）の計算方法 197

9.4 コルモゴロフ・スミルノフ検定 198

1 | コルモゴロフ・スミルノフ検定の概要 198
2 | コルモゴロフ・スミルノフ検定の結果 199
3 | コルモゴロフ・スミルノフ検定の計算方法 200

第10章 分散に関する検定 201

10.1 分散に関する検定手法の種類と概要 202

10.2 母分散と比較値の差の検定 203

1 | 母分散と比較値の差の検定の概要 203
2 | 母分散と比較値の差の検定の結果 204
3 | 母分散と比較値の差の検定の計算方法 205
4 | 母分散と比較値の差の検定の検定統計量はχ^2分布になることを検証 208

10.3 母分散の比の検定 210

1 | 母分散の比の検定の概要 210
2 | 母分散の比の検定の結果 211
3 | 母分散の比の検定の計算方法 212
4 | 母分散の比の検定の検定統計量はF分布になることを検証 215

10.4 等分散性の検定 217

10.5 バートレット検定……218
1｜バートレット検定の概要……218
2｜バートレット検定の計算方法……219
10.6 ルビーン検定……221
1｜ルビーン検定の概要……221
2｜ルビーン検定の計算方法……222

第11章 相関に関する検定……225

11.1 相関に関する検定手法の種類と名称……226
11.2 母相関係数の無相関検定……227
1｜母相関係数の無相関検定……227
11.3 単相関係数の無相関検定……228
1｜単相関係数の無相関検定の概要……228
2｜単相関係数の無相関検定の結果……228
3｜単相関係数の無相関検定の計算方法……229
11.4 スピアマン順位相関係数の無相関検定……230
1｜スピアマン順位相関係数の無相関検定の概要……230
2｜スピアマン順位相関係数の無相関検定の計算方法……231
11.5 クラメール連関係数の無相関検定……232
1｜クラメール連関係数の無相関検定の概要……232
2｜クラメール連関係数の無相関検定の結果……233
3｜クラメール連関係数の無相関検定の計算方法……234
11.6 相関比の無相関検定……235
1｜相関比の無相関検定の概要……235
2｜相関比の無相関検定の計算方法……236
11.7 母相関係数と比較値の差の検定……237
1｜母相関係数と比較値の差の検定の概要……237
2｜母相関係数と比較値の差の検定の結果……238
3｜母相関係数と比較値の差の検定の計算方法……238
11.8 母相関係数の差の検定……239
1｜母相関係数の差の検定の概要……239
2｜母相関係数の差の検定の結果……242
3｜母相関係数の差の検定の計算方法……243

第12章 ノンパラメトリック検定……245

12.1 ノンパラメトリック検定……246
1｜パラメトリック検定とは……246
2｜ノンパラメトリック検定とは……246
3｜ノンパラメトリック検定の使いどころとその欠点……246
4｜ノンパラメトリック検定の種類……246

12.2 ウイルコクソンの順位和検定（U検定）247
1｜ウイルコクソンの順位和検定（U検定）の概要 247
2｜2群のサンプルサイズいずれも7以下の検定の結果 248
3｜2群のサンプルサイズいずれかが8以上の検定の結果 249
4｜2群のサンプルサイズいずれも7以下の検定の計算方法 250
5｜2群のサンプルサイズいずれかが8以上の検定の計算方法 252
12.3 ウイルコクソンの符号順位和検定 254
1｜ウイルコクソンの符号順位和検定の概要 254
2｜サンプルサイズが25以下の検定の結果 255
3｜サンプルサイズが26以上の検定の結果 256
4｜サンプルサイズが25以下の検定の計算方法 257
5｜サンプルサイズが26以上の検定の計算方法 259
12.4 クルスカルワリス検定 261
1｜クルスカルワリス検定の概要 261
2｜クルスカルワリス検定の結果 262
3｜クルスカルワリス検定の計算方法 263
12.5 フリードマン検定 265
1｜フリードマン検定の概要 265
2｜フリードマン検定の結果 266
3｜フリードマン検定の計算方法 267
第13章 ANOVA（分散分析法）270
13.1 ANOVA、分散分析法とは 270
13.2 一元配置分散分析 272
1｜一元配置分散分析の概要 272
2｜一元配置分散分析の結果 274
3｜一元配置分散分析の計算方法 275
13.3 二元配置分散分析 281
1｜二元配置分散分析の概要 281
2｜タイプ1の結果 283
3｜タイプ1の計算方法 285
4｜タイプ2の結果 288
5｜タイプ2の計算方法 289
6｜タイプ3の計算方法 291
第14章 多重比較法 296
14.1 多重比較法とは 296
14.2 多重比較法の種類 300
14.3 ボンフェローニ 301
1｜ボンフェローニの概要 301
2｜ボンフェローニの結果 301
3｜ボンフェローニの検定手順 302
4｜ボンフェローニの計算方法 303

14.4 ホルム......304
1 | ホルムの概要......304
2 | ホルムの結果......304
3 | ホルムの計算方法......305
14.5 チューキー......306
1 | チューキーの概要......306
2 | チューキーの結果......306
3 | チューキーの検定手順......307
4 | チューキーの計算方法......307
14.6 チューキー・クレーマー......309
1 | チューキー・クレーマーの概要......309
2 | チューキー・クレーマーの結果......309
14.7 ダネット......310
1 | ダネットの概要......310
2 | ダネットの検定手順......311
3 | ダネットの計算方法......311
14.8 ウイリアムズ......315
1 | ウイリアムズの概要......315
2 | ウイリアムズの結果......316
3 | ウイリアムズの計算方法......317
14.9 シェッフェ......320
1 | シェッフェの概要......320
2 | シェッフェの結果......320
3 | シェッフェの検定手順......321
14.10 母比率の多重比較......325
14.11 母比率ライアン多重比較......326
1 | 母比率ライアン多重比較の概要......326
2 | 母比率ライアン多重比較の結果......326
3 | 母比率ライアン多重比較の検定手順......327
4 | 母比率ライアン多重比較の計算方法......327
14.12 母比率チューキー多重比較......330
1 | 母比率チューキー多重比較の概要......330
2 | 母比率チューキー多重比較の結果......330
3 | 母比率チューキー多重比較の検定手順......331
14.13 ノンパラ多重比較スティール・ドゥワス......334
1 | ノンパラ多重比較スティール・ドゥワスの概要......334
2 | ノンパラ多重比較スティール・ドゥワスの結果......334

第15章 第1種の過誤、第2種の過誤、検出力、サンプルサイズ...337

15.1 第1種の過誤......338
15.2 第2種の過誤......340
15.3 検出力 $1-\beta$ の求め方......343

15.4 対応のないt検定の検出力 ... 349
15.5 母比率の差の検定の場合の検出力 ... 351
15.6 サンプルサイズの決め方 ... 353
15.7 対応のあるt検定の場合のサンプルサイズ ... 354
15.8 対応のないt検定の場合のサンプルサイズ ... 357
15.9 母比率の差の検定の場合のサンプルサイズ ... 360
15.10 母比率・母平均推定公式を適用したサンプルサイズの決め方 ... 363

第16章 t分布、χ^2分布、F分布 ... 365

16.1 t分布 ... 366
1 | t分布とは ... 366
2 | t分布の確率、パーセント点 ... 366
3 | t分布の確率密度関数 ... 368
16.2 χ^2分布 ... 370
1 | χ^2分布とは ... 370
2 | χ^2分布の確率、パーセント点 ... 370
3 | χ^2分布の確率密度関数 ... 372
16.3 F分布 ... 373
1 | F分布とは ... 373
2 | F分布の確率、パーセント点 ... 373
3 | F分布の確率密度関数 ... 375

第17章 補遺 ... 377

17.1 基本統計量を求めるExcel関数 ... 378
17.2 統計で使うExcel数学関数 ... 380
17.3 Excelのアドインソフトウェア ... 383
1 | Excelのアドインソフトウェアで実行できる機能 ... 383
2 | ダウンロード方法 ... 384
17.4 統計解析ソフトウェアの起動 ... 390
17.5 統計解析ソフトウェアの操作方法 ... 391

付表 ... 395

1 | スチューデント化した範囲　q表 ... 395
2 | ダネット　両側0.05 ... 396
3 | ウイリアムズ　0.05 ... 398

索引 ... 399

第1章

代表値と散布度

この章で学ぶ解析手法を紹介します。解析手法の計算はExcel関数やフリーソフト※で行えます。
Excel関数は378ページ、フリーソフトは第17章17.2を参考にしてください。

解析手法名	英語名	Excel関数	フリーソフトメニュー	解説ページ
代表値	Representative value			3
散布度	Dispersion			3
平均値	Average	AVERAGE(範囲)	基本統計量	4
中央値	Median	MEDIAN(範囲)	基本統計量	4
最頻値	Mode	MODE(範囲)	基本統計量	4
第1四分位点	The first quartile	QUARTILE(範囲, 1)	基本統計量	5
第3四分位点	The third quartile	QUARTILE(範囲, 3)	基本統計量	5
パーセンタイル	Percentile	PERCENTILE(範囲, 比率)	基本統計量	5
偏差平方和	Sum of squared deviations	DEVSQ(範囲)	基本統計量	9
分散	Variance	VARP(範囲)	基本統計量	9
不偏分散	Unbiased variance	VARP(範囲)	基本統計量	9
標準偏差	Standard deviation	STDEVP(範囲)	基本統計量	9
標本標準偏差	Sample standard deviation	SDEV(範囲)	基本統計量	9
変動係数	Coefficient of variation		基本統計量	11
四分位範囲	Interquartile range		基本統計量	12
四分位偏差	Quartile deviation		基本統計量	12
箱ひげ図	Box-and-whisker plot		箱ひげ図	13
外れ値	Outliers		箱ひげ図	14
基準値	Normalized score		偏差値	16
偏差値	Deviation value		偏差値	16

※フリーソフトはオーム社のホームページまたは（株）アイスタットのホームページよりダウンロードできます。

1.1 統計データの種類

名義尺度

保有有無（はい、いいえ）、性別（男、女）、血液型（A、O、B、AB）など、単に分けることにのみ使っているデータ。

順序尺度

「1位」「2位」「3位」や「大変良い」「良い」「ふつう」「悪い」「大変悪い」のように、順序関係で分類されるデータ。

※名義尺度の変数は数直線上に並べることはできないが、順序尺度の変数は並べることが可能。

間隔尺度

目盛が等間隔になっているもので、その間隔に意味があるデータ。

例えば、気温が19℃から1℃上昇すると20℃になるとはいえますが、10℃から20℃に上昇したとき、2倍になったとはいえません。

比例尺度

0が原点であり、間隔と比率に意味があるデータ。

例えば、身長が150cmから30cm伸びると180cmになったといえますし、1.2倍になったともいえます。

※間隔尺度と比例尺度は見分けづらい場合がある。この2つの尺度の見分け方は、「0の値に意味があるかどうか」を考えること。温度は「0」だったとしても、その温度が「ない」わけではない。一方で、身長が「0」であるときは、その人は存在せず「ない」ときである。

統計データの分類は上記で示した4尺度とは別の分け方があります。

間隔尺度と比例尺度を**数量データ**、名義尺度を**カテゴリーデータ**、順序尺度を**順位データ**という3分類の分け方です。

解析手法の選択は3分類で分けたデータに対して対応しているケースが多いので、分析者は収集された統計データが3分類のどれであるかを知る必要があります。

1.2 代表値と散布度

ある学校の学生について「1年間の遅刻回数」と「性別」を調べたデータがあります。遅刻回数は多い学生も少ない学生もいます。また、性別は男性と女性があります。そういったデータが集まってできた集団を一言で言い表す際に「遅刻が多い集団なのか、遅刻が少ない集団なのか」あるいは「男性が多い集団なのか、女性が多い集団なのか」といったことを把握する必要性が生じてきます。そこで遅刻回数の平均値、男性が占める割合を求めることになります。このように集団の特徴を示す平均値や割合を**代表値**といいます。

遅刻回数、性別は個々で異なりますが、このような個々のデータの差異を変動といいます。その度合いを1つの値で表したものを**散布度**といいます。

よく使われる代表値と散布度を示します。

代表値	平均値	中央値	割合	最頻値
	パーセンタイル		第1四分位点	第3四分位点

散布度	分散	標準偏差	変動係数	四分位偏差

男子学生、女子学生の遅刻回数を調べました。

	A	B	C	D	E
女子	5	3	4	7	6

	Q	R	S	T	U	V
男子	3	13	7	5	9	5

このデータに対する代表値、散布度を示します。

代表値と散布度		女子	男子
データ数		5	6
代表値	平均値	5.00	7.00
	中央値	5.00	6.00
	最頻値	−	5
	第1四分位点	3.50	4.50
	第3四分位点	6.50	10.00
散布度	分散	2.00	10.67
	標準偏差	1.41	3.27
	変動係数	0.28	0.47
	四分位偏差	1.50	2.75

1.3 平均値、中央値、最頻値

平均値は、データを足し合わせ、データの個数で割った値です。

<計算式>

n個のデータをX_1，X_2，X_3，$\cdots$，X_nとする。

平均値 $= (X_1 + X_2 + X_3 + \cdots + X_n) \div n$

中央値はデータを数値の大きい（あるいは小さい）順番に並べたとき、ちょうど真ん中に位置する値です。データ数が偶数の場合の中央値は、中央の2個のデータの平均値とします。

<計算方法>

男子遅刻回数（回）						
No	Q	R	S	T	U	V
データ	3	13	7	5	9	5

並べ替え ↓

No	Q	T	V	S	U	R
データ	3	5	5	7	9	13

中央値(5+7)÷2=6

男子遅刻回数の平均値は7回、中央値は6回で、平均値と中央値は異なる値を示しました。

男子は1人だけずば抜けて遅刻回数が多いNo.Rがいます。Rの存在によって平均値は高くなっています。遅刻回数が今以上に多ければ平均値はさらに高くなります。

集団の中で異常に大きいデータがある場合、平均値は異常データの影響を受けますが、中央値は影響を受けません。平均値、中央値にはそれぞれの特色や良さがあるので、集団の特徴を見る場合、平均値と中央値の両方を用いるのがよいです。

最頻値はデータの中で最も頻度（物事が繰り返して起こる度合い）が高い値のことをいいます。最頻度のことをモードということもあります。

<計算方法>

男子遅刻回数の頻度は遅刻回数5回が2、あとはすべて1である。

よって最頻値は頻度が最大の5回である。

1.4 パーセンタイル、第1四分位点、第3四分位点

データを小さい順に並べたとき、ある値がP%にあたるとき、その値をPパーセンタイルといいます。

百分率の「パーセント」がありますが、「パーセンタイル」は「パーセント」とは異なります。

25パーセンタイルを第1四分位点、50パーセンタイルを中央値、75パーセンタイルを第3四分位点といいます。

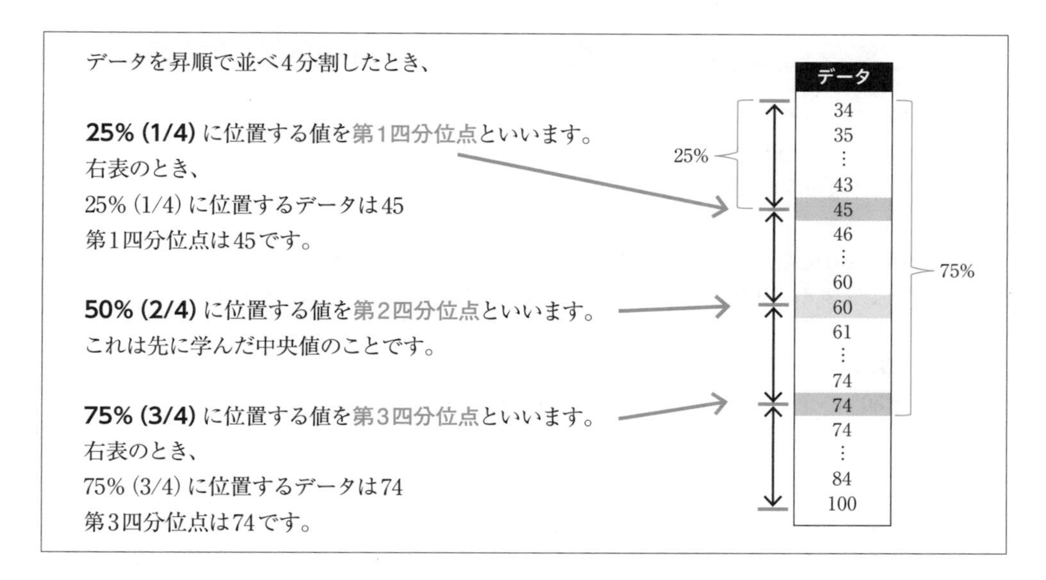

Q. 具体例１

ある学校における入学テスト成績の得点について、第1四分位点、中央値、第3四分位点、80パーセンタイルを求めました。
この結果からいえることを述べなさい。

	第１四分位点	中央値	第３四分位点	80パーセンタイル
得点	52	60	68	72

A. 解答

第1四分位点

→全受験者の中で点の低い25%以下を不合格とします。
　第1四分位点である52点より低い受験者は不合格です。

第3四分位点

→全受験者の中で第3四分位点である75%以上に入るためには、68点以上とればよいです。

80パーセンタイル

→80%パーセンタイルである72点より高い受験者は20%います。

留意点

パーセンタイルの計算方法は書籍や計算ソフトによって少し異なるところがありますが、データが多数ある場合、集団の特徴を調べる目的においてはどの方法を使用しても問題はありません。

Q. 具体例2

男子遅刻回数の第3四分位点（75%パーセンタイル）を求めなさい。

男子遅刻回数（回）						
No	Q	R	S	T	U	V
データ	3	13	7	5	9	5

並べ替え

No	Q	T	V	S	U	R
	1番目	2番目	3番目	4番目	5番目	6番目
データ	3	5	5	7	9	13

A. 解答

- 75%の小数点は？
  0.75
- 75%は何番目か？
  （データ数+1）×75%の小数点=（6個+1）×0.75=7×0.75=5.25
  5.25番目
- 5.25番目の整数部分は？
  5
- 5番目のデータは？
  9
- 5番目の次の6番目のデータは？
  13

5.25番目のデータは9と13の間にあります。

- 9と13の差分は？
  6番目データ −5番目データ=13−9=4
- 5.25番目の小数点以下の数値は？
  0.25
- 75パーセンタイルは？
  5番目データ+差分×5.25番目の小数点以下数値
  =9+4×0.25=10

75パーセンタイルは10です。

1.5 標準偏差

標準偏差はデータのばらつきの大きさを見る統計的方法です。標準偏差は、平均値を基準としてプラス方向・マイナス方向に、データがどのくらい広がっているかを数値化したものです。

> 標準偏差の値は…
>
> - 最小値がゼロである。
> - データの「散らばりの程度」が大きいほど値が大きくなる。

次のグラフは、**1.2**の男子学生と女子学生の遅刻回数をプロットしたものです。

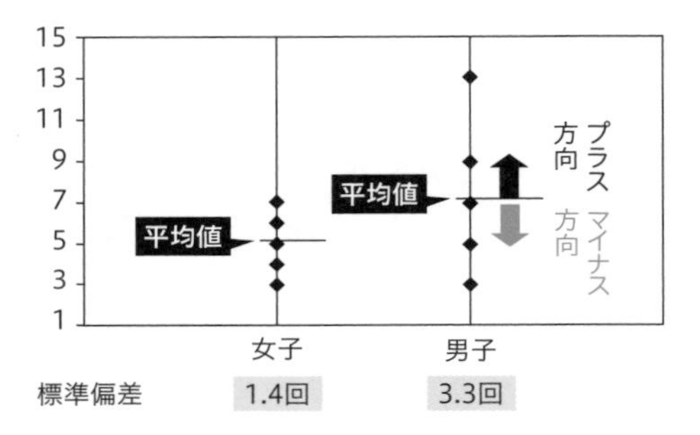

遅刻回数のグラフで女子と男子を比較すると、女子は平均値に近いところにデータが集中しばらつきは小さく、男子は平均値から離れたデータがありばらつきが大きくなっています。標準偏差を求めると、女子は1.4回、男子は3.3回で、標準偏差から女子の遅刻回数は男子よりばらつきが小さいことがわかります。

<標準偏差の計算方法>

標準偏差を求めるにあたっては、「平均値」、「偏差」、「偏差平方」、「偏差平方和」、「分散」を求める必要があります。

偏差は、個体データから平均を引いた値
偏差平方は、偏差を平方（2乗）した値
偏差平方和は、個々の偏差平方を合計した値

計算方法を以下1つ1つ確認します。

平方することによりマイナスがなくなる

	女子遅刻回数	偏差	偏差平方
	5	=5−5=0	0×0=0
	3	=3−5=−2	(−2)×(−2)=4
	4	−1	(−1)×(−1)=1
	7	2	2×2=4
	6	1	1×1=1
合計	25	0	10

←偏差平方和

偏差平方の平均値を分散といいます。

$$分散 = \frac{偏差平方和}{データ個数} \qquad \frac{10}{5} = 2$$

分散の平方根（ルート）を標準偏差といいます。

$$標準偏差 = \sqrt{分散} \qquad \sqrt{2} = 1.4$$

分散	2
標準偏差	1.4

2乗したので、ルートで戻します。
標準偏差は1.4“本”です（標準偏差には単位があります）。

1，0データの標準偏差とは

2値のカテゴリーデータ、例えば「満足、不満」は「1，0」データに変換することにより標準偏差を求めることができます。

「1，0」データの「1」の割合をPとすると、「1，0」データの分散、標準偏差は次式で求められます。

分散 $= P(1-P)$　　標準偏差 $= \sqrt{P(1-P)}$

Q. 具体例3

次の表はある商品の満足有無を調べたものです。
満足している人の割合は、満足3人÷全体5人で60%です。

	データ
田中	1
山田	0
中村	1
佐藤	0
鈴木	1

1：満足
0：不満

満足を1点、不満を0点として、平均値、分散を求めました。

	データ	偏差	偏差平方	
	1	1−0.6＝0.4	0.16	
	0	0−0.6＝−0.6	0.36	
	1	1−0.6＝0.4	0.16	
	0	0−0.6＝−0.6	0.36	
	1	1−0.6＝0.4	0.16	
合計	3	0	1.20	← 偏差平方和
平均	0.6		0.24	← 分散

平均値は0.6、分散は0.24です。
平均値0.6と割合60% =0.6とは一致します。

上記の「分散の公式」で分散を求めます。

$P(1-P) = 0.6 \times (1-0.6) = 0.24$

上表の手順で求めた分散と公式で求めた分散は一致します。

標準偏差計算式の「n」と「$n-1$」との違いは

分散、標準偏差の求め方は、2つの方法があります。

① 分散 $= \dfrac{偏差平方和}{n}$　　標準偏差 $= \sqrt{\dfrac{偏差平方和}{n}}$

② 分散 $= \dfrac{偏差平方和}{n-1}$　　標準偏差 $= \sqrt{\dfrac{偏差平方和}{n-1}}$

観測したデータ全体のばらつきを見る場合は、①の公式を適用します。

アンケート調査や抜き取り検査など、抽出したデータから全体を推測するとき、抽出データのばらつきを見る場合は②を適用します。

※②で求めた分散は**不偏分散**とも呼ばれる。

変動係数とは

標準偏差を平均で割った値を**変動係数**といいます。変動係数は単位のない数値で、相対的なばらつきを表します。平均値が異なる集団、データ単位の異なる集団のばらつきを比較する場合に用いられます。

Q. 具体例4

ある学校における生徒の身長と体重を調べ、変動係数を算出しました。
変動係数は身長0.6、体重1.1で、身長より体重のばらつきが大きいといえます。

	身長	体重
平均	160cm	50kg
標準偏差	96cm	55kg
変動係数	0.6	1.1

※単位が異なる標準偏差、96cmと55kgは比較できない。

※変動係数がいくつ以上であればばらつきが大きいという統計学的基準はないが、経験値として、1以上は「大きい」、0.5～1は「やや大きい」といえる。

1.6 四分位偏差

第3四分位点と第1四分位点との差を**四分位範囲**といい、四分位範囲の半分の値を**四分位偏差**といいます。標準偏差と同じく集団のばらつきを見る指標です。

データの中に極端に大きな値（または小さな値）があるとき、標準偏差の値はその影響を受けますが、四分位偏差は影響を受けにくい指標です。

Q. 具体例5

データA，データBどちらもデータ数は20個です。データAには100という大きな値が存在します。

四分位範囲の値は、データA，データBどちらも2.00で同じです。

標準偏差は、データAは21.01，データBは1.17です。

データA	データB
1	1
2	2
2	2
3	3
3	3
3	3
3	3
4	4
4	4
4	4
4	4
4	4
4	4
5	5
5	5
5	5
5	5
5	5
5	5
100	5

	データA	データB
件数	20	20
平均値	8.55	3.80
標準偏差	**21.01**	**1.17**
第1四分位点	3.00	3.00
中央値	4.00	4.00
第3四分位点	5.00	5.00
四分位範囲	2.00	2.00
四分位偏差	**1.00**	**1.00**

1.7 箱ひげ図

箱ひげ図は下記の5つの統計量（5数要約）をグラフにしたものです。
第1四分位点から第3四分位点までの高さに箱を描き、中央値で仕切りを描きます。

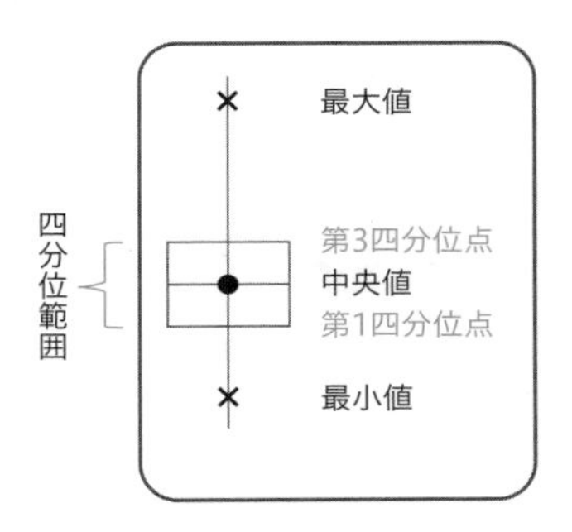

箱ひげ図は、データに異常値があるときや、集団の分布がわからないとき、集団の特徴を調べるのに使われます。

Q. 具体例6

主婦のタンス貯金（万円）について調べるアンケートをしました。
各種統計量と箱ひげ図を示します。

	30才代	40才代	50才代
件数	21	23	19
最大値	30	50	60
第3四分位点	14	20	30
中央値	9	10	15
第1四分位点	5	5	10
最小値	1	2	4
平均値	9.4	14.5	20.6
標準偏差	6.6	11.4	15.3

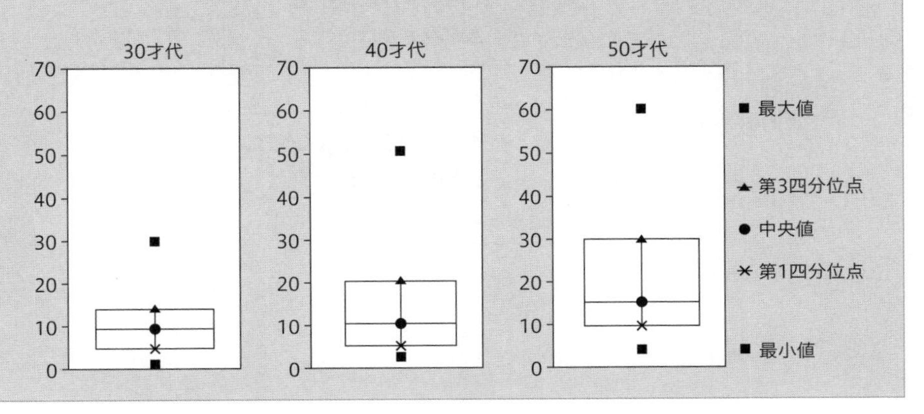

1.8 外れ値

集団に属するデータにおいて、値の大きい（小さい）データがあるとき、このデータは他と比べて極端に大（小）といえた場合、**外れ値**といいます。

測定ミス・記録ミス等に起因する異常値と外れ値は概念的には異なります。実用上は区別できないこともあります。

外れ値の見つけ方には2つの方法があります。

① データが正規分布でないときは、箱ひげ図を適用
② データが正規分布であるときは、スミルノフ・グラブス検定を適用

箱ひげ図による外れ値の見つけ方を示します。

箱ひげ図に**上内境界点**、**下内境界点**を加えた7数要約の箱ひげ図を作成します。

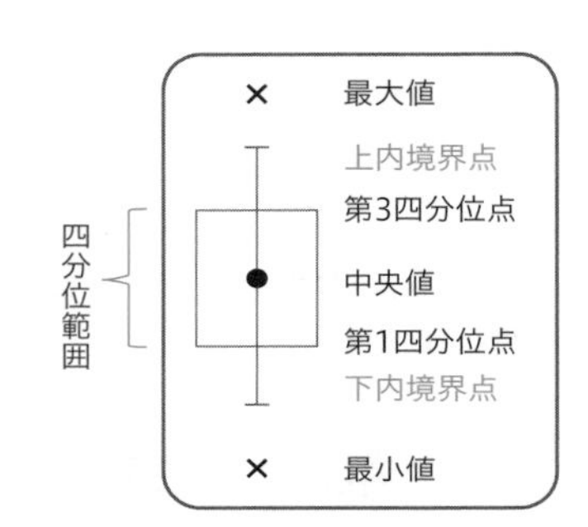

下内境界点と上内境界点の範囲から外れるデータを外れ値とします。

下内境界点と上内境界点の求め方を説明します。

まずは、**上側点**と**下側点**を算出します。

四分位範囲＝第３四分位点－第１四分位点
上側点＝第３四分位点＋四分位範囲×1.5
下側点＝第１四分位点－四分位範囲×1.5
※1.5は統計学が定めた定数。

下内境界点とは

下側点と上側点の範囲内に**最小値**はあるか？
ある　→　下内境界点は最小値
ない　→　下内境界点は下側点

上内境界点とは

下側点と上側点の範囲内に**最大値**はあるか？
ある　→　上内境界点は最大値
ない　→　上内境界点は上側点

上内境界点、下内境界点の求め方

Q. 具体例7

次のデータについて、上内境界点、下内境界点を算出します。

	A	B	C	D	E	F	G	H	I	J
データ	21	22	33	28	50	26	24	25	35	32

	A	B	G	H	F	D	J	C	I	E
並べ替え	21	22	24	25	26	28	32	33	35	50

第3四分位点=33.5　　第1四分位点=23.5

四分位範囲=（第3四分位点－第1四分位点）=10

上側点=第3四分位点+四分位範囲×1.5=48.5

下側点=第1四分位点－四分位範囲×1.5=8.5

下側点8.5と上側点48.5の範囲内に最大値50はあるか？

ない　→　上内境界点は上側点48.5

下側点8.5と上側点48.5の範囲内に最小値21はあるか？

ある　→　下内境界点は最小値21

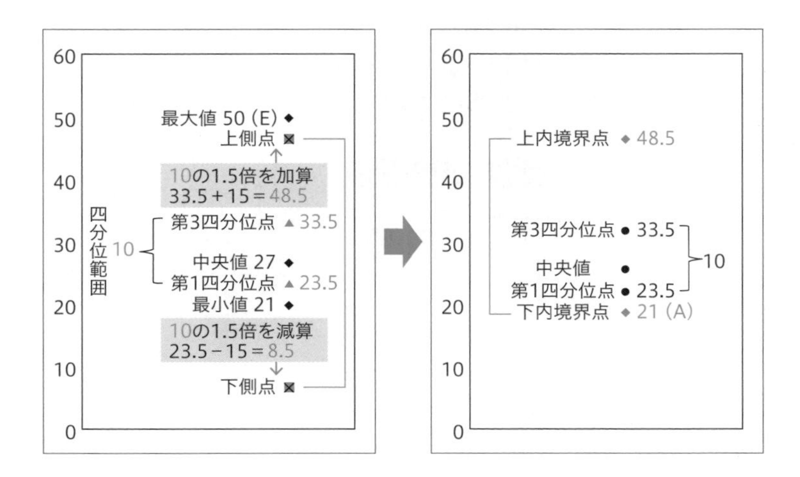

外れ値

下内境界点と上内境界点の範囲から外れるデータを外れ値とします。

下内境界点21と上内境界点48.5の範囲から外れるデータは、No.Eの50です。

1.9 基準値と偏差値

基準値とは、集団に属する個体データが、集団の中でどの位置にあるかを示す数値です。
基準値は個体データから平均値を引き、その値を標準偏差で割ることによって求められます。

$$基準値 = \frac{個体データ - 平均値}{標準偏差}$$

50人の学生のテスト成績の平均値は60点、標準偏差は10点であるとします。
学生A君の得点が72点であるとき、基準値は1.2です。

$$\begin{aligned} 基準値 &= \frac{72-60}{10} \\ &= \frac{12}{10} \\ &= 1.2 \end{aligned}$$

集団全数（この例では50人）の基準値の平均は0、標準偏差は1になります。A君は1.2でプラスの値ですから、集団の真ん中より上に位置することがわかります。

難易度の異なる（平均値や標準偏差が異なる）複数の科目について、A君のテストの点はどの科目が優れているかを知りたい場合、粗点では比較できませんが、基準値はどの科目も平均0、標準偏差が1となるので比較可能となります。

Q. 具体例8

大学相撲部の選手5人の総合体力を身長と体重で調べることにしました。
身長と体重は単位が異なるので合計できませんが、基準値は合計できます。
基準値を見ると、選手No2の合計が最大で、No2は総合体力が1位と判断できます。

	データ		基準値		
学生	身長	体重	身長	体重	合計
1	182	77	1.30	−0.41	0.89
2	180	93	0.78	1.76	2.54
3	177	82	0.00	0.27	0.27
4	175	71	−0.52	−1.22	−1.74
5	171	77	−1.56	−0.41	−1.97
平均値	177.0	80.0	0.00	0.00	
標準偏差	3.8	7.4	1.00	1.00	
単位	cm	kg			

偏差値とは

基準値を10倍し50を加算した値を偏差値といいます。

偏差値 ＝ 10 × 基準値 ＋ 50

50人の学生のテスト成績の平均値は60点、標準偏差は10点であるとします。学生A君の得点が72点であるとき、基準値は1.2です。

$$基準値 = \frac{72-60}{10} = \frac{12}{10} = 1.2$$

A君の偏差値は62です。

$$偏差値 = 10 \times 1.2 + 50 = 12 + 50 = 62$$

偏差値の平均値は50、標準偏差は10です。

平均値や標準偏差、データの単位が異なっている項目が複数あるとき、項目相互のデータ比較はできません。このような場合、個体データを偏差値に置き換えることによって比較し、合計することができます。

Q. 具体例9

大学相撲部の選手5人の総合体力を身長と体重で調べることにしました。
身長と体重は単位が異なるので合計できませんが、偏差値は合計できます。
偏差値を見ると、選手No2の合計が最大で、No2は総合体力が1位と判断できます。

	データ		偏差値		
学生	身長	体重	身長	体重	合計
1	182	77	63.0	45.9	108.9
2	180	93	57.8	67.6	125.4
3	177	82	50.0	52.7	102.7
4	175	71	44.8	37.8	82.6
5	171	77	34.4	45.9	80.3
平均値	177.0	80.0	50.0	50.0	
標準偏差	3.8	7.4	10.0	10.0	
単位	cm	kg			

第2章

度数分布と正規分布

この章で学ぶ解析手法を紹介します。解析手法の計算はExcel関数やフリーソフトで行えます。
Excel関数は378ページ、フリーソフトは第17章17.2を参考にしてください。

解析手法名 英語名	Excel関数	フリーソフトメニュー	解説ページ
度数 Frequency	FREQUENCY(範囲, 階級幅上限)		20
相対度数 Relative frequency			20
度数分布 Frequency distribution	FREQUENCY(範囲, 階級幅上限)		20
度数分布の代表値 Representative value of the frequency distribution			21
度数分布の散布度 Dispersion of the frequency distribution			22
正規分布 Normal distribution		正規分布グラフ	23
正規分布 下側確率 Normal distribution Lower probability	NORMDIST (パーセント点, 平均, 標準偏差, 1)	正規分布基本統計量	25
正規分布 パーセント点 Normal distribution percent point	NORMINV (下側確率, 平均, 標準偏差)	正規分布基本統計量	25
標準正規分布 Standard normal distribution		正規分布グラフ	28
標準正規分布 下側確率 Standard normal distribution Lower probability	NORMSDIST(パーセント点)	正規分布基本統計量	29
標準正規分布 パーセント点 Standard normal distribution percent point	NORMSINV(下側確率)	正規分布基本統計量	29
正規分布の当てはめ Fitting normal distribution		正規分布の当てはめ	30
歪度 Skewness	SKEW(範囲)	基本統計量	33
尖度 Kurtosis	KURT(範囲)	基本統計量	33
正規確率プロット Normal probability plot		正規確率プロット	35

2.1 度数分布

1 度数分布の概要

集団の特徴を表すものとして、**代表値**や**散布度**とともによく用いられるのが度数分布です。

Q. 具体例10

次の表は、ある学級40人のテスト成績です。

No	1	2	3	4	5	6	7	8	9	10	11	12	13	14	15	16	17	18	19	20
得点	37	39	40	43	45	47	50	53	55	55	57	58	59	60	60	61	62	64	64	64

No	21	22	23	24	25	26	27	28	29	30	31	32	33	34	35	36	37	38	39	40
得点	64	66	67	67	68	69	70	70	70	72	72	74	75	75	77	79	83	85	89	95

データから生徒一人一人の成績はわかりますが､「特定の生徒がこの集団の中でどのような位置にいるのか」、また「このクラスの成績は全体としてどのような傾向を持っているのか」ということはわかりません。

このようなことを知るために、データを整理する方法の1つとして度数分布表があります。

度数分布表

階級	度数	相対度数	累積相対度数
30以上40未満	2	5.0%	5.0%
40以上50未満	4	10.0%	15.0%
50以上60未満	7	17.5%	32.5%
60以上70未満	13	32.5%	65.0%
70以上80未満	10	25.0%	90.0%
80以上90未満	3	7.5%	97.5%
90以上100未満	1	2.5%	100.0%
全体	40	100.0%	

- 階級とは、データを段階的に分類することです。
  各人の得点を得点の範囲ごとに分類するのに、大まかな単位の幅で分け、階級（カテゴリー）を作ります。テスト成績では、10点の階級幅で19点以下から、20～29点、30～39点、…、80～89点、90点以上というように階級を作ります。
- 度数とは、階級ごとの個数を調べることです。
  各階級の中に所属する得点がいくつあるか、つまり何点台の生徒が何人いるかを調べます。この階級に属する個数を度数といいます。
- 階級と度数の関係を表にしたのが度数分布表です。
- 相対度数とは、各階級の度数が全度数に占める割合のことです。
- 累積相対度数とは各階級までの相対度数の全ての和（累積和）のことです。

2 度数分布の代表値

度数分布の代表値の求め方を解説します。

Q. 具体例11

下記は40人のテスト得点の度数分布を示したものです。

階級	階級値		度数		累積度数	累積相対度数
30以上40未満	X_1	35	f_1	2	2	5.0%
40以上50未満	X_2	45	f_2	4	6	15.0%
50以上60未満	X_3	55	f_3	7	13	32.5%
60以上70未満	X_4	65	f_4	13	26	65.0%
70以上80未満	X_5	75	f_5	10	36	90.0%
80以上90未満	X_6	85	f_6	3	39	97.5%
90以上100未満	X_7	95	f_7	1	40	100.0%
	全体		n	40		

得点の合計

度数分布表では、例えば「30点以上40点未満」が2人いることがわかります。この2人の本当の点数は不明です。本当の点数はわからないので、この2人の点数は階級値の35点とみなして2人の得点合計を算出します。

30 以上 40 未満の得点合計 $=$ 階級値 $X_1 \times$ 度数 $f_1 = 35 \times 2 = 70$

全体の合計は次によって求められます。

$$X_1 \times f_1 + X_2 \times f_2 + X_3 \times f_3 + X_4 \times f_4 + X_5 \times f_5 + X_6 \times f_6 + X_7 \times f_7$$
$$= 35 \times 2 + 45 \times 4 + 55 \times 7 + 65 \times 13 + 75 \times 10 + 85 \times 3 + 95 \times 1 = 2,580$$

平均値

合計 $\div$ 全体人数（n）$= 2,580 \div 40 = 64.5$

中央値

累積相対度数に着目し、**累積相対度数50%以上**でそれに最も近い累積相対度数（65%）にあたる階級（60以上70未満）を中央値の存在する階級とします。

その階級の階級幅をC（10）、階級幅の下限値をL（60）とします。

その階級の累積相対度数をF（65%）、1つ前の階級の累積相対度数を$F_{前}$（32.5%）とします。

中央値は次式で求められます。

$$中央値 = C \times \left(50\% - F_{前}\right) \div \left(F - F_{前}\right) + L$$
$$= 10 \times (50\% - 32.5\%) \div (65\% - 32.5\%) + 60 = 65.38$$

3　度数分布の散布度

具体例11の度数分布について、散布度の求め方を解説します。

1 各階級の階級値を設定する
度数分布表では、例えば「30点以上40点未満」が2人いることがわかる。この2人の本当の点数は不明である。本当の点数はわからないので、この2人の点数は階級値の35点とみなす。

2 各階級の度数を求める

3 階級値から平均64.5を引く

4 **3** の平方を算出する

5 **2** × **4** より偏差平方を計算する

30 以上 40 未満の偏差平方
$= f_1 \times (X_1 - m)^2$
$= 870.25 \times 2 = 1740.50$

	1		2		3		4		5
階級	階級値		度数		階級値－平均		(階級値－平均)^2		2 × 4
30以上40未満	X_1	35	f_1	2	X_1-m	−29.5	$(X_1-m)^2$	870.25	1740.50
40以上50未満	X_2	45	f_2	4	X_2-m	−19.5	$(X_2-m)^2$	380.25	1521.00
50以上60未満	X_3	55	f_3	7	X_3-m	−9.5	$(X_3-m)^2$	90.25	631.75
60以上70未満	X_4	65	f_4	13	X_4-m	0.5	$(X_4-m)^2$	0.25	3.25
70以上80未満	X_5	75	f_5	10	X_5-m	10.5	$(X_5-m)^2$	110.25	1102.50
80以上90未満	X_6	85	f_6	3	X_6-m	20.5	$(X_6-m)^2$	420.25	1260.75
90以上100未満	X_7	95	f_7	1	X_7-m	30.5	$(X_7-m)^2$	930.25	930.25
	全体		n	40				計	7190.00
	平均		m	64.5					

偏差平方和は **5** の合計です。

偏差平方和

$$= (X_1 - m)^2 \times f_1 + (X_2 - m)^2 \times f_2 + (X_3 - m)^2 \times f_3 + (X_4 - m)^2 \times f_4$$
$$+ (X_5 - m)^2 \times f_5 + (X_6 - m)^2 \times f_6 + (X_7 - m)^2 \times f_7$$

=1740.50 + 1521.00 + 631.75 + 3.25 + 1102.50 + 1260.75 + 930.25

=7190.00

全度数 $= n = 40$

分散の求め方は2つの方法があります。違いは11ページの「標準偏差計算式の「n」と「$n-1$」との違いは」を参照してください。

(1) 分散 = 偏差平方和 $\div n = 7190.00 \div 40 = 179.75$
(2) 分散 = 偏差平方和 $\div (n-1) = 7190.00 \div 39 = 184.36$

標準偏差の求め方は分散同様、2つの求め方があります。

(1) 標準偏差（n）$= \sqrt{179.75} = 13.41$
(2) 標準偏差（$n-1$）$= \sqrt{184.36} = 13.58$

2.2 正規分布

1 正規分布の概要

下記は具体例10の40人のテスト得点と平均値、標準偏差を示したものです。

個体数	40	人
平均値	64.0	点
標準偏差	13.3	点

40人の得点について、階級幅10点の度数分布表を作成しました。

階級幅	度数
30未満	0
30以上40未満	2
40以上50未満	4
50以上60未満	7
60以上70未満	13
70以上80未満	10
80以上90未満	3
90以上100未満	1
100以上	0

度数分布の折れ線グラフを見ると、平均値付近が一番高く、平均値から離れるにつれて緩やかに低くなっています。グラフの形状は左右対称な釣り鐘型の分布、富士山型です。

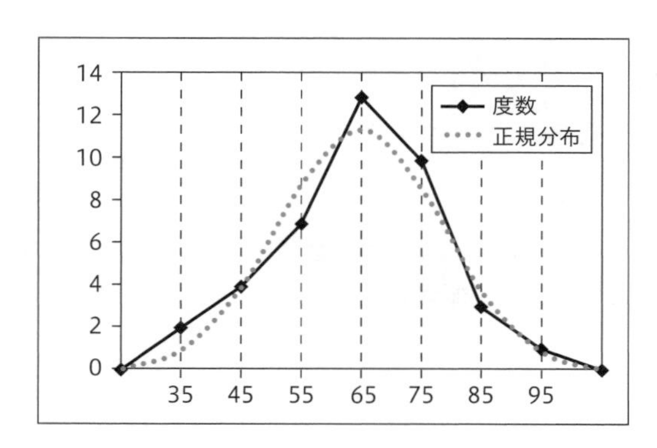

左右対称・釣り鐘型の曲線が正規分布です。

度数分布の折れ線グラフはほぼ正規分布に近いといえます。

正規分布は統計学や自然科学、社会科学の様々な場面で複雑な現象を簡単に表すモデルとして用いられています。

2　正規分布の性質

正規分布の形状はデータの平均値、標準偏差によって決まります。

下記図は平均値m=60点、標準偏差σ=10点の正規分布です。図を見ながら正規分布の性質を考えてみましょう。

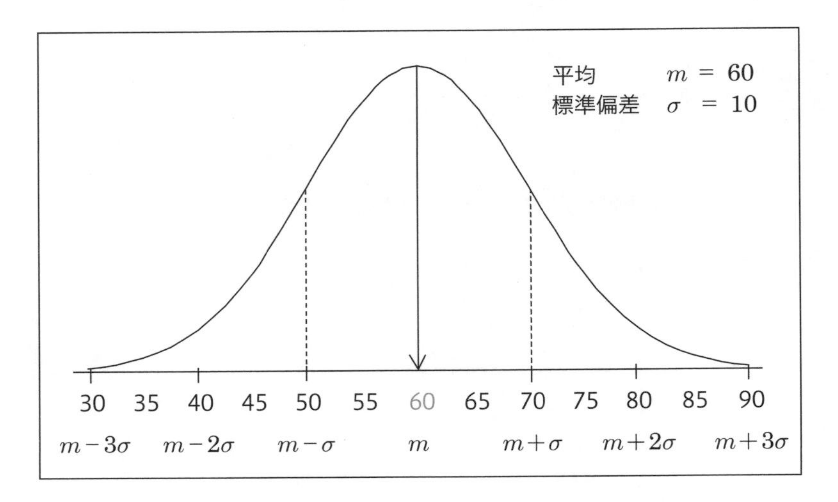

- 平均（60点）を中心に、左右対称となる。
- 曲線は平均値で最も高くなり、左右に広がるにつれて低くなる。
- 曲線と横軸で囲まれた面積を100%とする。曲線の中の区間の面積は、平均m, 標準偏差をσとすると、次のようになる。

区間	面積
区間　$m-1\sigma$ 、$m+1\sigma$（50～70点）	ほぼ68%
区間　$m-2\sigma$ 、$m+2\sigma$（40～80点）	ほぼ95%
区間　$m-3\sigma$ 、$m+3\sigma$（30～90点）	ほぼ100%

- 面積を確率と表現することがある。
- 横軸$m-\sigma$（図では50点）と$m+\sigma$（図では70点）に対応する曲線上の点を変曲点という。この変曲点に囲まれた部分の曲線は上に凸、変曲点の外側は下に凸となる。

3 正規分布の面積の求め方

Excelを使って、正規分布の面積の求め方を示します。

Excel関数

横軸x以下の下側面積（確率）を求める場合

平均値m、標準偏差σの正規分布において、横軸の値x以下の下側面積は、Excelのシート上の任意のセルに次の関数を入力し、Enterキーを押すと出力される。

=**NORMDIST**(x, m, σ, 1)
1は定数
m=60、σ=10、x=70の場合
=**NORMDIST**(70, 60, 10, 1)
Enter 0.84

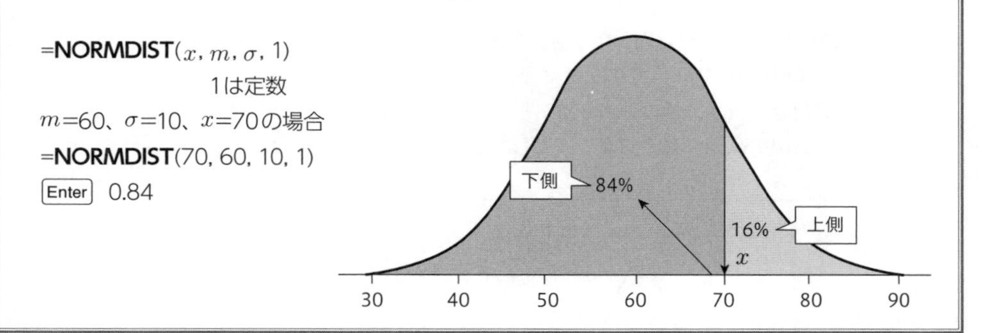

Excel関数

下側面積（確率）p値に対する横軸の値xを求める場合

平均値m、標準偏差σの正規分布において、図に示す下側面積p値に対する横軸の値x（パーセント点という）は、Excelのシート上の任意のセルに次の関数を入力し、Enterキーを押すと出力される。

=**NORMINV**(p, m, σ)
m=60、σ=10、p=0.84の場合
=**NORMINV**(0.84, 60, 10)
Enter 70

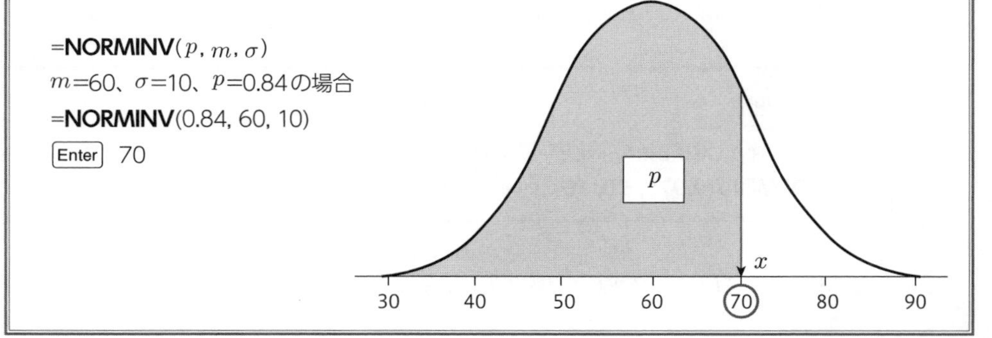

4　正規分布の活用

Q. 具体例12

進学塾10,000人の数学の偏差値は正規分布に近いことがわかっています。
250番以内に入るには偏差値を何点以上とればよいでしょうか？

A. 解答

10,000人中、250番以内となる割合をAとします。

$A = 250 \div 10,000 = 0.025$

累積割合 $= 1 - 0.025 = 0.975$　←　下側面積のこと

割合が0.975となる横軸の値をXとします。Xが求める得点です。

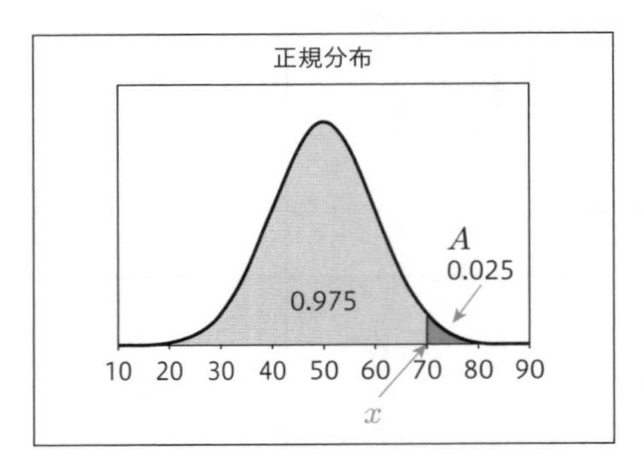

偏差値の平均は50、標準偏差は10です。

平均50、標準偏差10の正規分布におけるxの値はExcelの関数によって求められます。

Excel関数

=NORMINV(累積割合, 平均値, 標準偏差)

=NORMINV(0.975, 50, 10) Enter　69.6 ⇒ 70点（xの値）

偏差値を70点以上とれば250番以内に入れます。

2.3 正規分布の関数式とグラフ

正規分布のグラフの縦軸をy、横軸をxとしたとき、グラフは平均mと標準偏差σで決まり、正規分布曲線の関数式は次で示せます。

$$y = \frac{1}{\sigma\sqrt{2\pi}} \times e^{-\frac{(x-m)^2}{2\sigma^2}}$$

x ：確率変数　$-\infty < x < \infty$

m：観測したデータの平均　σ：観測したデータの標準偏差

π ：円周率3.14159…　e：自然対数の底2.71828…

Excel関数　円周率 =PI()　自然対数の底 =EXP(1)

具体例10のテスト得点の平均は64.0、標準偏差は13.3です。

このデータの正規分布曲線の関数式を示します。

$$y = \frac{1}{13.3\sqrt{2\pi}} \times e^{-\frac{(x-64)^2}{2\times 13.3^2}}$$

xに、…48、56、64、72、80、…を代入し、yの値を求めます。

m = 64	σ = 13.3	π = 3.14159

	①	②	③	④	⑤	⑥	⑦	y
x	$\sigma\sqrt{2\pi}$	1／①	x−m	$-(x-\mathrm{m})^2$	$2\sigma^2$	④÷⑤	$e^{⑥}$	②×⑦
32	25.0663	0.039894	−32	−1,024	354	−2.893	0.0554	0.0022
40	25.0663	0.039894	−24	−576	354	−1.628	0.1964	0.0078
48	25.0663	0.039894	−16	−256	354	−0.723	0.4851	0.0194
56	25.0663	0.039894	−8	−64	354	−0.181	0.8346	0.0333
64	25.0663	0.039894	0	0	354	0.000	1.0000	0.0399
72	25.0663	0.039894	8	−64	354	−0.181	0.8346	0.0333
80	25.0663	0.039894	16	−256	354	−0.723	0.4851	0.0194
88	25.0663	0.039894	24	−576	354	−1.628	0.1964	0.0078
96	25.0663	0.039894	32	−1,024	354	−2.893	0.0554	0.0022
104	25.0663	0.039894	40	−1,600	354	−4.521	0.0109	0.0004

yを縦軸、xを横軸にとり折れ線グラフを描きます。

xの値は32から8ずつ増やした値であるから、グラフはかくばって滑らかな曲線ではありません。

xの値を小さく、例えば2ずつ増やした値でyを求めると、グラフは滑らかな曲線になります。

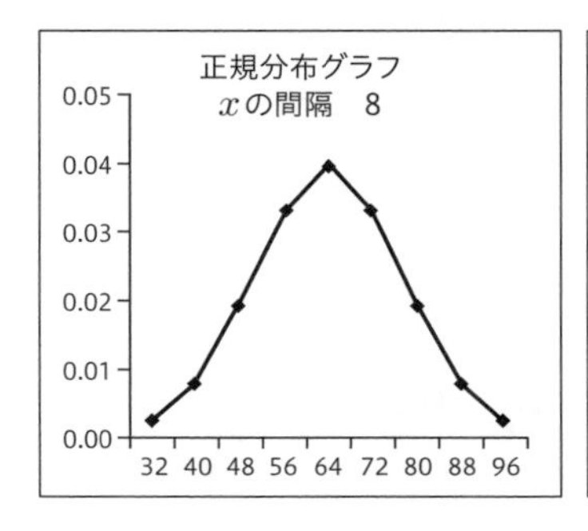

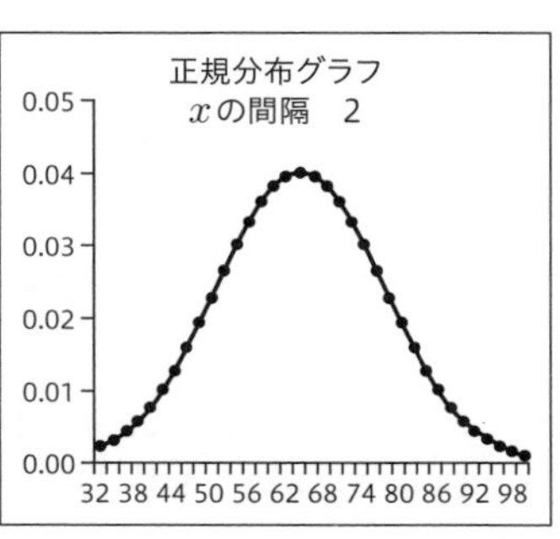

2.4 標準正規分布

1 標準正規分布の概要

具体例10で示した40人のテスト得点の基準値を算出しました。
基準値＝(データ－平均)÷標準偏差

No	得点	偏差	基準値
1	37	－27	－2.03
2	39	－25	－1.88
3	40	－24	－1.80
4	43	－21	－1.58
5	45	－19	－1.43
⋮	⋮	⋮	⋮
36	79	15	1.13
37	83	19	1.43
38	85	21	1.58
39	89	25	1.88
40	95	31	2.33

個体数	40	人
平均値	64.0	点
標準偏差	13.3	点

【計算例】No40の基準値
(95－64)÷13.3=2.33

基準値について階級幅1の度数分布を作成します。

階級幅	階級値	度数	相対度数
－3.5以上－2.5未満	－3	0	0.0%
－2.5以上－1.5未満	－2	4	10.0%
－1.5以上－0.5未満	－1	7	17.5%
－0.5以上0.5未満	0	18	45.0%
0.5以上1.5未満	1	8	20.0%
1.5以上2.5未満	2	3	7.5%
	計	40	100.0%

相対度数の折れ線グラフを作成します。

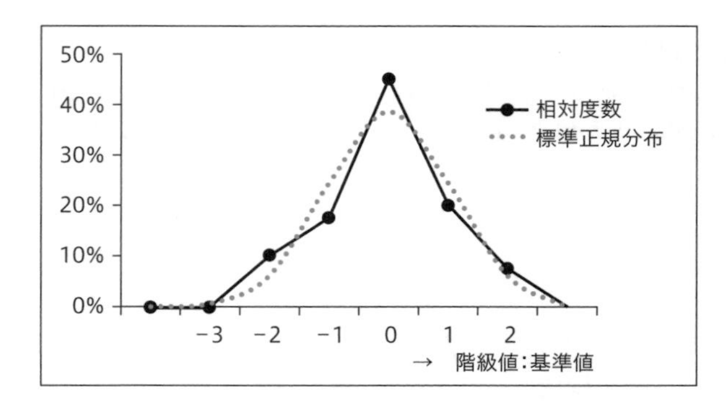

基準値の相対度数の形状が正規分布であるとき、この曲線分布を**標準正規分布**といいます。
標準正規分布を**z分布**ということがあります。

2 標準正規分布の性質

基準値について度数分布を作成し、度数分布が**正規分布**であるとき、その正規分布を標準正規分布といいます。

基準値の平均は0、標準偏差は1なので、標準正規分布の平均は0、標準偏差は1となり、グラフの形状は次のようになります。

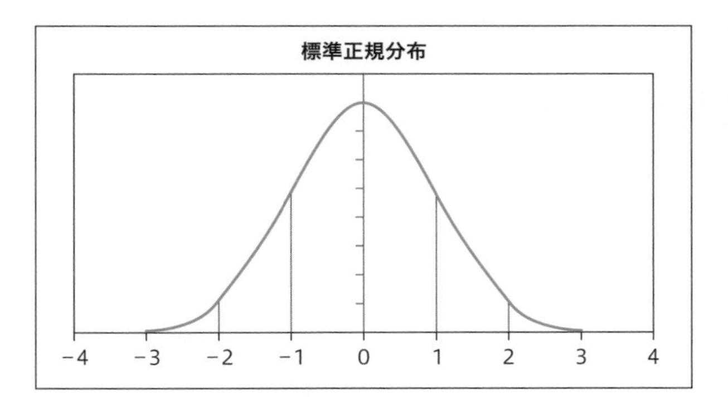

- 平均0を中心に、左右対称となる。
- 曲線は平均値で最も高くなり、左右に広がるにつれて低くなる。
- 曲線と横軸で囲まれた面積を100%とする。曲線の中の区間の面積は、次のようになる。

区間　−1〜+1	ほぼ68%
区間　−2〜+2	ほぼ95%
区間　−3〜+3	ほぼ100%

Excel関数

Excelの関数で、標準正規分布の区間の確率（面積）を求める方法を示します。

- 横軸x=1.96の上側確率を求める。
  下側確率=NORMSDIST(1.96) Enter 0.975
  上側確率=1 − 0.975=0.025 (2.5%)
- 上側確率P=0.025の横軸xの値を求める。
  下側確率=1 − 0.025=0.975
  横軸xの値=NORMSINV(0.975) Enter 1.96

2.5 度数分布の正規分布の当てはめ

1 理論度数

階級数がk個の度数に正規分布を当てはめたとき、正規分布におけるk個の度数を**理論度数**あるいは**期待度数**といいます。

次の度数に対する理論度数を示します。

階級幅	階級値	度数	理論度数
30以上40未満	35	2	1.4
40以上50未満	45	4	4.2
50以上60未満	55	7	9.2
60以上70未満	65	13	11.6
70以上80未満	75	10	8.7
80以上90未満	85	3	3.8
90以上100	95	1	1.1
			40.0

度数分布表をヒストグラムにした後、正規分布の理論度数でフィッティングした曲線を、そのヒストグラムに付け加えることを**正規分布の当てはめ**といいます。

ヒストグラムとは、各階級の度数あるいは、相対度数を**棒グラフ**で示したものです。

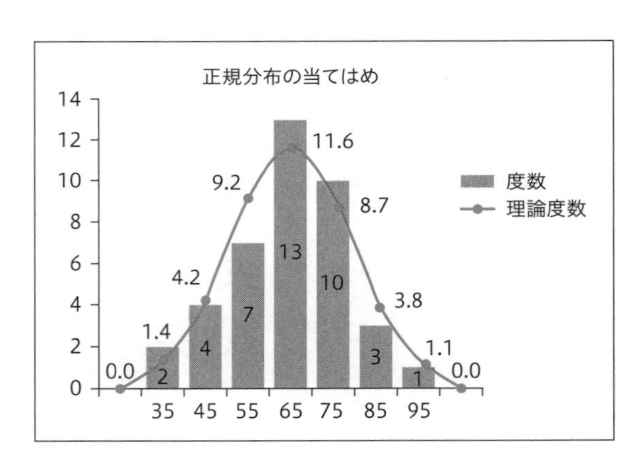

2 理論度数の求め方

理論度数は下記(1)～(5)の手順で求められます。

階級幅(1)

データが離散量の階級幅、例えば、10以上19以下、20以上29以下における上限は19、29でなく、20、30を適用します。すなわち、当該階級の上限は次の階級の下限とします。

※データには「人数」のように1人2人と教えることのできるものと、連続して無限に流れている「時間」のようなものがあります。前者を離散量、後者は連続量と呼びます。例題のテスト得点は離散量と考えられます。

基準値(2)

下限 → (階級幅下限－平均値)÷標準偏差
ただし第1階級の下限は－10の定数とする。

上限 → (階級幅上限－平均値)÷標準偏差
ただし末尾階級の上限は10の定数とする。

※度数分布の平均値、標準偏差の求め方は第2章の**2.3**参照。

累積確率(3)

標準正規分布における横軸の値が基準値の下限あるいは上限までの面積(下側確率)です。
Excelの関数で求められます。
=NORMSDIST(基準値の下限値あるいは上限値)

差(4)

累積確率上限から累積確率下限を引いた値です。
差の合計は1になります。

理論度数(5)

求められた差に全体度数40を掛けた値が理論度数です。

			(1) 階級幅		(2) 基準値		(3) 累積確率		(4)	(5)
階級幅	度数	相対度数	下限	上限	下限	上限	下限	上限	差	理論度数
30以上40未満	2	0.0500	30	40	－10.00	－1.827	0.0000	0.0338	0.0338	1.353
40以上50未満	4	0.1000	40	50	－1.827	－1.082	0.0338	0.1397	0.1059	4.237
50以上60未満	7	0.1750	50	60	－1.082	－0.336	0.1397	0.3686	0.2288	9.153
60以上70未満	13	0.3250	60	70	－0.336	0.410	0.3686	0.6592	0.2906	11.624
70以上80未満	10	0.2500	70	80	0.410	1.156	0.6592	0.8762	0.2170	8.680
80以上90未満	3	0.0750	80	90	1.156	1.902	0.8762	0.9714	0.0952	3.809
90以上100	1	0.0250	90	100	1.902	10.000	0.9714	1.0000	0.0286	1.143
								計	1.0000	40.000

2.6 度数分布が正規分布であることの判定

度数分布のグラフの形状が富士山の形になっていれば正規分布であると **2.2** で述べましたが、富士山型になっていても、尖りすぎた山、平らすぎる山の形状は正規分布といえません。

そこで、度数分布の形状が正規分布であるか（正規性）を統計学的に判定しなければなりません。

よく使われる判定方法を示します。

① 歪度、尖度による判定
② 正規確率プロットによる判定
③ 正規性の検定

正規性の検定は、アンケート調査や実験によって観測されたデータから作成した度数分布をもとに、母集団についても度数分布は正規分布といえるかを調べる方法です。

①②は観測されたデータ（サンプルという）から作成した度数分布が正規分布であるかを調べる方法です。

③の正規性の検定は母集団における度数分布が正規分布であるかを調べる方法で、①、②と③は別のものです。

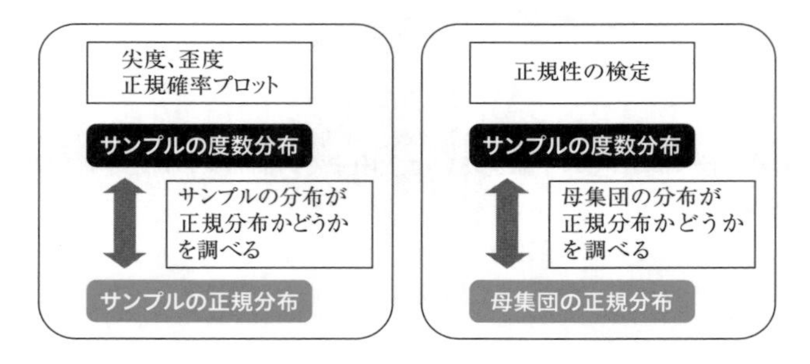

※歪度、尖度は **2.7**、正規確率プロットは **2.8**、正規性の検定は **2.9** ～ **2.11** 参照。

2.7 歪度、尖度

1 歪度、尖度の概要

集団の分布は、左右対称であったり、峰が右にあったり、山が2つあったり、様々です。

そこで正規分布を基準としたとき、集団の分布が上下あるいは左右に、どの程度偏っているかを調べるための解析手法が、「ゆがみ」と「とがり」です。

「ゆがみ」は「歪度（ワイド）」、「とがり」は「尖度（センド）」ともいいます。

歪度、尖度の値と分布の形状の関係を示します。

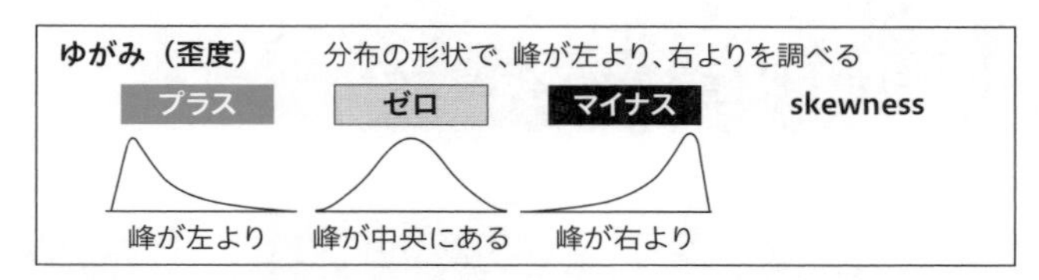

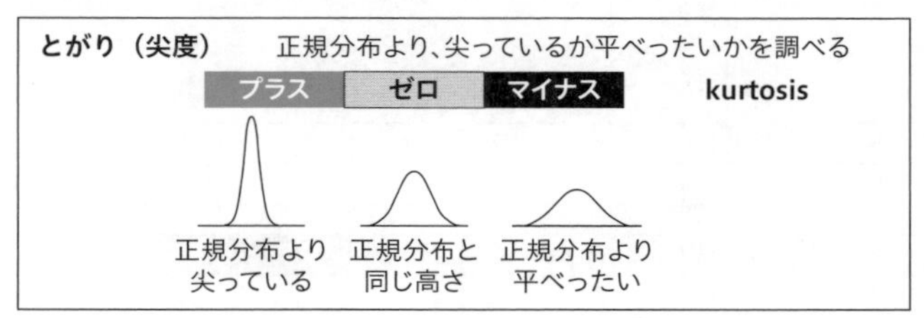

「ゆがみ」、「とがり」が0に近いほどその集団の分布は正規分布に近いといえますが、残念ながら値がいくつの区間に入れば正規分布に従うという統計学的基準はありません。著者の基準は次の通りです。

−0.5＜歪度＜0.5、−0.5＜尖度＜0.5であれば正規分布

B図は、「ゆがみ」、「とがり」いずれも上記の条件にあてはまり、0に近い値を示しているので正規分布といえます。

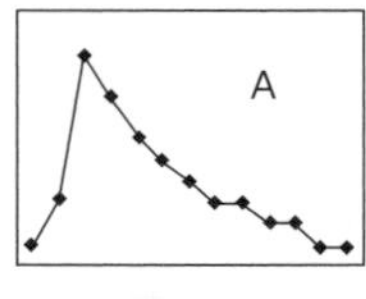

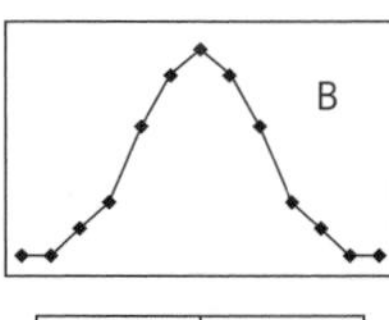

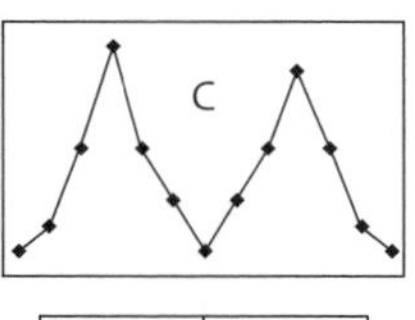

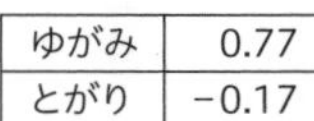

ゆがみ	0.77
とがり	−0.17

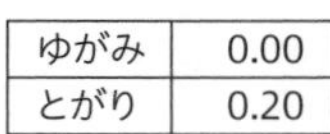

ゆがみ	0.00
とがり	0.20

ゆがみ	0.04
とがり	−1.38

2　歪度、尖度の計算方法

歪度をG，尖度をHとします。G，Hを算出する式を示します。

nはデータ個数

x_1，x_2，x_3，…，x_i，…，x_nはデータの値

mは平均、σは標準偏差

歪度　$$G=\frac{n}{(n-1)(n-2)}\sum_{i=1}^{n}\left(\frac{x_i-m}{\sigma}\right)^3$$

尖度　$$H=\frac{n(n+1)}{(n-1)(n-2)(n-3)}\sum_{i=1}^{n}\left(\frac{x_i-m}{\sigma}\right)^4-3\frac{(n-1)^2}{(n-2)(n-3)}$$

Q. 具体例13

次は、29人の20代女性の海外旅行回数です。このデータの歪度、尖度を求め、このデータが正規分布であるかを調べなさい。

No	1	2	3	4	5	6	7	8	9	10	11	12	13	14	15	16	17
データ	0	0	0	1	1	1	1	2	2	2	2	2	2	2	2	2	3

No	18	19	20	21	22	23	24	25	26	27	28	29	平均	標準偏差
データ	3	3	3	3	4	4	4	5	5	6	7	9	2.7931	2.0939

A. 解答

歪度　$$G=\frac{29}{(29-1)(29-2)}\sum_{i=1}^{29}\left(\frac{x_i-m}{\sigma}\right)^3$$
$$=\frac{29}{(28\times 27)}\left\{\left(\frac{0-2.7931}{2.0939}\right)^3+\cdots+\left(\frac{9-2.7931}{2.0939}\right)^3\right\}=1.1719$$

尖度　$$H=\frac{29\times(29+1)}{(29-1)(29-2)(29-3)}\sum_{i=1}^{29}\left(\frac{x_i-m}{\sigma}\right)^4-3\frac{(29-1)^2}{(29-2)(29-3)}$$
$$=\frac{29\times 30}{28\times 27\times 26}\left\{\left(\frac{0-2.7931}{2.0939}\right)^4+\cdots+\left(\frac{9-2.7931}{2.0939}\right)^4\right\}-\frac{3\times 28^2}{27\times 26}$$
$$=1.6798$$

G＞0.5、H＞0.5より、海外旅行回数の度数分布は正規分布といえません。

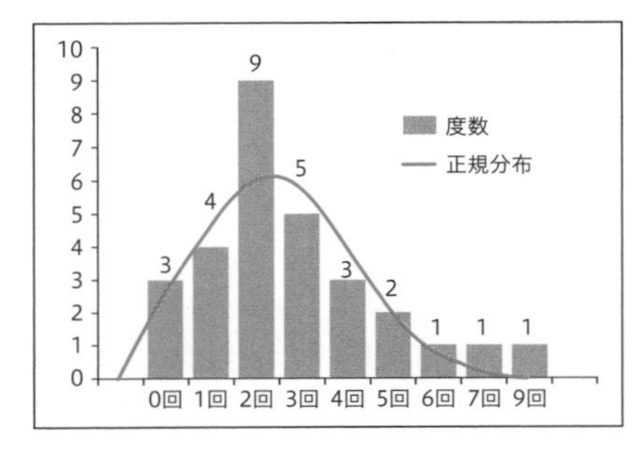

2.8 正規確率プロット

累積相対度数の傾向から度数分布が正規分布であるかを調べる方法を正規確率プロットといいます。

次に示す度数分布の累積相対度数で正規確率プロットについて解説します。

階級幅	階級値	度数	相対度数	累積相対度数
10 ～ 19	15	2	5.0%	5.0%
20 ～ 29	25	4	10.0%	15.0%
30 ～ 39	35	7	17.5%	32.5%
40 ～ 49	45	13	32.5%	65.0%
50 ～ 59	55	10	25.0%	90.0%
60 ～ 69	65	3	7.5%	97.5%
70 ～ 79	75	1	2.5%	100.0%
		40	100.0%	

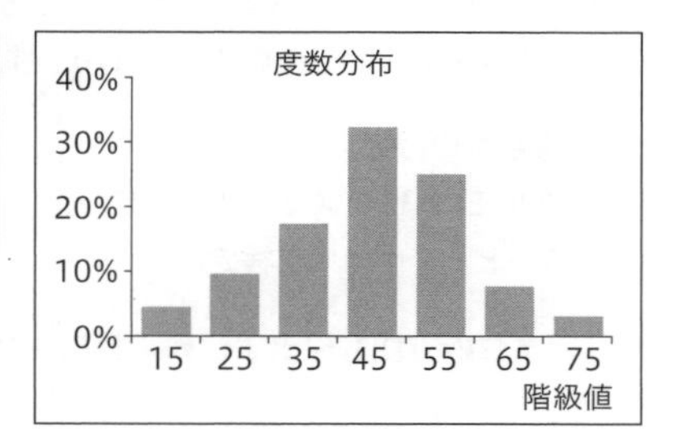

累積相対度数からZ値という統計量を算出します。

Z値は、標準正規分布における下側確率が累積相対度数となる横軸の値です。

Excel関数

Excel関数で求める。

累積相対度数の下側確率5%→0.05の横軸の値（Z値）を求める。

Z値　Excel関数　=NORMSINV(0.05) Enter　－1.64

Z値を縦軸、階級値を横軸にとり散布図を描きます。

このグラフを正規確率プロットといいます。

階級値	累積相対度数	Z値
15	5.0%	－1.64
25	15.0%	－1.04
35	32.5%	－0.45
45	65.0%	0.39
55	90.0%	1.28
65	97.5%	1.96
75	－	－

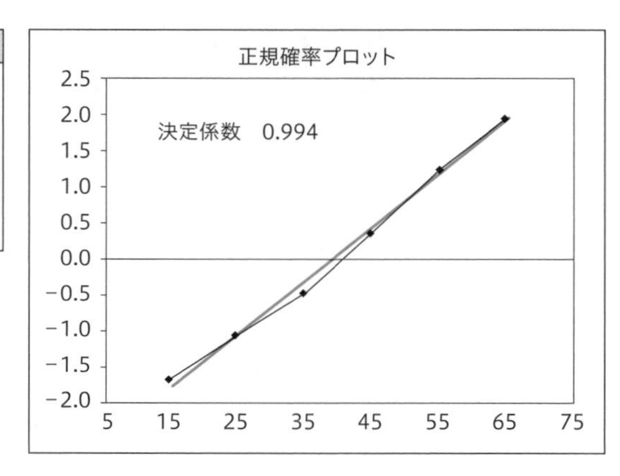

散布点が直線傾向にあると判定できた場合、度数分布の形状は正規分布であるといえます。

散布点に対する直線の当てはまり具合は決定係数で把握できます。

決定係数が0.99以上の場合、度数分布は正規分布と判断します。

※決定係数：累積相対度数とZ値の相関係数の２乗。

2.9 正規性の検定

標本調査より得た度数分布から、母集団における度数分布が正規分布であるかを判断する方法を**正規性の検定**といいます。

正規性検定は、標本調査より得た度数と統計学が定める理論度数（**2.5**で解説）との食い違いの程度から、正規分布であるかを判断する方法です。

正規性検定には3つの方法があります。

- 適合度の検定
- コルモゴロフ・スミルノフ検定
- シャピロ・ウイルク検定

いずれの方法も検定手法から算出されるp値によって正規分布であるかを判断します。

p値＜0.05　　「度数と理論度数は等しくない」の仮説を採択できる
　　　　　　　「正規分布でない」の仮説を採択できる
　　　　　　　「正規分布でない」がいえる
p値＞0.05　　「度数と理論度数は等しくない」の仮説を採択できない
　　　　　　　「正規分布でない」の仮説を採択できない
　　　　　　　「正規分布でない」がいえない

p値＞0.05の場合の結論から、度数分布は**「正規分布である」**といってはいけません。度数分布が「正規分布であるかどうかは何ともいえない」で正規分布に従っていることを証明できたわけではありません。しかし、正規性を示す1つの証拠であることには間違いありません。

2.5で度数分布に正規分布の当てはめを行いました。正規分布の当てはめが母集団についてもいえるかを適合度の検定とシャピロ・ウイルク検定で調べました。

適合度の検定

検定統計量	1.38
p値	0.8472

シャピロ・ウイルクの検定

検定統計量	0.98
p値	0.7445

p値＞0.05より、母集団の度数分布は正規分布ではないとはいえません。
正規分布であることの1つの証拠として示せます。
※適合度の検定は第９章**9.12**参照。

第 3 章

相関分析

この章で学ぶ解析手法を紹介します。解析手法の計算はExcel関数やフリーソフトで行えます。
Excel関数は378ページ、フリーソフトは第17章17.2を参考にしてください。

解析手法名 英語名	Excel関数	フリーソフトメニュー	解説ページ
相関分析 Correlation analysis			38
関数関係 Functional relationship			39
相関関係 Correlation			40
因果関係 Causal relationship			41
単相関係数 Single correlation coefficient	CORREL(範囲, 範囲)	相関分析	42
ピアソン積率相関係数 Pearson product ratio correlation coefficient		相関分析	42
単回帰式 Single regression equation	SLOPE(y範囲, x範囲) INTERCEPT(y範囲, x範囲)	相関分析	45
スピアマン順位相関係数 Spearman's rank correlation coefficient		相関分析	48
クロス集計 Crosstabs	ピボットテーブル	相関分析	51
クラメール連関係数 Cramer's coefficient of association		相関分析	54
カイ2乗値 Kai-Square		相関分析	56
相関比 Correlation ratio		相関分析	57
群内変動 Within-group variation		相関分析	60
群間変動 Between the groups change		相関分析	61

3.1 相関分析

相関分析は2つの事柄（項目）の関係を調べる方法です。

相関分析を**2変量解析**ともいいます。

相関分析は色々な解析手法がありますが、測定された統計データが「数量データ」「順位データ」「カテゴリーデータ」かによって適用する解析手法が決まります。

データタイプ	尺度名	例
数量データ	間隔尺度	温度(10度, 22度, 25度)
	比例尺度	身長(150cm, 162cm, 165cm)
順位データ	順序尺度	順位(1位, 2位, 3位)
		満足度(満足, 普通, 不満)
カテゴリーデータ	名義尺度	性別(男, 女)
		血液型(A, O, B, AB)

2つの事柄の関係を調べる4つのテーマを示します。

① 学習時間とテスト成績は関係があるか
② 所得階層と支持する政党は関係があるか
③ 年齢と好きな商品は関係があるか
④ 血液型とタンス貯金は関係があるか

各テーマのデータタイプ、基本集計、相関分析の解析手法を示します。

項目と選択肢		データタイプ	データタイプと各種相関との関係	
			基本集計	相関係数
学習時間	□ 時間	数量データ	相関図	単相関係数 単回帰式
テスト成績	□ 点	数量データ		
大浴場満足度	5段階評価	順位データ	度数分布 クロス集計	スピアマン 順位相関係数
旅館総合満足度	5段階評価	順位データ		
所得階層	高所得／中所得／低所得	カテゴリーデータ	クロス集計	クラメール 連関係数
支持政党	A党／B党／C党	カテゴリーデータ		
年齢	□ 才	数量データ	カテゴリー別平均	相関比
好きな商品	P商品／Q商品／R商品	カテゴリーデータ		
血液型	A型／O型／B型／AB型	カテゴリーデータ	カテゴリー別平均	相関比
タンス貯金	□ 円	数量データ		

3.2 関数関係、相関関係、因果関係

2項目間の関係には**関数関係**、**相関関係**、**因果関係**があります。

1 関数関係

1時間60kmの速さで走る自動車があります。この自動車は2時間で120km、3時間では180km、4時間では240km走ることになります。

ここで、走る時間をx軸（横軸）、その間に走った距離をy軸（縦軸）にとり、グラフを描いてみると下図に示すような直線になります。

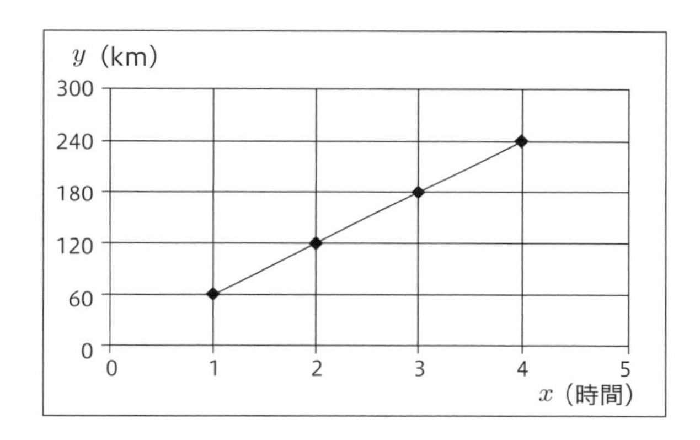

走った時間（x）と、その間に走った距離（y）との関係を式で表すと、$y = 60x$となります。例えば、10時間で何km走るか計算するには、xの値に10を代入すれば距離を求めることができます。

実際に計算すると、$y = 60 \times 10 = 600$〔km〕となります。

このように、xの値が決まればそれに応じてyの値が決まるというとき、「xとyの間には**関数関係**がある」といいます。特に、xとyの間に次式のような関係が成り立つとき、「yはxの**一次関数**である」といいます。

$y = ax + b$

一次関数の関係をグラフに表すと下図のような直線になります。

a、bは定数で、aは直線の傾きを、bは直線がy軸と交わる座標の値を示しています。

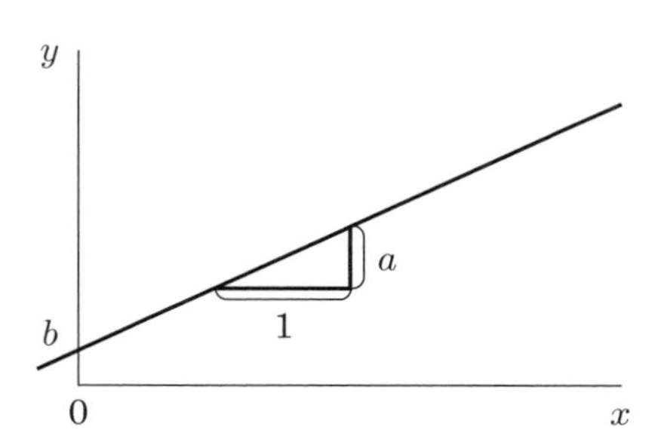

2　相関関係

関数関係がある場合には、xの値が決まると必然的にyの値が決まります。ところがxの値が決まったからといってyの値が正確には定まらず、そうかといって両者がまったくの無関係ともいえない現象もあります。

このような現象の代表的なものとして、よく取り上げられるのが「身長と体重との関係」です。

Q. 具体例14

次の表はある10人の学生について、身長と体重を測定した結果です。

学生	A	B	C	D	E	F	G	H	I	J
身長(cm)	146	145	147	149	151	149	151	154	153	155
体重(kg)	45	46	47	49	48	51	52	53	54	55

身長をy軸（縦軸）、体重をx軸（横軸）にとり、点グラフを描くと下図になります。

この図を「相関図」または「散布図」といいます。

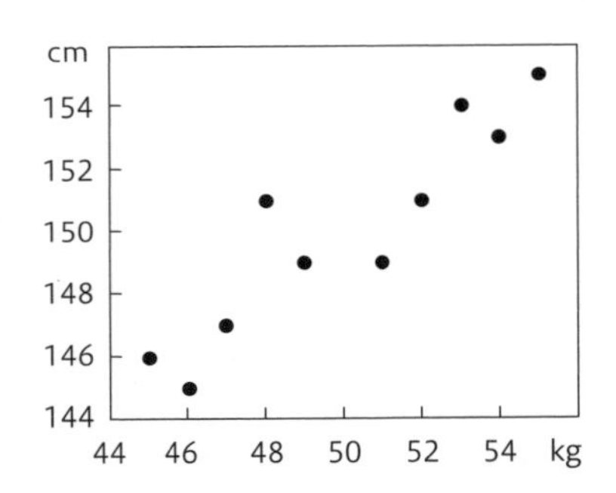

相関図で体重と身長の関係を見ると、体重が決まれば身長はこの値になる、という明確な関係は見られません。その意味で体重と身長との関係を関数式で表すことはできません。しかし、体重が重ければ身長が高くなる傾向があり、体重と身長はまったく無関係ではありません。

このように2つの項目が、かなりの程度の規則性をもって、同時に変化していく性質を相関といいます。また2つの項目xとyについて、xの値が決まれば必然的にyの値が決まるというわけではないにしろ、両者の間に関連性が認められるとき「xとyとの間には相関関係がある」といいます。

相関関係の程度を、統計学的に調べることを相関係数といい、相関係数を用いて変数相互の因果関係を調べることを「相関分析」といいます。

3 因果関係

因果関係は、項目間に**原因**と**結果**の関係があると言い切れる関係を意味しています。

広告費と売上の関係を見ると、「広告の量を増やすと売上が多くなる」が通説です。「広告量を増やす」という行為が原因で、「売上が多くなる」という結果が導かれるので、両者の関係は因果関係です。

原因と結果の関係は、「原因➡結果」という一方通行です。原因と結果に時間的順序が成り立っています。

食事量と体重の関係を見ると、食事量を増やすと体重が増えるのか、体重を増やすと食事量が増えるかわからないので、両者の因果関係は定かではありません。

因果関係があれば必ず相関関係は認められますが、相関関係があるからといって必ずしも因果関係は認められません。

因果関係と相関関係は2つの事象ＡとＢの関係性を表しています。

因果関係は、Ａが起きればＢが起きるといった原因と結果の関係です。

相関関係は、Ａが変化すればＢも変化するというものです。

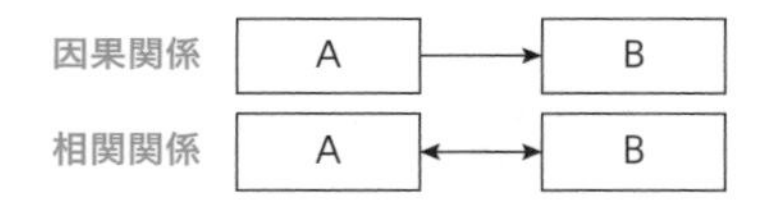

相関関係があるからといって因果関係があると言い切れないので、両項目の時間的順序などを検討して、因果関係を考察します。

両者に因果関係があるかは、因果関係を解明する解析手法を適用しなければなりません。

代表的手法に**共分散構造分析**があります。

3.3 単相関係数

1 単相関係数の概要

2つの項目xとyについて、xの値が決まればyの値が決まるというわけではありませんが、両者の間に直線的な関連性が認められるとき「xとyの間には相関関係がある」といい、相関関係の程度を示す数値を単相関係数といいます。ピアソン積率相関係数ともいいます。

- 単相関係数は、−1から+1までの値をとる。
- 単相関係数が±1に近いときは2つの変数の関係は直線的であって、±1から遠ざかるに従って直線的関係は薄れていき、0に近いときは項目の間にまったく直線的な関係はない。

+1に近いとき

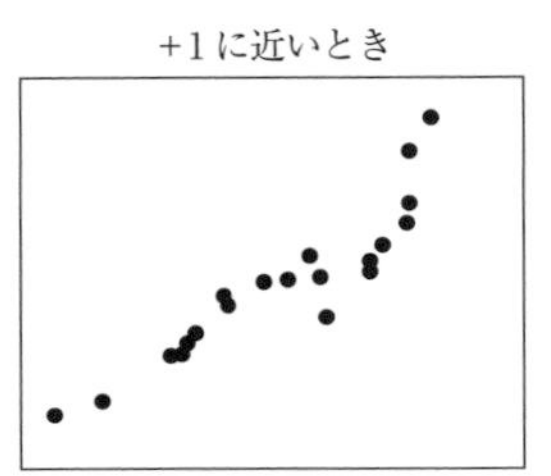

0に近いとき

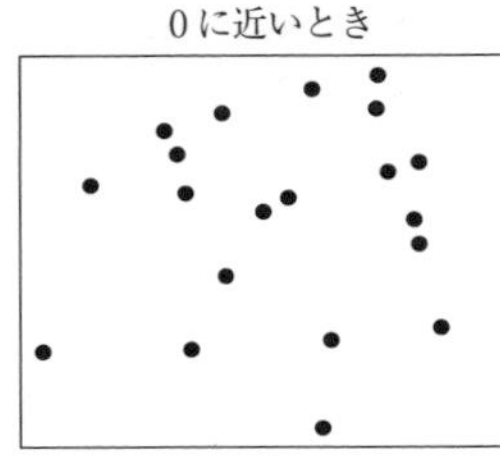

−1に近いとき

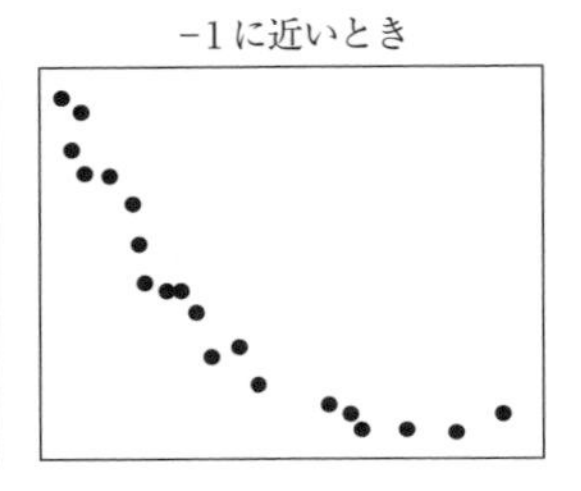

単相関係数の値が±1に近づくと相関関係が強くなり、反対に0に近づくと弱くなります。0の場合のみ相関関係がありません。ちょっと信じられないかもしれませんが、わずか0.05でも相関は弱いながらあります。

したがって大概の場合、2項目の間には強弱の違いはありますが、相関関係は見られます。このことから、大事なのは強い相関があるかどうかです。ところが、いくつ以上あれば相関が強い、という統計学的基準はありません。この基準は、分析者が経験的な判断から決めることになります。

次は、一般的な判断基準を示したものです。

相関の絶対値	細かくいうなら	おおまかにいうなら
0.8 ～ 1.0	強い相関がある	相関がある
0.5 ～ 0.8	相関がある	
0.3 ～ 0.5	弱い相関がある	
0.3 未満	非常に弱い相関がある	相関がない
0	相関がない（無相関）	

0.3が境目

留意点

単相関係数がマイナスの場合、絶対値（符号を取る）で上記表を適用します。

2 単相関係数算出の考え方

具体例14で示した身長と体重のデータについて、どの程度の相関があるかを数値で表す方法を考えてみます。

学生	A	B	C	D	E	F	G	H	I	J	平均
身長(cm)	146	145	147	149	151	149	151	154	153	155	150
体重(kg)	45	46	47	49	48	51	52	53	54	55	50

身長と体重の平均を計算すると、それぞれ150cm、50kgになります。

相関図を描き、この中に身長の平均を横線で、体重の平均を縦線で描き加えたものが下図です。

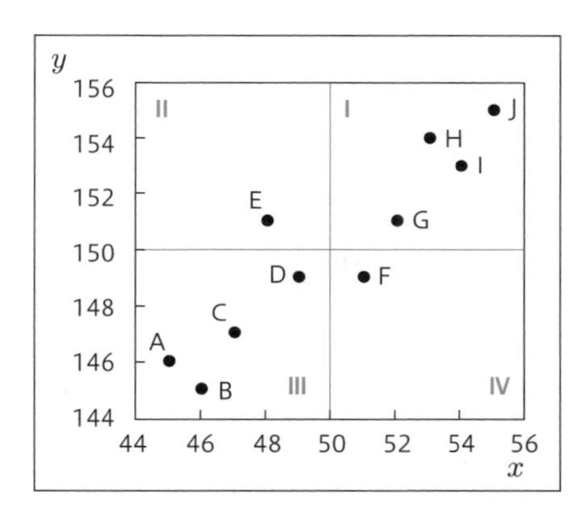

平均線で分けられた4つの領域を、図に示すようにⅠ～Ⅳとします。

項目xとyが無関係であるならば、点は4つの領域Ⅰ～Ⅳに均等にばらついて存在します。xとyの間に相関があり、xが増すとyも増加する傾向がある場合は、点は領域ⅠとⅢに多く、ⅡとⅣに少なくなります。逆にxが増すとyが減少する傾向がある場合は、ⅡとⅣに多く、ⅠとⅢに少なくなります。

図は、領域ⅠとⅢに点が多く、ⅡとⅣにそれぞれ1つずつしか点が存在しないので、身長と体重の間には相関関係が強いと推測することができます。

データが平均より上か下か、あるいは右が左かは偏差でわかります。

相関係数は、この偏差を用いて求めることができます。

3　単相関係数の計算方法

身長と体重のデータについて**偏差**（測定値から平均値を引いた値）を求めて、下記の表の③④に記入します。

③を平方し⑤に記入、④を平方し⑥に記入します。⑤の合計を身長yの**偏差平方和**といいS_{yy}で表します。同様に⑥の合計を体重xの**偏差平方和**といいS_{xx}で表します。

次に③と④とを掛算し⑦に記入します。⑦の合計を**積和**といいS_{xy}で表します。

	①身長 y_i	②体重 x_i	③ $y_i-\bar{y}$	④ $x_i-\bar{x}$	⑤ $(y_i-\bar{y})^2$	⑥ $(x_i-\bar{x})^2$	⑦ $(y_i-\bar{y})\times(x_i-\bar{x})$
A	146	45	−4	−5	16	25	20
B	145	46	−5	−4	25	16	20
C	147	47	−3	−3	9	9	9
D	149	49	−1	−1	1	1	1
E	151	48	1	−2	1	4	−2
F	149	51	−1	1	1	1	−1
G	151	52	1	2	1	4	2
H	154	53	4	3	16	9	12
I	153	54	3	4	9	16	12
J	155	55	5	5	25	25	25
計	1500	500	0	0	104	110	98
	$\bar{y}=150$	$\bar{x}=50$			S_{yy}	S_{xx}	S_{xy}

単相関係数は、「積和S_{yy}」を「S_{xx}とS_{yy}の積の平方根」で割ることによって求めることができます。

公式

$$\text{単相関係数}\quad r=\frac{S_{xy}}{\sqrt{S_{xx}\times S_{yy}}}$$

身長と体重のデータについて、単相関係数を求めます。

$$r=\frac{S_{xy}}{\sqrt{S_{xx}\times S_{yy}}}=\frac{98}{\sqrt{110\times 104}}=\frac{98}{\sqrt{11440}}=\frac{98}{107}=0.916$$

単相関係数は0.916です。

留意点

前ページの散布図でⅡとⅣに位置するのはEFの2人、ⅠとⅢに位置するのは8人です。上記表を見ると、EFの2人の積（⑦）はマイナス、他の8人の積はプラスです。積和の合計はマイナスとプラスが混在し0に近いほど相関係数は低くなります。

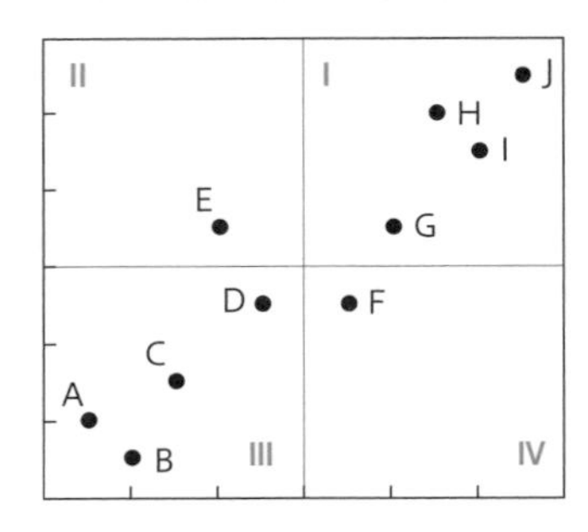

3.4 単回帰式

相関図における散布点に直線的な傾向が見られるとき、直線を当てはめれば（直線を引けば）、y軸の項目とx軸項目の関係が明確となります。

直線を当てはめることを「**関係式の当てはめ**」といいます。そして関係式を求める統計的手法を単回帰分析といいます。あるいは直線回帰分析といいます。

単回帰分析によって求められる直線の関数式（$y = ax + b$）を単回帰式といいます。

単回帰式$y = ax + b$は次の公式で求められることがわかっています。

公式

$y = ax + b$の傾きaとY軸切片b

$$a = \frac{S_{xy}}{S_{xx}} \qquad b = \bar{y} - a\bar{x}$$

$\bar{x}$は変数xの平均

$\bar{y}$は変数yの平均

S_{xx}、S_{xy}は**3.3**で示した積和と偏差平方和

Q. 具体例15

売上と広告費の相関図に単回帰分析によって求めた直線を描きました。
この直線単回帰式を求めなさい。

営業所	広告費	売上額
A	500	8
B	500	9
C	700	13
D	400	11
E	800	14
F	1,200	17
単位	万円	千万円

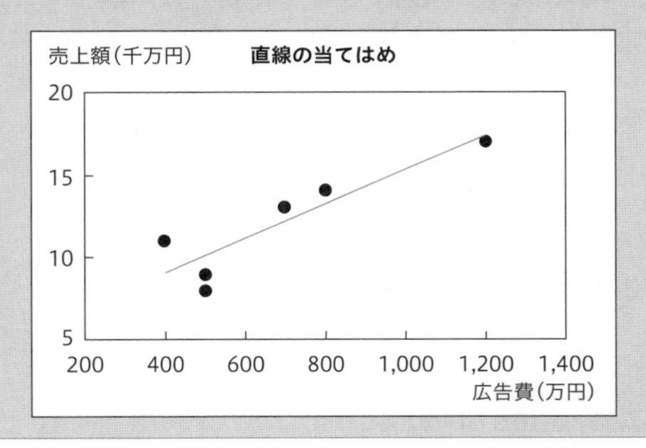

A. 解答

	①	②	③	④	⑤	⑥	⑦
営業所	売上額 y_i	広告費 x_i	$y_i-\bar{y}$	$x_i-\bar{x}$	$(y_i-\bar{y})^2$	$(x_i-\bar{x})^2$	$(y_i-\bar{y})\times(x_i-\bar{x})$
A	8	500	−4	−183	16	33,611	733
B	9	500	−3	−183	9	33,611	550
C	13	700	1	17	1	278	17
D	11	400	−1	−283	1	80,278	283
E	14	800	2	117	4	13,611	233
F	17	1,200	5	517	25	266,944	2,583
計	72	4,100	0	0	56 S_{yy}	428,333 S_{xx}	4,400 S_{xy}
平均	12 $\bar{y}$	683 $\bar{x}$			⑧		

S_{yy}，S_{xx}，S_{xy}の求め方は**3.3**の「3　単相関係数の計算方法」で解説しました。
aとbを求める公式に、S_{xy}とS_{xx}を代入します。

$$a = \frac{S_{xy}}{S_{xx}} = \frac{4,400}{428,333} = 0.0103 \qquad b = 12 - 0.0103 \times 683$$

$$y = 0.0103x + 4.98$$

相関関係における「強さ」と「大きさ」とは

単相関係数をr、単回帰式を$y = ax + b$とします。

rは「強さ」、aは「大きさ」を把握する指標です。
売上と広告費の関係で「強さ」「大きさ」とは何かを説明します。

単相関係数rは、「広告費を投入すれば売上は増加する傾向があるか」すなわち「広告費は売上に影響を及ぼしているか」を把握するツールです。rは傾向（影響）の程度を数値にしたもので、売上に対する広告費の「強さ」を示すものです。

単回帰式の係数aは、「広告費を△万円投入すれば売上は□万円追加が見込めるか」すなわち「売上に対する広告費の貢献金額はどれほどか」を把握するツールです。aは貢献金額を数値にしたもので、売上に対する広告費の「大きさ」を示すものです。

売上額（千万円）　広告費（万円）
↓　↓
$y = 0.0103 \quad x + 4.98$
単位は売上額yの１千万円
0.0103（千万円）　4.98（千万円）
↓
10.3 万円
⬇
広告費１万円を投入すれば、売上額10.3万円増加が見込める
売上に対する広告費の「大きさ」は10.3万円である。

Q. 具体例16

前年度と本年度の2年間について、売上と広告費を調べました。
広告費の売上に対する「大きさ」と「強さ」を求めなさい。

前年度

営業所	売上	広告費
A	7	1
B	8	2
C	10	3
D	9	4
E	11	5
	千万円	百万円

本年度

営業所	売上	広告費
A	9	1
B	5	2
C	9	3
D	8	4
E	14	5
	千万円	百万円

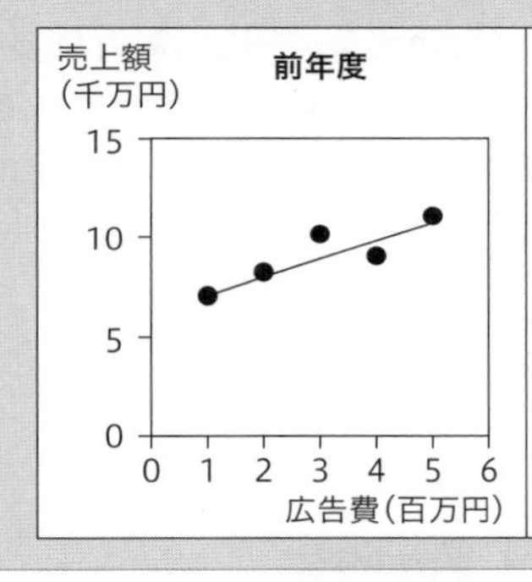

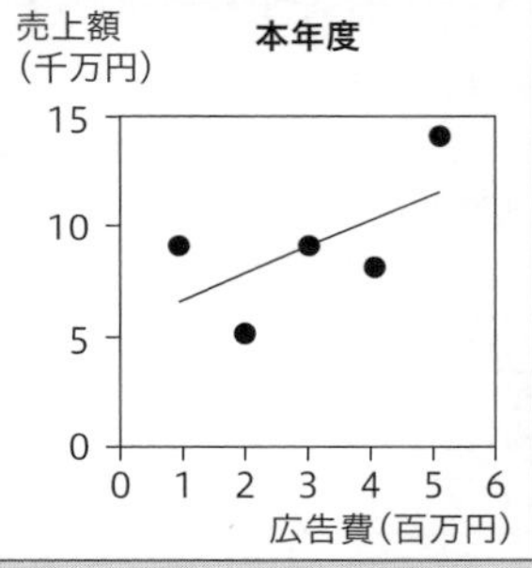

A. 解答

広告費の売上に対する「強さ」は、本年度は0.63、前年度は0.90で、強さの度合は減少しています。

広告費を100万円投入したときの売上に対する「大きさ」は、本年度は1300万円、前年度は900万円で、大きさの度合は増加しています。

	前年度	本年度
単相関係数	0.90	0.63
単回帰式	$y = 0.9x + 6.3$	$y = 1.3x + 5.1$
強さ	0.90	0.63
大きさ	0.9（千万円） 900万円	1.3（千万円） 1300万円

※大きさのデータ単位は売上の千万円。

3.5 スピアマン順位相関係数

1 スピアマン順位相関係数の概要

スピアマン順位相関係数は、順位データや5段階評価データなどの順序尺度の相関関係を把握する解析手法です。

- スピアマンの順位相関係数は−1から1の値をとる。

スピアマンの順位相関係数の値が±1に近づくと相関関係が強くなり、反対に0に近づくと弱くなります。0の場合のみ相関関係がありません。ちょっと信じられないかもしれませんが、わずか0.05でも相関は弱いながらあります。

したがって大概の場合、2項目の間には強弱の違いはありますが、相関関係は見られます。このことから、大事なのは強い相関があるかどうかです。ところが、いくつ以上あれば相関が強い、という統計学的基準はありません。この基準は、分析者が経験的な判断から決めることになります。

次は、一般的な判断基準を示したものです。

<table>
<tr><th>相関の絶対値</th><th>細かくいうなら</th><th>おおまかにいうなら</th></tr>
<tr><td>0.8 〜 1.0</td><td>強い相関がある</td><td rowspan="3">相関がある</td></tr>
<tr><td>0.5 〜 0.8</td><td>相関がある</td></tr>
<tr><td>0.3 〜 0.5</td><td>弱い相関がある</td></tr>
<tr><td>0.3 未満</td><td>非常に弱い相関がある</td><td rowspan="2">相関がない</td></tr>
<tr><td>0</td><td>相関がない（無相関）</td></tr>
</table>

0.3が境目

留意点

スピアマン順位相関係数がマイナスの場合、絶対値（符号を取る）で上記表を適用します。

2 順序尺度データのタイの長さと順位

タイとは同じ順位の人が何人もいるということです。

Q. 具体例17

旅館の顧客満足度調査を行いました。5段階評価で聞きました。大浴場の満足度について、「タイの長さ」と回答者の順位を求めなさい。

1. 不満
2. やや不満
3. どちらともいえない
4. やや満足
5. 満足

旅館満足度調査

No	大浴場の満足度	旅館総合満足度
1	3	4
2	3	3
3	3	2
4	3	2
5	4	2
6	2	3
7	4	4
8	4	4
9	2	4
10	5	5

A. 解答

- 大浴場の満足度のデータを降順あるいは昇順で並べ替える。
- 同順位の個数を数える。個数を「タイの長さ」といい、tで表す。
  やや満足の4のtは3（※下記表参照）である。
- $t^3 - t$を求め、合計$\sum(t^3 - t)$（タイ合計と呼ぶ）を求めると90である。大浴場の満足度の合計は90である。
- 順位を求める。
  同順位がある場合は、その平均を順位とする。例えば、やや満足の4は7位～9位に位置するので、7、8、9の平均である8を順位とする。
- 右端の順位1は、No1～No10順に並びかえた大浴場の満足度の順位である。

No	大浴場の満足度	タイの長さ t	t^3-t		順位
6	2	2	6	1	1.5
9	2			2	1.5
1	3	4	60	3	4.5
2	3			4	4.5
3	3			5	4.5
4	3			6	4.5
5	4	3 ※	24	7	8
7	4			8	8
8	4			9	8
10	5	1	0	10	10
		$\Sigma(t^3-t)$	90		

No	順位1
1	4.5
2	4.5
3	4.5
4	4.5
5	8
6	1.5
7	8
8	8
9	1.5
10	10

3　スピアマン順位相関係数の計算方法

公式

順位相関係数　r

同順位がない場合　同順位がある場合

$$r = 1 - \frac{6\sum d^2}{n^3 - n} \qquad r = \frac{T_X + T_Y - \sum d^2}{2\sqrt{T_X T_Y}} \qquad \begin{array}{l} T_X = \left(n^3 - n - X\right) \div 12 \\ T_Y = \left(n^3 - n - Y\right) \div 12 \end{array}$$

X、Yは２項目のタイの長さ、nは回答者数

大浴場の満足度の順位を順位１（前ページ参照）、旅館総合満足度の順位を順位２（計算方法は省略）とします。

順位１と順位２の差分をdとします。

dの２乗を求めます。$\sum d^2$（d^2の合計）は103です。

No	順位１	順位２	差分 d	d^2
1	4.5	7.5	−3	9
2	4.5	4.5	0	0
3	4.5	2	2.5	6.25
4	4.5	2	2.5	6.25
5	8	2	6	36
6	1.5	4.5	−3	9
7	8	7.5	0.5	0.25
8	8	7.5	0.5	0.25
9	1.5	7.5	−6	36
10	10	10	0	0
			Σd^2	103

大浴場のタイ合計をX（前ページ）、旅館総合満足度のタイ合計をYとします。

$X = 90 \quad Y = 90$　（Yのタイ合計の求め方は省略）

公式よりT_X，T_Yを求めます。

$$T_X = \left(n^3 - n - X\right) \div 12 = (1000 - 10 - 90) \div 12 = 75$$

$$T_Y = \left(n^3 - n - Y\right) \div 12 = (1000 - 10 - 90) \div 12 = 75$$

ただし、nはサンプルサイズです。

この例題は同順位があるので、

$$r = \frac{75 + 75 - 103}{2 \times \sqrt{75 \times 75}} = \frac{47}{150} = 0.3133$$

大浴場の満足度と旅館総合満足度の順位相関係数は0.3133です。

3.6 クロス集計とクラメール連関係数

1 クロス集計の概要

クロス集計は、カテゴリーデータである2つの項目をクロスして集計表を作成することにより、項目相互の関係を明らかにする解析手法です。

2つの項目が、例えば年代、製品満足有無とします。クロス集計表からどの年代で製品満足率が高いかを把握できます。

年代、性別、地域などの属性を**説明変数**（原因変数）といいます。製品満足率やインターネット利用経験の割合など明らかにしたいことを**目的変数**（または結果変数）といいます。

クロス集計は説明変数と目的変数との関係を明らかにする手法です。原因と結果の関係、すなわち因果関係を解明する手法ともいえます。

2つの質問項目のそれぞれのカテゴリーデータで同時に分類し、表の該当するセル（升目）に回答人数および回答割合を記入した表のことを、**クロス集計表**といいます。

Q. 具体例18

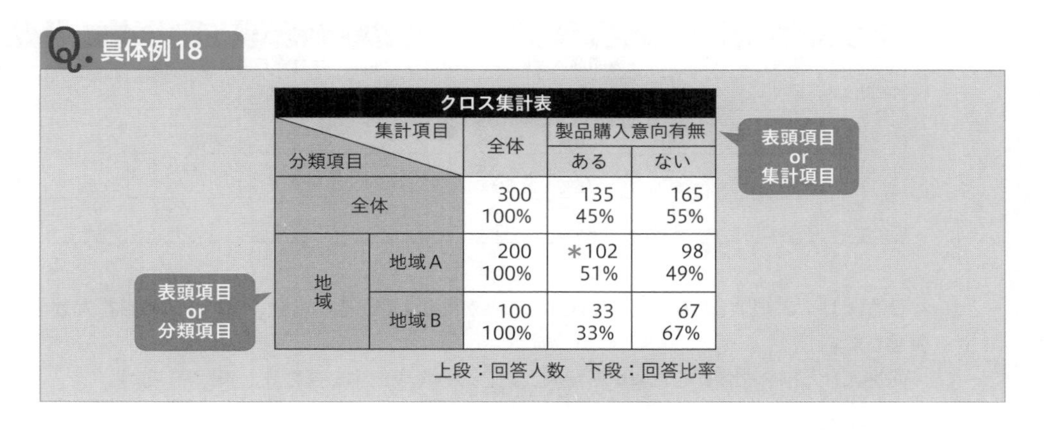

クロス集計表

集計項目 / 分類項目		全体	製品購入意向有無	
			ある	ない
全体		300 100%	135 45%	165 55%
地域	地域A	200 100%	＊102 51%	98 49%
	地域B	100 100%	33 33%	67 67%

上段：回答人数　下段：回答比率

上記のクロス集計表の＊印のセルに着目します。上段は地域Aに居住する人で製品購入意向が「ある」を回答した人が102名いることを示し、下段は地域A居住者200名に対する「ある」を回答した102名の割合（回答割合）51％を示しています。

2　クロス集計の種類と見方

クロス集計表において、表の上側に位置する項目のことを表頭項目（ひょうとうこうもく）あるいは集計項目、表の左側に位置する項目を表側項目（ひょうそくこうもく）あるいは分類項目といいます。またこのようなクロス集計表を作成するとき、「表側項目と表頭項目をクロス集計する」あるいは「表頭項目を表側項目でブレイクダウンする」といいます。

クロス集計表の種類

前ページのクロス集計表は一番左側の列の回答人数に対する割合を計算しているので、横の割合の合計が100%になります。この表のことを横%表といいます。一番上側の行の回答人数に対する割合を計算した表は縦%表といいます。

通常、クロス集計表は表頭に目的変数、表側に説明変数とした横%表を適用します。前ページのクロス集計表で縦%を求めたい場合、表側を製品購入意向有無、表頭を地域と逆転させて横%を算出します。

縦%表

分類項目＼集計項目		横計	製品購入意向有無	
			ある	ない
全体		300 100%	135 100%	165 100%
地域	A	200 67%	102 76%	98 59%
	B	100 33%	33 24%	167 41%

➡

横%表

分類項目＼集計項目		横計	地域	
			A	B
全体		300 100%	200 67%	100 33%
製品購入意向有無	ある	135 100%	102 76%	33 24%
	ない	165 100%	98 59%	67 41%

目的によっては割合のみの表を作成することがあります。その場合、%ベースの回答人数を欄外に表記します。

回答人数と割合を併記した表を併記表、割合のみを表記する表を分離表といいます。

クロス集計表：分離表

分類項目＼集計項目		横計	製品購入意向有無		
			ある	ない	n
全体		100%	45%	55%	300
地域	A	100%	51%	49%	200
	B	100%	33%	67%	100

nは%ベースの回答人数。
通常はnと表記する。

表頭項目、表側項目の決め方

クロス集計表を横%表で作成する場合、クロス集計表の表頭は「結果変数（目的変数）」の項目、表側は「原因変数（説明変数）」の項目とします。

クロス集計表の見方

横%表に対する見方は、表頭項目の任意のカテゴリーに着目し、そのカテゴリーの割合を縦に比較します。

上記表のクロス集計表は、製品購入意向有無の「ある」に着目すると、購入意向が「ある」の割合は、地域A51%、地域B33%で、地域Aは地域Bを上回っていると解釈します。

%ベースのn数

%ベースの回答数をn数あるいはnといいます。n数が30人未満の場合、回答割合のブレが大きくなるので、回答割合は参考値として見ます。

例えばnが10人で、回答数が1人変化すると、%が10%も変化します。nが30人の場合は3.3%変化します。

n	ある	ない
10 100%	5 50%	5 50%
10 100%	6 60%	4 40%
変化	10%	

n	ある	ない
30 100%	15 50%	15 50%
30 100%	16 53.3%	14 46.7%
変化	3.3%	

3.7 クラメール連関係数

1 クラメール連関係数の概要

クラメール連関係数は**カテゴリーデータ**と**カテゴリーデータ**の相関関係を把握する解析手法です。

Q. 具体例19

所得階層と支持政党とのクロス集計の結果を示します。

	回答人数				回答割合			
	A 政党	B 政党	C 政党	横計	A 政党	B 政党	C 政党	横計
全体	150	170	180	500	30%	34%	36%	100%
低所得層	30	45	75	150	20%	30%	50%	100%
中所得層	60	45	45	150	40%	30%	30%	100%
高所得層	60	80	60	200	30%	40%	30%	100%

回答割合を見ると、A政党は中所得層、B政党は高所得層、C政党は低所得層が他所得層を上回り、所得の違いで支持する政党が異なります。これより所得階層と支持政党とは関連性があるといえます。関連性はわかったものの、クロス集計表からは関連性の強さまではわかりません。

クロス集計表の関連性、すなわちカテゴリーデータである２項目間の関連性の強さを明らかにする解析手法が、クラメール連関係数です。クラメール連関係数は0～1の間の値で、値が大きいほど関連性は強くなります。

クラメール連関係数はいくつ以上あれば関連性があるという統計学的基準はありません。クロス集計表を見て関連性があると思えてもクラメール連関係数の値は大きい値を示さないことを考慮して、次のような基準とします。

クラメール連関係数	細かくいうなら	おおまかにいうなら
0.5 ～ 1.0	強い相関がある	相関がある
0.25 ～ 0.5	相関がある	
0.1 ～ 0.25	弱い相関がある	
0.1 未満	非常に弱い相関がある	相関がない
0	相関がない（無相関）	

0.1が境目

※アンケート調査の解析場面で使われることが多いクラメール連関係数は低い値が出現することが多く、相関有無の基準を0.1と低くしている。

2 クラメール連関係数の計算方法

期待度数とは

所得階層と支持政党のクロス集計表において、回答人数の横計と全体の数値を掛け、全回答人数で割った値を求めます。求められた値を期待度数といいます。

	回答人数			
	A 政党	B 政党	C 政党	横計
全体	150	170	180	500
低所得層	30	45	75	150
中所得層	60	45	45	150
高所得層	60	80	60	200

期待度数			
	$150 \times 150 \div 500 = 45$	$170 \times 150 \div 500 = 51$	$180 \times 150 \div 500 = 54$
	$150 \times 150 \div 500 = 45$	$170 \times 150 \div 500 = 51$	$180 \times 150 \div 500 = 54$
	$150 \times 200 \div 500 = 60$	$170 \times 200 \div 500 = 68$	$180 \times 200 \div 500 = 72$

クラメール連関係数

期待度数の横%を算出します。

	期待度数			
	A 政党	B 政党	C 政党	横計
全体	150	170	180	500
低所得層	45	51	54	150
中所得層	45	45	54	150
高所得層	60	68	72	200

横%表			
A 政党	B 政党	C 政党	横計
30%	34%	36%	100%
30%	34%	36%	100%
30%	34%	36%	100%
30%	34%	36%	100%

期待度数の横%はどの所得階層も全体と一致します。このような集計結果が得られた場合、所得階層と政党支持率は「関連性がまったくない」といえ、クラメール連関係数は0となります。

調査より得られたクロス集計表の回答人数を実測度数といいます。実測度数と期待度数の値を比べ、値が一致すればクラメール連関係数は0、値の差が大きくなるほどクラメール連関係数は大きくなると考えます。

この考えに基づき、次に示す式で各セルの値を計算します。

$(実測度数 - 期待度数)^2 / 期待度数$

実測度数			
	A 政党	B 政党	C 政党
低所得層	30	45	75
中所得層	60	45	45
高所得層	60	80	60

期待度数			
	A 政党	B 政党	C 政党
低所得層	45	51	54
中所得層	45	51	54
高所得層	60	68	72

	A政党	B政党	C政党
低所得層	$(30-45)^2/45$	$(45-51)^2/51$	$(75-54)^2/54$
中所得層	$(60-45)^2/45$	$(45-51)^2/51$	$(45-54)^2/54$
高所得層	$(60-60)^2/60$	$(80-68)^2/68$	$(60-72)^2/72$

	A政党	B政党	C政党
低所得層	5.0000	0.7059	8.1667
中所得層	5.0000	0.7059	1.5000
高所得層	0.0000	2.1176	2.0000

全セルの合計　25.1961

セルの値の合計を**カイ２乗値**といいます。

クラメール連関係数rはカイ２乗値を用いて求められます。

公式

$$クラメール連関係数 = \sqrt{\frac{カイ\ 2\ 乗値}{n\,(k-1)}}$$

nはサンプルサイズ。
kはクロス集計表２項目のカテゴリー数で小さい方の値。

具体例19のクラメール連関係数は0.1587です。

$$\sqrt{\frac{25.1961}{500 \times (3-1)}} = \sqrt{0.0252} = 0.1587$$

3

3.8 相関比

1 相関比の概要

相関比は**カテゴリーデータ**と**数量データ**の相関関係を把握する解析手法です。

Q. 具体例20

15人の消費者に好きな商品と年齢を尋ねました。

回答データ

No	年齢(才)	好きな商品
1	24	C
2	43	B
3	35	A
4	48	B
5	35	C
6	38	B
7	20	C
8	38	C
9	40	B
10	36	A
11	29	A
12	41	B
13	29	C
14	32	A
15	22	C

年齢の基本統計量	
平均	34.0
偏差平方和	894
分散	68.8
標準偏差	8.3

好きな商品と年齢の関係を調べることにします。好きな商品はカテゴリーデータ、年齢は数量データです。カテゴリーデータと数量データの基本解析は**カテゴリー別平均**を算出することです。

具体例のカテゴリー別平均、すなわち商品の平均年齢を示します。

商品別年齢データ

A	B	C
29	38	20
32	40	22
35	41	24
36	43	29
	48	35
		38

商品別年齢平均値

	A	B	C	全体
合計	132	210	168	510
回答人数	4	5	6	15
平均値	33.0	42.0	28.0	34.0

商品の年齢のグラフを見ると、年齢の平均値に違いが見られました。

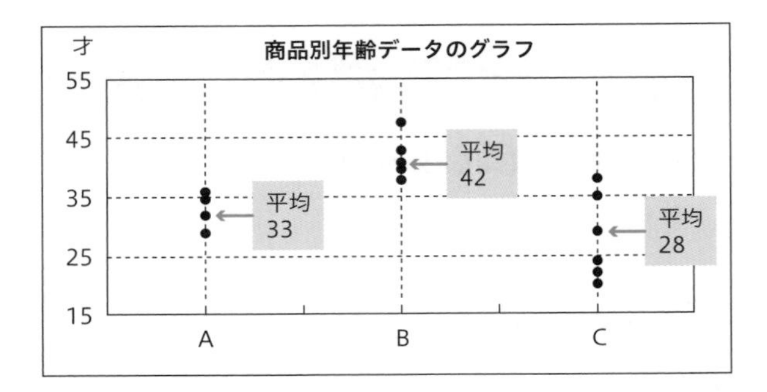

違いがあるということは、ある特定の年齢層で特定の商品を嗜好しているということで、年齢と商品には関連性があると判断できます。しかしながらカテゴリー別平均からは関連性の強弱まではわかりません。カテゴリーデータと数量データとの関連性の強さを明らかにする解析手法が**相関比**です。相関比は0～1の間の値で、値が大きいほど関連性は強くなります。

相関比はいくつ以上あれば関連性があるという統計学的基準はありません。平均を見て関連性があると思えても相関の値は大きい値を示さないことを考慮して、次のような基準とします。

<table>
<tr><th>相関比</th><th>細かくいうなら</th><th>おおまかにいうなら</th></tr>
<tr><td>0.5 ～ 1.0</td><td>強い相関がある</td><td rowspan="3">相関がある</td></tr>
<tr><td>0.25 ～ 0.5</td><td>相関がある</td></tr>
<tr><td>0.1 ～ 0.25</td><td>弱い相関がある</td></tr>
<tr><td>0.1 未満</td><td>非常に弱い相関がある</td><td rowspan="2">相関がない</td></tr>
<tr><td>0</td><td>相関がない（無相関）</td></tr>
</table>

0.1が境目

2 相関比算出の考え方

商品ごとの年齢幅を見ると、A商品嗜好グループは29 ～ 36歳、B商品嗜好グループは38 ～ 48歳、C商品嗜好グループは20 ～ 38歳と年齢幅に違いが見られます。

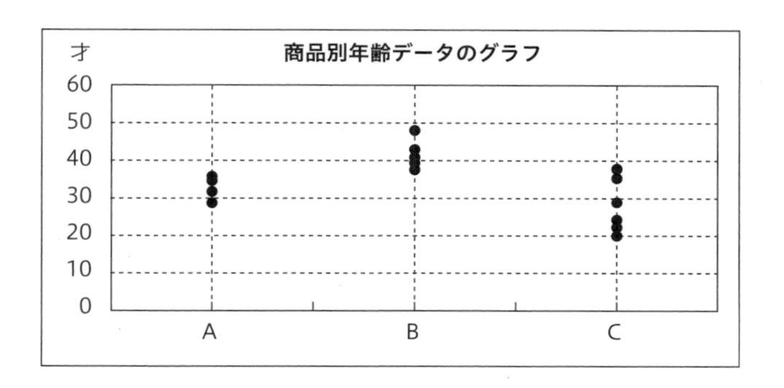

上図に示すように年齢幅に違いがあるとき、商品と年齢は関連があると考えます。それでは、年齢幅がどのようなとき、最も関連が「ある」あるいは「ない」かを調べてみます。

右上図のように、グループ内の年齢のばらつきが小さく、年齢幅が重ならないとき、商品と年齢の関係は強いと考える。

右下図のように、グループ内の年齢のばらつきが大きく、年齢幅が重なるとき、商品と年齢の関係は弱いと考える。

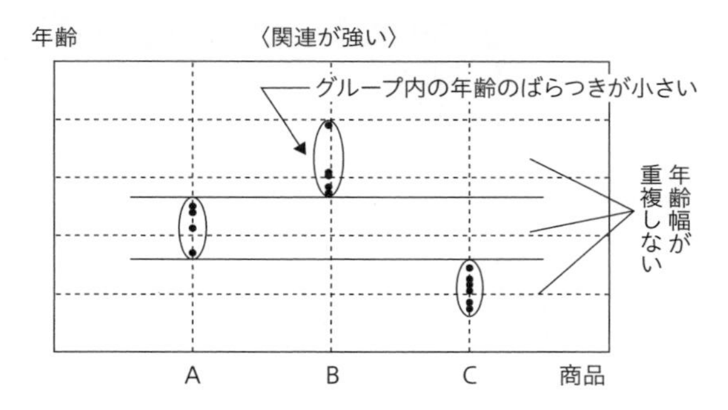

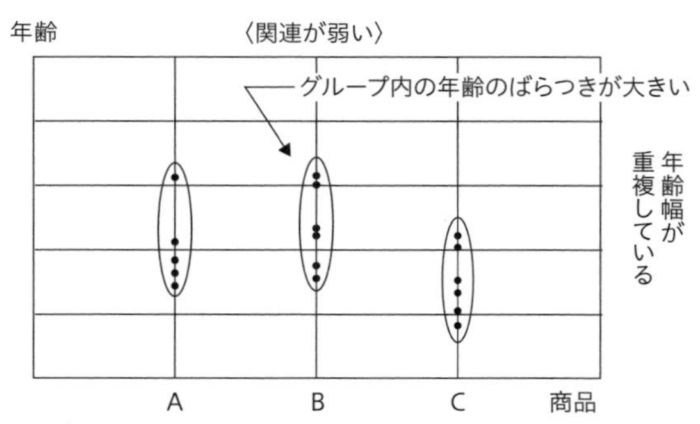

3　群内変動とは

相関比は、グループ内の変動（**群内変動**という）とグループ間の変動（**群間変動**という）を用いて計算します。

群内変動の求め方を説明します。
商品年齢データについて偏差平方和を計算します。
3つの偏差平方和を合計した値が群内変動です。群内変動をS_wで表わします。

$$S_w = S_1 + S_2 + S_3 = 30 + 58 + 266 = 354$$

商品別年齢データ

	A	B	C
	29	38	20
	32	40	22
	35	41	24
	36	43	29
		48	35
			38
平均	33	42	28

偏差平方和

	A		B		C	
	$(29-33)^2$	16	$(38-42)^2$	16	$(20-28)^2$	64
	$(32-33)^2$	1	$(40-42)^2$	4	$(22-28)^2$	36
	$(35-33)^2$	4	$(41-42)^2$	1	$(24-28)^2$	16
	$(36-33)^2$	9	$(43-42)^2$	1	$(29-28)^2$	1
			$(48-42)^2$	36	$(35-28)^2$	49
					$(38-28)^2$	100
合計		30 S_1		58 S_2		266 S_3

4 群間変動とは

群間変動の求め方を説明します。

年齢幅が重複しないということは、年齢幅という3個のグループの変動が大きいことを、逆に年齢幅が重複するということは、3個のグループの変動が小さいことを意味します。

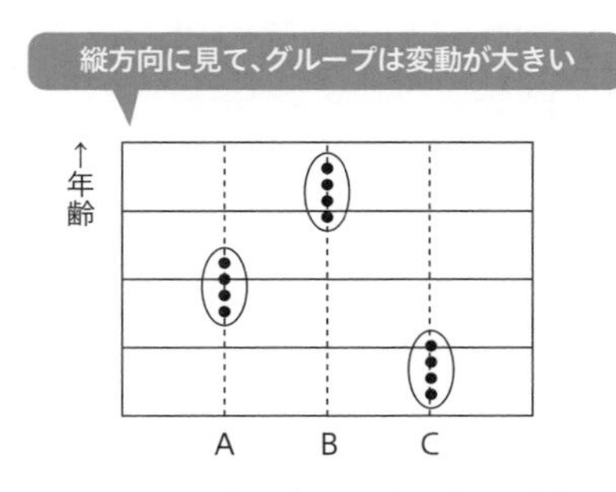

縦方向に見て、グループは変動が小さい

↑年齢

A　B　C

年齢幅の変動、すなわちグループ間の変動は、各グループの平均と全体平均との差から求められ、これを群間変動といいS_bで表します。

- 3個のグループの平均を、$\bar{U}_1$、$\bar{U}_2$、$\bar{U}_3$、全体平均を$\bar{U}$とする。
- 3個のグループの回答人数をn_1、n_2、n_3とする。
- このとき群間変動は、次に示すように個々の平均と全体平均の差の平方に各グループの人数を乗じて求められる。

$$S_b = n_1\left(\bar{U}_1 - \bar{U}\right)^2 + n_2\left(\bar{U}_2 - \bar{U}\right)^2 + n_3\left(\bar{U}_3 - \bar{U}\right)^2$$
$$= 4 \times (33 - 34)^2 + 5 \times (42 - 34)^2 + 6 \times (28 - 34)^2$$
$$= 540$$

※群内変動と群間変動の和は、偏差平方和に一致する。

群内変動354、群間変動540、偏差平方和894

354＋540＝894

5　相関比の計算方法

グループ内の年齢のばらつきが小さく年齢幅が重ならない、すなわち群内変動が小さく群間変動が大きいとき、関連があるといえます。そこで、2つの変動合計に対する群間変動の割合を求めます。これを相関比といい、η^2（イータ2乗と読む）で表します。

公式

$$\eta^2 = \frac{S_b}{S_w + S_b} \qquad S_b\ 群間変動 \qquad S_w\ 群内変動$$

商品年齢データの相関比を求めてみます。

$$S_w + S_b = 354 + 540 = 894 \qquad \eta^2 = \frac{540}{894} = 0.604$$

相関比の式を見ると、最も関連が強いとき、群内変動S_wは0、すなわちグループ内に属するデータがすべて同じになり、η^2は1になります。逆に、最も関連が弱いとき、群間変動S_bは0、すなわちグループ平均がすべて同じになり、η^2は0になります。

下記表は6ケースの商品年齢データについて商品年齢平均を求めたものです。

どのケースも全体平均は同じですが商品別平均年齢は異なります。商品平均の差が小さくなるに従い、相関比は小さくなります。ケース4まで商品間の平均値に差が見られ、ケース5は差があるかないかはっきりわからず、ケース6は差がないといえます。このことからも、相関比は0.1ぐらいより大きいと平均値に差があり、2項目間に関連があるといってよいという判断ができます。

	平均値				相関比
	A	B	C	全体	
ケース1	34	39	29	34	0.5040
ケース2	34	38	30	34	0.3941
ケース3	34	37	31	34	0.2679
ケース4	34	36	32	34	0.1399
ケース5	34	35	33	34	0.0410
ケース6	34	34	34	34	0.0000

第4章

母集団と標準誤差

この章で学ぶ解析手法を紹介します。解析手法の計算はフリーソフトで行えます。
フリーソフトは第17章17.2を参考にしてください。

解析手法名	英語名	フリーソフトメニュー	解説ページ
母集団	Population		64
標本	Sample		64
標本調査	Sample survey		64
母集団サイズ	Population size		64
サンプルサイズ	Sample size		64
母平均	Population mean		64
母比率	Population ratio		64
母標準偏差	Population standard deviation		64
標本平均	Sample mean	基本統計量	64
標本比率	Sample ratio	基本統計量	64
標本標準偏差	Sample standard deviation	基本統計量	64
中心極限定理	Central limiting theorem	中心極限定理	65
標本平均の平均	Average of sample means	中心極限定理	65
標本平均の標準偏差	Standard deviation of sample means	中心極限定理	65
標本平均の分布	Distribution of sample means	中心極限定理	66
標準誤差	Standard error	基本統計量	72
エラーバー	Error bars		74
誤差グラフ	Error graph		74
自由度	Freedom		75
標本平均の基準値	Sample mean normalize score	中心極限定理	78
標本割合の基準値	Sample ratio normalize score	中心極限定理	86
z分布	z-distribution	検定統計量T値	80
t分布	t-distribution	検定統計量T値	80

4.1 母集団と標本

日本で5年ごとに行われる国勢調査は、日本に在住するすべての人を調査することになっています。このような集団全体を対象とする調査を**全数調査**といいます。

ところで、調査の内容や目的によっては、集団全体を調査することが無意味であったり、不可能であったりすることがあります。例えば品質検査で全数調査を行ったとしたら、商品によっては、検査に合格しても売る製品がなくなってしまうこともあります。また、選挙の予想などに全数調査を実施しようものなら、たいへんな費用がかかるばかりでなく、調査結果が出る前に選挙が終わってしまった、ということにもなりかねません。

そこで、集団全体ではなく一部分を調査し、調査結果から全体を把握することを考えます。調べたい集団全体のことを**母集団**といいます。母集団に属する一部のデータを**サンプル**といい、サンプルを対象とする調査を**標本調査**といいます。標本調査は調査の結果から母集団について推測することを目的とします。

標本調査とアンケート調査の違い

標本調査は母集団の一部を調べ、母集団の性質を統計学的に推測するために実施する調査です。

これに対しアンケート調査は、関係者や有名人に意見を聞く調査を含めたもので、調査全般を指すものです。

母集団統計量と標本統計量

母集団全体の人数（個体数）を**母集団サイズ**、標本調査の人数を**サンプルサイズ**といいます。

母集団の平均、割合、標準偏差を**母集団統計量**といいます。母集団の平均を**母平均**、母集団の割合（比率）を**母比率**、母集団の標準偏差を**母標準偏差**といいます。

標本調査の平均、割合、標準偏差を**標本統計量**といいます。標本調査の平均を**標本平均**、標本調査の割合（比率）を**標本比率**、標本調査の標準偏差を**標本標準偏差**といいます。次の記号で表記することがあります。

	母集団統計量		標本統計量	
サイズ	母集団サイズ	N	サンプルサイズ	n
平均	母平均	m	標本平均	$\bar{x}$
比率	母比率	P	標本比率	$\bar{p}$
標準偏差	母標準偏差	σ	標本標準偏差	s

4.2 中心極限定理

1 中心極限定理とは

母平均を調べるために標本調査を行い、標本平均を算出します。

標本平均は必ずしも母平均に一致しません。しかし、現実的にはありえませんが標本調査を多数回繰り返し、行った標本調査の数だけの標本平均を求めたとします。求められた多数個の標本平均の平均は母平均に一致します。

両者の関係を図で見てみます。

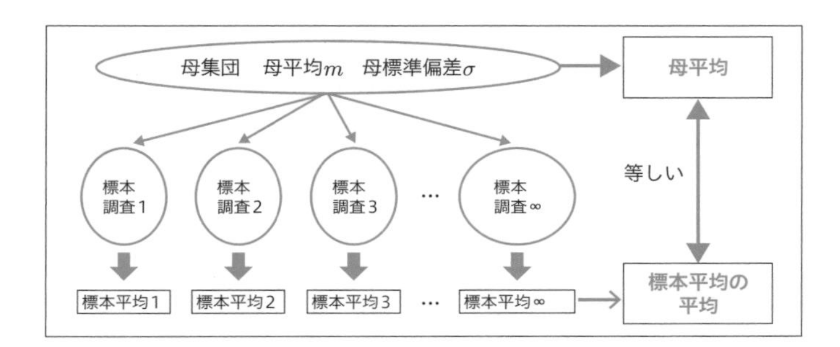

母集団の分布が正規分布であればnのいかんにかかわらず、下記が成立します。母集団が正規分布でなくてもサンプルサイズnが大きければ下記が成立します。「nが大きい」とは30ぐらい以上とします。

i 標本平均の平均は母平均mに等しい。

標本平均の平均 = 母平均 m

ii 標本平均の標準偏差は母標準偏差σを$\sqrt{n}$で割った値に等しい。

標本平均の標準偏差 = $\frac{\sigma}{\sqrt{n}}$　　$\frac{\sigma}{\sqrt{n}}$を標準誤差という。

iii 標本平均の分布は、正規分布になる。

正規分布の平均はm，標準誤差は$\frac{\sigma}{\sqrt{n}}$である。

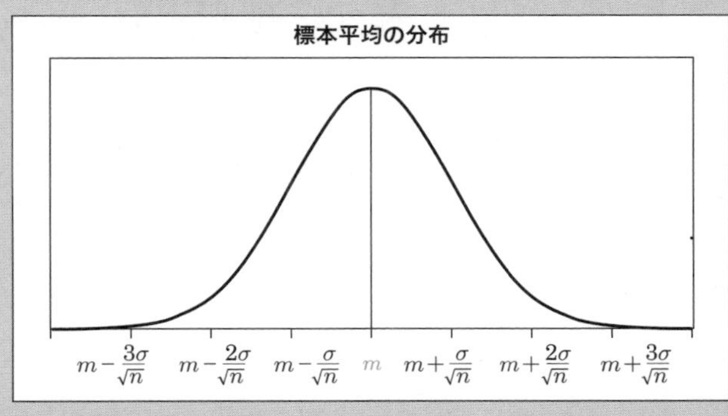

この定理を中心極限定理といいます。

2　標本平均の分布が正規分布になることの検証

母集団が正規分布の場合の標本平均の分布

Q. 具体例21

ある大手のコンビニ会社は10,000の店舗があります。
10,000店舗の1日の平均売上（日販）を調べたデータです。

店舗No.	コンビニ日販
1	83.9
2	78.0
3	59.8
4	63.4
5	100.3
⋮	⋮
9,998	86.7
9,999	71.6
10,000	104.1
単位	万円

10,000店舗の基本統計量を調べました。

	母集団統計量
店舗数	10,000
母平均	70.00
母標準偏差	20.00
最大値	158.99
最小値	5.99

10,000店舗の日販は、母平均70万円、母標準偏差20万円である。

10,000店舗の度数分布を調べ、正規分布曲線を当てはめました。

階級幅	階級値	度数	相対度数
5以上15未満	10	29	0.1%
15以上25未満	20	88	0.5%
25以上35未満	30	275	1.7%
35以上45未満	40	658	4.4%
45以上55未満	50	1,209	9.3%
55以上65未満	60	1,717	14.8%
65以上75未満	70	2,000	19.1%
75以上85未満	80	1,789	19.6%
85以上95未満	90	1,194	15.1%
95以上105未満	100	614	8.5%
105以上115未満	110	299	4.6%
115以上125未満	120	99	1.6%
125以上135未満	130	23	0.5%
135以上145未満	140	3	0.1%
145以上155未満	150	2	0.0%
155以上165未満	160	1	0.0%
	合計	10,000	100.0%

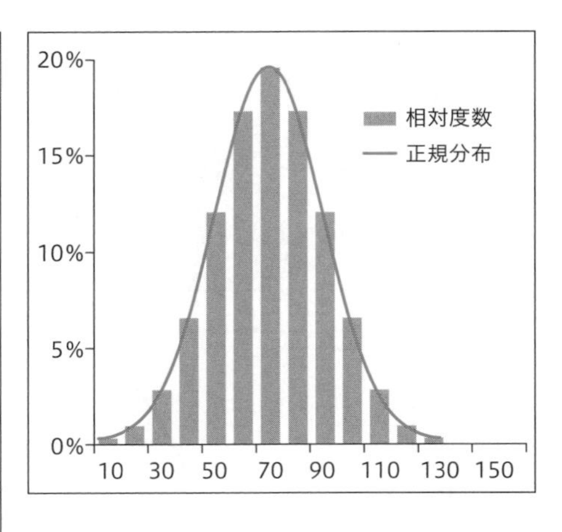

10,000店舗の度数分布は正規分布といえます。

10,000店舗を母集団とし、100店舗を調べる標本調査を行いました。

100店舗は10,000店舗からランダムに抽出しました。

100店舗の基本統計量を調べました。

抽出データ		
抽出No	店舗No	日販
1	8,502	87.4
2	4,900	89.6
3	5,377	55.0
4	9,303	79.2
5	8,326	87.7
⋮	⋮	⋮
98	953	66.2
99	8025	42.5
100	5811	38.4

標本統計量	
標本サイズ	100
標本平均	73.59
標本標準偏差	20.41

100店舗抽出する標本調査を繰り返し行い、計20,000回行いました。

20,000個の基本統計量を求めました。

標本調査No	標本平均	標本標準偏差
1	73.59	20.41
2	71.05	18.82
3	68.51	20.65
4	71.74	21.20
5	72.29	21.24
⋮	⋮	⋮
19,998	68.81	21.00
19,999	71.45	20.72
20,000	74.12	20.72
標本平均の平均	70.00	
標本平均の標準偏差	2.00	

前ページより、母平均mは70.00、母標準偏差σは20.00です。

$\sigma/\sqrt{n}$は2.00です。

母集団サイズ	10,000
母平均　m	70.00
母標準偏差　σ	20.00
標本サイズ　n	100
σ / $\sqrt{n}$	2.00
標本平均の平均	70.00
標本平均の標準偏差	2.00

i　標本平均の平均 70.0 は母平均 70.0 に等しい。

　標本平均の平均 = 母平均m

ii　標本平均の標準偏差 2.00 は母標準偏差 20.00 を$\sqrt{100}$で割った値に等しい。

　標本平均の標準偏差 = $\dfrac{\sigma}{\sqrt{n}}$

「標本平均の分布は、正規分布となる」ことを確かめてみます。
20,000個の標本平均の度数分布を作成しました。

下限値	上限値	階級値	度数	相対度数
62.5	63.5	63	10	0.1%
63.5	64.5	64	58	0.3%
64.5	65.5	65	200	1.0%
65.5	66.5	66	577	2.9%
66.5	67.5	67	1,285	6.4%
67.5	68.5	68	2,345	11.7%
68.5	69.5	69	3,599	18.0%
69.5	70.5	70	3,897	19.5%
70.5	71.5	71	3,502	17.5%
71.5	72.5	72	2,460	12.3%
72.5	73.5	73	1,250	6.3%
73.5	74.5	74	578	2.9%
74.5	75.5	75	183	0.9%
75.5	76.5	76	48	0.2%
76.5	77.5	77	8	0.0%
77.5	78.5	78	0	0.0%
		合計	20,000	100%

相対度数の折れ線グラフを描きます。

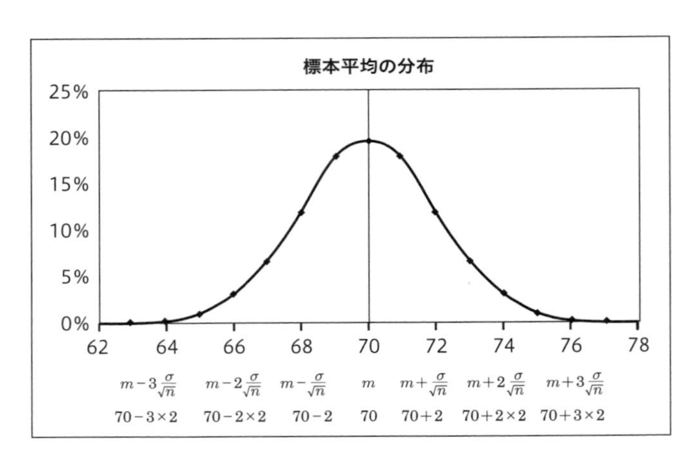

iii　標準平均の分布は正規分布になります。
　正規分布の平均は70（万円）、標準偏差は2（万円）です。

i、ii、iiiより中心極限定理が成立することを検証できました。

母集団が正規分布でない場合の標本平均の分布

Q. 具体例22

ある地区の主婦は10,000人います。
10,000人の主婦についてタンス貯金金額を調べたデータがあります。
このデータを母集団とします。

タンス貯金金額	
No	万円
1	8
2	3
3	22
4	28
5	6
6	0
⋮	⋮
9,998	5
9,999	14
10,000	35

10,000人の基本統計量を調べました。

	母集団統計量
主婦人数	10,000
母平均	30.0
母標準偏差	24.5
最大値	99
最小値	0

10,000人のタンス貯金は、母平均30万円、母標準偏差24.5万円である。

10,000人のタンス貯金の度数分布を調べました。
度数分布は正規分布ではありません。

階級幅	階級値	度数	相対度数
0〜9	5	2,520	25.2%
10〜19	15	1,900	19.0%
20〜29	25	1,381	13.8%
30〜39	35	1,110	11.1%
40〜49	45	829	8.3%
50〜59	55	800	8.0%
60〜69	65	495	5.0%
70〜79	75	544	5.4%
80〜89	85	184	1.8%
90〜99	95	237	2.4%
	合計	10,000	100.0%

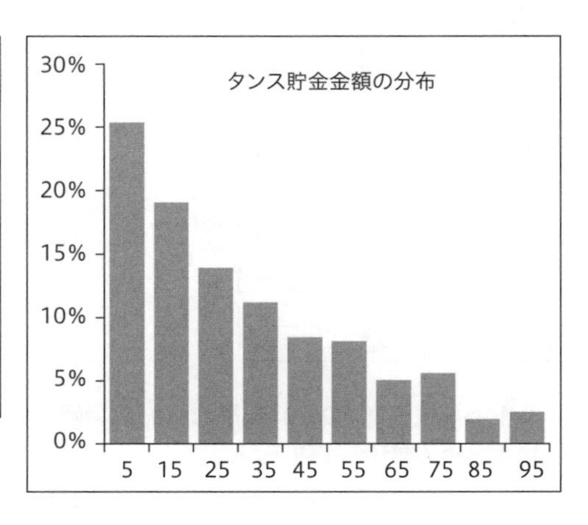

10,000人を母集団とし、100人を調べる標本調査を行いました。
100人は10,000人からランダムに抽出しました。
100人の基本統計量を調べました。

抽出データ		
抽出No	主婦No	貯金金額
1	333	54
2	7,063	52
3	5,921	6
4	6,580	72
5	9,778	2
⋮	⋮	⋮
98	5539	22
99	3173	6
100	3651	35

標本統計量	
標本サイズ	100
標本平均	27.13
標本標準偏差	25.46

100人抽出する標本調査を繰り返し行い、計20,000回行いました。
20,000個の基本統計量を求めました。

標本調査No	標本平均	標本標準偏差
1	27.13	25.46
2	27.93	24.02
3	30.83	25.32
4	27.96	23.03
5	26.04	22.45
⋮	⋮	⋮
19,998	28.80	23.57
19,999	33.38	25.00
20,000	32.22	24.79
標本平均の平均	30.00	
標本平均の標準偏差	2.45	

前ページより、母平均mは30.00、母標準偏差σは24.5です。$\sigma/\sqrt{n}$は2.45です。

母集団サイズ	10,000
母平均　m	30.0
母標準偏差　σ	24.5
標本サイズ　n	100
$\sigma / \sqrt{n}$	2.45
標本平均の平均	30.0
標本平均の標準偏差	2.45

i　標本平均の平均 30.0 は母平均 30.0 に等しい。
　標本平均の平均 = 母平均m

ii　標本平均の標準偏差 2.45 は母標準偏差 24.5 を$\sqrt{100}$で割った値 2.45 に等しい。
　標本平均の標準偏差 = $\sigma/\sqrt{n}$

「標本平均の分布は、正規分布となる」ことを確かめてみます。
20,000 個の標本平均の度数分布を作成しました。

下限値	上限値	階級値	度数	相対度数
	23.5	23	60	0.3%
23.5	24.5	24	137	0.7%
24.5	25.5	25	372	1.9%
25.5	26.5	26	884	4.4%
26.5	27.5	27	1,594	8.0%
27.5	28.5	28	2,416	12.1%
28.5	29.5	29	3,060	15.3%
29.5	30.5	30	3,193	16.0%
30.5	31.5	31	2,953	14.8%
31.5	32.5	32	2,202	11.0%
32.5	33.5	33	1,480	7.4%
33.5	34.5	34	936	4.7%
34.5	35.5	35	422	2.1%
35.5	36.5	36	196	1.0%
36.5	37.5	37	71	0.4%
37.5	42.0	38	24	0.1%
		合計	20,000	100%

相対度数の折れ線グラフを描きました。

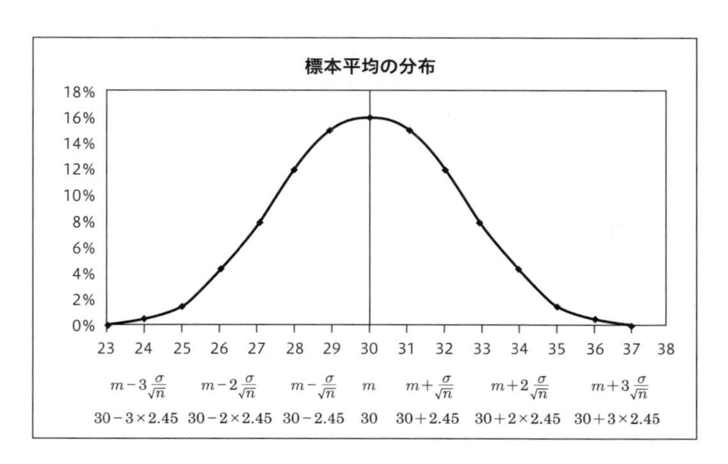

iii 「標本平均の分布は正規分布」になります。
正規分布の平均は 30（万円）、標準偏差は 2.45（万円）です。

i 、ii 、iii より中心極限定理が成立することを検証しました。

4.3 標準誤差

1 標準誤差とは

標準誤差は母標準偏差σを$\sqrt{n}$で割った値です。

$$標準誤差 = \frac{\sigma}{\sqrt{n}}$$

母標準偏差σが未知である場合、標本調査の標準偏差sを適用します。

$$標準誤差 = \frac{標本標準偏差}{\sqrt{n}} = \frac{s}{\sqrt{n}}$$

標準誤差：standard error　　SEと表記することがある

Q. 具体例23

具体例21の延長問題です。
ある大手のコンビニ会社は10,000の店舗があります。100店舗を抽出し日販を調べました。標本平均は73.59万円、標本標準偏差は20.41万円で標準誤差を求めると2.041万円でした。
標準誤差 SE ＝ 標本標準偏差 ÷ $\sqrt{n}$ ＝ 20.41 ÷ $\sqrt{100}$ ＝ 2.041
標準誤差からどのようなことがいえるかを述べなさい。

標準誤差SEからわかること

標本平均は73.59万円だったが、再度調査をしたら73.59万円とは異なる値となることが予想されます。

何回も調査をすれば標本平均はばらつき、標準誤差はそのばらつきを測る値です。

標準誤差は母標準偏差σが既知であれば$\frac{\sigma}{\sqrt{n}}$で求められます。

通常、母標準偏差σは未知なのでσは標本標準偏差sであるとし、$\frac{s}{\sqrt{n}}$を標準誤差とします。

標準誤差から標本平均のばらつく範囲がわかります。

　範囲：「標本平均－標準誤差」～「標本平均＋標準誤差」

具体例23のばらつき範囲を求めます。

　標本平均－標準誤差＝73.59 － 2.041＝71.549

　標本平均＋標準誤差＝73.59 ＋ 2.041＝75.631

母集団における平均は71.5万円から75.6万円の間にある可能性が高いと推測できます。

2 mean ± SD、mean ± SEとは

mean ± SDは平均±**標準偏差**のことです。

mean ± SDは、平均と標準偏差から集団の特徴を表したものです。

データが正規分布であることがわかっている場合、mean ± SDの範囲にデータの約68%が収まり、mean ± 2 × SDの範囲に約95%、mean ± 3 × SDの範囲にデータの約100%が収まることがわかります。

学生数が500人の学校におけるテスト成績の平均値が60点、標準偏差が10点でした。

mean ± SDは、得点は正規分布であるとすると、60 ± 10、すなわち50点〜70点の学生は500人の68% =340人いることがわかります。

mean ± SEは標本平均±**標準誤差**のことです。

mean ± SEは、標本平均と標準誤差から母平均の範囲を表したものです。

ある地域の成人女性400人を対象に喫煙本数の調査をしました。標本平均は11.5本、標本標準偏差は3.8本でした。標準誤差SEは0.19です。

$\mathrm{SE} = \text{標準偏差} \div \sqrt{n} = 3.8 \div \sqrt{400} = 3.8 \div 20 = 0.19$

mean ± SEを計算すると、11.5 ± 0.19、11.31 〜 11.69です。母平均は標本調査を100回行ったとしたら、ほぼ68回は11.3本〜11.7本の範囲に収まることを意味しています。言い換えれば、喫煙本数の母平均が11.3本〜11.7本であるという推定の信頼度は68%ということです。

mean ± 2 × SEという表記がありますが、これは母平均の推定幅の信頼度が95%であることを意味します。母平均の推定公式としてはmean ± 2 × SEでなく、mean ± 1.96 × SEを用いるのが正しいです。

喫煙本数の例で示すと、母平均の推定幅は11.5 ± 1.96 × 0.19、11.1本〜11.9本です。この推定幅の信頼度は95%、この判断を間違える確率は5%です。

※母平均の推定の詳細は第5章をご覧ください。

Q. 具体例24

報告書や論文での表記例を示します。

n = 400

項目	mean ± SD
BMI	26.2 ± 4.1
喫煙本数/1日	11.5 ± 3.8
飲酒回数/1ヵ月	7.2 ± 6.5

n = 400

項目	mean ± SE
BMI	26.2 ± 0.205
喫煙本数/1日	11.5 ± 0.190
飲酒回数/1ヵ月	7.2 ± 0.325

SD（標準偏差）かSE（標準誤差）のどちらで算出したかを表記する必要があります。

3　誤差グラフ、エラーバーとは

平均値を棒グラフや折れ線グラフで描いたとき、平均値の上に乗せたT字をエラーバーといい、平均値とT字を描いたグラフを誤差グラフといいます。

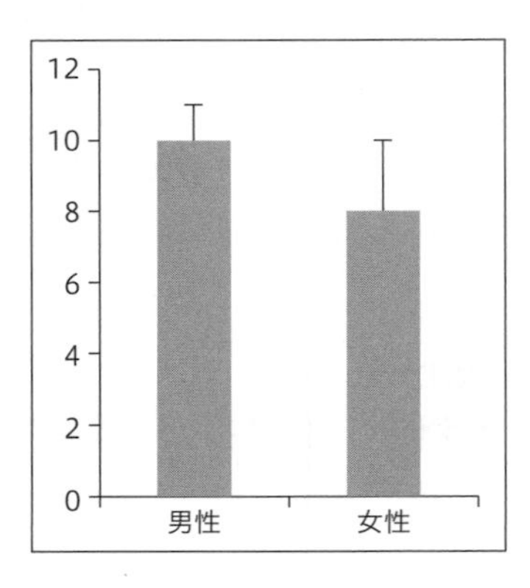

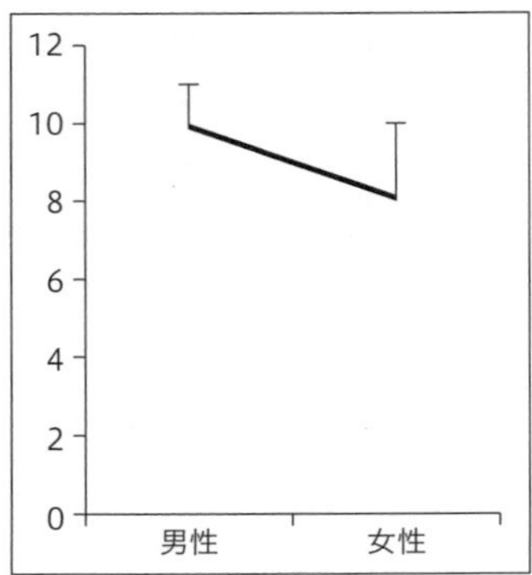

エラーバーはデータのばらつきを示すもので、エラーバーの長さは標準偏差（SD）あるいは標準誤差（SE）を適用します。

前ページでmean ± SD、mean ± SEを示しましたが、誤差グラフはmean + SD、mean + SEを視覚化したものです。

SD、SEのどちらを適用したかは誤差グラフのどこかに記載しなければなりません。

	mean ± SD	mean ± SE
ねらい	集団全体の特徴を把示す	母集団の平均値が収まる範囲を示す

具体例24について誤差グラフを示します。

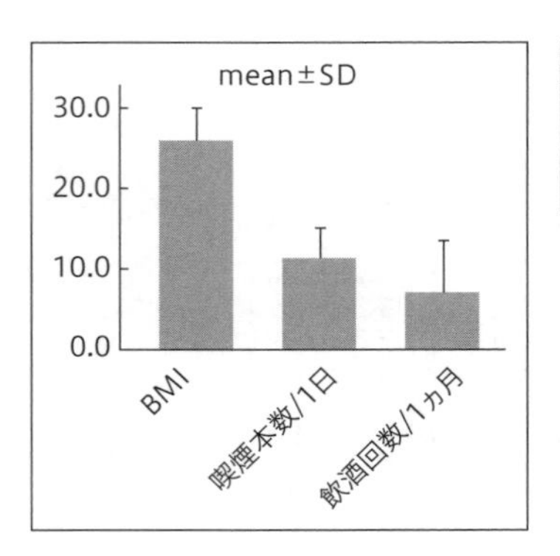

項目	平均	標準偏差
BMI	26.2	4.1
喫煙本数/1日	11.5	3.8
飲酒回数/1ヵ月	7.2	6.5

4.4 自由度

1 自由度とは

自由度とは、データ表や集計結果表の合計や平均値があるときに、合計（平均値）を変えずにデータを自由に変えた場合、自由に変えられるデータ個数のことです。

4

データ表

数字が書かれた多数のカードがあります。このカードの中から3枚を無作為に取り出す標本調査をします。ただし、抽出したカードの合計は15、標本平均は5とします。

抽出した1枚目のカードの数字は3、2枚目は4だったとします。合計が15という制約があるので3枚目は8のカードしか選択できず、自由に抽出することはできません。自由に抽出できるカードは2枚のみです。

（ 3 ＋ 4 ＋ ? ）÷ 3 ＝ 平均5 → ? ＝ 8

2枚のみ自由に選択できる

自由に値を取れるデータの個数を**自由度**といいます。自由度は3個から1つ引いた値で2個です。

標本平均を算出するための自由度はサンプルサイズnから1を引いた値$n-1$です。

2つの群平均比較におけるデータ表

2群の標本平均から2群の母平均に差があるかを調べる方法に**t検定**があります。

※t検定は第7章**7.3**で解説。

2つの群のサンプルサイズをn_1、n_2とします。

それぞれの群で自由にとれる個数はn_1、n_2なので、2群全体の自由度は$(n_1-1)+(n_2-1)$で、n_1+n_2-2となります。

単純集計表(度数分布表)

さいころを投げて6つの目の出現回数を調べ、出現回数が同等に出ているかを調べる方法に**適合度検定**があります。

※適合度検定は第9章**9.2**で解説。

下記はさいころを60回投げたときのさいころの目の出現回数です。

合計60回を固定し各目の出現回数をデータとすると、自由に取れるデータすなわち自由度は6から1つ引いた値で5です。

カテゴリー数をcとすると自由度は$c-1$で求められます。

単純集計表(度数分布表)						
1の目	2の目	3の目	4の目	5の目	6の目	合計
9	10	12	8	10	11	60

クロス集計表

性別商品保有有無のクロス集計表において、性別と商品保有有無に関連があるかを調べる方法に**カイ2乗検定(独立性の検定)**があります。

※カイ2乗検定(独立性の検定)は第9章**9.3**で解説。

クロス集計表(人数表)			
	保有	非保有	横計
男性	2	8	10
女性	24	16	40
縦計	26	24	50

縦計、横計を固定し、4つのセルに自由に数値を入れます。仮に、男性の保有に4(人)を入れると、他のセルは自動的に決まってしまいます。

クロス集計表(人数表)			
	保有	非保有	横計
男性			10
女性			40
縦計	26	24	50

クロス集計表(人数表)			
	保有	非保有	横計
男性	4	6	10
女性	22	18	40
縦計	26	24	50

したがって、自由に取れる数は1つなので自由度は1です。

2×2のクロス集計表の自由度は1ですが、クロス集計の2項目のカテゴリー数をC_1、C_2とすると自由度は次式で求められます。

$$自由度 = (C_1 - 1) \times (C_2 - 1)$$

$C_1 = 2, C_2 = 3$の自由度は、次となります。

$$自由度 = (2-1) \times (3-1) = 2$$

6つのセルのうち2つを決めれば、残りの4つは自動的に決まります。

2 標本標準偏差は自由度$n-1$で割る理由

分散および標準偏差の求め方は、2つの方法があることを第1章で示しました。

① 分散 $= \dfrac{偏差平方和}{N}$　　Nは母集団のサンプルサイズ

標準偏差 $= \sqrt{\dfrac{偏差平方和}{N}}$

② 分散 $= \dfrac{偏差平方和}{n-1}$　　nは標本調査のサンプルサイズ

標準偏差 $= \sqrt{\dfrac{偏差平方和}{n-1}}$

②で求めた分散は**不偏分散**といいます。

観測したデータ全体のばらつきを見る場合は、①の公式を適用します。

標本調査で抽出したデータから母集団の平均や母標準偏差を推測するとき、抽出データのばらつきを見る場合は②を適用します。

②における分散および標準偏差は自由度$n-1$で割っています。

自由度$n-1$で割る理由を解説します。母平均がわかっていれば、偏差平方和は「個々のデータについて(データ － **母平均**)^{2}を計算し合計した値」で求められます。

しかし標本調査をする際、母平均がわからないのが通常です。したがって偏差平方和は「個々のデータについて(データ － **標本平均**)^{2}を計算し合計した値」で求めます。

先に示しましたが、標本平均を算出するための自由度は$n-1$です。偏差平方和を計算する際、母平均でなく標本平均を代わりに使うということはn個あるデータのうち自由に抽出できないサンプルが1個あることから、「実質的に自由に値を取れるデータ」の個数として1つ分の情報量を失ったことを意味しています。

そのため、不偏分散の計算ではnでなく$n-1$で割っています。

具体例21は20,00回の標本調査を行い、20,000個の標本標準偏差を算出しています。

標本標準偏差を算出する際、標本標準偏差($n-1$)と標本標準偏差(n)の2つを算出しました。

標本標準偏差の平均を算出し、母標準偏差の値と比べました。

母標準偏差　σ	20.00
標本標準偏差(n－1)の平均	20.00
標本標準偏差(n)の平均	19.90

標本調査No	標本平均	標本標準偏差(n－1)	標本標準偏差(n)
1	73.59	20.41	20.31
2	71.05	18.82	18.73
3	68.51	20.65	20.55
4	71.74	21.20	21.09
5	72.29	21.24	21.13
⋮	⋮	⋮	⋮
19,998	68.81	21.00	20.89
19,999	71.45	20.72	20.62
20,000	74.12	20.72	20.62
	平均	20.00	19.90

標本標準偏差($n-1$)の平均は母標準偏差σと一致しました。標本標準偏差の分母はnでなく、$n-1$とすべきことがわかります。

4.5 標本平均の基準値の分布

1 標本平均の基準値

標本平均の基準値とは何かを説明します。

その前に第1章で解説した基準値についておさらいします。

基準値とは、集団に属するサンプルデータが、集団の中でどの位置にあるかを示す数値です。あるサンプルの基準値が0であれば集団の真ん中、0から遠のくほど集団の真ん中から外れていることを意味します。

基準値は個体データから平均値を引き、その値を標準偏差で割ることによって求められます。

$$基準値 = \frac{個体データ - 平均値}{標準偏差}$$

標本調査を多数回行ったとき、多数個の標本平均の集まりを集団として基準値を検討します。

標本平均の基準値とは、ある1つの標本調査における標本平均を$\bar{x}$、標本標準偏差をsとしたとき、標本平均$\bar{x}$が集団（多数個の標本平均の集まり）の中でどの位置にあるかを示す数値です。

ある1つの標本平均の基準値

$$= \frac{ある1つの標本平均\bar{x} - 多数個の標本平均の平均}{多数個の標本平均の標準偏差}$$

$$= \frac{\bar{x} - 母平均\ m}{母標準偏差\sigma/\sqrt{n}}$$

中心極限定理より、「i　標本平均の平均は母平均mに一致」、「ii　標本平均の標準偏差は母標準偏差$\sigma/\sqrt{n}$に一致」します。

上記式において母標準偏差σの代わりに、ある1つの標本標準偏差sを適用する基準値もあります。前者を母標準偏差σが既知の場合の基準値、後者を母標準偏差σが未知の場合の基準値といいます。

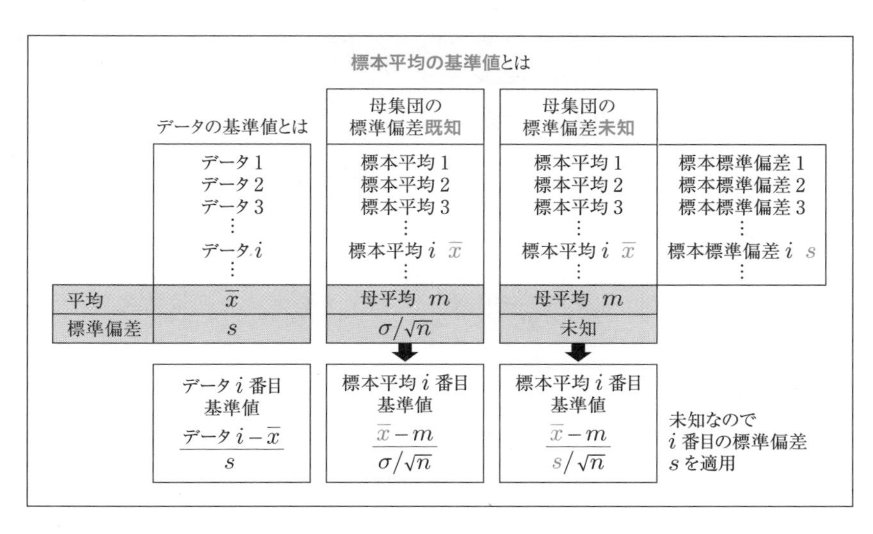

具体例21コンビニ日販では20,000個の標本平均を求めました。
20,000個の標本平均の基準値を求めます。

店舗数 N	10,000
母平均 m	70
母標準偏差 σ	20
サンプルサイズ n	100

標本調査No	標本平均 $\bar{x}$	標本標準偏差 s	$\sigma/\sqrt{n}$	$s/\sqrt{n}$	標本平均の基準値 母標準偏差既知	標本平均の基準値 母標準偏差未知
1	73.59	20.41	2.00	2.04	1.79	1.76
2	71.05	18.82	2.00	1.88	0.52	0.56
3	68.51	20.65	2.00	2.07	−0.75	−0.72
4	71.74	21.20	2.00	2.12	0.87	0.82
5	72.29	21.24	2.00	2.12	1.14	1.08
⋮	⋮	⋮	⋮	⋮	⋮	⋮
19,998	68.81	21.00	2.00	2.10	−0.60	−0.57
19,999	71.45	20.72	2.00	2.07	0.72	0.70
20,000	74.12	20.72	2.00	2.07	2.06	1.99

<計算例>標本調査No1の標本平均の基準値

母標準偏差既知
$$\frac{\bar{x}-m}{\sigma/\sqrt{n}} = \frac{73.59-70.0}{20/\sqrt{100}} = 1.79$$

母標準偏差未知
$$\frac{\bar{x}-m}{s/\sqrt{n}} = \frac{73.59-70.0}{20.41/\sqrt{100}} = 1.76$$

2　標本平均の基準値の分布

多数個の「標本平均の基準値」の度数分布を作成しグラフを作成すると、グラフの形状はz分布あるいはt分布になります。

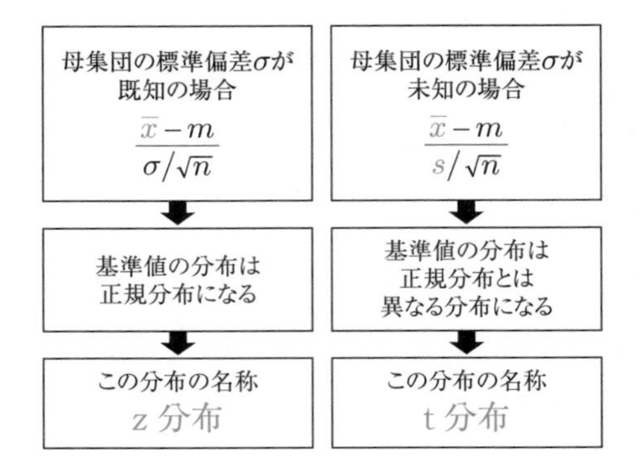

ここでz分布、t分布はどのような分布かを説明しておきます。

z分布

第2章**2.4**で説明した**標準正規分布**のことです。

z分布は平均値0、標準偏差1の正規分布のことです。

グラフは横軸0で最大、横軸−3、+3でほぼ0になる曲線です。

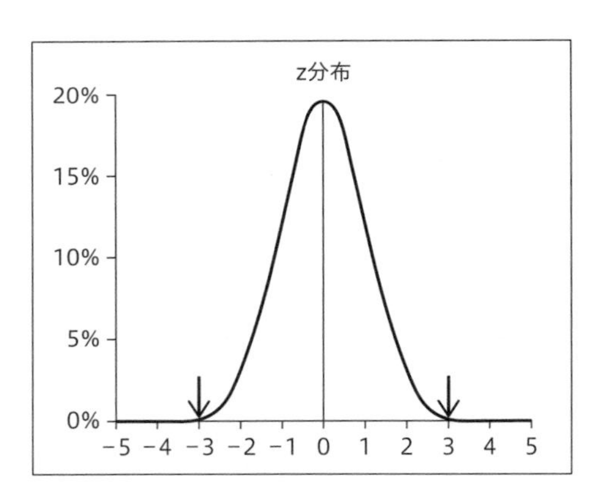

t分布

z分布同様、左右対称の富士山型の曲線であるがz分布より横幅が広い。

t分布は自由度1のt分布、自由度2のt分布、自由度3のt分布、…、と多数あり、自由度500以上のt分布はz分布にほぼ一致します。

ここでは自由度9のt分布を紹介します。

自由度が大きくなるにつれ横幅は狭くなります。

※t分布の詳細解説は第16章**16.2**で解説。

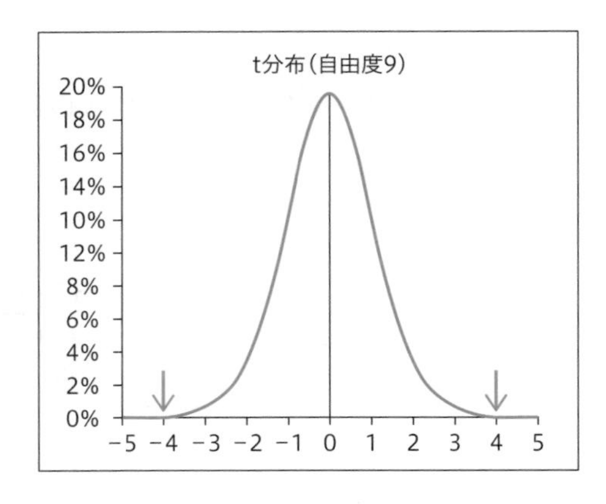

標本平均の基準値の分布がz分布、t分布になることの検証

標本平均の基準値の分布は母集団が正規分布であるか否か、サンプルサイズが30以上か否か、母標準偏差が既知か未知かによって異なります。

母集団	サンプルサイズ	母標準偏差既知	母標準偏差未知
正規分布である	n30 以上	z分布になる	z分布になる
	n30 未満	z分布になる	t分布になる
正規分布でない	n30 以上	z分布になる	t分布になる
	n30 未満	z分布になる	t分布にならない

下記の4つのケースについて検証します。

	母集団	サンプルサイズ	母標準偏差既知	母標準偏差未知
検証 1	正規分布でない	n=100	z分布	t分布
検証 2	正規分布でない	n=40	z分布	t分布
検証 3	正規分布でない	n=10	z分布	別の分布
検証 4	正規分布である	n=10	z分布	t分布

検証に適用する母集団は次とします。

母標準偏差既知の事例：具体例21のコンビニ日販

母標準偏差未知の事例：具体例22のタンス貯金金額

検証の手順は次によって行います。

1. 母集団10,000データからサンプルサイズnの標本調査を50,000回行う
2. 50,000個の標本平均、標本標準偏差を算出する
3. 標本平均の基準値を計算する
   母標準偏差既知の場合と母標準偏差未知の場合の両方を算出。
4. 標本平均の基準値の度数分布を計算する
   母標準偏差既知の場合と母標準偏差未知の場合の両方を算出。
5. 度数分布の相対度数の折れ線グラフを描く
   母標準偏差既知の場合と母標準偏差未知の場合の両方を描く。
6. 母標準偏差既知の場合の折れ線グラフとz分布を比較
   母標準偏差未知の場合の折れ線グラフとt分布を比較。

検証１

母集団正規分布でない　n=100　母平均 m=30　母標準偏差=24.5
n=100より、t分布の自由度 $n-1$=99です。

度数分布の横軸			母標準偏差未知		z 分布	母標準偏差未知		t 分布
階級幅		階級値	度数	相対度数		度数	相対度数	
−5.75	−5.25	−5.5	0	0.0%	0.0%	0	0.0%	0.0%
−5.25	−4.75	−5.0	0	0.0%	0.0%	2	0.0%	0.0%
−4.75	−4.25	−4.5	0	0.0%	0.0%	5	0.0%	0.0%
−4.25	−3.75	−4.0	0	0.0%	0.0%	37	0.1%	0.0%
−3.75	−3.25	−3.5	1	0.0%	0.0%	64	0.1%	0.1%
−3.25	−2.75	−3.0	13	0.0%	0.2%	213	0.4%	0.3%
−2.75	−2.25	−2.5	261	0.5%	0.9%	614	1.2%	1.0%
−2.25	−1.75	−2.0	1,238	2.5%	2.8%	1,591	3.2%	2.8%
−1.75	−1.25	−1.5	3,580	7.2%	6.6%	3,261	6.5%	6.6%
−1.25	−0.75	−1.0	6,520	13.0%	12.1%	5,979	12.0%	12.0%
−0.75	−0.25	−0.5	9,158	18.3%	17.5%	8,507	17.0%	17.4%
−0.25	0.25	0.0	9,845	19.7%	19.7%	9,863	19.7%	19.7%
0.25	0.75	0.5	8,268	16.5%	17.5%	8,852	17.7%	17.4%
0.75	1.25	1.0	5,482	11.0%	12.1%	6,140	12.3%	12.0%
1.25	1.75	1.5	3,240	6.5%	6.6%	3,241	6.5%	6.6%
1.75	2.25	2.0	1,539	3.1%	2.8%	1,202	2.4%	2.8%
2.25	2.75	2.5	614	1.2%	0.9%	345	0.7%	1.0%
2.75	3.25	3.0	181	0.4%	0.2%	71	0.1%	0.3%
3.25	3.75	3.5	54	0.1%	0.0%	9	0.0%	0.1%
3.75	4.25	4.0	6	0.0%	0.0%	3	0.0%	0.0%
4.25	4.75	4.5	0	0.0%	0.0%	1	0.0%	0.0%
4.75	5.25	5.0	0	0.0%	0.0%	0	0.0%	0.0%
5.25	5.75	5.5	0	0.0%	0.0%	0	0.0%	0.0%
		合計	50,000	100.0%	100.0%	50,000	100.0%	100.0%

ほぼ一致　　ほぼ一致

※0.1%以上に彩色

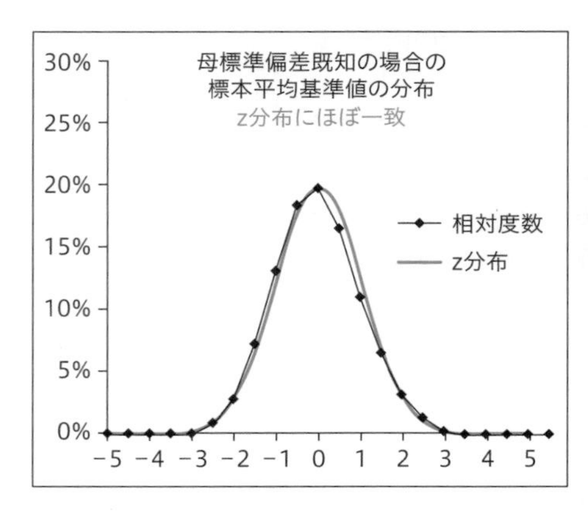

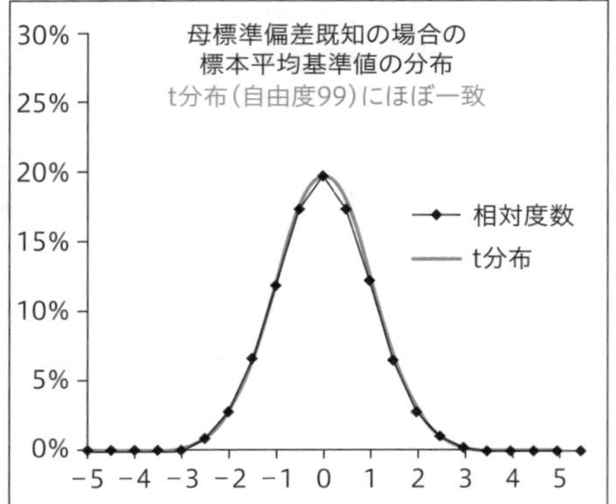

母標準偏差既知の標本平均基準値の分布はz分布になります。
母標準偏差未知の標本平均基準値の分布はt分布になります。

検証2

母集団正規分布でない　$\boldsymbol{n}$=40　母平均m=30　母標準偏差=24.5

n=40より、t分布の自由度$n-1$=39です。

度数分布の横軸			母標準偏差未知		z分布	母標準偏差未知		t分布
階級幅		階級値	度数	相対度数		度数	相対度数	
−5.75	−5.25	−5.5	0	0.0%	0.0%	3	0.0%	0.0%
−5.25	−4.75	−5.0	0	0.0%	0.0%	15	0.0%	0.0%
−4.75	−4.25	−4.5	0	0.0%	0.0%	23	0.0%	0.0%
−4.25	−3.75	−4.0	0	0.0%	0.0%	59	0.1%	0.0%
−3.75	−3.25	−3.5	7	0.0%	0.0%	137	0.3%	0.1%
−3.25	−2.75	−3.0	75	0.2%	0.2%	306	0.6%	0.3%
−2.75	−2.25	−2.5	364	0.7%	0.9%	776	1.6%	1.1%
−2.25	−1.75	−2.0	1,334	2.7%	2.8%	1,660	3.3%	2.9%
−1.75	−1.25	−1.5	3,393	6.8%	6.6%	3,373	6.7%	6.5%
−1.25	−0.75	−1.0	6,383	12.8%	12.1%	5,858	11.7%	12.0%
−0.75	−0.25	−0.5	9,040	18.1%	17.5%	8,433	16.9%	17.3%
−0.25	0.25	0.0	9,792	19.6%	19.7%	9,880	19.8%	19.6%
0.25	0.75	0.5	8,531	17.1%	17.5%	8,907	17.8%	17.3%
0.75	1.25	1.0	5,791	11.6%	12.1%	6,037	12.1%	12.0%
1.25	1.75	1.5	3,165	6.3%	6.6%	2,987	6.0%	6.5%
1.75	2.25	2.0	1,420	2.8%	2.8%	1,161	2.3%	2.9%
2.25	2.75	2.5	516	1.0%	0.9%	299	0.6%	1.1%
2.75	3.25	3.0	147	0.3%	0.2%	65	0.1%	0.3%
3.25	3.75	3.5	40	0.1%	0.0%	14	0.0%	0.1%
3.75	4.25	4.0	2	0.0%	0.0%	6	0.0%	0.0%
4.25	4.75	4.5	0	0.0%	0.0%	1	0.0%	0.0%
4.75	5.25	5.0	0	0.0%	0.0%	0	0.0%	0.0%
5.25	5.75	5.5	0	0.0%	0.0%	0	0.0%	0.0%
		合計	50,000	100.0%	100.0%	50,000	100.0%	100.0%

ほぼ一致　　ほぼ一致

※0.1%以上に彩色

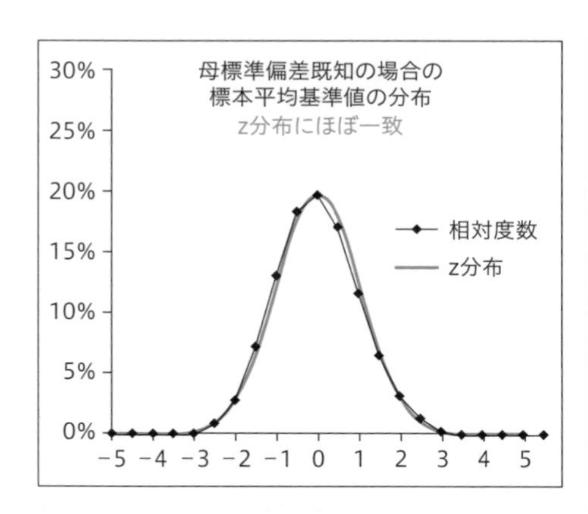

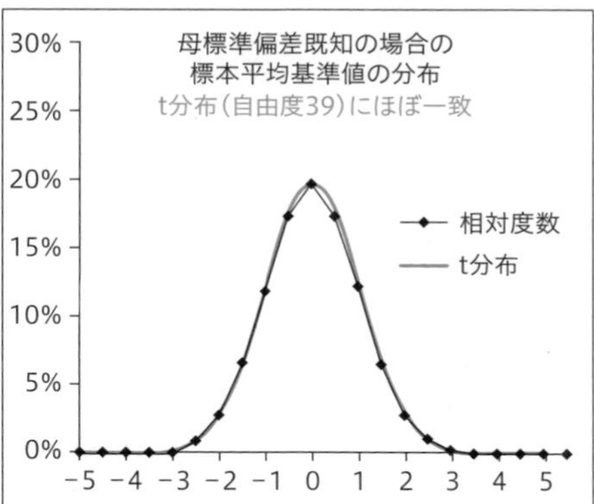

母標準偏差既知の標本平均基準値の分布はz分布になります。

母標準偏差未知の標本平均基準値の分布はt分布になります。

検証３

母集団正規分布でない　$\boldsymbol{n}$**=10**　母平均m=30　母標準偏差=24.5

n=10より、t分布の自由度$n-1$=9です。

度数分布の横軸			母標準偏差未知		z分布	母標準偏差未知		t分布
階級幅		階級値	度数	相対度数		度数	相対度数	
−7.25	−6.75	−7.0	0	0.0%	0.0%	150	0.3%	0.0%
−6.75	−6.25	−6.5	0	0.0%	0.0%	43	0.1%	0.0%
−6.25	−5.75	−6.0	0	0.0%	0.0%	57	0.1%	0.0%
−5.75	−5.25	−5.5	0	0.0%	0.0%	89	0.2%	0.0%
−5.25	−4.75	−5.0	0	0.0%	0.0%	117	0.2%	0.0%
−4.75	−4.25	−4.5	0	0.0%	0.0%	182	0.4%	0.1%
−4.25	−3.75	−4.0	0	0.0%	0.0%	261	0.5%	0.1%
−3.75	−3.25	−3.5	7	0.0%	0.0%	392	0.8%	0.3%
−3.25	−2.75	−3.0	75	0.2%	0.2%	631	1.3%	0.6%
−2.75	−2.25	−2.5	364	0.7%	0.9%	1,091	2.2%	1.4%
−2.25	−1.75	−2.0	1,334	2.7%	2.8%	1,830	3.7%	3.2%
−1.75	−1.25	−1.5	3,393	6.8%	6.6%	3,063	6.1%	6.4%
−1.25	−0.75	−1.0	6,383	12.8%	12.1%	5,136	10.3%	11.5%
−0.75	−0.25	−0.5	9,040	18.1%	17.5%	7,905	15.8%	16.8%
−0.25	0.25	0.0	9,792	19.6%	19.7%	9,834	19.7%	19.2%
0.25	0.75	0.5	8,531	17.1%	17.5%	8,974	17.9%	16.8%
0.75	1.25	1.0	5,791	11.6%	12.1%	5,926	11.9%	11.5%
1.25	1.75	1.5	3,165	6.3%	6.6%	2,759	5.5%	6.4%
1.75	2.25	2.0	1,420	2.8%	2.8%	1,049	2.1%	3.2%
2.25	2.75	2.5	516	1.0%	0.9%	357	0.7%	1.4%
2.75	3.25	3.0	147	0.3%	0.2%	94	0.2%	0.6%
3.25	3.75	3.5	40	0.1%	0.0%	38	0.1%	0.3%
3.75	4.25	4.0	2	0.0%	0.0%	12	0.0%	0.1%
4.25	4.75	4.5	0	0.0%	0.0%	5	0.0%	0.1%
4.75	5.25	5.0	0	0.0%	0.0%	3	0.0%	0.0%
5.25	5.75	5.5	0	0.0%	0.0%	2	0.0%	0.0%
		合計	50,000	100.0%	100.0%	50,000	100.0%	100.0%

ほぼ一致　　ほぼ一致

※0.1%以上に彩色

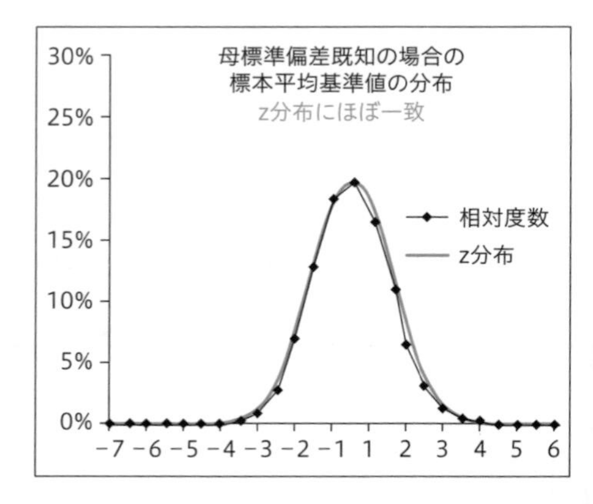

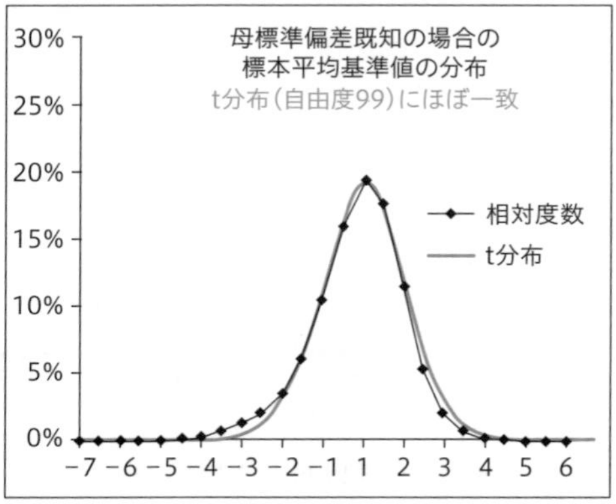

母標準偏差既知の標本平均基準値の分布はz分布になります。

母標準偏差未知の標本平均基準値の分布はt分布に一致しません。

度数分布はt分布より左にシフトしています。

検証4

母集団正規分布である　n=10　母平均m=70　母標準偏差=20

n=10より、t分布の自由度$n-1$=9です。

度数分布の横軸			母標準偏差未知		z 分布	母標準偏差未知		t 分布
階級幅		階級値	度数	相対度数		度数	相対度数	
−5.75	−5.25	−5.5	0	0.0%	0.0%	18	0.0%	0.0%
−5.25	−4.75	−5.0	0	0.0%	0.0%	10	0.0%	0.0%
−4.75	−4.25	−4.5	0	0.0%	0.0%	26	0.1%	0.1%
−4.25	−3.75	−4.0	1	0.0%	0.0%	58	0.1%	0.1%
−3.75	−3.25	−3.5	24	0.0%	0.0%	136	0.3%	0.3%
−3.25	−2.75	−3.0	114	0.2%	0.2%	313	0.6%	0.6%
−2.75	−2.25	−2.5	453	0.9%	0.9%	764	1.5%	1.4%
−2.25	−1.75	−2.0	1,387	2.8%	2.8%	1,574	3.1%	3.2%
−1.75	−1.25	−1.5	3,337	6.7%	6.6%	3,236	6.5%	6.4%
−1.25	−0.75	−1.0	6,101	12.2%	12.1%	5,760	11.5%	11.5%
−0.75	−0.25	−0.5	8,596	17.2%	17.5%	8,317	16.6%	16.8%
−0.25	0.25	0.0	9,948	19.9%	19.7%	9,621	19.2%	19.2%
0.25	0.75	0.5	8,608	17.2%	17.5%	8,290	16.6%	16.8%
0.75	1.25	1.0	6,196	12.4%	12.1%	5,837	11.7%	11.5%
1.25	1.75	1.5	3,181	6.4%	6.6%	3,210	6.4%	6.4%
1.75	2.25	2.0	1,437	2.9%	2.8%	1,590	3.2%	3.2%
2.25	2.75	2.5	451	0.9%	0.9%	694	1.4%	1.4%
2.75	3.25	3.0	135	0.3%	0.2%	327	0.7%	0.6%
3.25	3.75	3.5	27	0.1%	0.0%	120	0.2%	0.3%
3.75	4.25	4.0	4	0.0%	0.0%	50	0.1%	0.1%
4.25	4.75	4.5	0	0.0%	0.0%	24	0.0%	0.1%
4.75	5.25	5.0	0	0.0%	0.0%	9	0.0%	0.0%
5.25	5.75	5.5	0	0.0%	0.0%	9	0.0%	0.0%
		合計	50,000	100.0%	100.0%	50,000	100.0%	100.0%

ほぼ一致　　ほぼ一致

※0.1%以上に彩色

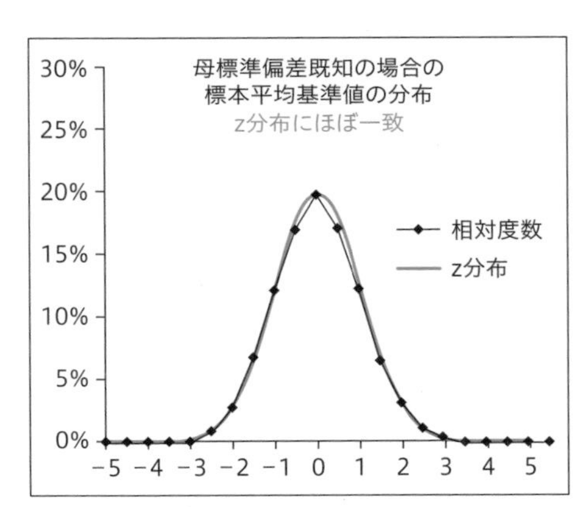

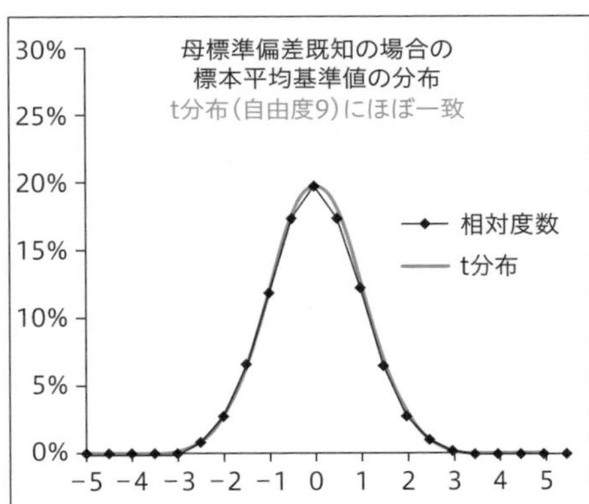

母標準偏差既知の標本平均基準値の分布はz分布になります。

母標準偏差未知の標本平均基準値の分布はt分布になります。

4.6 標本割合の基準値の分布

1 標本割合の基準値

標本割合の基準値とは何かを説明します。

標本調査を多数回行った時、多数個の標本割合の集まりを集団として基準値を検討します。

標本割合の基準値とは、ある1つの標本調査における標本割合を$\bar{p}$としたとき、標本割合$\bar{p}$が集団（多数個の標本割合の集まり）の中でどの位置にあるかを示す数値です。

ある1つの標本割合の基準値

$$= \frac{\text{ある1つの標本割合}\bar{p} - \text{多数個の標本割合の平均}}{\text{多数個の標本割合の標準偏差}}$$

$$= \frac{\bar{x} - P}{\sqrt{P(1-P)}/\sqrt{n}}$$

ただし、集団全体の割合の平均はPとします。

中心極限定理より、「i　標本割合の平均は母割合Pに一致」、「ii　標本割合の標準偏差は母標準偏差$\sigma/\sqrt{n}$に一致」します。

母集団の割合Pの標準偏差σは$\sqrt{P(1-P)}$です（第1章**1.5**参照）。

2 標本割合の基準値の分布

標本割合の基準値の分布はz分布になります。

ただし、標本調査のサンプルサイズnは30以上です。

この検証は、次の手順によって行います。

1. 母集団の割合が0.6である10,000データからサンプルサイズn=40の標本調査を50,000回行う
2. 50,000個の標本割合を算出する
3. 標本割合の基準値を計算する
4. 標本平割合の基準値の度数分布を計算する
5. 度数分布の相対度数の折れ線グラフを描く
6. 折れ線グラフとz分布を比較

検証

母集団は1が6,000個、0が4,000個のデータの集団　n=40

母割合　P=0.6　母標準偏差=$\sqrt{0.6 \times (1-0.6)} = \sqrt{0.24} = 0.4899$

階級幅		階級値	度数	相対度数	z 分布
−4.03	−3.71	−3.87	5	0.0%	0.0%
−3.71	−3.39	−3.55	5	0.0%	0.0%
−3.39	−3.07	−3.23	38	0.1%	0.1%
−3.07	−2.74	−2.90	98	0.2%	0.2%
−2.74	−2.42	−2.58	232	0.5%	0.5%
−2.42	−2.10	−2.26	532	1.1%	1.0%
−2.10	−1.78	−1.94	1,075	2.2%	2.0%
−1.78	−1.45	−1.61	1,773	3.5%	3.5%
−1.45	−1.13	−1.29	2,767	5.5%	5.6%
−1.13	−0.81	−0.97	4,008	8.0%	8.1%
−0.81	−0.48	−0.65	5,037	10.1%	10.4%
−0.48	−0.16	−0.32	5,936	11.9%	12.2%
−0.16	0.16	0.00	6,375	12.8%	12.8%
0.16	0.48	0.32	6,154	12.3%	12.2%
0.48	0.81	0.65	5,306	10.6%	10.4%
0.81	1.13	0.97	4,124	8.2%	8.1%
1.13	1.45	1.29	2,856	5.7%	5.6%
1.45	1.78	1.61	1,863	3.7%	3.5%
1.78	2.10	1.94	1,004	2.0%	2.0%
2.10	2.42	2.26	493	1.0%	1.0%
2.42	2.74	2.58	195	0.4%	0.5%
2.74	3.07	2.90	92	0.2%	0.2%
3.07	3.39	3.23	27	0.1%	0.1%
3.39	3.71	3.55	4	0.0%	0.0%
3.71	4.03	3.87	1	0.0%	0.0%
			50,000	100.0%	100.0%

ほぼ一致

※0.1%以上に彩色

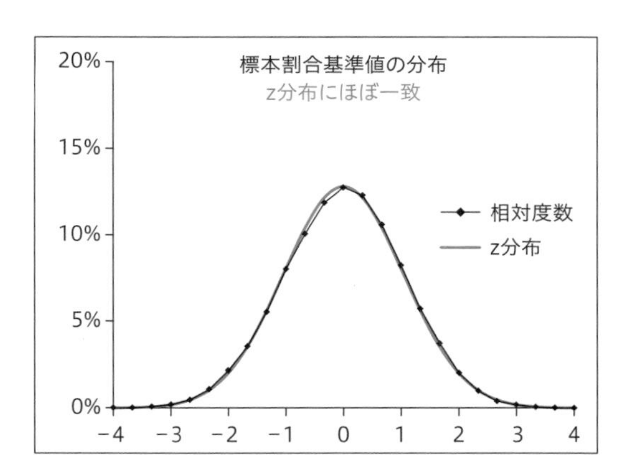

母割合（母比率）基準値の分布はnが30以上の場合、z分布になります。

第5章

統計的推定

この章で学ぶ解析手法を紹介します。

解析手法名	英語名	解説ページ
統計的推定	Statistical estimation	90
点推定	Point estimation	90
区間推定	Interval estimation	90
信頼区間	Confidence interval	91
母平均の推定	Estimation of population mean	91
z推定	z estimation	91
t推定	t estimation	91
母比率の推定	Estimation of the mother Ratio	97
F推定	F estimation	97
母分散の推定	Estimation of the population variance	101
χ^2**推定**	χ^2 estimation	101
母相関係数の推定	Estimation of the population correlation coefficient	103

5.1 統計的推定

統計的推定とは、標本調査の結果から母集団の特徴を推測することです。

例えば、ある県の小学生全員のお年玉金額にどのような特徴があるかを調べたい場合、すべての小学生全員（母集団）について調査することは困難です。そこで、すべての小学生からランダムに選んだ一部の生徒を対象に標本調査を実施します。そして、標本調査の結果からこの県全体の小学生のお年玉金額の特徴を推定します。

統計的推定には大きく分けて2種類あり、それぞれを「点推定」「区間推定」といいます。

両者のイメージを示します。

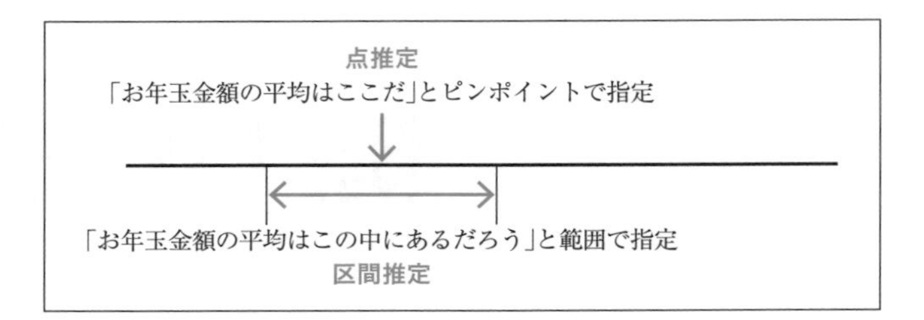

点推定

点推定は、標本調査によって求められたただ1つの値によって母数を推定する方法です。

標本平均であれば、求められた値をそのまま母集団の平均とします。

区間推定

標本調査によって決まるただ1つの値を推定値に取る点推定に対して、区間推定は「母数が含まれる」であろう区間を推測する方法です。

標本平均であれば、2つの値を計算しその2つの値の間に母集団の平均はあるとします。

この章では区間推定について、以下の4つを解説します。

- **母平均の推定**
- **母比率の推定（母集団の割合の推定のこと）**
- **母分散の推定（母標準偏差の推定）**
- **母相関係数の推定**

5.2 母平均の推定

1 母平均の推定の概要

母平均の推定には点推定と区間推定がありますが、ここで解説する母平均の推定は区間推定とします。

母平均の推定は標本調査から得られた統計量から区間を求め、区間を用いて母平均を推定する方法です。この区間のことを「信頼区間」といい、論文などでは略語表記として「CI」が用いられます。

母平均の区間推定は、母集団が正規分布か否か、母標準偏差が既知か未知か、サンプルサイズnが30以上か否かによって推定方法が異なります。

推定方法はz推定とt推定の2つがありますが、選択方法は以下によって行います。

母集団の正規性	母標準偏差	サンプルサイズ	推定方法
正規分布である	わからなくてもよい	いくつでもよい	z 推定
正規分布であるかわからない	既知	いくつでもよい	z 推定
	未知	n30 以上	t 推定

z推定の信頼区間

サンプルサイズn、標本平均　$\bar{x}$、標本標準偏差　s

- 信頼度95%　推定する母平均が信頼区間に収まる確率は95%
  下限値　$\bar{x} - 1.96 \times \dfrac{s}{\sqrt{n}} \times$ 補正項　　上限値　$\bar{x} + 1.96 \times \dfrac{s}{\sqrt{n}} \times$ 補正項
- 信頼度99%　推定する母平均が信頼区間に収まる確率は99%
  下限値　$\bar{x} - 2.58 \times \dfrac{s}{\sqrt{n}} \times$ 補正項　　上限値　$\bar{x} + 2.58 \times \dfrac{s}{\sqrt{n}} \times$ 補正項

補正項は次式によって求められる値です。

$\sqrt{\dfrac{N-n}{N-1}}$　　ただし、Nは母集団サイズ、nはサンプルサイズ

母集団サイズNが100,000未満の場合を有限母集団、100,000以上あるいは計測できない場合を無限母集団といいます。無限母集団の補正項はほぼ1になるので無視してよいといえます。

t推定の信頼区間

サンプルサイズn、標本平均　$\bar{x}$、標本標準偏差　s
nは30以上

- 信頼度95％　推定する母平均が信頼区間に収まる確率は95％
  下限値　$\bar{x}$ − 信頼度 95 ％の定数 $\times \dfrac{s}{\sqrt{n}} \times$ 補正項
  上限値　$\bar{x}$ + 信頼度 95 ％の定数 $\times \dfrac{s}{\sqrt{n}} \times$ 補正項
- 信頼度99％　推定する母平均が信頼区間に収まる確率は99％
  下限値　$\bar{x}$ − 信頼度 99 ％の定数 $\times \dfrac{s}{\sqrt{n}} \times$ 補正項
  上限値　$\bar{x}$ + 信頼度 99 ％の定数 $\times \dfrac{s}{\sqrt{n}} \times$ 補正項

信頼度95%の定数は、自由度$n-1$のt分布において
上側確率が(100%－95%)の半分2.5%となる横軸の値です。
信頼度99%の定数は、自由度$n-1$のt分布において
上側確率が(100%－99%)の半分0.5%となる横軸の値です。
自由度39のt分布で信頼度95%の横軸の値を示します。

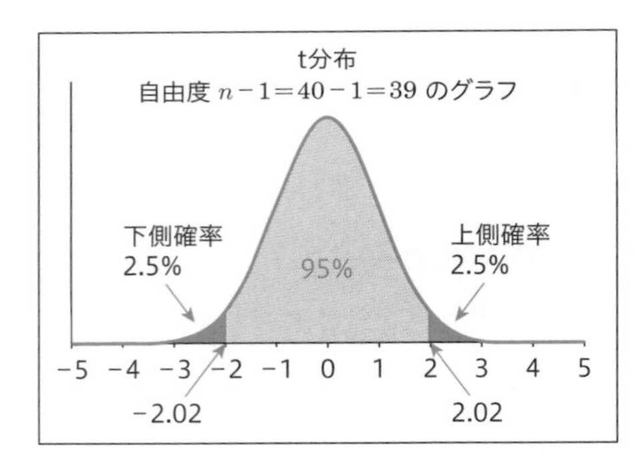

Excel関数

定数はExcelの関数で求められる。
Excel関数
=TINV(0.025の２倍，n−1)　　=TINV(0.005の２倍，n−1)
<計算例>
n=40における信頼度95%の定数
=TINV(0.05, 40－1) Enter　2.02

2 母平均の推定の結果

Q. 具体例25

ある県の小学校の生徒数は10,000人です。この県の小学生全体のお年玉平均金額を調べるためにn=400の標本調査を行いました。標本平均は28,000円、標本標準偏差は9,000円でした。
この県の小学生全体のお年玉平均金額を信頼度95%で推定しなさい。
ただし、お年玉金額は正規分布であることがわかっています。

A. 推定

この県の小学校全体のお年玉金額の平均は27,136円から28,864円の間にあるといえます。この推定が誤る確率は5%です。

Q. 具体例26

全国の歯科医院の数は18万施設です。900施設を無作為に抽出し、そこの施設で1年間に診察した歯の疾患患者数（継続的な治療を受けている患者数）を調べました。標本平均は26.0人、標本標準偏差は8.0人でした。
全国における1年間に診察した歯の疾患患者数の1施設あたりの平均を信頼度95%で推定しなさい。
ただし、歯の疾患患者数の母集団における正規性および標準偏差はわからないものとします。

A. 推定

1施設あたりの歯の疾患患者数平均の信頼区間は24.67人～27.93人です。この推定が誤る確率は5%です。

Q. 具体例27

A会社の社員数は40人です。社員全員の通勤時間を知りたくアンケート調査をしました。回答者は36人で、通勤時間の平均は45分、標準偏差は10分でした。会社全員の通勤時間の平均を信頼度95%で推定しなさい。

A. 推定

会社全員の通勤時間の平均は43.9分～46.1分の間です。この推定が誤る確率は5%です。

3　母平均の推定の計算方法

具体例25の計算方法

母集団サイズ　N=10.000　　サンプルサイズ　n=400

標本平均　$\bar{x}$=28,000（円）　　標本標準偏差　s=9,000（円）

母集団は正規分布であることがわかっているのでz推定を適用する。

母集団サンプルサイズN=10,000で100,000より小さいので補正項を適用する。

$$\sqrt{\frac{N-n}{N-1}}=\sqrt{\frac{10,000-400}{10,000-1}}$$

$$=\sqrt{\frac{9,600}{9,999}}$$

$$=\sqrt{0.96}=0.9798$$

下限値　$\bar{x}-1.96\times\frac{s}{\sqrt{n}}\times$ 補正項

$$=28,000-1.96\times\frac{9,000}{\sqrt{400}}\times0.9798$$

$$=28,000-864=27,136$$

上限値　$\bar{x}+1.96\times\frac{s}{\sqrt{n}}\times$ 補正項

$$=28,000+1.96\times\frac{9,000}{\sqrt{400}}\times0.9798$$

$$=28,000+864=28,864$$

具体例26の計算方法

母集団サイズ　N=180,000　　サンプルサイズ　n=900

標本平均　$\bar{x}$=26（人）　　標本標準偏差　s=8（人）

母集団は正規分布であることがわかっていない。母標準偏差がわかっていないのでt推定を適用する。

信頼度95%の定数は、自由度$n-1$=899のt分布において上側確率5%となる横軸の値である。

Excel関数

Excelの関数で定数の値を求める。

=TINV(0.05, 899) [Enter] 1.9626

母集団サンプルサイズN=18万人は10万人より大きいので、補正項は適用しない。

下限値　$\bar{x}-1.9626\times\frac{s}{\sqrt{n}}=26-1.9626\times\frac{8}{\sqrt{900}}=26-0.52=25.48$

上限値　$\bar{x}+1.9626\times\frac{s}{\sqrt{n}}=26+1.9626\times\frac{8}{\sqrt{900}}=26+0.52=26.52$

具体例27の計算方法

母集団サイズ　N=40　　サンプルサイズ　n=36

標本平均　$\bar{x}$=45（分）　　標本標準偏差　s=10（分）

母集団は正規分布であることがわかっていない、母標準偏差がわかっていないとしてt推定を適用する。

信頼度95%の定数は、自由度$n-1$=35のt分布において上側確率5%となる横軸の値である。

Excel関数

Excelの関数で定数の値を求める。

=TINV(0.05, 35) [Enter] 2.0301

5

N=40は100,000より小さいので補正項を適用する。

$$
\begin{aligned}
\text{補正項} &= \sqrt{\frac{N-n}{N-1}} \\
&= \sqrt{\frac{40-36}{40-1}} \\
&= \sqrt{\frac{4}{39}} \\
&= \sqrt{0.10256} = 0.3202
\end{aligned}
$$

$$
\begin{aligned}
\text{下限値}\quad & \bar{x} - 2.0301 \times \frac{s}{\sqrt{n}} \times \text{補正項} \\
&= 45 - 2.0301 \times \frac{10}{\sqrt{36}} \times 0.3202 \\
&= 45 - 1.08 = 43.92
\end{aligned}
$$

$$
\begin{aligned}
\text{上限値}\quad & \bar{x} + 2.0301 \times \frac{s}{\sqrt{n}} \times \text{補正項} \\
&= 45 + 2.0301 \times \frac{10}{\sqrt{36}} \times 0.3202 \\
&= 45 + 1.08 = 46.08
\end{aligned}
$$

4　母平均の推定の公式はどのような方法で作られたか

母平均の推定の公式はどのような方法で作られたかを解説します。
第４章**4.5**で解説した標本平均の基準値をおさらいします。
標本平均の基準値をTとすると、Tは次式で示せます。

母標準偏差既知の場合　$T = \dfrac{標本平均 \bar{x} - 母平均\ m}{\frac{母標準偏差 \sigma}{\sqrt{n}}}$

母標準偏差未知の場合　$T = \dfrac{標本平均 \bar{x} - 母平均\ m}{\frac{標本標準偏差\ s}{\sqrt{n}}}$

Tの分布がz分布であるとき、第２章**2.3**より、Tの95%が－1.96 ～ 1.96の間にあります。

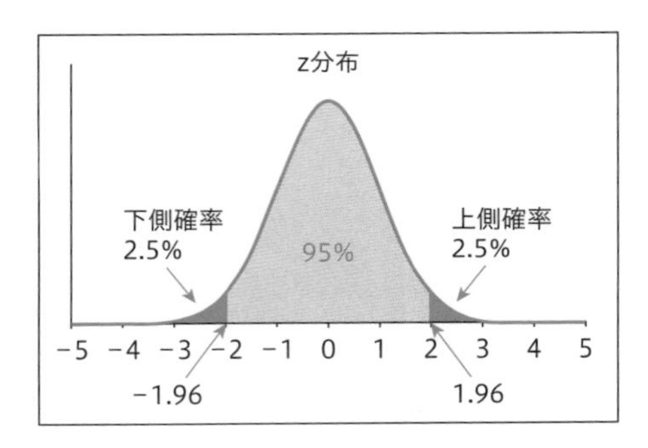

式で表すと次となります。

$-1.96 < T < 1.96 \qquad -1.96 < \dfrac{標本平均 - 母平均}{標本標準偏差/\sqrt{n}} < 1.96$

母平均をm、標本平均を$\bar{x}$、標本標準偏差をsとすると次で示せます。

$-1.96 < \dfrac{\bar{x} - m}{s/\sqrt{n}} < 1.96 \qquad \cdots (1)$

(1) 式より　$-1.96 < \dfrac{\bar{x} - m}{s/\sqrt{n}} \ \cdots (2) \qquad \dfrac{\bar{x} - m}{s/\sqrt{n}} < 1.96 \quad \cdots (3)$

(2) 式より　$-1.96s/\sqrt{n} < \bar{x} - m \qquad m < \bar{x} + 1.96s/\sqrt{n} \cdots (4)$

(3) 式より　$\bar{x} - m < 1.96s/\sqrt{n} \qquad \bar{x} - 1.96s/\sqrt{n} < m \quad \cdots (5)$

(4) (5) から　$\bar{x} - 1.96s/\sqrt{n} < m \ll \bar{x} + 1.96s/\sqrt{n}$

これより　$m = \bar{x} \pm 1.96s/\sqrt{n}$とも書けます。

母平均＝標本平均±1.96×標本標準偏差 / $\sqrt{n}$が証明できました。
t分布についても同様に証明できます。

5.3 母比率の推定

1 母比率の推定の概要

母集団の割合は○%～○%の間にある、例えば「内閣支持率は47%～ 53%の間にある」と幅を持たせて推定する方法を**母比率の推定**といいます。

母比率の推定は標本調査から得られた割合から区間を求め、区間を用いて母集団の割合を推定する方法です。この区間のことを「信頼区間」といい、論文などでは略語表記として「CI」が用いられます。

母平均の区間推定はサンプルサイズnが30以上か否かによって推定方法が異なります。

nが30以上は**z推定**、30未満は**F推定**を適用します。

z推定の信頼区間

サンプルサイズn、標本割合$\bar{p}$

nが30以上に適用

- 信頼度95%　推定する母割合が信頼区間に収まる確率は95%

下限値　$\bar{p} - 1.96 \times \dfrac{\sqrt{\bar{p}(1-\bar{p})}}{\sqrt{n}} \times$ 補正項

上限値　$\bar{p} + 1.96 \times \dfrac{\sqrt{\bar{p}(1-\bar{p})}}{\sqrt{n}} \times$ 補正項

- 信頼度99%　推定する母平均が信頼区間に収まる確率は99%

下限値　$\bar{p} - 2.58 \times \dfrac{\sqrt{\bar{p}(1-\bar{p})}}{\sqrt{n}} \times$ 補正項

上限値　$\bar{p} + 2.58 \times \dfrac{\sqrt{\bar{p}(1-\bar{p})}}{\sqrt{n}} \times$ 補正項

補正項は次式によって求められる値です。

$\sqrt{\dfrac{N-n}{N-1}}$　　ただし、Nは母集団サイズ、nはサンプルサイズ

母集団サイズNが100,000未満の場合を**有限母集団**、100,000以上あるいは計測できない場合を**無限母集団**といいます。無限母集団の補正項はほぼ1になるので無視してかまいません。

F推定の信頼区間

サンプルサイズn，標本割合$\bar{p}$
nが30未満に適用

下限値　$\dfrac{n_2}{n_1F_n + n_2}$　　上限値　$\dfrac{m_1F_m}{m_1F_m + m_2}$

$n_1 = 2n(1-\bar{p}) + 2$　　$n_2 = 2n\bar{p}$

$m_1 = 2n\bar{p} + 2$　　$m_2 = 2n(1-\bar{p})$

F_n　自由度n_1，n_2のＦ分布の上側確率$\alpha/2$%の横軸の値
F_m　自由度m_1，m_2のＦ分布の上側確率$\alpha/2$%の横軸の値
ただし　信頼度95%の場合 α=0.05　信頼度99%の場合 α=0.01

<F_n、F_mの計算例>

サンプルサイズn=10，標本割合$\bar{p}$=0.6

$n_1 = 2n(1-\bar{p}) + 2 = 20 \times 0.4 + 2 = 10$

$n_2 = 2n\bar{p} = 20 \times 0.6 = 12$

$m_1 = 2n\bar{p} + 2 = 20 \times 0.6 + 2 = 14$

$m_2 = 2n(1-\bar{p}) = 20 \times 0.4 = 8$

Excel関数

Ｆ分布の上側確率α / 2%の横軸の値はExcelの関数で求められる。

「信頼度95%のF_n」の値

Excel関数　=FINV(0.05 / 2, n_1, n_2)
　　　　　=FINV(0.025, 10, 12) Enter 3.3736

「信頼度95%のF_m」の値

Excel関数　=FINV(0.05 / 2, m_1, m_2)
　　　　　=FINV(0.025, 14, 8) Enter 4.1297

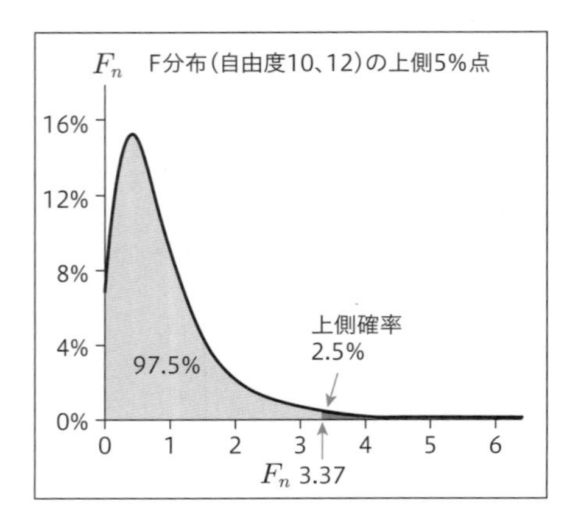

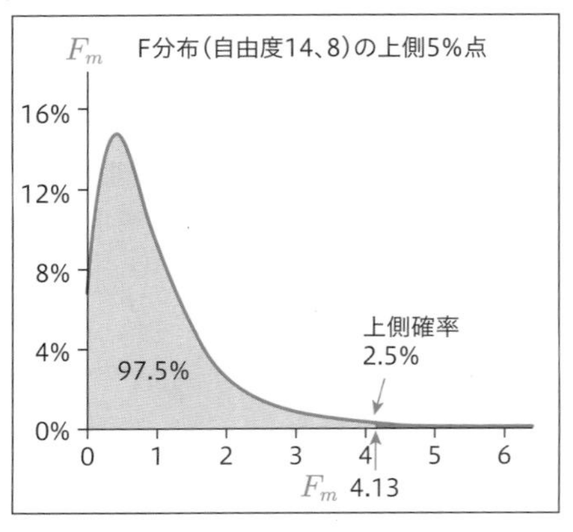

※Ｆ分布については第16章**16.4**で解説。

2 母比率の推定の結果

Q. 具体例28

東京都に居住する有権者の内閣支持率を調べるためにn=400の標本調査を行いました。
内閣を支持する人の割合は30%です。
信頼度95%で、東京都に居住する有権者の内閣支持率を推計しなさい。

A. 検定結果

nは30以上なのでz推定を適用します。
信頼度95%で、東京都に居住する有権者の内閣支持率は25.5%から34.5%の間にあるといえます。

Q. 具体例29

ある日のＡ氏の射撃成績は、10発中6発が命中しただけです。
信頼度95%でＡ氏の射撃の命中率を推定しなさい

A. 検定結果

nは30未満なのでＦ推定を適用します。
Ａ氏の命中率は、信頼度95%で、26%から88%の間にあるといえます。

3　母比率の推定の計算方法

具体例28の計算方法

n=400、標本割合$\bar{p}$=30% =0.3
z推定を適用する。
有権者は無限母集団なので補正項は省略する。

$$\text{下限値}\quad \bar{p}-1.96\times\frac{\sqrt{\bar{p}(1-\bar{p})}}{\sqrt{n}}=0.3-1.96\times\frac{\sqrt{0.3\times(1-0.3)}}{\sqrt{400}}$$

$$=0.3-0.045=0.255=25.5\%$$

$$\text{上限値}\quad \bar{p}+1.96\times\frac{\sqrt{\bar{p}(1-\bar{p})}}{\sqrt{n}}=0.3+1.96\times\frac{\sqrt{0.3\times(1-0.3)}}{\sqrt{400}}$$

$$=0.3+0.045=0.345=34.5\%$$

具体例29の計算方法

n=10、標本割合$\bar{p}$=6÷10=0.6（60%）
F推定を適用する。

自由度

$$n_1=2n(1-\bar{p})+2=2\times10\times(1-0.6)+2=10$$

$$n_2=2n\bar{p}=2\times10\times0.6=12$$

$$m_1=2n\bar{p}+2=2\times10\times0.6+2=14$$

$$m_2=2n(1-\bar{p})=2\times10\times(1-0.6)=8$$

F値

$$F_n(n_1,n_2,0.25)=F(10,12,0.025)=3.3736$$

$$F_m(m_1,m_2,0.25)=F(14,8,0.025)=4.1297$$

$$\text{下限値}=\frac{n_2}{n_1F(n_1,n_2,0.025)+n_2}$$

$$=\frac{12}{10\times3.3736+12}=\frac{12}{45.736}=0.262\ (26.2\%)$$

$$\text{上限値}=\frac{m_1F(m_1,m_2,0.025)}{m_1F(m_1,m_2,0.025)+m_2}$$

$$=\frac{14\times4.1297}{14\times4.1297+8}=\frac{57.815}{65.815}=0.878\ (87.8\%)$$

5.4 母分散の推定

1 母分散の推定の概要

母集団の分散は○～○の間にあると幅を持たせて推定する方法を**母分散の推定**といいます。

母分散の推定は標本調査から得られた分散から区間を求め、区間を用いて母集団の分散を推定する方法です。この区間のことを「信頼区間」といい、論文などでは略語表記として「CI」が用いられます。

母分散の推定はχ^2**推定**（カイ2乗推定）を適用します。

母分散推定の信頼区間

nはサンプルサイズ、u^2は標本分散

下限値 $= \dfrac{(n-1)\,u^2}{\chi^2\,(n-1,\alpha/2)}$　　上限値 $= \dfrac{(n-1)\,u^2}{\chi^2\,(n-1,1-\alpha/2)}$

$\chi^2\,(n-1,1-\alpha/2)$は「自由度$n-1$のχ^2分布」における上側確率$\alpha/2$%の横軸の値

ただし　信頼度95%の場合　α=0.05

　　　　信頼度99%の場合　α=0.01

※χ^2（カイ2乗）は第16章**16.2**参照。

<計算例　$\chi^2\,(n-1,\alpha/2)$>

n=40　信頼度95%　α=0.05の場合

χ^2分布の上側確率$\alpha/2$%の横軸の値はExcelの関数で求められる。

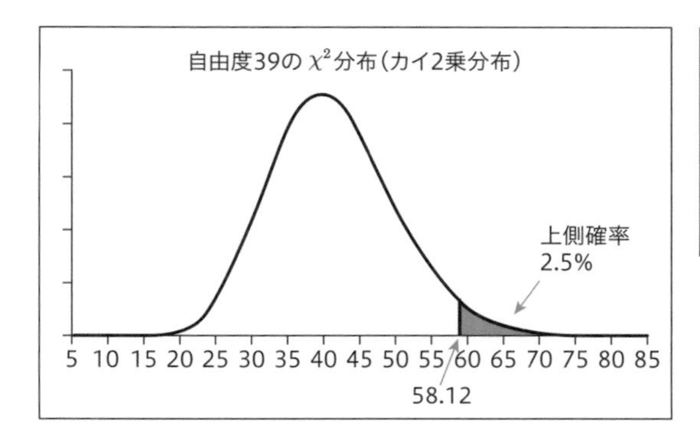

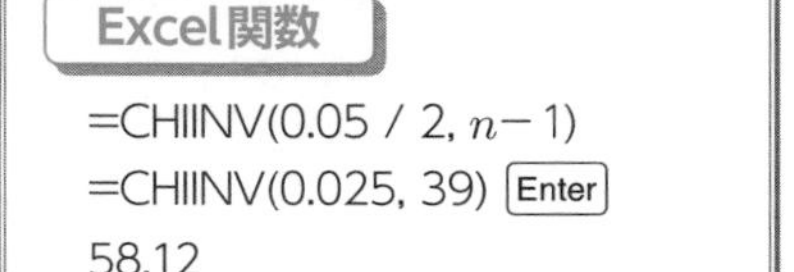

※**母標準偏差の推定**は、母分散の推定の下限値と上限値の平方根（ルート）を求めることによって行います。

2　母分散の推定の結果

Q. 具体例30

ある機械の部品の新製法が開発されました。その製法によって作られた部品からランダムに40個を取り出し、重量の標準偏差を計算したところ、22gでした。
母標準偏差σを信頼度95%で推定しなさい。

A. 検定結果

母標準偏差は信頼度95%で18.0g ～ 28.3gの間にあるといえます。

3　母分散の推定の計算方法

n=40　　標本標準偏差u=22　　不偏分散u^2=484
信頼度95%　有意水準α=0.05
母分散推定公式の分母$\chi^2\ (n-1, 0.025)$をExcel関数で求める。

Excel関数

=CHIINV(0.05 / 2, n−1)
=CHIINV(0.025, 39) [Enter]　58.12

母分散の下限値と上限値を求める。

$$下限値 = \frac{(n-1)\,u^2}{\chi^2\,(n-1, 0.025)} = \frac{39 \times 22^2}{\chi^2\,(39, 0.025)} = \frac{18876}{58.12} = 324.8$$

$$上限値 = \frac{(n-1)\,u^2}{\chi^2\,(n-1, 0.975)} = \frac{39 \times 22^2}{\chi^2\,(39, 0.975)} = \frac{18876}{23.65} = 798.1$$

母標準偏差の下限値と上限値を求める。

$$下限値 = \sqrt{324.8} = 18.0$$

$$上限値 = \sqrt{798.1} = 28.3$$

5.5 母相関係数の推定

1 母相関係数の推定の概要

母集団の単相関係数は○～○の間にあると幅を持たせて推定する方法を母相関係数の推定といいます。

母相関係数の推定は標本調査から得られた**単相関係数**から区間を求め、区間を用いて母集団の単相関係数を推定する方法です。この区間のことを「信頼区間」といい、論文などでは略語表記として「CI」が用いられます。

母相関係数の推定はz推定を適用します。

単相関係数をrとし、$\mathrm{R}=\dfrac{1}{2}\log e\dfrac{(1+r)}{(1-r)}$を定義します。

Rは、サンプルサイズnの値にかかわらず、z分布に従います。これを利用して、母相関係数の推定を行うことができます。

※単相関係数は第3章**3.3**を参照。

母相関係数の信頼区間

サンプルサイズ　n　　単相関係数　r

$\mathrm{R}=\dfrac{1}{2}\log\dfrac{(1+r)}{(1-r)}$　　logはlog eの自然対数である。

信頼度95%のRの下限値と上限値

Rの下限値　$Z_L=\dfrac{1}{2}\log\dfrac{(1+r)}{(1-r)}-1.96\sqrt{\dfrac{1}{n-3}}$

Rの上限値　$Z_U=\dfrac{1}{2}\log\dfrac{(1+r)}{(1-r)}+1.96\sqrt{\dfrac{1}{n-3}}$

信頼度95%のrの下限値と上限値

rの下限値　$r_L=\dfrac{\exp(2\times Z_L)-1}{\exp(2\times Z_L)+1}$

rの上限値　$r_U=\dfrac{\exp(2\times Z_U)-1}{\exp(2\times Z_U)+1}$

信頼度99%の区間推定は、上記式の1.96を2.58とする。
exp()は自然対数で、エクスポネンシャル（exponential）と読む。

2 母相関係数の推定の結果

Q. 具体例31

ある学校で1年生103人をランダムに選び、身長と体重の単相関係数を計算したら0.73でした。このとき1年生全体の単相関係数を信頼度95%で推定しなさい。

A.

1年生全体の単相関係数は信頼度95%で0.625 ～ 0.809の間にあるといえます。

3 母相関係数の推定の計算方法

r=103，r=0.73のとき

$$\mathrm{R} = \frac{1}{2}\log\frac{(1+r)}{(1-r)} = \frac{1}{2}\log\frac{(1+0.73)}{(1-0.73)} = \frac{1}{2}\log 6.4074 = 0.5 \times 1.8575 = 0.9288$$

$$1.96\sqrt{\frac{1}{n-3}} = 1.96 \times \sqrt{\frac{1}{103-3}} = 1.96 \times \frac{1}{10} = 0.196$$

信頼度95%のRの下限値と上限値

Rの下限値 $$Z_L = \frac{1}{2}\log\frac{(1+r)}{(1-r)} - 1.96\sqrt{\frac{1}{n-3}} = 0.9288 - 0.196 = 0.7328$$

Rの上限値 $$Z_U = \frac{1}{2}\log\frac{(1+r)}{(1-r)} + 1.96\sqrt{\frac{1}{n-3}} = 0.9288 + 0.196 = 1.1248$$

信頼度95%のrの下限値と上限値

rの下限値 $$r_L = \frac{\exp(2\times Z_L)-1}{\exp(2\times Z_L)+1} = \frac{\exp(2\times 0.7328)-1}{\exp(2\times 0.7328)+1} = \frac{4.33-1}{4.33+1} = 0.625$$

rの上限値 $$r_U = \frac{\exp(2\times Z_U)-1}{\exp(2\times Z_U)+1} = \frac{\exp(2\times 1.1248)-1}{\exp(2\times 1.1248)+1} = \frac{9.484-1}{9.484+1} = 0.809$$

Excel関数

log6.4074はExcelで求められる。

=LN(6.4074) Enter 1.8575

$\exp(2 \times 0.7328)$はExcelで求められる。

=EXP(2 * 0.7328) Enter 4.33

第 6 章

統計的検定

この章で学ぶ解析手法を紹介します。

解析手法名	英語名	解説ページ
統計的検定	Statistical test	106
帰無仮説	Null hypothesis	106
対立仮説	Alternative hypothesis	106
p値	p value	106
有意水準	Significance level	106
有意差判定	Significant difference judgment	107
NS	Not significant	107
両側検定	Two-sided test	108
片側検定	Single tail test	108
対応のない	Unpaired	109
対応のある	Paired	109

6.1 統計的検定

1 統計的検定とは

統計的検定とは、母集団に関する仮説を標本調査から得た情報に基づいて検証することで、仮説検定とも呼ばれています。

例えば、薬剤の効果を調べる場合、その薬を必要とするすべての人に薬剤を投与してみれば効果はわかりますが、それは不可能です。そのため臨床研究では、一部の人に薬を投与して、そこで得られたデータが世の中の多くの人たちにも通じるかを検証します。

具体的には、「解熱剤である新薬は母集団において解熱効果がある」という仮説を立て、統計的検定の手法を用いてこの仮説が正しいかを確認します。

母集団の統計量には平均、割合、分散など各種ありますが、調べたい母集団の統計量によって統計的検定の方法が異なります。

2 帰無仮説、対立仮説とは

「AとBの母平均は異なる」ということを主張したい場合、統計学ではそれとは逆の「**AとBの母平均は等しい**」という仮説を立てます。

この仮説を帰無仮説、主張したいことを対立仮説といいます。

対立仮説　AとBの母平均は異なる

↓ 逆の仮説を立てる

帰無仮説　AとBの母平均は等しい

3 p値とは

p値は帰無仮説が偶然に成立してしまう確率です。

p値が例えば0.02というのは、帰無仮説が偶然生じることは100回に2回（2%）であることを意味します。

すなわち、帰無仮説「AとBの母平均は等しい」が偶然生じる確率は2%です。

言い換えれば、主張したいこと「**AとBの母平均は異なる**」という判断を誤る確率は2%だということです。

p値は、母集団について主張したいことが成立するかを判断するときの誤る確率です。

4 有意水準とは

有意水準は、統計的な検定において、帰無仮説を設定したときにその帰無仮説を棄却する基準となる確率のことです。0.05（5%）や0.01（1%）といった値がよく使われます。

5 有意差判定

p値が、あらかじめ定めておいた「有意水準」より小さければ、帰無仮説は棄却され主張したいことは成立します。裏返せば、主張したいこと「**AとBの母平均は異なる**」を誤る確率は有意水準より小さく、正しいと判断します。

p値=0.02、有意水準=0.05とすると、主張したいことを誤る確率は2%で有意水準5%より小さく、「**AとBの母平均は異なる**」は正しいといえます。

逆にp値が「有意水準」より大きければ、帰無仮説は棄却できず主張したいことは成立しません。つまり、主張したいこと「**AとBの母平均は異なる**」を誤る確率は有意水準より大きく、正しいと判断できません。

p値と有意水準の比較で、「正しい／正しいといえない」と判定することを有意差判定といいます。

6 NS (Not Significant) あるいは $p > 0.05$ とは

「$p < 0.05$」は「母集団について主張したいことが誤る確率が5%未満である」を意味します。このことを「有意差がある／有意である」といいます。

p値が有意水準より大きい場合は「有意差があるといえない」といいます。この場合、$p > 0.05$とせず、NSと記載します。

NSはNot significantの略です。

NSの場合、「**AとBの母平均は異なる**」が「いえない」の判断になりますが、これから「AとBの母平均は等しい」といってはいけません。統計学的には「AとBの母平均には有意差が認められなかった」ということです。

n=25の標本調査において、AとBの母平均は期待している差が見られました。ところが「p=0.06」で有意差がなかったとなりました。このような場合、サンプルサイズが小さくて有意差はわからなかったと解釈します。

6.2 両側検定、片側検定

統計的検定で最初にすることは「対立仮説（主張したいこと）」と「帰無仮説」の2つを立てることです。

対立仮説は次の3つが考えられます。

> 母平均Aと母平均Bは異なる
> 母平均Aは母平均Bより高い
> 母平均Aは母平均Bより低い

【具体例】

> ① 母集団のお年玉金額平均値は男子と女子で異なる
> ② 母集団のお年玉金額平均値は男子が女子より高い
> ③ 母集団のお年玉金額平均値は男子が女子より低い

①の場合、“異なる”というのは、お年玉金額平均値が、男子が女子よりも高いか低いかはわからないが、いずれにしても異なる”という意味です。この仮説のもとでの検定を、両側検定といいます。

②の“母集団のお年玉金額平均値は男子が女子より高い”あるいは③の“母集団のお年玉金額平均値は男子が女子より低い”という仮説のもとでの検定を、片側検定といいます。

②の”母集団のお年玉金額平均値は男子が女子より高い”という仮説のもとでの検定を、特に右側検定（上側検定）といいます。

③の”母集団のお年玉金額平均値は男子が女子より低い”という仮説のもとでの検定を、特に左側検定（下側検定）といいます。

片側検定の方が両側検定より有意差が出やすい。有意差が出やすいという理由だけで片側検定を使うのは良くありません。特に理由がないかぎり、片側検定は使いません。

「お年玉金額の平均値は、男子は女子より高い」と信じることは悪いことではありませんが、調査をするまでは男子が女子より高いという情報がないのが通常です。したがって、「お年玉金額の平均値は、男子は女子より高い」という片側検定は望ましくありません。

6.3 対応のない、対応のある

2つの集団（2群）の比較で、異なる集団について測定したデータは対応のないデータ、同じ集団について測定したデータは対応のあるデータといいます。

喫煙している人に1日におよそ何本タバコを吸うかを聞きました。男性の平均は13本、女性は7本でした。調査結果から母集団における喫煙本数の平均は男性と女性で異なるかを明らかにします。

比較する集団は異なるので、**対応のないデータ**といいます。

対応のないデータ			
男性喫煙本数		女性喫煙本数	
A1	19	B1	10
A2	12	B2	12
A3	14	B3	3
A4	7	B4	4
A5	20	B5	2
A6	6	B6	4
A7	14	B7	11
A8	7	B8	2
A9	13	B9	15
A10	18		

	男性喫煙本数	女性喫煙本数
標本平均	13.0	7.0
標本標準偏差	5.1	5.0

製薬会社が解熱剤を開発しました。その新薬Yの解熱効果を明らかにするために10人の患者を対象に、薬剤の投与前と投与後の体温を調べました。

体温平均値は、投与前が38.0℃、投与後が36.7℃でした。母集団において体温平均値は投与前と投与後で異なるかを明らかにします。

同じ対象者なので、**対応のあるデータ**といいます。

対応のあるデータの検定は**差分データ**の標本平均と標本標準偏差を適用します。

対応のあるデータ			
	新薬Y投与前体温	新薬Y投与後体温	差分データ
C1	38.3	36.4	1.9
C2	36.7	35.5	1.2
C3	38.1	36.7	1.4
C4	38.5	37.8	0.7
C5	37.4	35.4	2.0
C6	38.4	37.8	0.6
C7	37.1	35.7	1.4
C8	38.2	37.5	0.7
C9	39.3	38.0	1.3
C10	38.0	36.2	1.8
		標本平均	1.30
		標本標準偏差	0.51

6.4 統計的検定の考え方

Q. 具体例32

n=400の標本調査を行いました。A商品の認知率は66%でした。
調査結果を踏まえ、「A商品の認知率は60%でない」ことを統計的検定によって検証しなさい。

具体例について、統計的検定はどのような考え方で行われているかを解説します。

事実

認知率（母比率）が未知である母集団について、n=400の標本調査を行ったところ、A商品の認知率（標本割合という）は66%でした。

仮定

母集団の認知率（母比率）は比較する60%（**比較値**）と仮定します。
この母集団について別の調査をした場合、標本割合は60%に近い値が得られると想定されます。仮に100回の標本調査を行うと95回は55%～65%範囲に収まると推定できます。
ところが具体例の標本調査の結果は66%でこの範囲から外れ、100回のうち5回以内とまれなことが起こりました。

結論

母比率が60%の母集団について標本調査をしたとしたら66%の結果はまれなことであるが、標本調査は**母比率が未知の母集団**についてしたものなので、標本割合66%は**母比率が60%の母集団**から得たものでなかったと判断します。
これより母比率は60%でない、すなわち、「A商品の認知率は60%でない」が検証できたと判断します。

p値

母比率が60%の母集団について、標本割合66%が起こる確率を計算すると1.4%です。この確率をp値といいます。

6.5 統計的検定の手順

統計的検定の仕方を示します。

(1) 母集団に関して主張したい仮説とは逆の仮説（帰無仮説）を立てる。
(2) 標本調査の平均や割合を適用し、検定統計量を算出する。
(3) (1)の仮説が正しいとしたときの検定統計量の分布を考える。
(4) (3)で求められた分布を適用し、検定統計量の出現する確率p値を算出する。
(5) p値があらかじめ定めておいた有意水準（通常5%）より小さければ、帰無仮説を棄却し、大きければ帰無仮説の判定を保留する。

具体例32で、検定方法の手順について解説します。

仮説

主張したいこと（対立仮説）を決める。
対立仮説：「A商品の認知率は60%でない」
逆の仮説である帰無仮説は必然的に決まる。
帰無仮説：「A商品の認知率は60%である」
主張したいことから両側検定か片側検定かを決める。
このテーマの主張したいことは「A商品の認知率は60%でない」なので、両側検定である。

検定統計量

母比率の検定の検定統計量を算出する。
母比率の検定の検定統計量は第4章第**4.5**で解説した標本割合の基準値である。
比較値=0.6（60%） ⇒ 比較値を母比率と仮定する。
サンプルサイズn=400、標本割合$\bar{p}$=0.66（66%）
検定統計量 = 標本割合の基準値

$$\frac{標本割合-母比率}{\frac{母標準偏差}{\sqrt{n}}}=\frac{標本割合-母比率}{\frac{\sqrt{母比率(1-母比率)}}{\sqrt{n}}}$$

$$=\frac{0.66-0.6}{\frac{\sqrt{0.6\times(1-0.6)}}{\sqrt{400}}}$$

$$=\frac{0.06}{0.0245}$$

$$=2.45$$

検定統計量の分布

検定統計量の分布を調べる。

母比率の検定における検定統計量の場合、検定統計量の分布は帰無仮説のもとにz分布になる。

※検定する母数が平均、割合、分散などによって検定統計量の分布はz分布、t分布、カイ２乗分布、F分布など異なる。

p値

z分布における検定統計量の上側確率から求められる値である。

- **両側検定**の場合のp値0.014　1.4%
  z分布における検定統計量2.45の上側確率の2倍
- **片側検定**の場合のp値0.007　0.7%
  z分布における検定統計量の上側確率

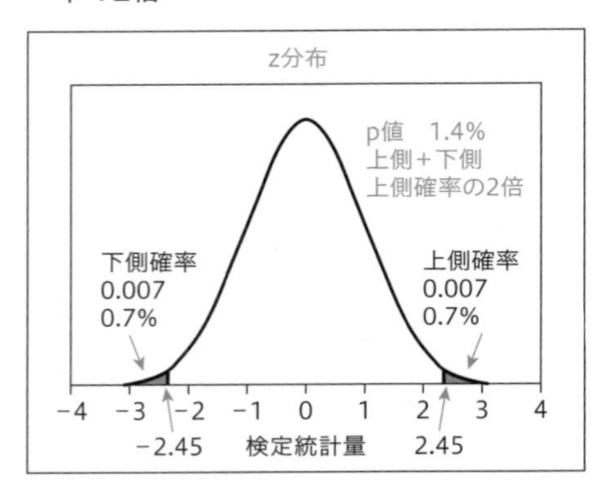

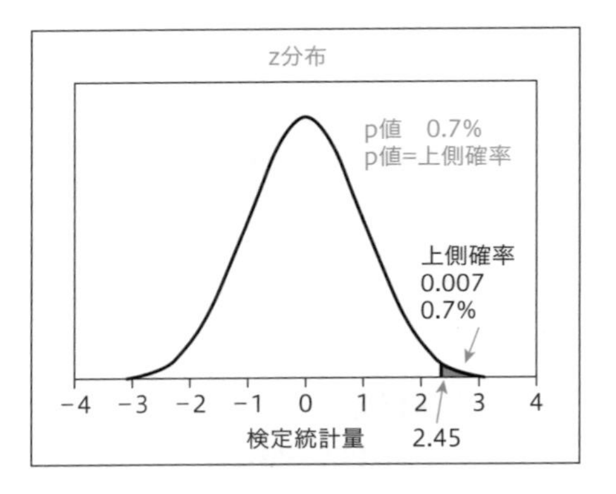

有意差判定

p値＜有意水準	帰無仮説を棄却し 主張したいこと（対立仮説）を採択 有意差があるといえる。
p値≧有意水準	帰無仮説を棄却できず 主張したいこと（対立仮説）を採択できない 主張したいことの判定を保留する。 有意差があるかわからない。 「有意差があるといえない」といういい方をしてもよい。

有意水準は通常5%を適用するが、1%を用いることもあります。

有意水準0.05と0.01から有意差判定を次のように行うこともあります。

p値＜0.01	[**]	有意水準1%で有意差がある
0.01≦p値＜0.05	[*]	有意水準5%で有意差がある
p値 ≧0.05	[ ]	有意差があるといえない

第7章

平均に関する検定

この章で学ぶ解析手法を紹介します。フリーソフトは第17章17.2を参考にしてください。

解析手法名	英語名	フリーソフトメニュー	解説ページ
パラメトリック検定	Parametric test		115
ノンパラメトリック検定	Nonparametric test		115
母平均の差の検定	Test the difference between the mother mean		115
p値による有意差判定	Determination of significant difference by p-value		115
母平均差分の信頼区間	Confidence interval for population mean difference		115
t検定	t-test	対応のないt検定	117
スチューデントのt検定	Student t-test	対応のないt検定	117
ウェルチのt検定	Welch's t test	対応のないt検定	128
z検定	z test		135
対応のあるt検定	Paired t-test	対応のあるt検定	140
1標本母平均検定	1 sample population mean test		147
同等性試験	Equivalence Trials		152
同等性マージン	Equivalence margin		153

7.1 平均に関する検定手法の種類と名称

平均に関する検定手法は18個あります。
この章では5つの検定手法について解説します。

パラメトリック	2群	母平均の差の検定	対応のない	t検定	第7章
				ウエルチのt検定	第7章
				z検定	第7章
			対応のある	対応のあるt検定	第7章
	1群	比較値との差の検定		1標本母平均検定(1群t検定)	第7章
	3群以上	分散分析法	対応のない	一元配置法	第13章
			対応のある	一元配置法(二元配置法)	第13章
		多重比較		ボンフェローニ	第14章
				ホルム	第14章
				チューキー	第14章
				チューキー・クレーマー	第14章
				ダネット	第14章
				ウイリアムズ	第14章
				シェッフェ	第14章
ノンパラメトリック	2群	母平均の差の検定	対応のない	ウイルコクソンの順位和検定(U検定)	第12章
			対応のある	ウイルコクソンの符号順位和検定	第12章
	3群以上	全群の平均差の検定	対応のない	クルスカルワリス検定	第12章
			対応のある	フリードマン検定	第12章

7.2 母平均の差の検定

データは数量データとカテゴリーデータに大別されますが、母平均の差の検定は数量データに適用できる手法です。

母平均の差の検定は、p値による有意差判定と母平均差分の信頼区間から構成されます。

p値による有意差判定とは、2つの母集団から無作為抽出したサンプルの標本平均や標本標準偏差から、2群の母平均が異なるかをp値で調べる方法です。

母平均の差の信頼区間とは、標本平均の差分が母集団の差分であると言い切るのは危険ですので標本平均の差分に幅を持たせて推定する方法です。

母平均の差の検定には多数の検定手法がありますが、パラメトリック検定とノンパラメトリック検定の2つに大別されます。

次に示す4つの条件それぞれどちらに当てはまるかを検討し、使用する検定手法を選択します。

- サンプルサイズは「大きい」「小さい」のどちらか
- データタイプは「対応のある」「対応のない」のどちらか
- 母集団の分散は「既知」「未知」のどちらか
- 2つの母分散は「等しい」「等しくない」のどちらか

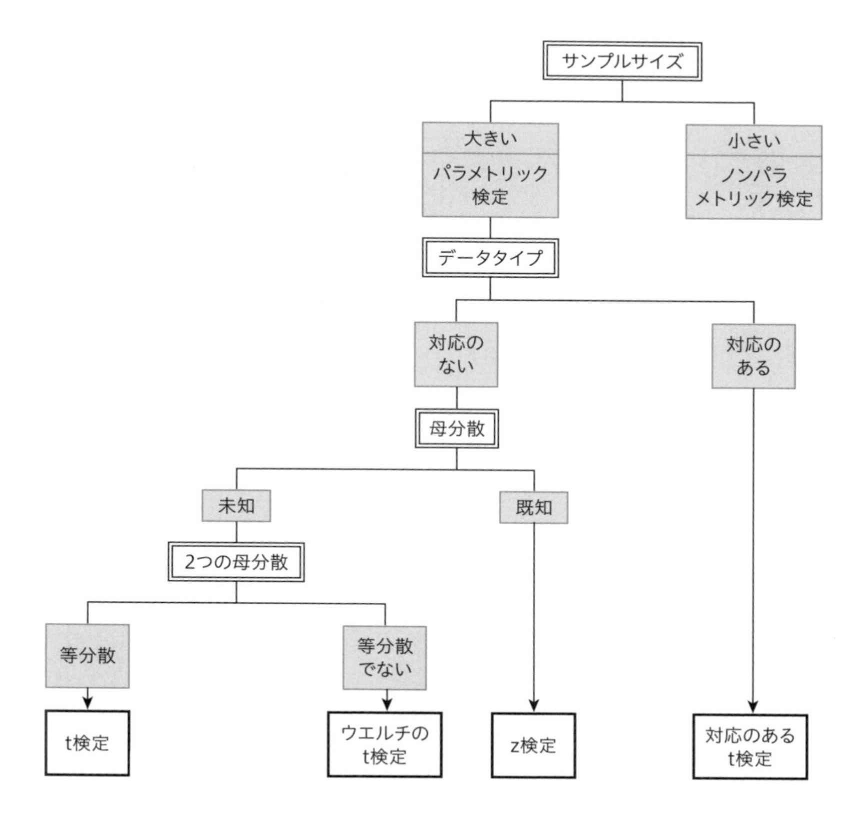

パラメトリック検定とノンパラメトリック検定の使い分け

ノンパラメトリック検定は、パラメトリック検定で行うような母集団に対する一切の前提を仮定しません。その代わりに、データにおけるデータの大小の順位、すなわち順序尺度を利用します。

ノンパラメトリック検定は、得られたデータ数が少なく、データが従う分布を仮定することが困難であり、パラメトリック検定を利用することが不適切であると判断される際に利用されます。

ノンパラメトリック検定もパラメトリック検定同様に多数の手法があります。

対応のないデータにおける2群の有意差検定はU検定（第12章**12.2**）、対応のあるデータはウイルコクソン符号順位和（第12章**12.3**）が有名です。

ノンパラメトリック検定は、母集団の分布を仮定しない便利な検定法です。基本的には、調査、実験で得られたデータに対する仮説検定の際にはノンパラメトリック検定を実行することは間違いではありません。特に、得られたデータサイズが小さいときはパラメトリックな方法で検定すると検出力が低下するため、ノンパラメトリックな方法を選択した方がよいといえます。

しかしながら、欠点も存在します。本来パラメトリック検定を行うことができるデータに対してノンパラメトリック検定を行うと、帰無仮説を棄却できるのにもかかわらず帰無仮説を採用してしまう確率が大きく上昇します。得られたデータに対し、適切な検定法を選定することは重要です。

※ノンパラメトリック検定は第12章参照。

※等分散を調べる検定手法「母分散の比の検定」は第10章参照。

7.3 t検定(スチューデントのt検定)

1 t検定の概要

データは数量データとカテゴリーデータに大別されますが、t検定は数量データに適用できる手法です。

t検定は、p値による有意差判定と母平均差分の信頼区間から構成されます。

p値による有意差判定とは、2つの母集団から無作為抽出したサンプルの標本平均や標本標準偏差から、その2つ（2群）の母平均が等しいといえるかをp値によって調べる方法です。

母平均差分の信頼区間とは、標本平均の差分が母集団の差分であると言い切るのは危険ですので標本平均の差分に幅を持たせて推定する方法です。

t検定はスチューデントのt検定ともいわれます。検定名にあるスチューデントは、開発者であるゴセット（William Sealy Gosset）が論文執筆時に用いていたペンネーム Student に由来します。

t検定は下記条件のもとに帰無仮説が正しいと仮定した場合に、サンプルの標本平均や標本標準偏差から計算された検定統計量がt分布に従うことを利用する統計学的検定法です。

- 2群のデータは対応していない（対応のないデータ）
- 2つの母集団は正規分布に従っている（母集団の正規性）
- 2群の分散が等しい（分散の均一性）

母集団の正規性については、t検定は**頑健**だといわれています。それは、サンプルサイズが十分大きければ母集団が正規分布でなくとも検定統計量はt分布に近づくからです。「サンプルサイズが十分大きい」の目安は30で、2群合わせると60です。

言い換えれば、2群合わせたサンプルサイズが60以上であれば母集団が正規分布でなくてもt検定は適用できるということです。サンプルサイズが60に満たない場合の母平均の差の検定はノンパラメトリック検定を適用します。

5件法（5段階評価）のデータはt検定を適用してよいですが、4件法はノンパラメトリック検定を適用するのがよいと思われます。

p値による有意差判定の手順

1 帰無仮説を立てる

群1の母平均と群2の母平均は同じ

2 対立仮説を立てる

次の3つのうちのいずれかにする。

対立仮説1：群1の母平均は群2の母平均より大きい

対立仮説2：群1の母平均は群2の母平均より小さい

対立仮説3：群1の母平均と群2の母平均は異なる

3 両側検定、片側検定を決める

2 で選んだ対立仮説によって自動的に決まる。

対立仮説1 → 片側検定（右側検定）

対立仮説2 → 片側検定（左側検定）

対立仮説3 → 両側検定

4 検定統計量を算出

群	サンプルサイズ	標本平均	標本標準偏差
群1	n_1	$\overline{x}_1$	S_1
群2	n_2	$\overline{x}_2$	S_2

$$\text{検定統計量} = \frac{\text{群 1 標本平均} - \text{群 2 標本平均}}{\text{標準誤差}} = \frac{\bar{x}_1 - \bar{x}_2}{\sqrt{\dfrac{s^2}{n_1} + \dfrac{s^2}{n_2}}}$$

標本分散s^2はs_1^2とs_2^2の加重平均である。　$s^2 = \dfrac{(n_1 - 1)s_1^2 + (n_2 - 1)s_2^2}{n_1 + n_2 - 2}$

5 p値の算出

検定統計量は帰無仮説が正しいと仮定した場合にt分布に従う。

t分布において、横軸の値が検定統計量であるときの上側の面積をp値という。

片側検定におけるp値はt分布における検定統計量の上側確率である。

両側検定におけるp値はt分布における検定統計量の上側確率の2倍。

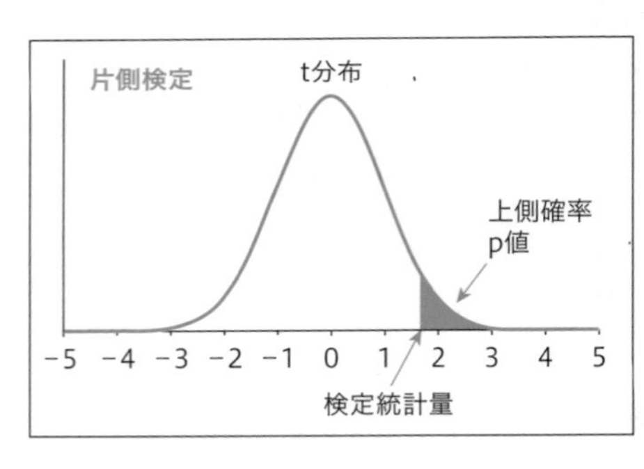

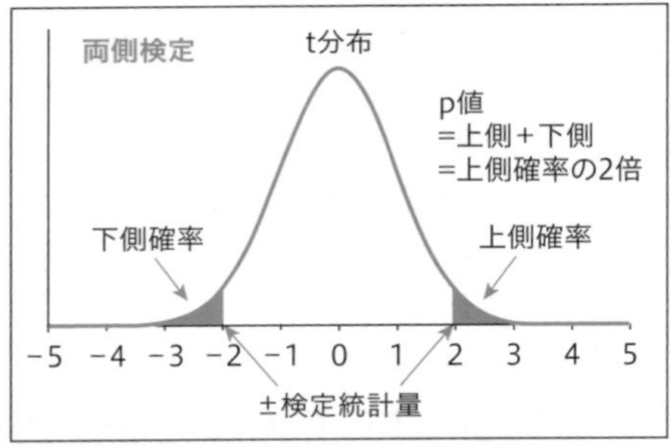

6 p値による有意差判定

片側検定（右側検定、左側検定）、両側検定いずれも

p値＜有意水準0.05

帰無仮説を棄却し対立仮説を採択。有意差があるといえる。

p値≧有意水準0.05

対立仮説を採択できず、有意差があるといえない。

※有意水準は0.05が一般的であるが、0.01を適用することもある。

※有意差判定を次で示すこともある。

p値＜0.01	[**]	有意水準1%で有意差がある
0.01≦p値＜0.05	[*]	有意水準5%で有意差がある
p値≧0.05	[ ]	有意差があるといえない

母平均差分の信頼区間の手順

1 信頼区間を次式によって算出する

$(\bar{x}_1 - \bar{x}_2) \pm$ 棄却限界値 × 標準誤差

下限値 $= (\bar{x}_1 - \bar{x}_2) -$ 棄却限界値 × 標準誤差

上限値 $= (\bar{x}_1 - \bar{x}_2) +$ 棄却限界値 × 標準誤差

標準誤差は前ページの **4** で示した式で求められる値である。

$$\sqrt{\frac{s^2}{n_1} + \frac{s^2}{n_2}}$$

標本分散 s^2 は群1の分散 s_1^2 と群2の分散 s_2^2 の加重平均である。

$$s^2 = \frac{(n_1 - 1)s_1^2 + (n_2 - 1)s_2^2}{n_1 + n_2 - 2}$$

棄却限界値は信頼度95％（有意水準5％）における定数である。

t分布において、上側と下側を合わせた確率が0.05（5％）となる横軸の値（パーセント点）が棄却限界値である。

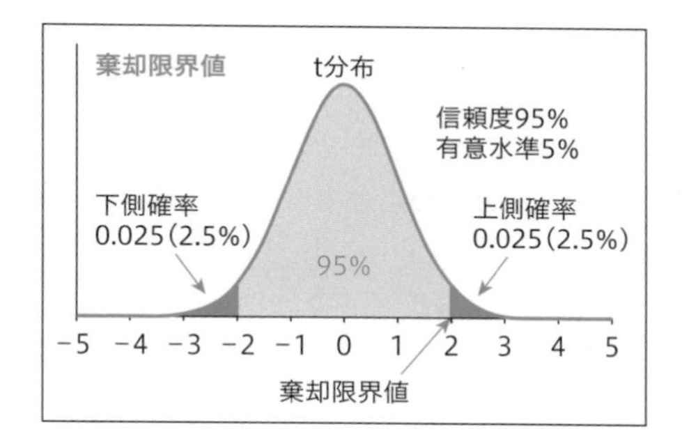

2 信頼区間を適用しての有意差検定を行う

<ケース1>

信頼区間が0をまたがらない（0より大きい、あるいは、0より小さい）場合

比較する2群の母平均値は異なる。

<ケース2>

信頼区間が0をまたがる場合

比較する2群の母平均値は異なるといえない。

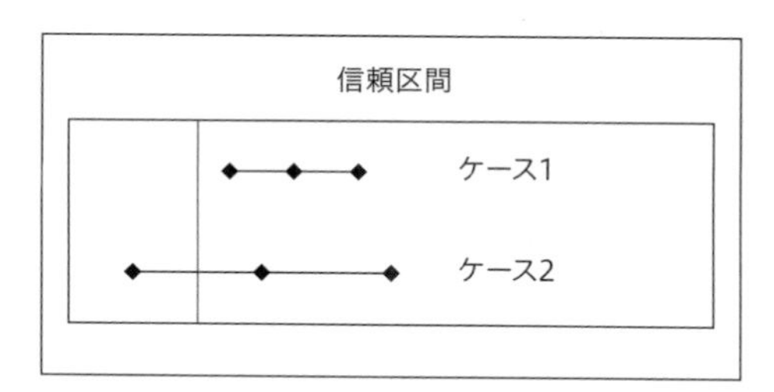

2　t検定の結果

Q. 具体例33

ある小学校について、男子と女子のお年玉金額の平均に違いがあるかを明らかにします。
下記はこの小学校のお年玉金額を調べた調査結果です。

2群	サンプルサイズ	標本平均	標本標準偏差
男子	100	29,300円	15,300円
女子	90	25,000円	13,200円

この小学校全体（母集団）における男子と女子のお年玉金額の標準偏差は等しいことがわかっています。

＜１＞ 次の３つについて有意水準5%で調べなさい。
　(1) お年玉金額の平均は、男子の方が女子より高い。
　(2) お年玉金額の平均は、男子の方が女子より低い。
　(3) お年玉金額の平均は、男子と女子は異なる。
＜２＞ この学校全体の男子と女子のお年玉金額の平均差分の信頼区間を信頼度95%で算出しなさい。

男子と女子の比較なので対応のないデータです。
サンプルサイズはn_1+n_2=190で60より大きいといえます。
母集団における男子と女子のお年玉金額の標準偏差は等しいことがわかっています。
これより、具体例33はt検定で行います。

A. 検定結果

＜１＞p値による有意差判定

(1) 右側検定

	n	平均
男子	100	29,300円
女子	90	25,000円
差分		4,300円

検定統計量	2.06
自由度	188
P値	0.020
判定	[*]

p値＜0.05より、
「お年玉金額の平均は男子の方が女子より高い」がいえます。

(2) 左側検定

	n	平均
男子	100	29,300円
女子	90	25,000円
差分		4,300円

検定統計量	2.06
自由度	188
P値	0.980
判定	[ ]

p値＞0.05より、
「お年玉金額の平均は男子の方が女子より低い」がいえません。

(3) 両側検定

	n	平均
男子	100	29,300円
女子	90	25,000円
差分		4,300円

検定統計量	2.06
自由度	188
P値	0.040
判定	[*]

p値＜0.05より、
「お年玉金額の平均は男子と女子は異なる」がいえます。

具体例33の仮説検証は下記の3つでした。

(1)　お年玉金額の平均は、男子の方が女子より高いかを調べよ。
(2)　お年玉金額の平均は、男子の方が女子より低いかを調べよ。
(3)　お年玉金額の平均は、男子と女子は異なるかを調べよ。

演習として3つについて仮説検証を行いましたが、通常はこの中の1つについて仮説検証します。どれを選定するかは目的によりますが、この具体例は「お年玉金額の男子と女子の違い」を明らかにすることが目的なので(3)の両側検定がよいと思われます。

＜2＞母平均差分の信頼区間

この学校全体の男子と女子のお年玉金額の平均差分の信頼区間は信頼度95%で、189円～8,411円の間にあるといえます。

信頼区間は0をまたがらないので、「お年玉金額の平均は男子と女子は異なる」がいえます。

信頼区間

平均の差	下限値	上限値
4,300.0	188.6	8,411.4

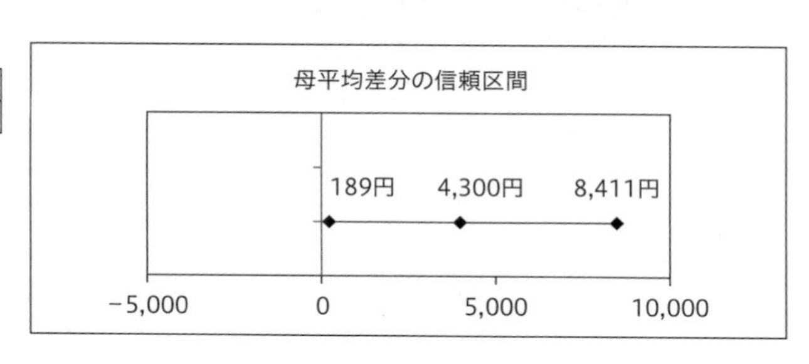

3　t検定の計算方法

検定統計量の計算方法

2群	サンプルサイズ	標本平均	標本標準偏差	母集団標準偏差
群1	n_1	$\bar{x}_1$	S_1	V_1
群2	n_2	$\bar{x}_2$	S_2	V_2

2群	サンプルサイズ	標本平均	標本標準偏差
男子	100	29,300円	15,300円
女子	90	25,000円	13,200円

標本分散s^2はs_1^2とs_2^2の加重平均である。

$$s^2 = \frac{(n_1-1)s_1^2+(n_2-1)s_2^2}{n_1+n_2-2} = \frac{99\times 15,300^2+89\times 13,200^2}{100+90-2} = 205,756,755$$

$$\text{検定統計量} = \frac{\bar{x_1}-\bar{x_2}}{\sqrt{\dfrac{s^2}{n_1}+\dfrac{s^2}{n_2}}} = \frac{29,300-25,000}{\sqrt{\dfrac{205,756,755}{100}+\dfrac{205,756,755}{90}}} = \frac{4,300}{2,084} = 2.06$$

検定統計量の分布

帰無仮説が正しいと仮定した場合に、t検定の検定統計量は自由度fのt分布に従う。

t検定におけるt分布の自由度は$f=n_1+n_2-2$である。

自由度　$f=n_1+n_2-2=100+90-2=188$

(1) 右側検定のp値の計算方法

右側検定のp値は、t分布における検定統計量の上側確率である。

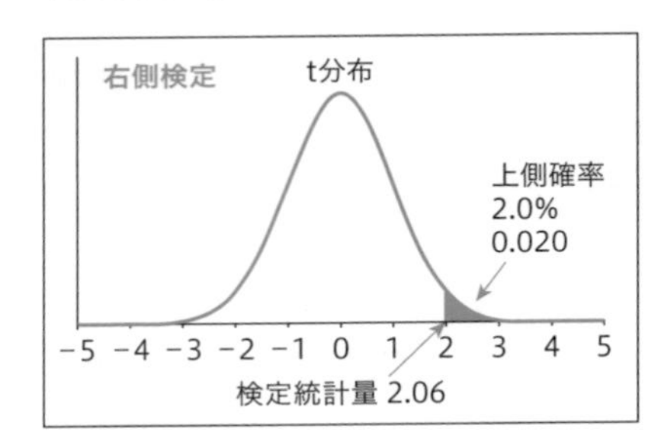

Excel関数

上側p値はExcelの関数で求められる。

上側確率

=TDIST(検定統計量, 自由度, 定数1)

=TDIST(2.06, 188, 1) [Enter] 0.020

(2) 左側検定のp値の計算方法

左側検定のp値は、t分布における検定統計量の下側確率である。

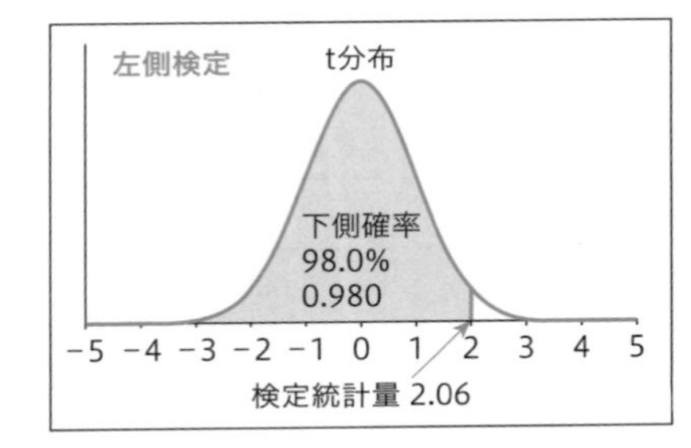

Excel関数

検定統計量2.06の上側確率を求め、1から引く。

下側確率

=1－TDIST(検定統計量, 自由度, 定数1)

=1－TDIST(2.06, 188, 1) [Enter] 0.980

(3) 両側検定のp値の計算方法

両側検定のp値はt分布における検定統計量の上側確率の2倍である。

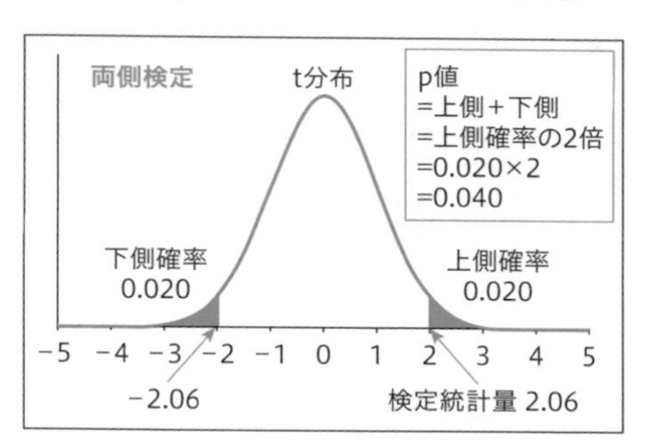

Excel関数

上側確率

=TDIST(検定統計量, 自由度, 定数1)

=TDIST(2.06, 188, 1) [Enter] 0.020

p値＝上側確率×2=0.020×2=0.040

母平均差分の信頼区間の計算方法

計算式

$(\bar{x}_1 - \bar{x}_2) \pm$ 棄却限界値 $\times$ 標準誤差

$(\bar{x}_1 - \bar{x}_2) = 29,300 - 25,000 = 4,300$

$$\text{標準誤差} = \sqrt{\frac{s^2}{n_1} + \frac{s^2}{n_2}} = \sqrt{\frac{205,756,755}{100} + \frac{205,756,755}{90}} = 2,084$$

棄却限界値

Excelの関数で求められる。

棄却限界値はt分布の上側確率＋下側確率5%の横軸の値である。

t分布の自由度は次式で求められる。

自由度　$f = n_1 + n_2 - 2$

具体例の自由度　$f = 100 + 90 - 2 = 188$

Excel関数

棄却限界値はExcelの関数で求められる。

=TINV(0.05, 自由度)

【計算例】=TINV(0.05, 188) [Enter] 1.973

信頼区間

$(\bar{x}_1 - \bar{x}_2) \pm$ 棄却限界値 $\times$ 標準誤差 $= 4,300 \pm 1.973 \times 2,084$

$= 4,300 \pm 4,111$

下限値 $= 4,300 - 4,111 = 189$

上限値 $= 4,300 + 4,111 = 8,411$

4　検定統計量と棄却限界値の比較による有意差判定

統計解析のソフトウェアがなかった時代、p値の手計算は困難で、有意差判定は検定統計量と棄却限界値（一般的統計学書籍巻末）の比較によって行っていました。

現在この方法はほとんど使用されていませんが、t検定を理解するうえでは参考になる知識なので、「検定統計量と棄却限界値の比較による有意差判定」について紹介します。

具体例33を用いて、右側検定、左側検定、両側検定の順で説明します。

(1) 右側検定

t分布において上側確率が5%となる横軸の値が棄却限界値である。

棄却限界値より右側の領域を**棄却域**という。

検定統計量が棄却域に含まれれば有意差があると判定する。

棄却限界値は統計学書籍巻末に記載されているが、今やExcelの関数で簡単に求められる。

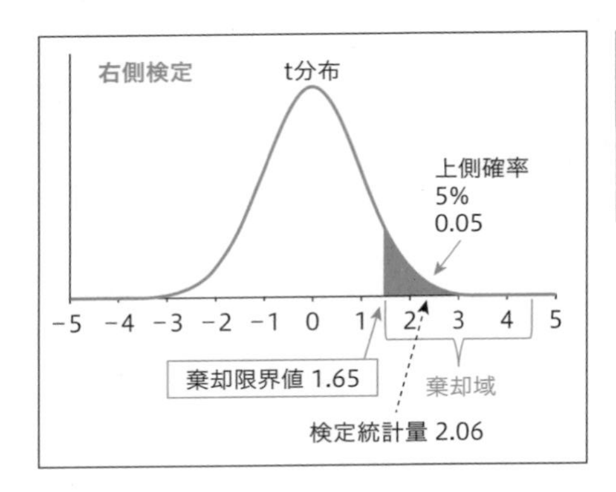

具体例33の検定統計量2.06は棄却域（棄却限界値1.65以上）に含まれるので、有意差があるといえる。

(2) 左側検定

t分布において下側確率が5%となる横軸の値が棄却限界値である。

棄却限界値より左側の領域を**棄却域**という。

検定統計量が棄却域に含まれれば有意差があると判定する。

具体例33における検定統計量2.06は棄却域（棄却限界値−1.65以下）に含まれないので、有意差があるといえない。

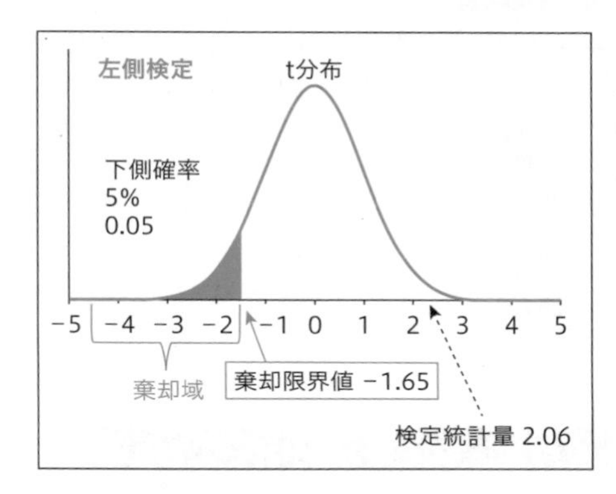

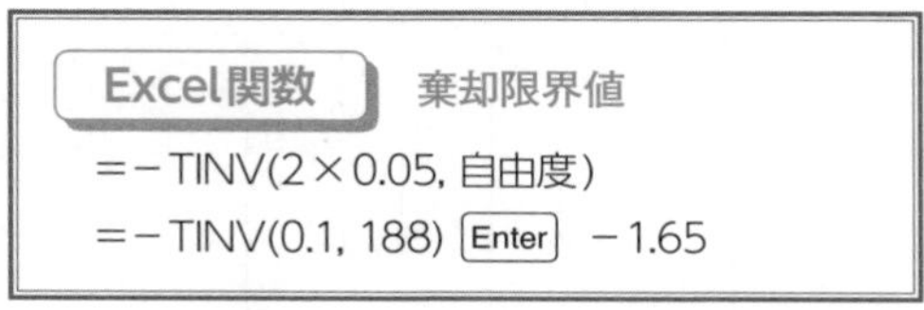

(3) 両側検定

t分布において下側確率が2.5%と上側確率が2.5%となる横軸の値が棄却限界値である。

棄却限界値より左側の領域と右側の領域を**棄却域**という。

検定統計量が棄却域に含まれれば有意差があると判定する。

具体例33の検定統計量は2.06で、棄却域（左側棄却限界値−1.97以下あるいは右側棄却限界値1.97以上）に含まれるので有意差があるといえる。

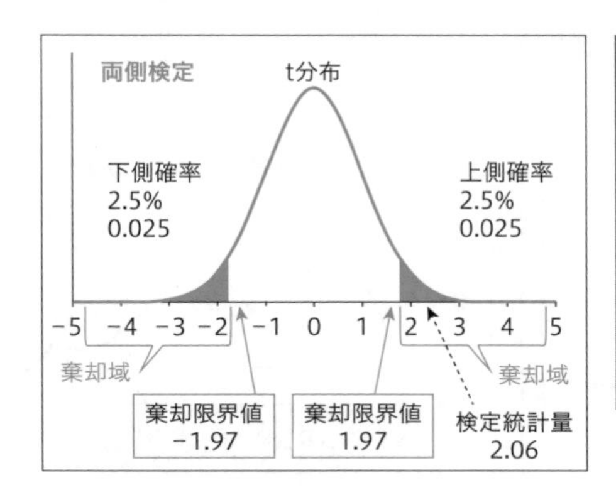

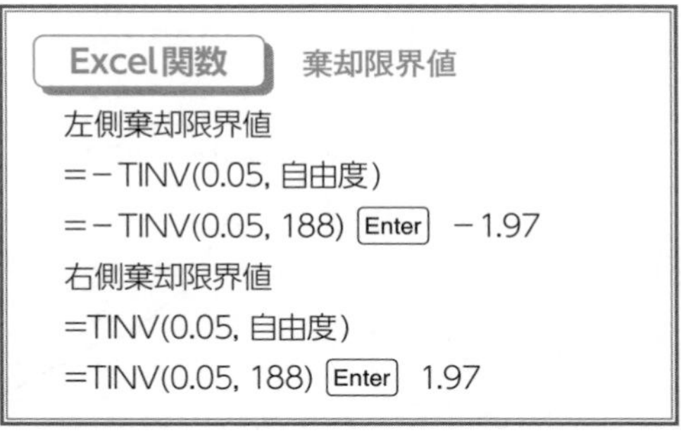

5　t検定の検定統計量はt分布になることを検証

ある県の小学校の生徒数は男子10,000人、女子10,000人です。全員についてお年玉金額を調べたデータがあるとします。男子、女子のお年玉金額を母集団とします。お年玉金額の母平均は男子、女子どちらも28,000円で同じです。お年玉金額の母標準偏差は男子、女子どちらもほぼ同じです。

母集団	お年玉金額		
生徒 No.	男子	生徒 No.	女子
1	17,000	1	53,500
2	55,600	2	23,600
3	19,500	3	63,600
4	12,300	4	13,800
5	35,200	5	45,700
⋮	⋮	⋮	⋮
9,998	47,700	9,998	22,700
9,999	19,500	9,999	51,800
10,000	31,200	10,000	26,600

	男子	女子
母平均	28,000	28,000
母標準偏差	15,011	15,220

データの分布は正規分布ではありません。

			男子		女子	
下限値	上限値	階級値	N	%	N	%
0	7,000	4,000	581	5.8%	582	5.8%
7,000	13,000	10,000	813	8.1%	1,425	14.3%
13,000	19,000	16,000	1,921	19.2%	1,231	12.3%
19,000	25,000	22,000	1,278	12.8%	1,270	12.7%
25,000	31,000	28,000	1,768	17.7%	1,717	17.2%
31,000	37,000	34,000	1,144	11.4%	1,252	12.5%
37,000	43,000	40,000	823	8.2%	874	8.7%
43,000	49,000	46,000	681	6.8%	541	5.4%
49,000	55,000	52,000	446	4.5%	592	5.9%
55,000	61,000	58,000	239	2.4%	222	2.2%
61,000	120,000	62,000	306	3.1%	294	2.9%
		全体	10,000	100.0%	10,000	100.0%

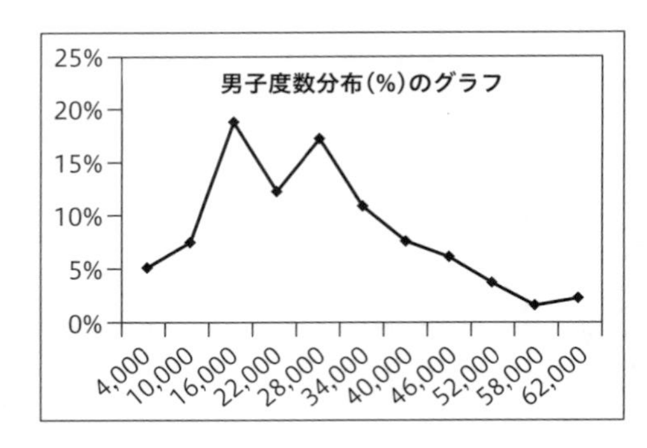

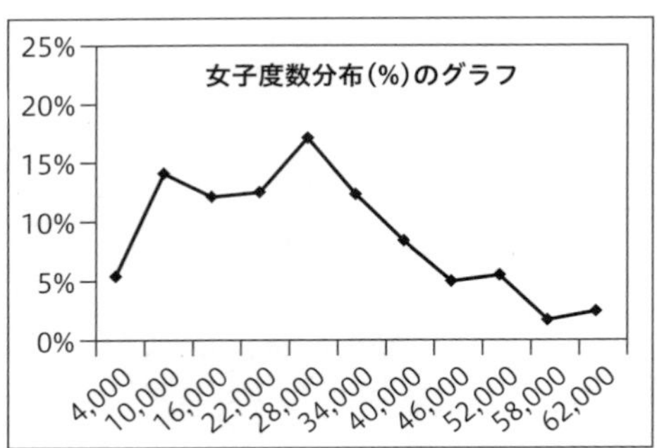

検定統計量の算出

母集団男子から100人、母集団女子から90人をランダムに抽出する調査を実施し、標本平均、標本標準偏差、検定統計量を算出した。

この調査を1,000回行い1,000個の検定統計量を求めました。

<計算例>調査No1の検定統計量

$$
検定統計量 = \frac{\bar{x}_1 - \bar{x}_2}{\sqrt{\dfrac{s^2}{n_1} + \dfrac{s^2}{n_2}}} = \frac{29,300 - 25,000}{\sqrt{\dfrac{205,756,755}{100} + \dfrac{205,756,755}{90}}} = \frac{4,300}{2,084} = 2.06
$$

1,000回の標本調査の検定統計量を示す。

標本調査 No	標本平均		標本標準偏差		検定統計量
	A	B	A	B	
1	29,300	25,000	15,300	13,200	2.06
2	27,490	28,420	15,831	16,554	−0.39
3	29,575	26,886	15,211	15,876	1.19
4	26,473	27,287	15,091	13,807	−0.39
5	31,575	29,201	18,421	13,999	1.01
6	30,515	28,313	15,962	16,703	0.93
⋮	⋮	⋮	⋮	⋮	⋮
997	28,344	26,688	16,203	13,837	0.76
998	27,461	29,528	15,338	15,795	−0.91
999	26,754	26,431	14,332	15,121	0.15
1,000	29,362	29,328	15,070	13,424	0.02

検定統計量の度数分布を作成しました。
度数分布の%のグラフを描きました。

度数分布表

下限値	上限値	階級値	度数	%
−4.50	−3.50	−4	1	0.1%
−3.50	−2.50	−3	1	0.1%
−2.50	−1.50	−2	62	6.2%
−1.50	−0.50	−1	254	25.4%
−0.50	0.50	0	362	36.2%
0.50	1.50	1	259	25.9%
1.50	2.50	2	58	5.8%
2.50	3.50	3	3	0.3%
3.50	4.50	4	0	0.0%
		合計	1,000	100.0%

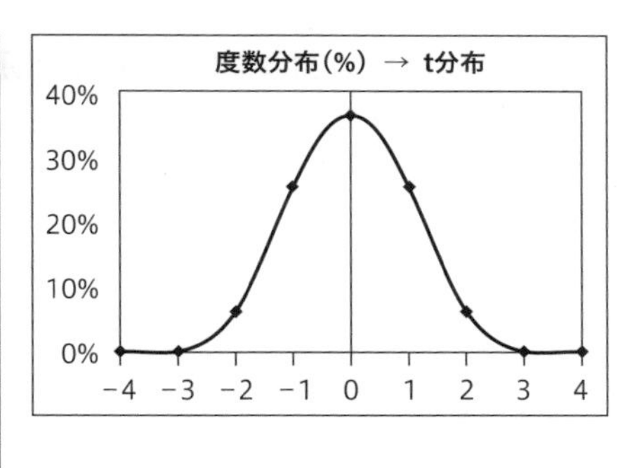

度数分布（%）は自由度188のt分布になります。検定統計量は、帰無仮説「男子お年玉金額平均と女子お年玉金額平均は同じ」という仮説のもとにt分布になります。

具体例33は、実際には調査は1回しかしていません。その1回の検定統計量が起こる確率p値は0.04（両側検定）で5%より小さく、めったにないことが起こったと考え、検定統計量は「男子母平均＝女子母平均」の母集団から算出されたものでないとします。
これより帰無仮説「母平均男子＝母平均女子」が棄却されます。
検定結果は対立仮説がいえるか否かを述べるので、具体例は「お年玉金額は、男子と女子は異なる」が採択されます。

7.4 ウェルチのt検定

1 ウェルチのt検定の概要

データは数量データとカテゴリーデータに大別されますが、ウェルチのt検定は数量データに適用できる手法です。

ウェルチのt検定は、p値による有意差判定と母平均差分の信頼区間から構成されます。

p値による有意差判定とは、2つの母集団から無作為抽出したサンプルの標本平均や標本標準偏差から、その2つ（2群）の母平均が等しいといえるかをp値によって調べる方法です。

母平均差分の信頼区間とは、標本平均の差分が母集団の差分であると言い切るのは危険ですので標本平均の差分に幅を持たせて推定する方法です。

ウェルチのt検定は、20世紀のイギリスの統計学者 Bernard Lewis Welch がスチューデントのt検定を改良したものです。

ウェルチのt検定は下記条件のもとに帰無仮説が正しいと仮定した場合に、サンプルの標本平均や標本標準偏差から計算された検定統計量がt分布に従うことを利用する統計学的検定法です。

- 2群のデータは対応していない（対応のないデータ）
- 2つの母集団は正規分布に従っている（母集団の正規性）
- 2群の分散が等しいといえない（ここがスチューデントのt検定と異なる）

母集団の正規性については、t検定同様この検定も**頑健**だといわれています。それは、サンプルサイズが十分大きければ母集団が正規分布でなくとも検定統計量はt分布に近づくからです。「サンプルサイズが十分大きい」の目安は30で、2群合わせると60です。言い換えれば、2群合わせたサンプルサイズが60以上であれば母集団が正規分布でなくてもウェルチのt検定は適用できるということです。

サンプルサイズが60に満たない場合の母平均の差の検定はノンパラメトリック検定を適用します。

5件法（5段階評価）のデータはt検定を適用してよいですが、4件法はノンパラメトリック検定を適用するのがよいと思われます。

p値による有意差判定の手順

1 帰無仮説を立てる

群1の母平均と群2の母平均は同じ

2 対立仮説を立てる

次の3つのうちのいずれかにする。

対立仮説1：群1の母平均は群2の母平均より大きい

対立仮説2：群1の母平均は群2の母平均より小さい

対立仮説3：群1の母平均と群2の母平均は異なる

3 両側検定、片側検定を決める

2 で選んだ対立仮説によって自動的に決まる。

対立仮説1 → 片側検定（右側検定）

対立仮説2 → 片側検定（左側検定）

対立仮説3 → 両側検定

4 検定統計量を算出

群	サンプルサイズ	標本平均	標本標準偏差
群1	n_1	$\overline{x}_1$	S_1
群2	n_2	$\overline{x}_2$	S_2

$$\text{検定統計量} = \frac{\text{群1標本平均} - \text{群2標本平均}}{\text{標準誤差}} = \frac{\bar{x}_1 - \bar{x}_2}{\sqrt{\dfrac{S_1^2}{n_1} + \dfrac{S_2^2}{n_2}}}$$

5 p値の算出

検定統計量は帰無仮説が正しいと仮定した場合にt分布に従う。

t分布において、横軸の値が検定統計量であるときの上側の面積をp値という。

片側検定におけるp値はt分布における検定統計量の上側確率である。

両側検定におけるp値はt分布における検定統計量の上側確率の2倍。

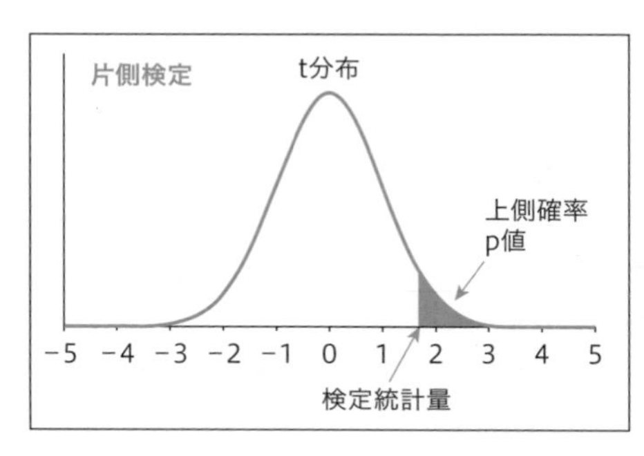

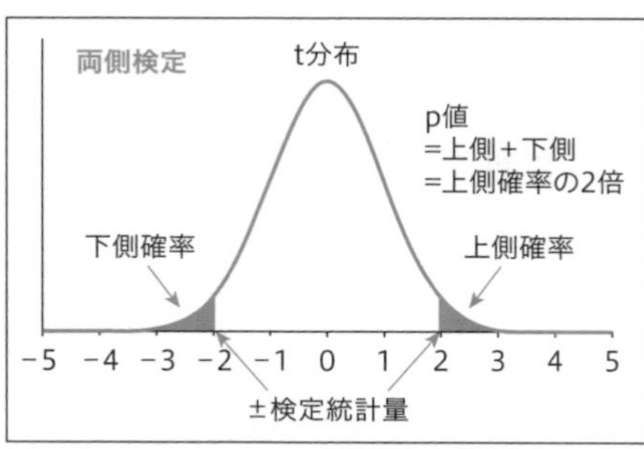

6 p値による有意差判定

片側検定（右側検定、左側検定）、両側検定いずれも

p値＜有意水準0.05

帰無仮説を棄却し対立仮説を採択。有意差があるといえる。

p値≧有意水準0.05

対立仮説を採択できず、有意差があるといえない。

※有意水準は0.05が一般的であるが、0.01を適用することもある。

※有意差判定を次で示すこともある。

p値＜0.01	[**]	有意水準1%で有意差がある
0.01≦p値＜0.05	[*]	有意水準5%で有意差がある
p値≧0.05	[ ]	有意差があるといえない

母平均差分の信頼区間の手順

1 信頼区間を次式によって算出する。

$(\bar{x}_1 - \bar{x}_2) \pm$ 棄却限界値 $\times$ 標準誤差

標準誤差は前ページの **4** で示した式である。 $\sqrt{\dfrac{S_1^2}{n_1} + \dfrac{S_2^2}{n_2}}$

棄却限界値は信頼度95%（有意水準5%）における定数である。

t分布において、上側と下側を合わせた確率が0.05（5%）となる横軸の値（パーセント点）が棄却限界値である。

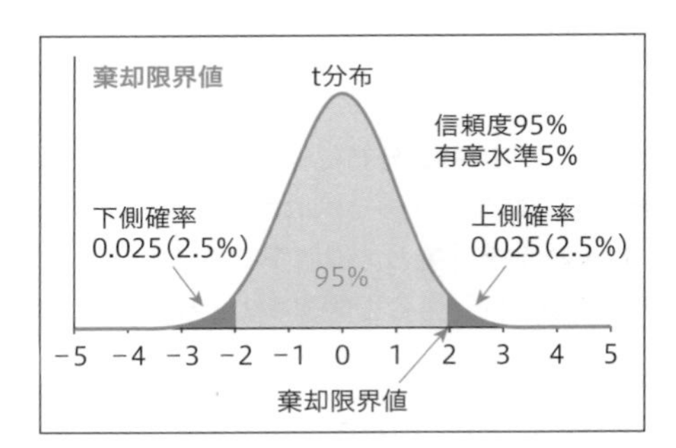

2 信頼区間を適用しての有意差検定を行う。

<ケース1>

信頼区間が0をまたがらない場合

比較する2群の母平均値は異なる。

<ケース2>

信頼区間が0をまたがる場合

比較する2群の母平均値は異なるといえない。

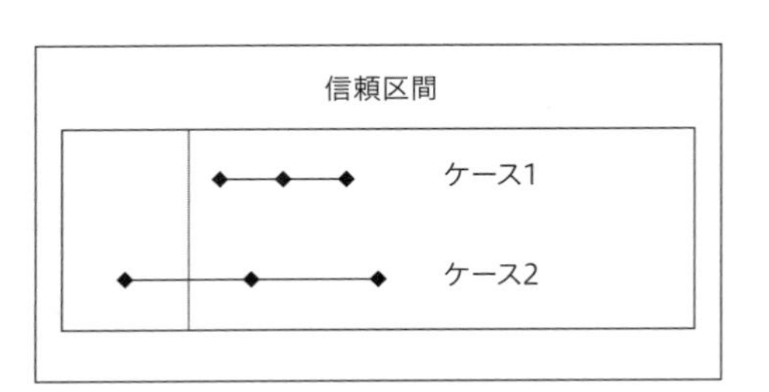

2 ウェルチのｔ検定の結果

Q. 具体例34

ある県について、小学6年生と中学1年生のお年玉金額の平均に違いがあるかを明らかにします。
下記はこの県のお年玉金額を調べた調査結果です。

2群	サンプルサイズ	標本平均	標本標準偏差
小学6年生	90	25,000円	13,200円
中学1年生	100	29,300円	15,300円

この県全体（母集団）における小学6年生と中学1年生のお年玉金額の標準偏差は異なることがわかっています。

＜１＞ 次の３つについて有意水準5%で調べなさい。
(1) お年玉金額の平均は、小学６年生の方が中学１年生より高い。
(2) お年玉金額の平均は、小学６年生の方が中学１年生より低い。
(3) お年玉金額の平均は、小学６年生と中学１年生は異なる。
＜２＞ この県全体の小学６年生と中学１年生のお年玉金額の平均差分の信頼区間を信頼度95%で算出しなさい。

小学6年生と中学1年生の比較なので対応のないデータです。
サンプルサイズは$n_1+n_2=190$で60より大きいといえます。
母集団における小学6年生と中学1年生のお年玉金額の標準偏差は異なることがわかっています。
具体例はウェルチのｔ検定で行います。

A. 検定結果

＜１＞p値による有意差判定

(1) 右側検定

	n	平均
小学６年生	90	25,000円
中学１年生	100	29,300円
差分		−4,300円

検定統計量	−2.08
自由度	188
P値	0.981
判定	[ ]

p値＞0.05より、
「お年玉金額の平均は小学6年生の方が中学1年生より高い」がいえません。

(2) 左側検定

	n	平均
小学６年生	90	25,000 円
中学１年生	100	29,300 円
差分		−4,300 円

検定統計量	−2.08
自由度	188
P 値	0.019
判定	[*]

p値＜0.05より、
「お年玉金額の平均は小学6年生の方が中学1年生より低い」がいえます。

(3) 両側検定

	n	平均
小学６年生	90	25,000 円
中学１年生	100	29,300 円
差分		−4,300 円

検定統計量	2.08
自由度	188
P 値	0.039
判定	[*]

p値＜0.05より、
「お年玉金額の平均は小学6年生と中学1年生は異なる」がいえます。

具体例33の仮説検証は下記の3つでした。

(1)　お年玉金額の平均は、小学６年生の方が中学１年生より高いか
(2)　お年玉金額の平均は、小学６年生の方が中学１年生より低いか
(3)　お年玉金額の平均は、小学６年生と中学１年生は異なるか

演習として3つについて仮説検証を行いましたが、通常はこの中の1つについて仮説検証します。どれを選定するかは目的によりますが、この具体例は「お年玉金額小学6年生と中学1年生の違い」を明らかにすることを目的としていたので、(3) の両側検定がよいと思われます。

＜２＞母平均差分の信頼区間

この地域全体の小学6年生と中学1年生のお年玉金額の平均差分の信頼区間は、信頼度95%で、−8,380円〜−220円の間にあるといえます。

信頼区間は0をまたがらないので、お年玉金額の平均は小学6年生と中学1年生は違いがあるといえます。

信頼区間

平均の差	下限値	上限値
−4,300.0	−8,379.6	−220.4

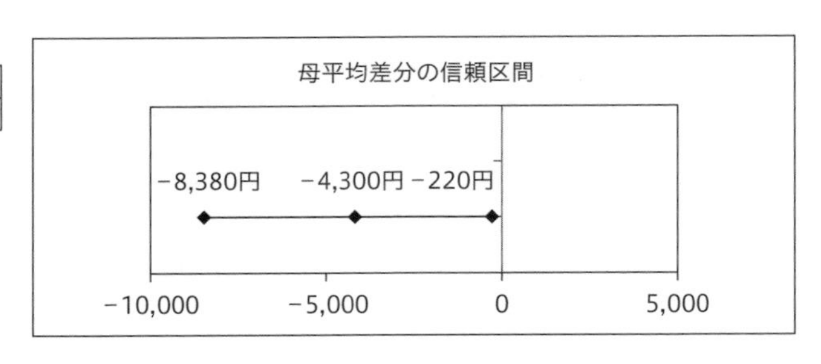

3 ウェルチのｔ検定の計算方法

検定統計量の計算方法

2群	サンプルサイズ	標本平均	標本標準偏差
群1	n_1	$\bar{x}_1$	s_1
群2	n_2	$\bar{x}_2$	s_2

2群	サンプルサイズ	標本平均	標本標準偏差
小学6年生	90	25,000円	13,200円
中学1年生	100	29,300円	15,300円

$$\text{検定統計量} = \frac{\bar{x}_1 - \bar{x}_2}{\sqrt{\dfrac{S_1^2}{n_1} + \dfrac{S_2^2}{n_2}}} = \frac{25,000 - 29,300}{\sqrt{\dfrac{13,200^2}{90} + \dfrac{15,300^2}{100}}} = \frac{-4.300}{2,068} = -2.08$$

両側検定の検定統計量は絶対値2.08とする。

検定統計量の分布

帰無仮説が正しいと仮定した場合に、ｔ検定の検定統計量は自由度fのｔ分布に従う。
ウェルチのｔ検定の自由度fは、$f = n_1 + n_2 - 2$でなく、次式とする。

$$f = \left(\frac{s_1^2}{n_1} + \frac{s_2^2}{n_2}\right)^2 \div \left(\frac{s_1^4}{n_1^2(n_1-1)} + \frac{s_2^4}{n_2^2(n_2-1)}\right) \qquad f = 188$$

※複雑な式だが、ｔ検定の自由度$f = n_1 + n_2 - 2$と大きな差はない。
7.3具体例33のｔ検定の自由度は$f = n_1 + n_2 - 2 = 188$で、同じ値になった。

(1) 右側検定のｐ値の計算方法

右側検定のｐ値は、ｔ分布における検定統計量の上側確率である。

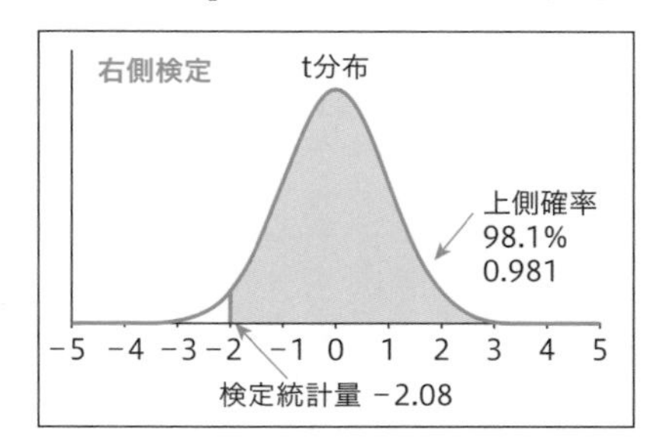

Excel関数

TDIST関数はマイナスの値を指定できないので検定統計量の絶対値2.08の上側確率を求め、1から引く。

=1 − TDIST(検定統計量の絶対値, 自由度, 定数1)

=1 − TDIST(2.08, 188, 1) Enter 0.981

(2) 左側検定のｐ値の計算方法

左側検定のｐ値は、ｔ分布における検定統計量の下側確率である。

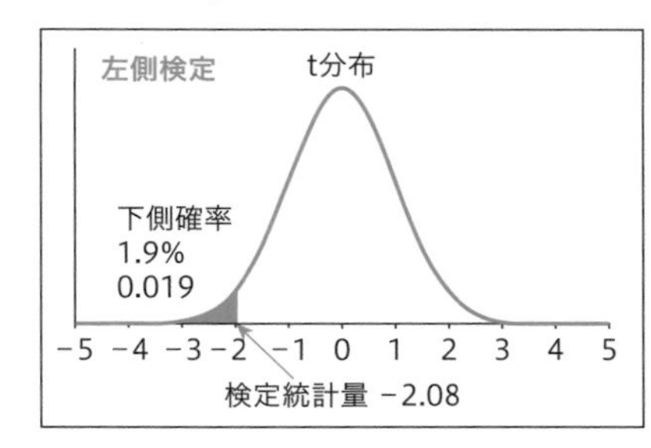

Excel関数

TDIST関数はマイナスの値を指定できないので、検定統計量の絶対値2.08の上側確率を求める。

上側確率=TDIST(検定統計量, 自由度, 定数1)

左右対称なので下側確率と上側確率は同じ。

下側確率=TDIST(2.08, 188, 1) Enter 0.019

(3) 両側検定のp値の計算方法

両側検定のp値はt分布における検定統計量の下側確率の2倍である。

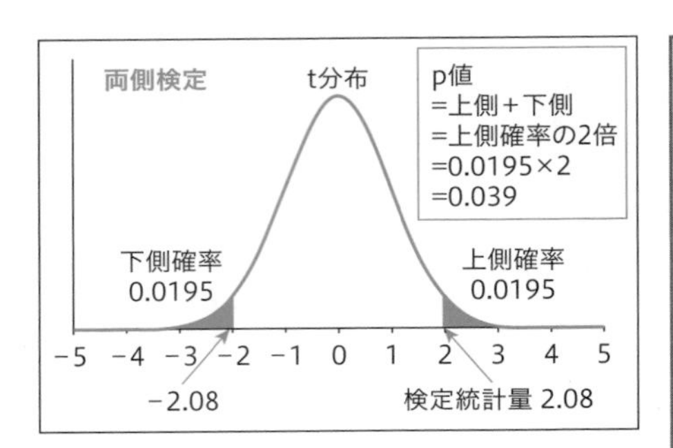

Excel関数

TDIST関数はマイナスの値を指定できないので、検定統計量の絶対値2.08の上側確率を求める。

上側確率

=TDIST(検定統計量の絶対値, 自由度, 定数1)

=TDIST(2.08, 188, 1) Enter 0.0195

左右対称なので下側確率と上側確率は同じである。

p値＝下側確率×2=0.0195×2=0.039

母平均差分の信頼区間の計算方法

計算式

$(\bar{x}_1 - \bar{x}_2) \pm$ 棄却限界値 $\times$ 標準誤差

$(\bar{x}_1 - \bar{x}_2) = 25,000 - 29,300 = -4,300$

$$\text{標準誤差} = \sqrt{\frac{S_1^2}{n_1} + \frac{S_2^2}{n_2}} = \sqrt{\frac{13,200^2}{90} + \frac{15,300^2}{100}} = 2,068$$

棄却限界値

Excelの関数で求められる。

棄却限界値はt分布の上側確率＋下側確率5%の横軸の値である。

t分布の自由度は次式で求められる。

自由度　$f = 188$

Excel関数

棄却限界値はExcelの関数で求められる。

=TINV(0.05, 自由度)

【計算例】=TINV(0.05, 188) Enter 1.973

信頼区間

$(\bar{x}_1 - \bar{x}_2) \pm$ 棄却限界値 $\times$ 標準誤差 $= -4,300 \pm 1.973 \times 2,068$

$= -4,300 \pm 4,080$

下限値 $= -4,300 - 4,080 = -8,380$

上限値 $= -4,300 + 4,080 = -220$

7.5 z検定

1 z検定の概要

データは数量データとカテゴリーデータに大別されますが、z検定は数量データに適用できる手法です。

z検定は、p値による有意差判定と母平均差分の信頼区間から構成されます。

p値による有意差判定とは、2つの母集団から無作為抽出したサンプルの標本平均と母集団標準偏差から、その2つ（2群）の母平均が等しいといえるかをp値によって調べる方法です。

母平均差分の信頼区間とは、標本平均の差分が母集団の差分であると言い切るのは危険ですので標本平均の差分に幅を持たせて推定する方法です。

z検定は下記条件のもとに帰無仮説が正しいと仮定した場合に、サンプルの標本平均と母集団標準偏差から計算された検定統計量がz分布（標準正規分布）に従うことを利用する統計学的検定法です。

- 2群のデータは対応していない（対応のないデータ）
- 2つの母集団は正規分布に従っている（母集団の正規性）
- 2つの母集団の分散が既知である（ここがt検定と異なる）

7

母集団の正規性については、t検定同様この検定も**頑健**だといわれています。それは、母集団が正規分布でなくともサンプルサイズが大きく、母分散が既知であれば検定統計量はz分布に近づくからです。「サンプルサイズが十分大きい」の目安は30で、2群合わせると60です。

言い換えれば、2群合わせたサンプルサイズが60以上、母分散が既知であれば母集団が正規分布でなくてもz検定は適用できるということです。サンプルサイズが60に満たない場合は、ノンパラメトリック検定を適用します。

p値による有意差判定の手順

1 帰無仮説を立てる

群1の母平均と群2の母平均は同じ

2 対立仮説を立てる

次の3つのうちのいずれかにする。

対立仮説1：群1の母平均は群2の母平均より大きい

対立仮説2：群1の母平均は群2の母平均より小さい

対立仮説3：群1の母平均と群2の母平均は異なる

3 両側検定、片側検定を決める

2 で選んだ対立仮説によって自動的に決まる。

対立仮説1 → 片側検定（右側検定）

対立仮説2 → 片側検定（左側検定）

対立仮説3 → 両側検定

4 検定統計量を算出

2群	サンプルサイズ	標本平均	標本標準偏差	母集団標準偏差
群1	n_1	$\overline{x}_1$	S_1	V_1
群2	n_2	$\overline{x}_2$	S_2	V_2

$$\text{検定統計量} = \frac{\text{群 1 標本平均} - \text{群 2 標本平均}}{\text{標準誤差}} = \frac{\bar{x}_1 - \bar{x}_2}{\sqrt{\dfrac{V_1^2}{n_1} + \dfrac{V_2^2}{n_2}}}$$

5 p値の算出

検定統計量は帰無仮説が正しいと仮定した場合にz分布に従う。

z分布において、横軸の値が検定統計量であるときの上側の面積をp値という。

片側検定におけるp値はz分布における検定統計量の上側確率である。

両側検定におけるp値はz分布における検定統計量の上側確率の2倍。

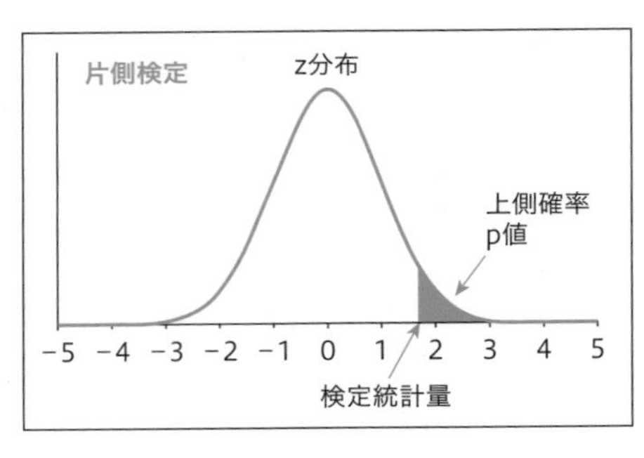

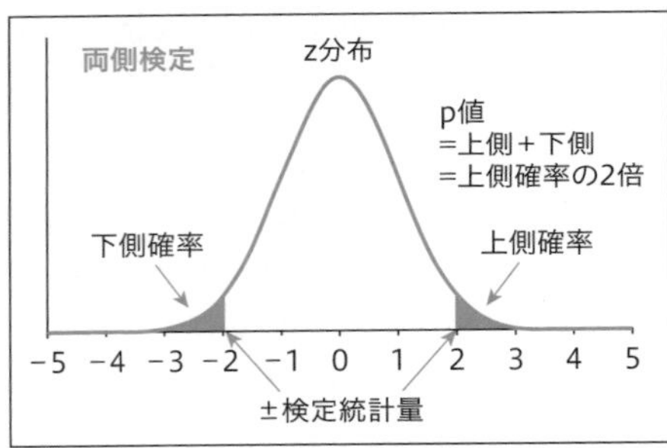

6 p値による有意差判定

片側検定（右側検定、左側検定）、両側検定いずれも

p値＜有意水準0.05

帰無仮説を棄却し対立仮説を採択。有意差があるといえる。

p値≧有意水準0.05

対立仮説を採択できず、有意差があるといえない。

※有意水準は0.05が一般的であるが、0.01を適用することもある。

※有意差判定を次で示すこともある。

p値＜0.01	[**]	有意水準1%で有意差がある
0.01≦p値＜0.05	[*]	有意水準5%で有意差がある
p値≧0.05	[ ]	有意差があるといえない

母平均差分の信頼区間の手順

1 信頼区間を次式によって算出する

$(\bar{x}_1 - \bar{x}_2) \pm$ 棄却限界値 $\times$ 標準誤差

標準誤差は前ページの **4** で示した式で求められる値である。

$$\sqrt{\frac{V_1^2}{n_1} + \frac{V_2^2}{n_2}}$$

棄却限界値は信頼度95%（有意水準5%）における定数である。

z分布において、上側と下側を合わせた確率が0.05（5%）となる横軸の値が棄却限界値である。z分布の場合、1.96である。

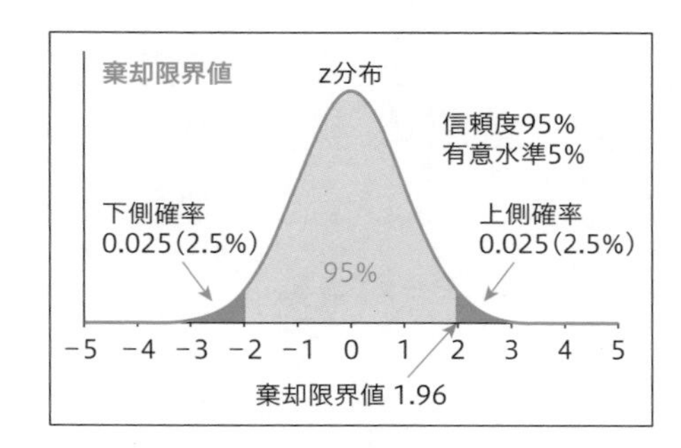

2 信頼区間を適用しての有意差検定を行う

<ケース1>

信頼区間が0をまたがらない場合

比較する2群の母平均値は異なる。

<ケース2>

信頼区間が0をまたがる場合

比較する2群の母平均値は異なるといえない。

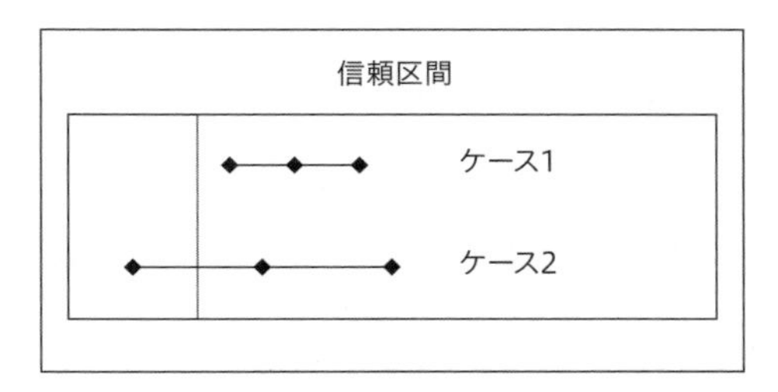

2　z検定の結果

Q. 具体例35

ブランド米ＡとＢについて、稲穂１株の粒数に違いがあるかを調べるために、各々121株、144株を無作為に抜き、粒数を調査しました。
粒数平均値はブランドＡが104.5粒、ブランドＢは102.2粒です。
稲穂１株の粒数はブランドＡとブランドＢで異なるかを調べなさい。
ただし、母集団の標準偏差は６粒であることがわかっています。

	1	2	…	120	121
ブランドA	96粒	111粒	…	100粒	105粒

	1	2	…	224	1144
ブランドB	112粒	94粒	…	115粒	100粒

	サンプルサイズ	標本平均	母集団標準偏差
ブランドA	121	104.5粒	6.0粒
ブランドB	144	102.2粒	6.0粒

- ブランド米Aとブランド米Bの比較なので対応のないデータである。
- サンプルサイズはn_1+n_2=265で60より大きい。
- 母集団における母集団標準偏差は各々6粒で既知である。
- 対立仮説は、稲穂1株の粒数はブランドAとブランドBで異なる。

上記より、具体例はｚ検定の両側検定で行います。

A. 検定結果

＜１＞p値による有意差判定

	n	平均
ブランドＡ	121	104.5 粒
ブランドＢ	144	102.2 粒
差分		2.3 粒

検定統計量	2.33
Ｐ値	0.020
判定	[*]

ｐ値＜0.05より、
「稲穂１株の粒数はブランドＡとブランドＢで異なる」がいえます。

＜２＞母平均差分の信頼区間

ブランドＡとブランドＢの粒数平均差分の信頼区間は、信頼度95％で、1.09粒～3.51粒の間にあるといえます。

信頼区間は０をまたがらないので、「稲穂１株の粒数はブランドＡとブランドＢで異なる」がいえます。

信頼区間

平均の差	下限値	上限値
2.30	0.37	4.23

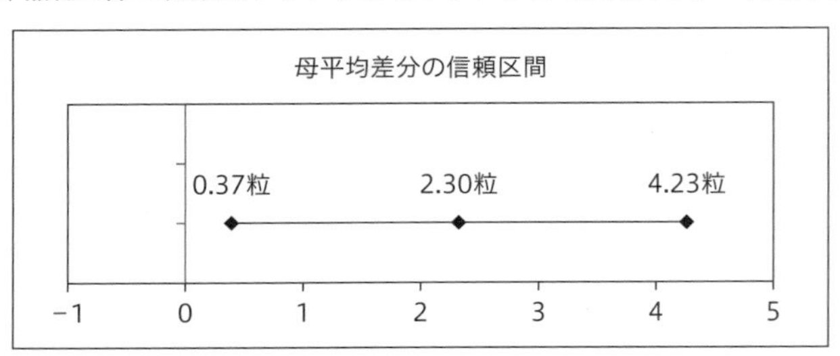

検定統計量の計算方法

2群	サンプルサイズ	標本平均	母集団標準偏差
群1	n_1	$\bar{x}_1$	V_1
群2	n_2	$\bar{x}_2$	V_2

	サンプルサイズ	標本平均	母集団標準偏差
ブランドA	121	104.5粒	6.0粒
ブランドB	144	102.2粒	6.0粒

$$\text{検定統計量} = \frac{\bar{x}_1 - \bar{x}_2}{\sqrt{\dfrac{V_1^2}{n_1} + \dfrac{V_2^2}{n_2}}} = \frac{104.5 - 102.2}{\sqrt{\dfrac{6^2}{121} + \dfrac{6^2}{144}}} = \frac{2.30}{0.9866} = 2.33$$

検定統計量の分布

帰無仮説が正しいと仮定した場合に、z検定の検定統計量はz分布に従う。

p値の計算方法

両側検定のp値はz分布における検定統計量の下側確率の2倍である。

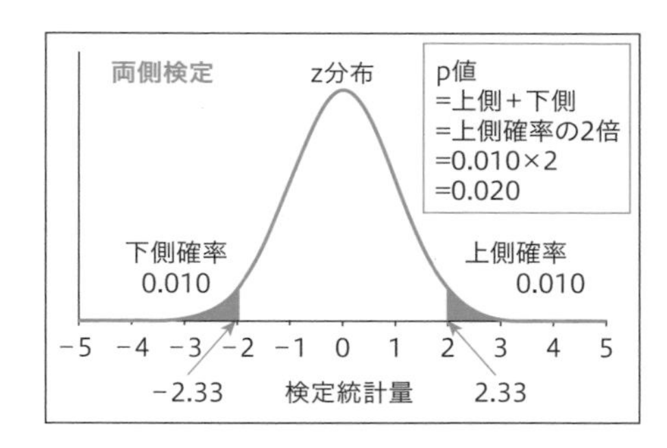

Excel関数

上側確率＝1－NORMSDIST(検定統計量)

=1－NORMSDIST(2. 33) Enter 0.010

p値＝上側確率× 2=0.010× 2=0.020

母平均差分の信頼区間の計算方法

計算式

$(\bar{x}_1 - \bar{x}_2) \pm \text{棄却限界値} \times \text{標準誤差}$

$$= 2.30 \pm 1.96 \times \sqrt{\frac{6^2}{121} + \frac{6^2}{144}} = 2.30 \pm 1.96 \times 0.9866 = 2.30 \pm 1.93$$

下限値=0.37　上限値=4.23

※z分布の有意水準の5%の棄却限界値は1.96固定。

※z分布の有意水準1%の棄却限界値は2.58である。

7.6 対応のあるt検定

1 対応のあるｔ検定の概要

データは数量データとカテゴリーデータに大別されますが、対応のあるt検定は量的データに適用できる手法です。

対応のあるｔ検定は、ｐ値による有意差判定と母平均差分の信頼区間から構成されます。

ｐ値による有意差判定とは、２つの母集団から無作為抽出した個々のサンプルのデータ差分の平均や標準偏差から、その２つ（２群）の母平均が等しいといえるかをｐ値によって調べる方法です。

母平均差分の信頼区間とは、標本平均の差分が母集団の差分であると言い切るのは危険ですので標本平均の差分に幅を持たせて推定する方法です。

対応のあるｔ検定は帰無仮説が正しいと仮定した場合に、個々のサンプルのデータ差分の平均や標準偏差から計算された検定統計量がｔ分布に従うことを利用する統計学的検定法です。

母集団の正規性については、対応のあるｔ検定は**頑健**だといわれています。それは、サンプルサイズが十分大きければ母集団が正規分布でなくとも検定統計量はｔ分布に近づくからです。「サンプルサイズが十分大きい」の目安は30です。

すなわち、サンプルサイズが30以上であれば母集団が正規分布でなくても対応のあるt検定は適用できるということです。

サンプルサイズが30に満たない場合の母平均の差の検定はノンパラメトリック検定を適用します。

５件法（５段階評価）などの順序尺度のデータは、対応のあるｔ検定は適用できないので、ノンパラメトリック検定を適用します。

ｐ値による有意差判定の手順

1 帰無仮説を立てる

群1の母平均と群2の母平均は同じ

2 対立仮説を立てる

次の3つのうちのいずれかにする。

対立仮説1：群1の母平均は群2の母平均より大きい

対立仮説2：群1の母平均は群2の母平均より小さい

対立仮説3：群1の母平均と群2の母平均は異なる

3 両側検定、片側検定を決める

2 で選んだ対立仮説によって自動的に決まる。

対立仮説1　→　片側検定（右側検定）

対立仮説2　→　片側検定（左側検定）

対立仮説3　→　両側検定

4 検定統計量を算出

データNo	群1	群2	差分
1	a_1	b_1	a_1-b_1
2	a_2	b_2	a_2-b_2
3	a_3	b_3	a_3-b_3
⋮	⋮	⋮	⋮
n	a_n	b_n	a_n-b_n
標本平均	$\overline{x}_1$	$\overline{x}_2$	$\overline{x}$
標本標準偏差			s

$$\text{検定統計量} = \frac{\text{群 1 平均} - \text{群 2 平均}}{\text{標準誤差}} = \frac{\text{差分データの標本平均}}{\frac{\text{差分データの標準偏差}}{\sqrt{n}}} = \frac{\bar{x}}{\frac{S}{\sqrt{n}}}$$

5 p値の算出

検定統計量は帰無仮説が正しいと仮定した場合にt分布に従う。

t分布において、横軸の値が検定統計量であるときの上側の面積をp値という。

片側検定におけるp値はt分布における検定統計量の上側確率である。

両側検定におけるp値はt分布における検定統計量の上側確率の2倍。

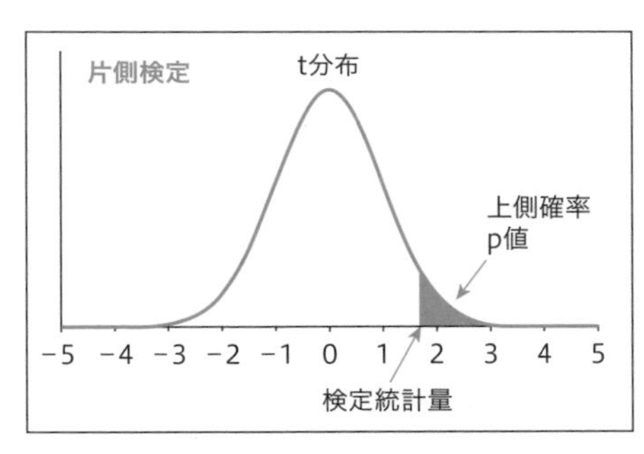

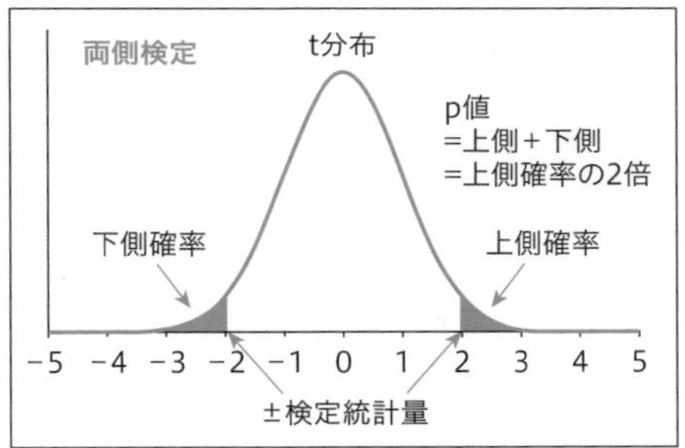

6 p値による有意差判定

片側検定（右側検定、左側検定）、両側検定いずれも

p値＜有意水準0.05

帰無仮説を棄却し対立仮説を採択。有意差があるといえる。

p値≧有意水準0.05

対立仮説を採択できず、有意差があるといえない。

※有意水準は0.05が一般的であるが、0.01を適用することもある。

※有意差判定を次で示すこともある。

p値＜0.01	[**]	有意水準1%で有意差がある
0.01≦p値＜0.05	[*]	有意水準5%で有意差がある
p値≧0.05	[ ]	有意差があるといえない

母平均差分の信頼区間の手順

1 信頼区間を次式によって算出する

$(\bar{x}_1 - \bar{x}_2) \pm$ 棄却限界値 $\times$ 標準誤差

下限値 $= (\bar{x}_1 - \bar{x}_2) -$ 棄却限界値 $\times$ 標準誤差

上限値 $= (\bar{x}_1 - \bar{x}_2) +$ 棄却限界値 $\times$ 標準誤差

標準誤差は前ページの **4** で示した式で求められる値である。 $\dfrac{S}{\sqrt{n}}$

棄却限界値は信頼度95％（有意水準5％）における定数である。

t分布において、上側と下側を合わせた確率が0.05（5％）となる横軸の値（パーセント点）が棄却限界値である。

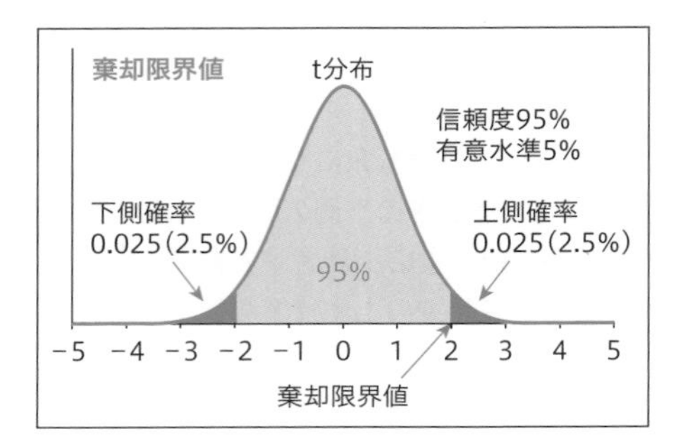

2 信頼区間を適用しての有意差検定を行う

<ケース1>

信頼区間が0をまたがらない（0より大きい、あるいは、0より小さい）場合

比較する2群の母平均値は異なる。

<ケース2>

信頼区間が0をまたがる場合

比較する2群の母平均値は異なるといえない。

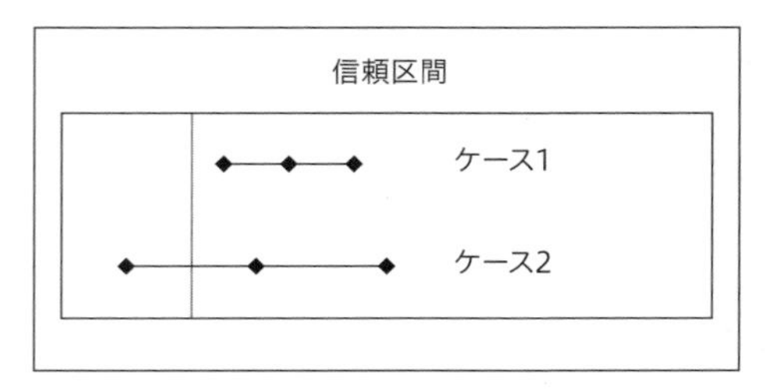

2 対応のあるｔ検定の結果

Q. 具体例36

製薬会社が解熱剤を開発しました。
その新薬Ｙの解熱効果を明らかにするために50人の患者を対象に、薬剤の投与前と投与後の体温を調べました。

対応のあるデータ

	新薬Ｙ 投与後体温	新薬Ｙ 投与前体温	差分 データ
No1	37.7	37.3	－0.4
No2	35.1	37.0	1.9
No3	34.7	36.2	1.5
No4	37.7	38.5	0.8
⋮	⋮	⋮	⋮
No48	36.9	37.8	0.9
No49	36.9	37.0	0.1
No50	37.5	38.8	1.3
		平均	－0.534
		標準偏差	1.482

次の3つについて仮説検証せよ。

(1) 母集団の体温平均値は、投与後は投与前に比べて高いかを調べなさい。
(2) 母集団の体温平均値は、投与後は投与前に比べて低いかを調べなさい。
(3) 母集団の体温平均値は、投与前と投与後で異なるかを調べなさい。

同じ患者の体温の比較なので、対応のあるデータです。
サンプルサイズは50で30より大きいといえます。
具体例36は対応のあるｔ検定で行うのがよいといえます。

A. 検定結果

＜1＞p値による有意差判定

(1) 右側検定

新薬Ｙ投与後体温	36.87 度
新薬Ｙ投与前体温	37.41 度
差分	－0.53 度

検定統計量	－2.55
自由度	49
P 値	0.993
判定	[ ]

p値＞0.05より、
「母集団の体温平均値は、投与後は投与前に比べて高い」はいえません。

(2) 左側検定

新薬Ｙ投与後体温	36.87 度
新薬Ｙ投与前体温	37.41 度
差分	－0.53 度

検定統計量	－2.55
自由度	49
P 値	0.007
判定	[**]

p値＜0.05より、
「母集団の体温平均値は、投与後は投与前に比べて低い」はいえます。

(3) 両側検定

新薬Ｙ投与後体温	36.87 度
新薬Ｙ投与前体温	37.41 度
差分	0.53 度

検定統計量	2.55
自由度	49
P 値	0.014
判定	[*]

※両側検定の差分は－0.53の絶対値0.53である。

p値＜0.05より、
「母集団の体温平均値は、投与前と投与後で異なる」がいえます。

具体例36の仮説検証は下記の3つでした。

(1)　母集団の体温平均値は、投与後は投与前に比べて高いか
(2)　母集団の体温平均値は、投与後は投与前に比べて低いか
(3)　母集団の体温平均値は、投与前と投与後で異なるか

演習として3つについて仮説検証を行いましたが、通常はこの中の1つについて仮説検証します。どれを選定するかは目的によりますが、この具体例は「母集団の体温平均値は、投与前と投与後で異なるか」を明らかにすることが目的なので (3) の両側検定がよいと思われます。

＜２＞母平均差分の信頼区間

母集団における投与後体温と投与前体温の平均差分の信頼区間は信頼度95%で、－0.96度～－0.11度の間にあるといえます。

信頼区間は0をまたがらないので、「母集団の体温平均値は、投与前と投与後で異なる」がいえます。

信頼区間

平均の差	下限値	上限値
－0.53	－0.95	－0.11

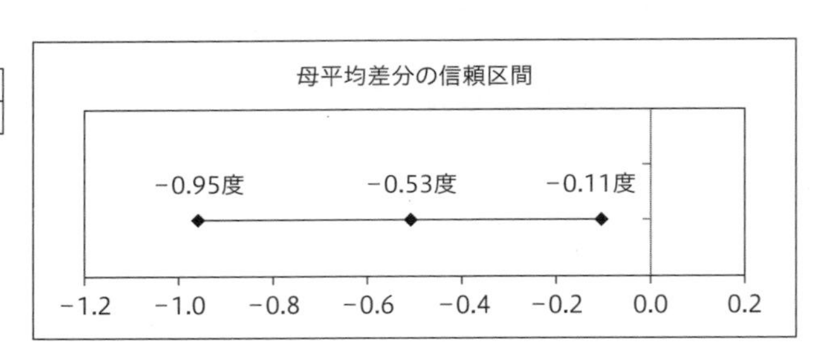

3 対応のあるｔ検定の計算方法

検定統計量の計算方法

$$検定統計量 = \frac{群1平均 - 群2平均}{標準誤差} = \frac{\bar{x}}{\frac{s}{\sqrt{n}}}$$

$$検定統計量 = \frac{-0.534}{\frac{1.482}{\sqrt{50}}} = \frac{-0.534}{0.2096} = -2.55$$

検定統計量の分布

帰無仮説が正しいと仮定した場合に、対応のあるｔ検定の検定統計量は自由度$f = n - 1$のｔ分布に従う。

$f = n - 1 = 50 - 1 = 49$

(1) 右側検定のｐ値の計算方法

右側検定のｐ値は、ｔ分布における検定統計量の上側確率である。

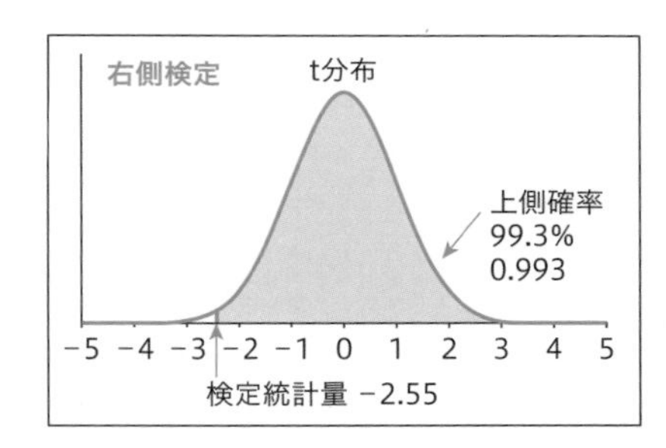

Excel関数

上側ｐ値はExcelの関数で求められる。

TDIST関数はマイナスの値を指定できないので検定統計量の絶対値2.55の上側確率を求め、1から引く。

=1 − TDIST(検定統計量の絶対値, 自由度, 定数1)

=1 − TDIST(2.55, 49, 1) [Enter] 0.993

(2) 左側検定のｐ値の計算方法

左側検定のｐ値は、ｔ分布における検定統計量の下側確率である。

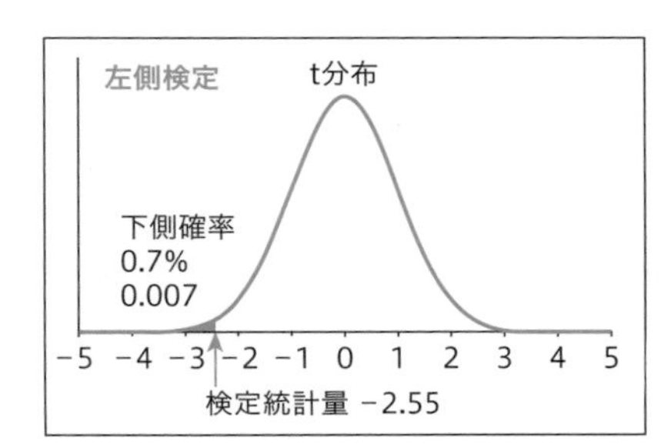

Excel関数

TDIST関数はマイナスの値を指定できないので検定統計量の絶対値2.55の上側確率を求める。

上側確率

=TDIST(検定統計量の絶対値, 自由度, 定数1)

左右対称なので下側確率と上側確率は同じである。

下側確率=TDIST(2.55, 49, 1) [Enter] 0.007

(3) 両側検定のp値の計算方法

両側検定のp値はt分布における検定統計量の下側確率の2倍である。

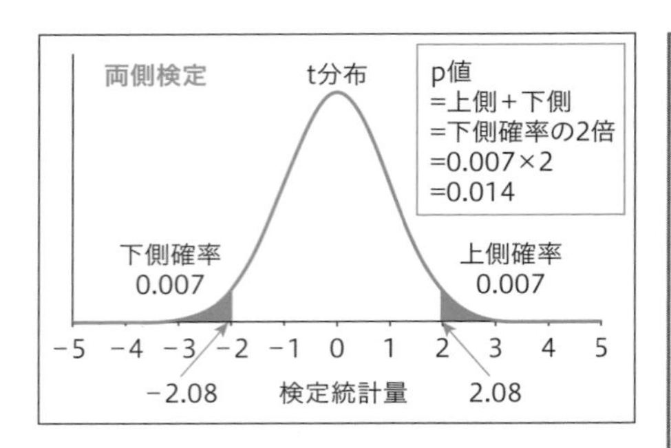

Excel関数

TDIST関数はマイナスの値を指定できないので検定統計量の絶対値2.55の上側確率を求める。

上側確率

=TDIST(検定統計量の絶対値, 自由度, 定数1)

=TDIST(2.55, 49, 1) [Enter] 0.007

左右対称なので下側確率と上側確率は同じである。

p値＝下側確率×2=0.007×2=0.014

母平均差分の信頼区間の計算方法

計算式

$(\bar{x}_1 - \bar{x}_2) \pm$ 棄却限界値 $\times$ 標準誤差

$(\bar{x}_1 - \bar{x}_2) = 36.87 - 37.41 = -0.53$

標準誤差 $= \dfrac{s}{\sqrt{n}} = \dfrac{1.482}{\sqrt{50}} = 0.2096$

棄却限界値

Excelの関数で求められる。

棄却限界値はt分布の上側確率＋下側確率5%の横軸の値である。

t分布の自由度は次式で求められる。

自由度　$f = n - 1 = 50 - 1 = 49$

Excel関数

棄却限界値はExcelの関数で求められる。

=TINV(0.05, 自由度)

【計算例】=TINV(0.05, 49) [Enter] 2.01

信頼区間

$(\bar{x}_1 - \bar{x}_2) \pm$ 棄却限界値 $\times$ 標準誤差 $= -0.53 \pm 2.01 \times 0.2096$

$= -0.53 \pm 0.42$

下限値 $= -0.53 - 0.42 = -0.95$

上限値 $= -0.53 + 0.42 = -0.11$

7.7 1標本母平均検定(1群t検定)

1　1標本母平均検定の概要

1標本母平均検定は、1つの母集団から無作為抽出したサンプルの標本平均や標本標準偏差からp値を算出し、母平均は分析者が定めた比較値と異なるかをp値で判定する方法です。この検定手法は1群t検定と呼ばれることもあります。

この検定は下記条件のもとに帰無仮説が正しいと仮定した場合に、サンプルの標本平均や標本標準偏差から計算された検定統計量がt分布に従うことを利用する統計学的検定法です。

- サンプルサイズは30以上である
- 母集団は正規分布に従っている（母集団の正規性）

母集団の正規性については、この検定方法は**頑健**だといわれています。それは、サンプルサイズが30以上であれば母集団が正規分布でなくとも検定統計量はt分布に近づくからです。

サンプルサイズが30に満たない場合は、ノンパラメトリック検定を適用します。

検定の手順

1 比較値を定める

2 帰無仮説を立てる

母平均と比較値は同じ

3 対立仮説を立てる

次の3つのうちのいずれかにする。

対立仮説1：母平均は比較値より大きい

対立仮説2：母平均は比較値より小さい

対立仮説3：母平均と比較値は異なる

4 両側検定、片側検定を決める

3 で選んだ対立仮説によって自動的に決まる。

対立仮説1　→　片側検定（右側検定）

対立仮説2　→　片側検定（左側検定）

対立仮説3　→　両側検定

5 検定統計量を算出

$$\text{検定統計量} = \frac{\text{標本平均} - \text{比較値}}{\text{標準誤差}} = \frac{\text{標本平均} - \text{比較値}}{\frac{\text{標本標準偏差}}{\sqrt{n}}}$$

6 p値の算出

検定統計量は帰無仮説が正しいと仮定した場合にt分布に従う。

t分布において、横軸の値が検定統計量であるときの上側の面積をp値という。

片側検定におけるp値はt分布における検定統計量の上側確率である。

両側検定におけるp値はt分布における検定統計量の上側確率の2倍。

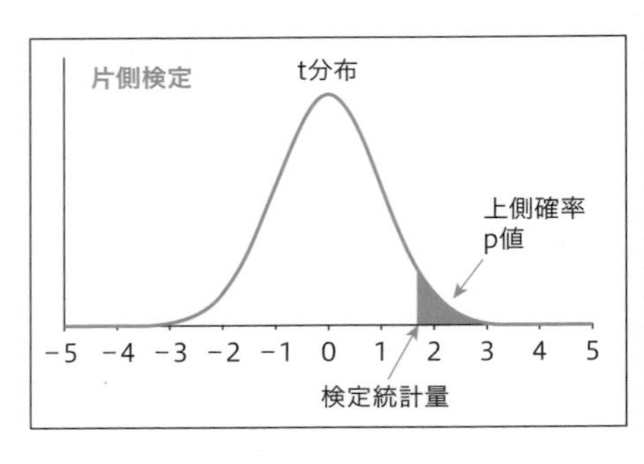

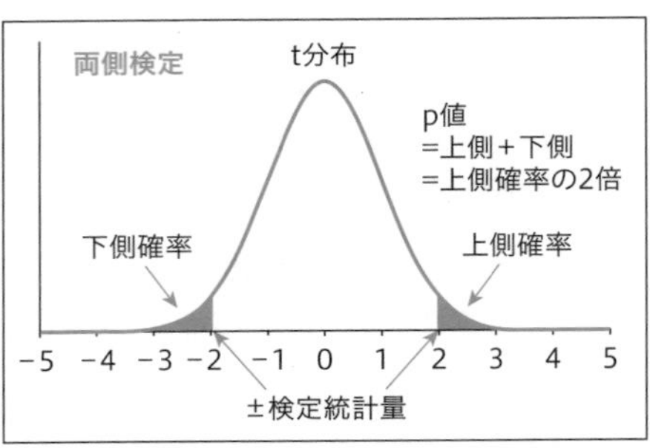

7 p値による有意差判定

片側検定（右側検定、左側検定）、両側検定いずれも

p値＜有意水準0.05

帰無仮説を棄却し対立仮説を採択。有意差があるといえる。

p値≧有意水準0.05

対立仮説を採択できず、有意差があるといえない。

※有意水準は0.05が一般的であるが、0.01を適用することもある。

※有意差判定を次で示すこともある。

p値＜0.01	[**]	有意水準1%で有意差がある
0.01≦p値＜0.05	[*]	有意水準5%で有意差がある
p値≧0.05	[ ]	有意差があるといえない

2　1 標本母平均検定の結果

Q. 具体例37

ある県の小学校の生徒数は10,000人です。この県の小学生全体のお年玉平均金額を調べるためにn=50の標本調査を行いました。標本平均は33,000円、標準偏差は15,000円でした。
この県の小学生全体の平均金額は28,000円であるか否かを次の3つについて仮説検定しなさい。

(1)　お年玉金額の母平均は 28,000 円より高いといえるかを調べなさい。
(2)　お年玉金額の母平均は 28,000 円より低いといえるかを調べなさい。
(3)　お年玉金額の母平均は 28,000 円と異なるかを調べなさい。

A. 検定結果

(1) 右側検定

比較値	28,000
n	50
平均	33,000
標準偏差	15,000

検定統計量	2.36
自由度	49
p 値	0.011
判定	[*]

p値＜0.05より、
「お年玉金額の母平均は28,000円より高い」がいえます。

(2) 左側検定

比較値	28,000
n	50
平均	33,000
標準偏差	15,000

検定統計量	2.36
自由度	49
p 値	0.989
判定	[ ]

p値＞0.05より、
「お年玉金額の母平均は28,000円より低い」がいえません。

(3) 両側検定

比較値	28,000
n	50
平均	33,000
標準偏差	15,000

検定統計量	2.36
自由度	49
p 値	0.022
判定	[*]

p値＜0.05より、
「お年玉金額の母平均は28,000円と異なる」がいえます。

3　1標本母平均検定の計算方法

検定統計量の計算方法

比較値	28,000
n	50
平均	33,000
標準偏差	15,000

$$\text{検定統計量} = \frac{\text{標本平均} - \text{比較値}}{\text{標準誤差}} = \frac{\text{標本平均} - \text{比較値}}{\frac{\text{標本標準偏差}}{\sqrt{n}}}$$

$$= \frac{33,000 - 28,000}{\frac{15,000}{\sqrt{50}}} = \frac{5,000}{2,121.3} = 2.36$$

検定統計量の分布

帰無仮説が正しいと仮定した場合に、t検定の検定統計量は自由度fのt分布に従う。

1標本t検定におけるt分布の自由度は$f = n - 1$である。

自由度　$f = n - 1 = 50 - 1 = 49$

(1) 右側検定のp値の計算方法

右側検定のp値は、t分布における検定統計量の上側確率である。

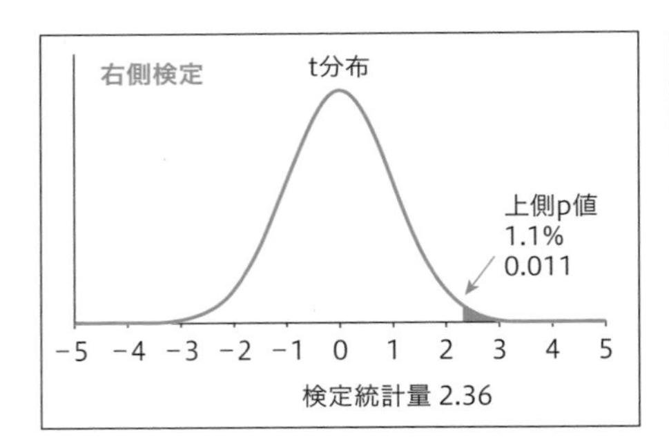

Excel関数

上側p値はExcelの関数で求められる。

上側確率

=TDIST(検定統計量, 自由度, 定数1)

=TDIST(2.36, 49, 1) Enter 0.011

(2) 左側検定のp値の計算方法

左側検定のp値は、t分布における検定統計量の下側確率である。

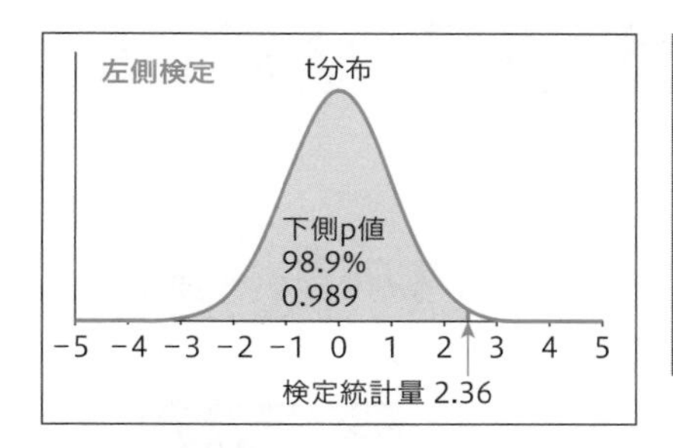

Excel関数

検定統計量2.36の上側確率を求め、1から引く。

下側確率

=1－TDIST(検定統計量, 自由度, 定数1)

=1－TDIST(2.36, 49, 1) [Enter] 0.989

(3) 両側検定のp値の計算方法

両側検定のp値はt分布における検定統計量の上側確率の2倍である。

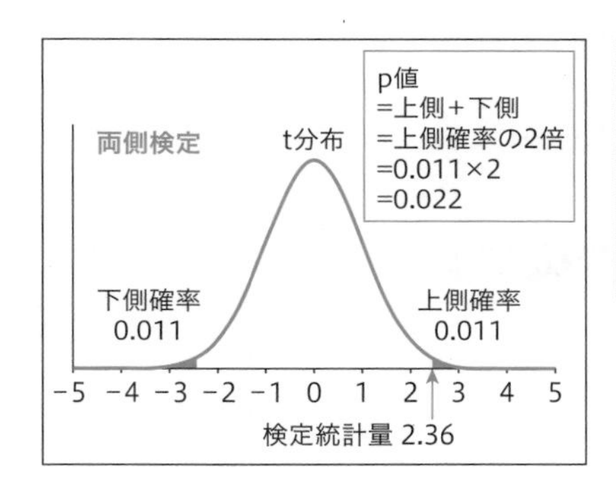

Excel関数

上側確率＝TDIST(検定統計量, 自由度, 定数1)

=TDIST(2.36, 49, 1) [Enter] 0.011

p値＝上側確率×2=0.011×2=0.022

7.8 同等性試験

1　p値＞0.05から2群の平均は同等といえない

Q. 具体例34

解熱剤である新薬Yと既存薬Xを割り付けた研究において、薬剤投与前後の低下体温平均値を得ました。研究1のn数は35、研究2のn数は350です。

研究1	新薬Y低下体温	従来薬X低下体温	計
n	15	20	35
標本平均	1.000	0.980	
標本標準偏差	0.576	0.527	

研究2	新薬Y低下体温	従来薬X低下体温	計
n	150	200	350
標本平均	1.000	0.980	
標本標準偏差	0.576	0.527	

対応のないt検定を行いました。
帰無仮説　新薬Yの低下体温平均値は既存薬Xと同等である。
対立仮説　新薬Yの低下体温平均値は既存薬Xと違いがある。

研究1	
棄却限界値	2.050
標準誤差	0.388
検定統計量	0.105
p値	0.917

研究2	
棄却限界値	1.970
標準誤差	0.118
検定統計量	0.333
p値	0.739

研究1、研究2どちらも
p値＞0.05より、帰無仮説を棄却できず、対立仮説は成立しません。
この解析結果を正しく表しているのはどちらでしょうか？

1　新薬Yの低下体温平均値は既存薬Xと同等である。
2　新薬Yの低下体温平均値が既存薬Xと違いがあるとはいえない。

正解は2です。

p値は、「違いがあるとはいえない」ということは証明できても「同等である」ということを証明することはできません。

研究1、研究2どちらもp値は大きい値を示し、主張したいことが成立しませんでした。このことをp値だけで見ると、n数が小さいからか、平均値差分が小さいから、どちらが起因しているかがわかりません。すなわち、p値から平均値差分が小さい→同等という判断ができません。このことから、同等性を示すためにp値を用いることは禁じられています。

2群が同等であることを調べる方法に**同等性試験**という手法があります。

2 同等性試験とは

同等性試験は有効性が同等であることを示す解析手法です。
同等性の解析にはp値ではなく「母平均差分の信頼区間」を用います。
母平均差分の信頼区間を求めると次になります。

研究1	
下限値	−0.37
標本平均差分	0.02
上限値	0.41

研究2	
下限値	−0.10
標本平均差分	0.02
上限値	0.14

研究1の信頼区間は［−0.37 ～ 0.41］です。つまり同様の研究が繰り返された場合、新薬の低下体温が既存薬の低下体温よりも0.41度も高くなることもあれば、その逆で新薬の低下体温が既存薬の低下体温より0.37度低くなることもあると解釈できます。差が0.41度となれば0度から大きく乖離し同等性をいうことはできないのは明らかです。

研究2信頼区間は［−0.10度、0.14度］です。研究1に比べ信頼区間の幅が狭いといえます。

この幅の狭さ、すなわち0に近い値なので、臨床的に同等だと判断します。ただしこの判断の基準になる、「このくらいであれば許容できる」という同等性の許容範囲は研究を始める前に決め、研究計画書に記載しておくことが義務付けられています。

許容範囲を同等性マージンといいます。

この例題では同等性マージンを「−0.2 ～ 0.2」としました。

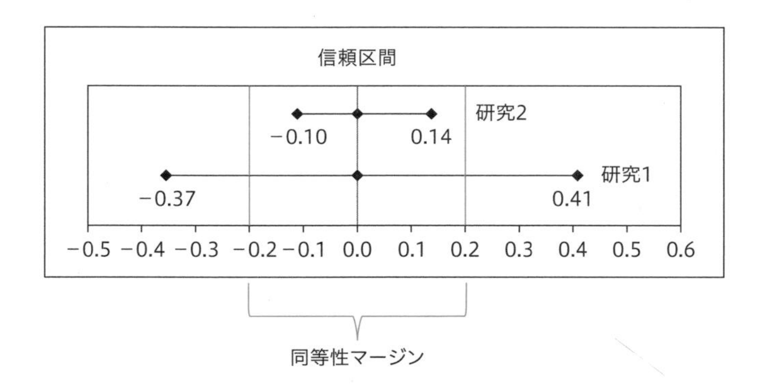

研究2は、同等性マージンの範囲に入っているので、同等性があるといえます。
※マージンの設定の仕方については、省略します。

第8章

割合（比率）に関する検定

この章で学ぶ解析手法を紹介します。解析手法の計算はフリーソフトで行えます。
フリーソフトは第17章17.2を参考にしてください。

解析手法名	英語名	フリーソフトメニュー	解説ページ
母比率の差の検定	Test the difference in the population ratio		156
対応のない場合の母比率の差の検定	Correspondence test the difference in the population ratio	対応のない場合の母比率の差	157
対応のない場合の母比率の差のz検定	z-test of the difference in the ratio of the mother ratio when there is no correspondence	対応のない場合の母比率の差	157
従属関係にある場合の母比率の差のz検定	z-test of the difference in the population ratio when in a dependency		157
一部従属関係がある場合の母比率の差のz検定	z-est for the difference in population ratios when there is a partial dependency		157
対応のある場合の母比率の差の検定	Compatible test the difference in the population ratio	対応のある場合の母比率の差の検定	165
マクネマー検定	McNemar test	対応のある場合の母比率の差の検定	165
1標本母比率検定	1 sample population ratio test		172
コクランのQ検定	Cochran'S Q Test		176

8.1 母比率の差の検定

割合（比率）に関する検定は、比較する群が2群、1群、3群以上で異なります。

2群	母比率の差の検定	対応のない	母比率の差z検定
			従属関係にある場合のz検定
			一部従属関係がある場合のz検定
		対応のある	マクネマー検定
1群	比較値との差の検定		1標本母比率検定
3群以上	全群の同等性	対応のある	コクランのQ検定
	多重比較		ライアン多重比較
			チューキー多重比較

※多重比較は第14章14.9で解説。

この節では2群比較の母比率の差の検定はどのような方法かを解説します。データは数量データとカテゴリーデータに大別されます。母比率の差の検定は、2つの母集団についてカテゴリーデータから求められる割合に差があるかを調べる方法です。

母比率の差の検定は、p値による有意差判定と割合差分の信頼区間から構成されます。

p値による有意差判定とは、2つの母集団から無作為抽出したサンプルの標本割合や標本誤差から、2群の母集団の割合が異なるかをp値で調べる方法です。

割合差分の信頼区間とは、標本割合の差分が母集団の差分であると言い切るのは危険ですので標本割合の差分に幅を持たせて推定する方法です。

母比率の差の検定は、データが**対応していない場合の検定**とデータが**対応している場合の検定**に大別されます。

検定方法は割合の求め方によって異なります。割合の求め方は**4タイプ**あり検定方法もそれぞれに対応して4つあります。

対応のない場合
1 対応のない場合の母比率の差のz検定
2 従属関係にある場合の母比率の差のz検定
3 一部従属関係がある場合の母比率の差のz検定
対応のある場合
4 対応のある場合の母比率の差のマクネマー検定

下記のデータと集計結果で4つのタイプがどのような検定手法であるかを示します。

No	商品A	商品B	性別
1	○	○	男性
2	○	×	女性
3	○	×	男性
4	×	○	男性
5	×	×	女性
6	○	×	男性
7	○	×	女性
8	×	⋮	男性
9	×	×	女性
10	×	○	男性
⋮	⋮	⋮	⋮
99	×	×	女性
100	○	○	男性
保有者	35	45	
保有割合	35%	45%	

性別と商品A保有有無とのクロス集計

	商品A 保有	商品A 非保有	計
男性	20 40%	30 60%	50 100%
女性	15 30%	35 70%	50 100%
全体	35 35%	65 65%	100 100%

○は保有、×は非保有

対応のない母比率の差の検定

①対応のない場合の母比率の差のz検定

男性50人と女性50人の商品Aの保有割合ついて、男性保有割合40%と女性保有割合30%を比較→異なる集団の比較

②従属関係にある場合の母比率の差のz検定

回答者100人の商品Aの保有割合35%と非保有割合65%を比較→同一項目のカテゴリーを比較

③一部従属関係がある場合の母比率の差のz検定

商品Aの全体の保有割合35%と男性の保有割合40%を比較→全体と一部カテゴリーを比較

対応のある場合の母比率の差の検定

④対応のある場合の母比率の差のマクネマー検定

回答者100人の商品A保有割合35%と商品B保有割合45%を比較→同じ対象者を比較

8.2 対応のない場合の母比率の差の検定

1 「対応のない場合の母比率の差の検定」の概要

対応のない場合の母比率の差の検定は対応のない**カテゴリーデータ**に行う手法です。

対応のない場合の母比率の差の検定には3つのタイプがあることを前ページで示しましたが、いずれも検定の手順は同じです。

p値による有意差判定の手順

1 帰無仮説を立てる
母集団における群1の割合と群2の割合は同じ

2 対立仮説を立てる
次の3つのうちのいずれかにする。
対立仮説1：母集団における群1の割合は群2の割合より大きい
対立仮説2：母集団における群1の割合は群2の割合より小さい
対立仮説3：母集団における群1の割合と群2の割合は異なる

3 両側検定、片側検定を決める
2 で選んだ対立仮説によって自動的に決まる。
対立仮説1　→　片側検定（右側検定）
対立仮説2　→　片側検定（左側検定）
対立仮説3　→　両側検定

4 検定統計量を算出
標本割合をp_1、p_2とする。

$$\text{検定統計量値} = \frac{p_1 - p_2}{\text{標準誤差}}$$

標準誤差の求め方はタイプ1、タイプ2、タイプ3によって異なる。

5 p値の算出
検定統計量は帰無仮説が正しいと仮定した場合にz分布に従う。
z分布において、横軸の値（パーセント点）が検定統計量であるときの上側の面積をp値という。
片側検定におけるp値はz分布における検定統計量の上側確率である。
両側検定におけるp値はz分布における検定統計量の上側確率の2倍。

6 p値による有意差判定
片側検定（右側検定、左側検定）、両側検定いずれも
p値＜有意水準0.05
帰無仮説を棄却し対立仮説を採択。有意差があるといえる。
p値≧有意水準0.05
対立仮説を採択できず、有意差があるといえない。
※有意水準は0.05が一般的であるが、0.01を適用することもある。

割合差分の信頼区間の手順

1 信頼度95％の信頼区間を次式によって算出する

$(p_1 - p_2) \pm 1.96 \times$ 標準誤差

下限値 $= (p_1 - p_2) - 1.96 \times$ 標準誤差

上限値 $= (p_1 - p_2) + 1.96 \times$ 標準誤差

標本割合をp_1、p_2とする。

標準誤差の求め方はタイプ1、タイプ2、タイプ3によって異なる。

※信頼度99%の信頼区間は定数1.96でなく2.58とする。

2 信頼区間を適用しての有意差検定を行う

<ケース1>

信頼区間が0をまたがらない（0より大きい、あるいは、0より小さい）場合

比較する2群の母集団割合値は異なる。

<ケース2>

信頼区間が0をまたがる場合

比較する2群の母集団割合値は異なるといえない。

2　「対応のない場合の母比率の差の検定」の結果

Q. 具体例39

下記はある町の100人に商品Ａ保有の有無と性別を調査し、クロス集計をした結果です。

No	商品A保有有無	性別
1	○	男性
2	○	女性
3	○	男性
4	×	男性
5	×	女性
6	○	男性
7	○	女性
8	×	男性
9	×	女性
10	×	男性
⋮	⋮	⋮
99	×	女性
100	○	男性

○は保有、×は非保有

クロス集計 ➡

	商品A保有	商品A非保有	計
男性	20 40%	30 60%	50 100%
女性	15 30%	35 70%	50 100%
全体	35 35%	65 65%	100 100%

<１> 商品Ａの保有割合は、男性は40%、女性は30%でした。
この町全体の商品Ａの保有割合は、男性と女性で違いがあるかを調べなさい。

<２> 商品Ａの保有割合は35%、非保有割合は65%でした。
この町全体の商品Ａの保有割合と非保有割合に違いがあるかを調べなさい。

<３> 商品Ａの全体保有割合は35%、男性保有割合は40%でした。
この町全体における商品Ａの全体保有割合と男性保有割合に違いがあるかを調べなさい。

A. 検定結果

p値による有意差判定

＜1＞タイプ1　対応のない場合のz検定を適用

商品A保有有無

	男性	女性
n	50	50
割合	40.0%	30.0%

割合差分	10.0%
検定統計量	1.05
p値	0.2945
判定	[ ]

p＞0.05より、この町全体の商品Aの保有割合は、男性と女性で異なるといえません。

＜2＞タイプ2　従属関係にある場合のz検定を適用

	商品A保有	商品A非保有
n	100	100
割合	35.0%	65.0%

割合差分	30.0%
検定統計量	3.00
p値	0.0027
判定	[**]

p＜0.05より、この町全体の商品Aの保有割合と非保有割合に違いがあるといえます。

＜3＞タイプ3　一部従属関係がある場合のz検定を適用

商品A保有有無

	全体	男性
n	100	50
割合	35.0%	40.0%

割合差分	5.0%
検定統計量	1.05
p値	0.2945
判定	[ ]

p＞0.05より、この町全体における商品Aの全体保有割合と男性保有割合に違いがあるといえません。

割合差分の信頼区間

＜１＞タイプ１　対応のない場合のｚ検定を適用

この町全体の男性と女性の商品Ａの保有割合差分の信頼区間は、信頼度95％で、－9％～29％の間にあるといえます。

信頼区間は0をまたがるので、「商品Ａの保有割合は男子と女子は異なる」がいえません。

信頼区間

割合差分	下限値	上限値
10.0%	−9.0%	29.0%

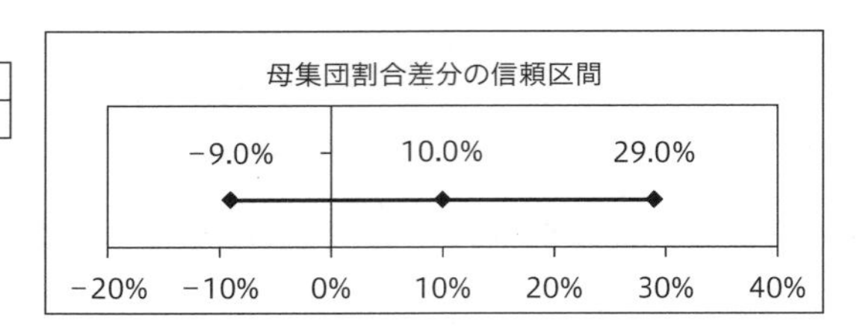

＜２＞タイプ２　従属関係にある場合のｚ検定を適用

この町全体の商品Ａの保有割合と非保有割合の差分の信頼区間は、信頼度95％で、10.4％～49.6％の間にあるといえます。

信頼区間は0をまたがらないので、商品Ａの保有割合と非保有割合に違いがあるといえます。

信頼区間

割合差分	下限値	上限値
30.0%	10.4%	49.6%

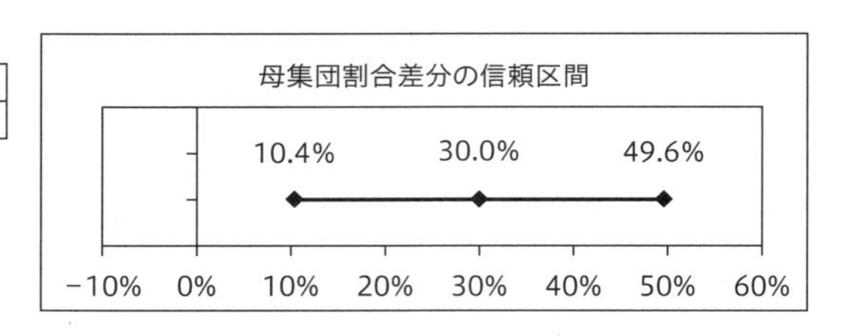

＜３＞タイプ３　一部従属関係がある場合のｚ検定を適用

この町全体における商品Ａの全体保有割合と男性保有割合の差分の信頼区間は信頼度95％で、－4.3％～14.3％の間にあります。

信頼区間は0をまたがるので、商品Ａの全体保有割合と男性保有割合に違いがあるといえません。

信頼区間

割合差分	下限値	上限値
5.0%	−4.3%	14.3%

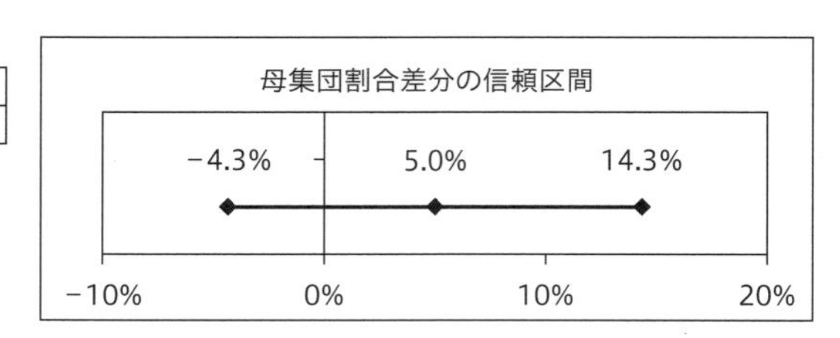

3 「対応のない場合の母比率の差の検定」の計算方法

検定統計量の計算方法

	商品A保有	商品A非保有	計
男性	a	b	n_1
女性	c	d	n_2
全体	a+c	b+d	n

	商品A保有	商品A非保有	計
男性	20	30	50
女性	15	35	50
全体	35	65	100

＜1＞タイプ1　対応のない場合のz検定

商品A男性割合　$p_1 = a \div n_1 = 20 \div 50 = 0.4\,(40\%)$

商品A女性割合　$p_2 = c \div n_2 = 15 \div 50 = 0.3\,(30\%)$

割合加重平均　$\bar{p} = \dfrac{n_1 p_1 + n_2 p_2}{n_1 + n_2} = \dfrac{50 \times 0.4 + 50 \times 0.3}{50 + 50} = \dfrac{35}{100} = 0.35$

$$\textbf{検定統計量} = \frac{|\,\textbf{男性割合} - \textbf{女性割合}\,|}{\textbf{標準誤差}} = \frac{|p_1 - p_2|}{\sqrt{\bar{p}\,(1-\bar{p})\left(\dfrac{1}{n_1} + \dfrac{1}{n_2}\right)}}$$

$$= \frac{|0.4 - 0.3|}{\sqrt{0.35\,(1-0.35)\left(\dfrac{1}{50} + \dfrac{1}{50}\right)}} = \frac{0.1}{\sqrt{0.35 \times 0.65 \times 0.04}} = \frac{0.1}{0.0954} = 1.05$$

＜2＞タイプ2　従属関係にある場合のz検定

商品A保有割合　$p_1 = (a + c) \div n = 35 \div 100 = 0.35\,(35\%)$

商品A非保有割合　$p_2 = (b + d) \div n = 65 \div 100 = 0.65\,(65\%)$

$$\textbf{検定統計量} = \frac{|\,\boldsymbol{p_1 - p_2}\,|}{\textbf{標準誤差}} = \frac{|p_1 - p_2|}{\sqrt{\dfrac{p_1 + p_2}{n}}} = \frac{|0.35 - 0.65|}{\sqrt{\dfrac{0.35 + 0.65}{100}}} = \frac{0.3}{\sqrt{0.01}} = 3.00$$

＜3＞タイプ3　一部従属関係がある場合のz検定

商品A男性割合　$p_1 = a \div n_1 = 20 \div 50 = 0.4\,(40\%)$

商品A全体割合　$p = (a + c) \div n = 35 \div 100 = 0.35\,(35\%)$

$$\textbf{検定統計量} = \frac{|\,\boldsymbol{p - p_1}\,|}{\textbf{標準誤差}} = \frac{|p - p_1|}{\sqrt{p\,(1-p)\,\dfrac{n - n_1}{n \times n_1}}}$$

$$= \frac{|0.35 - 0.4|}{\sqrt{0.35 \times (1 - 0.35)} \times \dfrac{100 - 50}{100 \times 50}} = \frac{0.05}{\sqrt{0.2275 \times 0.01}} = \frac{0.05}{0.0477} = 1.05$$

p値の計算方法

具体例39は両側検定である、

「対応のない場合の母比率の差の検定」における両側検定のｐ値はｚ分布における検定統計量の上側確率の２倍です。

具体例39＜１＞の検定統計量1.05のｐ値は0.295です。

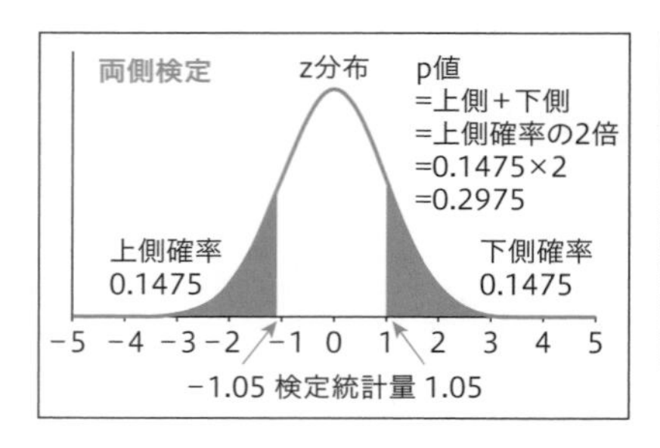

Excel関数

上側確率
=1－NORMSDIST(検定統計量)
=1－NORMSDIST(1.05)=0.1475
p値＝上側確率×２=0.1475×２=0.295

具体例39＜２＞＜３＞のｐ値の求め方は省略します。

割合差分の信頼区間の計算方法

$$|p_1 - p_2| \pm 1.96 \times \text{標準誤差} = |p_1 - p_2| \pm 1.96 \times \sqrt{\bar{p}\,(1-\bar{p})\left(\frac{1}{n_1}+\frac{1}{n_2}\right)}$$

※ｚ分布の棄却限界値は1.96固定。

具体例39＜１＞について算出します。

前ページで算出した標準誤差を適用します。

$$|0.4 - 0.3| \pm 1.96 \times \sqrt{0.35\,(1-0.35)\left(\frac{1}{50}+\frac{1}{50}\right)}$$

$= 0.1 \pm 1.96 \times 0.0954 = 0.1 \pm 0.187$

下限値＝－0.09　上限値=0.29

具体例39＜２＞＜３＞の信頼区間の求め方は省略します。

8.3 対応のある場合の母比率の差の検定_マクネマー検定

1 「マクネマー検定」の概要

対応のある場合の母比率の差の検定は対応しているカテゴリーデータ（1，0の2値データ）に行う手法です。

対応のある場合の母比率の差の検定は、p値による有意差判定と割合差分の信頼区間から構成されます。

p値による有意差判定は、2つの母集団から無作為抽出したサンプルの2値データについてクロス集計を行い、集計表のマス目の数値からp値を求め、2つの母集団の割合が異なるといえるかをp値によって調べる方法です。

割合差分の信頼区間とは、標本割合の差分が母集団の差分であると言い切るのは危険ですので標本割合の差分に幅を持たせて推定する方法です。

対応のある場合の母比率の差の検定はマクネマー検定ともいいます。

p値による有意差判定の手順

1 帰無仮説を立てる

母集団における群1の割合と群2の割合は同じ

2 対立仮説を立てる

次の3つのうちのいずれかにする。

対立仮説1：母集団における群1の割合は群2の割合より大きい

対立仮説2：母集団における群1の割合は群2の割合より小さい

対立仮説3：母集団における群1の割合と群2の割合は異なる

3 両側検定、片側検定を決める

マクネマー検定はクロス集計表に関する検定である。

クロス集計表に関する検定は両側検定、片側検定の区別はしない。

対立仮説「AはBより高い」は、「AとBは異なる」が立証され、標本調査の割合がA＞Bであればいえる。

4 検定統計量を算出

回答者	商品A	商品B
1	○	○
2	○	×
3	○	×
4	×	○
5	○	×
6	○	×
7	○	×
⋮	⋮	⋮
99	×	×
100	×	○

○は保有　×は非保有

		商品B		計
		非保有	保有	
商品A	非保有	a	b	a+b
	保有	c	d	c+d
	計	a+c	b+d	n

$$\text{検定統計量} = \frac{(b-c)^2}{b+c}$$

ただし、セル内の件数(a、b、c、d)のいずれかが5未満の場合は下記の式を適用する。

$$\text{検定統計量} = \frac{(|b-c|-1)^2}{b+c}$$

｜｜は絶対値のことを示す。

5 p値の算出

検定統計量は帰無仮説が正しいと仮定した場合に自由度1のカイ２乗分布に従う。

カイ２乗分布において、横軸の値（パーセント点）が検定統計量であるときの上側の確率をp値という。

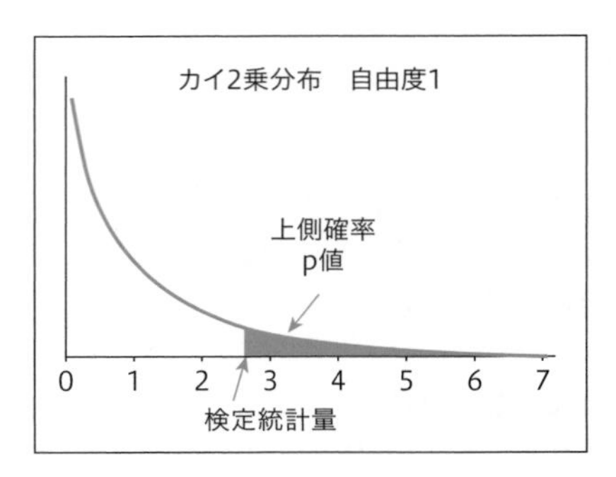

6 p値による有意差判定

p値＜有意水準0.05

帰無仮説を棄却し対立仮説を採択。有意差があるといえる。

p値≧有意水準0.05

対立仮説を採択できず、有意差があるといえない。

※有意水準は0.05が一般的であるが、0.01を適用することもある。

※有意差判定を次で示すこともある。

p値＜0.01	[**]	有意水準1%で有意差がある
0.01≦p値＜0.05	[*]	有意水準5%で有意差がある
p値≧0.05	[ ]	有意差があるといえない

割合差分の信頼区間の手順

1 信頼度95%の信頼区間を次式によって算出する

$$\text{標準誤差} = \frac{\sqrt{(b+c)-(b-c)^2/n}}{n}$$

下限値=割合差分−1.96×標準誤差

上限値=割合差分+1.96×標準誤差

※信頼度99%の信頼区間の定数は2.58である。

2 信頼区間を適用しての有意差検定を行う

- 信頼区間が0をまたがらない場合
  信頼区間は0より大きい、あるいは、0より小さい
  →比較する2群の母集団割合値は異なる。
- 信頼区間が0をまたがる場合
  →比較する2群の母集団割合値は異なるといえない。

2 「マクネマー検定」の結果

Q. 具体例40

下記はある町の100人に商品Aと商品Bの保有有無を調べた結果です。この町の商品Aの保有率35%と商品Bの保有率45%に違いがあるかを調べなさい。

回答者	商品A	商品B
1	○	○
2	○	×
3	○	×
4	×	○
5	○	×
6	○	×
7	○	×
⋮	⋮	⋮
99	×	×
100	×	○

○は保有　×は非保有

クロス集計

人数表

		商品B		計	
		非保有	保有		
商品A	非保有	31	34	65	商品A保有率
	保有	24	11	35	35%
	計	55	45	100	

商品B保有率　45%

		商品B		計
		非保有	保有	
商品A	非保有	a	b	a+b
	保有	c	d	c+d
	計	a+c	b+d	n

A. 検定結果

	商品A	商品B
n	100	100
割合	35.0%	45.0%

割合差分	10.0%
検定統計量	1.72
p値	0.1892
判定	[ ]

p値＞0.05より、この町の商品Aの保有率と商品Bの保有率に違いがあるといえません。

割合差分の信頼区間

下限値	−4.8%
上限値	24.8%

割合差分の信頼区間は信頼度95%で、−4.8%から14.8%の間にあります。

信頼区間は0をまたがるので、この町の商品Aの保有率と商品Bの保有率に違いがあるとはいえません。

3 「マクネマー検定」の計算方法

検定統計量の計算方法

マクネマー検定は商品A保有有無と商品B保有有無のクロス集計表について検討します。

商品Bの保有率 $(b+d)$ と商品Aの保有率 $(c+d)$ との差は $((b+d)-(c+d))=b-c$ です。下記の3つの中で $b-c$ が最大はケース2です。検定統計量は $(b-c)^2$ の値が大きいほど、大きくなるように作られています。

このことを踏まえ検定統計量は $(b-c)^2 \div (b+c)$ が適用されます。

		商品B		計
		非保有	保有	
商品A	非保有	a	b	a+b
	保有	c	d	c+d
	計	a+c	b+d	n

c+d：商品Aの保有率
b+d：商品Bの保有率

ケース1：具体例40　　人数表

		商品B		計
		非保有	保有	
商品A	非保有	31	**34**	65
	保有	**24**	11	35
	計	55	45	100

商品A保有率 c+d	35%
商品B保有率 b+d	45%
差分	10%
(b+d)−(c+d)=**b−c**	34−24=**10**

ケース2　　人数表

		商品B		計
		非保有	保有	
商品A	非保有	20	**50**	70
	保有	**20**	10	30
	計	40	60	100

商品A保有率 c+d	30%
商品B保有率 b+d	60%
差分	30%
(b+d)−(c+d)=**b−c**	50−20=**30**

ケース3　　人数表

		商品B		計
		非保有	保有	
商品A	非保有	25	**25**	50
	保有	**25**	25	50
	計	50	50	100

商品A保有率 c+d	50%
商品B保有率 b+d	50%
差分	0%
(b+d)−(c+d)=**b−c**	25−25=**0**

$$\text{検定統計量} = \frac{(b-c)^2}{(b+c)} = \frac{(34-24)^2}{34+24} = \frac{100}{58} = 1.72$$

p値の計算方法

「マクネマーの検定」におけるp値はカイ2乗分布における検定統計量の上側確率である。
具体例40＜1＞の検定統計量1.72のp値は0.1892である。

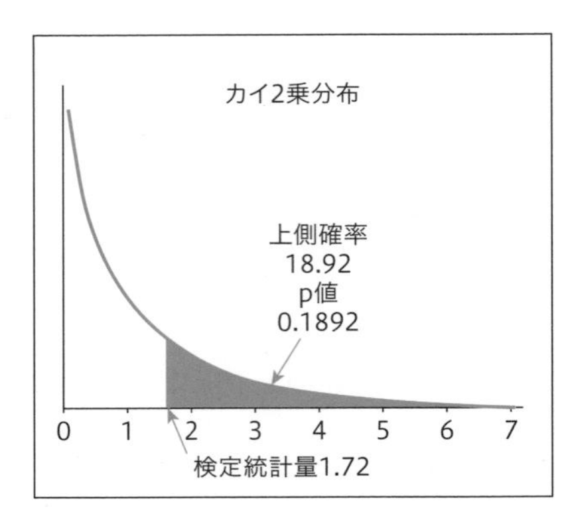

Excel関数

=CHIDIST(検定統計量, 自由度)
=CHIDIST(1.72, 1) Enter 0.1892

信頼区間の計算方法

信頼度95%の信頼区間を次式によって算出する。

$$標準誤差 = \frac{\sqrt{(b+c)-(b-c)^2/n}}{n} = \frac{\sqrt{(34+24)-(34-24)^2/100}}{100} = \frac{\sqrt{57}}{100} = 0.0754$$

下限値＝割合差分＋1.96×標準誤差
=0.1－1.96×0.0754=0.1－0.148=－0.048
上限値＝割合差分＋1.96×標準誤差
=0.1＋1.96×0.0754=0.1＋0.148=0.248

4　マクネマー検定の検定統計量がχ^2分布になることの検証

ある町の10,000人に商品Aと商品Bの保有有無を調べたデータがあります。このデータを母集団とします。

商品Aの母比率、商品Bの母集団の割合はどちらも0.6（60%）で同じです。

No.	A商品保有率	B商品保有率
1	0	0
2	1	0
3	1	1
4	1	1
⋮	⋮	⋮
9,998	1	1
9,999	1	0
10,000	1	1

保有：1　非保有：0

	A商品保有率	B商品保有率	保有率差分
N	10,000	10,000	
保有人数	6,000	6,000	
母比率	0.6	0.6	0.0

検定統計量の算出

母集団から100人をランダムに抽出する調査を実施し、A商品保有有無とB商品保有有無のクロス集計を行い、検定統計量を算出しました。

この調査を1,000回行い1,000個の検定統計量を求めました。

【計算例】調査No1の検定統計量

$$検定統計量値 = \frac{(b-c)^2}{b+c} = \frac{(34-24)^2}{34+24} = \frac{100}{58} = 1.72$$

クロス集計表　人数表

		商品B		計
		非保有	保有	
商品A	非保有	a	b	a+b
	保有	c	d	c+d
	計	a+c	b+d	n
商品A保有率		c+d		
商品B保有率		b+d		
差分		c−b		

クロス集計表　人数表

		商品B		計
		非保有	保有	
商品A	非保有	31	34	65
	保有	24	11	35
	計	55	45	100
商品A保有率		35%		
商品B保有率		45%		
差分		10%		

1,000回の標本調査の検定統計量を示します。

標本調査No	a	b	c	d	A保有率(c+d)	B保有率(b+d)	検定統計量
1	31	34	24	11	35	45	1.724
2	11	27	30	32	62	59	0.158
3	15	20	25	40	65	60	0.556
4	11	25	22	42	64	67	0.191
5	11	23	29	37	66	60	0.692
6	8	38	25	29	54	67	2.683
⋮	⋮	⋮	⋮	⋮	⋮	⋮	⋮
998	13	26	28	33	61	59	0.074
999	13	25	20	42	62	67	0.556
1,000	13	29	28	30	58	59	0.018

検定統計量の度数分布を作成しました。

度数分布の%のグラフを描きました。

度数分布は自由度1のカイ2乗分布になります。

度数分布表

下限値	上限値	階級値	度数	相対度数
	0.5	0.0	538	53.8%
0.5	1.5	1.0	240	24.0%
1.5	2.5	2.0	113	11.3%
2.5	3.5	3.0	58	5.8%
3.5	4.5	4.0	17	1.7%
4.5	5.5	5.0	14	1.4%
5.5	6.5	6.0	9	0.9%
6.5	7.5	7.0	6	0.6%
7.5	8.5	8.0	3	0.3%
8.5	9.5	9.0	2	0.2%
9.5	10.5	10.0	0	0.0%
10.5	11.5		0	0.0%
		合計	1000	100.0%

度数分布（%）は自由度1のχ^2分布になります

8

8.4 1標本母比率検定

1　1標本母比率検定の概要

1標本母比率検定は、1つの母集団から無作為抽出したサンプルの標本割合や標準誤差からp値を算出し、母集団の割合は分析者が定めた比較値と異なるかをp値で判定する方法です。

この検定手法は1群z検定と呼ばれることもあります。

この検定は帰無仮説が正しいと仮定した場合に、サンプルの標本割合や標本標準偏差から計算された検定統計量がz分布（標準正規分布）に従うことを利用する統計学的検定法です。

検定の手順

1 比較値を定める

2 帰無仮説を立てる

母集団の割合と比較値は同じ

3 対立仮説を立てる

次の3つのうちのいずれかにする。

対立仮説1：母集団の割合は比較値より大きい

対立仮説2：母集団の割合は比較値より小さい

対立仮説3：母集団の割合と比較値は異なる

4 両側検定、片側検定を決める

3 で選んだ対立仮説によって自動的に決まる。

対立仮説1　→　片側検定（右側検定）

対立仮説2　→　片側検定（左側検定）

対立仮説3　→　両側検定

5 検定統計量を算出

$$\text{検定統計量} = \frac{\text{標本割合} - \text{比較値}}{\text{標準誤差}} = \frac{\text{標本割合} - \text{比較値}}{\frac{\text{母集団標準偏差}}{\sqrt{n}}}$$

6 p値の算出

検定統計量は帰無仮説が正しいと仮定した場合にz分布に従う。

z分布において、横軸の値が検定統計量であるときの上側の面積をp値という。

片側検定におけるp値はt分布における検定統計量の上側確率である。

両側検定におけるp値はz分布における検定統計量の上側確率の2倍。

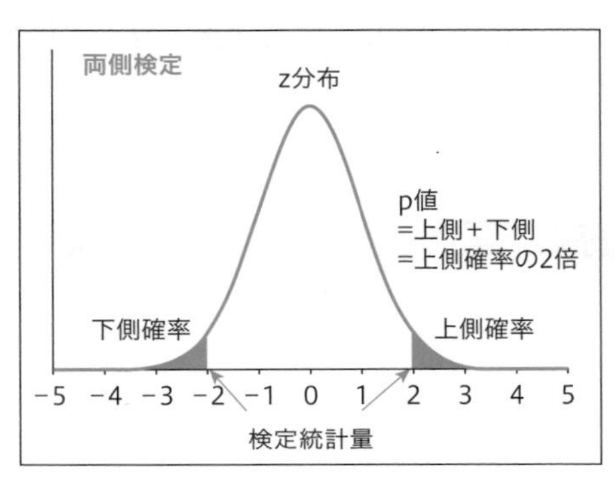

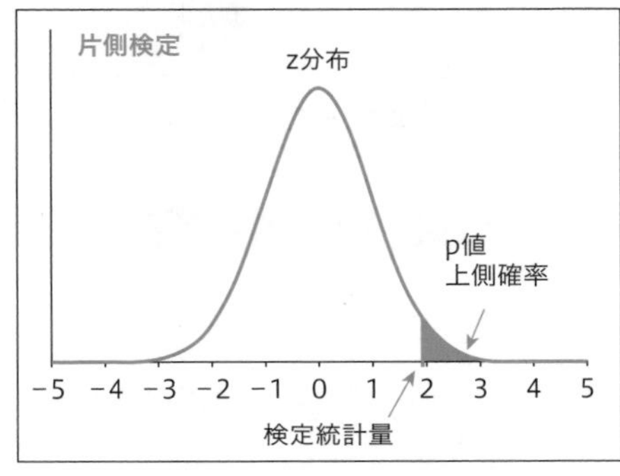

7 p値による有意差判定

片側検定（右側検定、左側検定）、両側検定いずれも

p値＜有意水準0.05

帰無仮説を棄却し対立仮説を採択。有意差があるといえる。

p値≧有意水準0.05

対立仮説を採択できず、有意差があるといえない。

※有意水準は0.05が一般的であるが、0.01を適用することもある。

※有意差判定を次で示すこともある。

p値＜0.01	[**]	有意水準1%で有意差がある
0.01≦p値＜0.05	[*]	有意水準5%で有意差がある
p値≧0.05	[ ]	有意差があるといえない

2　1標本母比率検定の結果

Q. 具体例41

商品Aの知名度が25%を超えることを目標としています。
ある都市全体を対象として商品Aの告知活動を行った後、そこに住む64人を無作為に抽出して調査したところ、商品Aを知っている人は24人で認知率は37.5%でした。
この広告活動によって、商品Aの認知率が目標の25%を超えたかを判断しなさい。

A. 検定結果

右側検定を適用します。

比較値	25%
n	64
割合	37.5%

検定統計量	2.31
p値	0.010
判定	[*]

$p < 0.05$より、この都市全体の商品Aの認知率は25%を超えたといえます。

この問題は右側検定ですが、両側検定をした場合の結果を示します。

比較値	25%
n	64
割合	37.5%

検定統計量	2.31
p値	0.021
判定	[*]

$p < 0.05$より、この都市全体の商品Aの認知率は25%と異なるといえます。
この判定と「標本割合37.5%＞比較値25%」より、この都市全体の商品Aの認知率は25%を超えたといえます。

3　1標本母比率検定の計算方法

検定統計量の計算方法

比較値=0.25（25%）　　標本割合=0.375（37.5%）

$$\text{母集団の標準偏差} = \sqrt{\text{比較値} \times (1 - \text{比較値})}$$

$$\textbf{検定統計量} = \frac{\textbf{標本割合} - \textbf{比較値}}{\dfrac{\textbf{母集団標準偏差}}{\sqrt{n}}}$$

$$= \frac{0.375 - 0.25}{\dfrac{0.4330}{\sqrt{64}}}$$

$$= \frac{0.125}{0.54125}$$

$$= 2.31$$

8

p値の計算方法

具体例41は右側検定である、1標本母比率検定における右側検定のp値はz分布における検定統計量の上側確率である。

具体例41の検定統計量2.31のp値は0.010である。

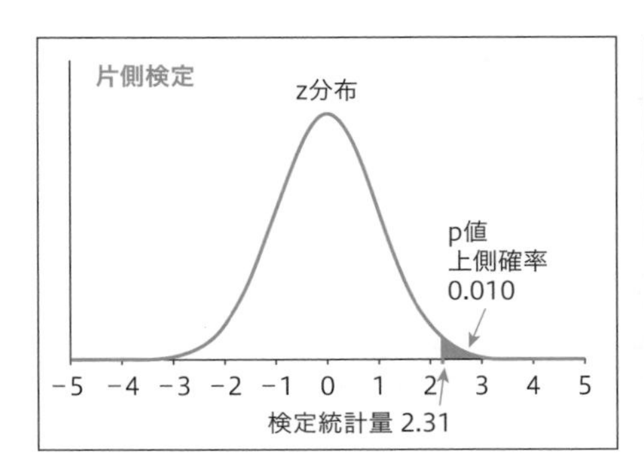

Excel関数

上側確率

=1－NORMSDIST(検定統計量)

=1－NORMSDIST(2.31) Enter 0.01046

p値

＝上側確率×2=0.01046×2=0.021

8.5 コクランのQ検定

1 コクランのQ検定の概要

コクランのQ検定は、対応のある3つ以上の2値変数（カテゴリーデータ）について、すべての変数間で割合に差があるかどうかを調べる方法です。検定手法としては、マクネマー検定を拡張したものなので、2変数に対しても用いることができますが、その場合はマクネマー検定に一致します。

検定の手順

1 帰無仮説を立てる

母集団における各変数の割合はすべて等しい

2 対立仮説を立てる

母集団における各変数の割合は、すべて等しいというわけではない

※両側検定、片側検定の概念がない。

3 検定統計量を算出

		m個の変数						
		X_1	X_2	⋮	Xj	⋮	Xm	横計
n個の個体数	1	1,0	1,0	⋮	1,0	⋮	1,0	S_1
	2	1,0	1,0	⋮	1,0	⋮	1,0	S_2
	3	1,0	1,0	⋮	1,0	⋮	1,0	S_3
	⋮	⋮	⋮	⋮	⋮	⋮	⋮	⋮
	i	1,0	1,0	⋮	1,0	⋮	1,0	Si
	⋮	⋮	⋮	⋮	⋮	⋮	⋮	⋮
	n	1,0	1,0	⋮	1,0	⋮	1,0	Sn
	縦計	T_1	T_2	⋮	Tj	⋮	Tm	

1,0：1あるいは0のデータ

$$\text{検定統計量値} = \frac{m\,(m-1)\sum_{j=1}^{m}\left(T_j - \bar{T}\right)^2}{m\sum_{i=1}^{n} S_i - \sum_{i=1}^{n} S_i^2} \qquad \text{ただし}\quad \bar{T} = \frac{\sum_{j=1}^{m} T_j}{m}$$

4 p値の算出

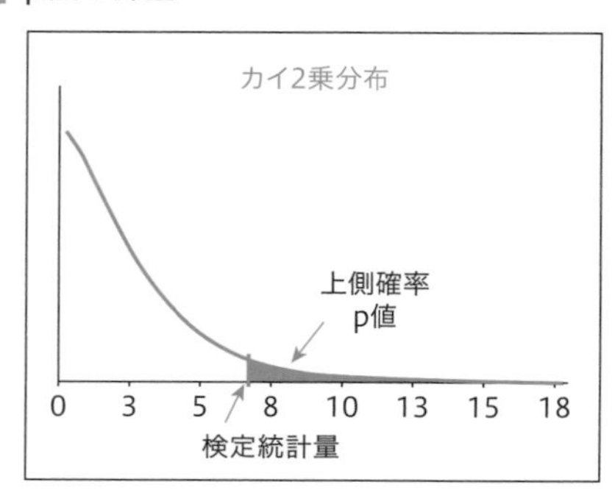

検定統計量は帰無仮説が正しいと仮定した場合に自由度$m-1$のカイ2乗分布に従う。
カイ2乗分布において、横軸の値が検定統計量であるときの上側の確率をp値という。

5 p値による有意差判定

p値＜有意水準0.05

帰無仮説を棄却し対立仮説を採択。有意差があるといえる。

p値≧有意水準0.05

対立仮説を採択できず、有意差があるといえない。

※有意水準は0.05が一般的であるが、0.01を適用することもある。

※有意差判定を次で示すこともある。

p値＜0.01	[**]	有意水準1%で有意差がある
0.01≦p値＜0.05	[*]	有意水準5%で有意差がある
p値≧0.05	[ ]	有意差があるといえない

2 コクランのQ検定の結果

Q. 具体例42

10人の来場者に、3つの商品A、B、Cについて好き(1)、嫌い(0)を聞きました。
3つの商品の好まれ方に差があるかを検定しなさい。

	A	B	C
中村	0	1	1
青木	0	1	0
渡辺	1	1	1
石田	0	1	0
加藤	0	0	0
山川	1	1	1
吉田	1	1	1
田中	0	1	1
鈴木	0	1	1
佐藤	0	1	0
計	3	9	6
割合	30%	90%	60%

A. 検定結果

	A	B	C
n	10	10	10
割合	30%	90%	60%

検定統計量	9
自由度	2
P値	0.011
判定	[*]

p値＜0.05より、

3つの商品の好まれ方に差があるといえます。

3　コクランのQ検定の計算方法

検定統計量の計算方法

	A	B	C	横計	平方
中村	0	1	1	S_1 2	S_1^2 4
青木	0	1	0	S_2 1	S_2^2 1
渡辺	1	1	1	S_3 3	S_3^2 9
石田	0	1	0	S_4 1	S_4^2 1
加藤	0	0	0	S_5 0	S_5^2 0
山川	1	1	1	S_6 3	S_6^2 9
吉田	1	1	1	S_7 3	S_7^2 9
田中	0	1	1	S_8 2	S_8^2 4
鈴木	0	1	1	S_9 2	S_9^2 4
佐藤	0	1	0	S_{10} 1	S_{10}^2 1
縦計	T_1 3	T_2 9	T_3 6	S 18	S^2 42

変数の個数　$m = 3$　　サンプルサイズ　$n = 10$

$$\bar{T} = \frac{T_1 + T_2 + T_3}{m} = (3 + 9 + 6) \div 3 = 6$$

$$\text{検定統計量値} = \frac{m\,(m-1)\sum_{j=1}^{m}\left(T_j - \bar{T}\right)^2}{m\sum_{i=1}^{n} S_i - \sum_{i=1}^{n} S_i^2} = \frac{m\,(m-1)\sum_{j=1}^{m}\left(T_j - \bar{T}\right)^2}{m \times S - S^2}$$

$$= \frac{3 \times 2 \times \{(3-6)^2 + (9-6)^2 + (6-6)^2\}}{3 \times 18 - 42} = \frac{6 \times (9+9+0)}{12} = \frac{108}{12} = 9$$

p値の計算方法

「コクランのQ検定」におけるp値は、自由度$m-1$のカイ2乗分布における検定統計量の上側確率である。

具体例の検定統計量9のp値は0.011である。

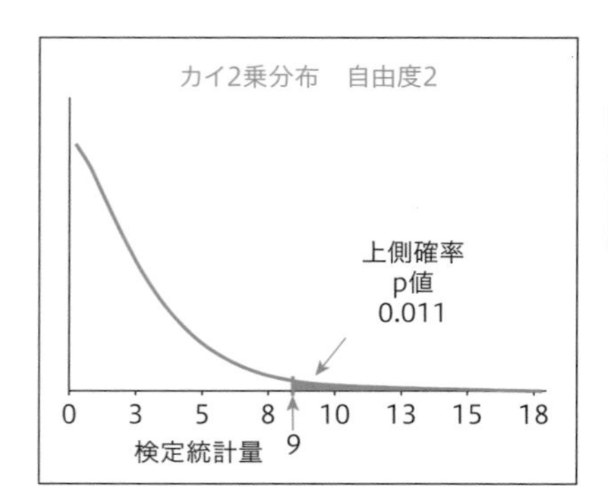

Excel関数

=CHIDIST(検定統計量, 自由度)

=CHIDIST(9, 2) Enter 0.011

第 9 章

度数に関する検定

この章で学ぶ解析手法を紹介します。解析手法の計算はフリーソフトで行えます。
フリーソフトは第17章17.2を参考にしてください。

解析手法名	英語名	フリーソフトメニュー	解説ページ
カイ2乗検定(χ^2検定)	Chi-square test	相関分析→クロス集計	182
独立性の検定	Independence Test	相関分析→クロス集計	182
尤度比による独立性の検定	Test for independence by likelihood ratio	相関分析→クロス集計	182
2×2分割表の独立性の検定	Test for independence of a 2×2 contingent table	相関分析→クロス集計	184
イエーツの補正による独立性の検定	Test for independence by correcting yates	相関分析→クロス集計	182
フィッシャーの正確確率検定	Fisher's Exact Probability Test	相関分析→クロス集計	182
調整残差分析	Adjustment residual analysis		182
適合度の検定	Goodness of fit test		180
適合度の検定(同等性)	Goodness-of-fit test(equivalence)		193
適合度の検定(正規性)	Goodness-of-fit test(normality)		193
コルモゴロフ・スミルノフ検定	Kolmogorov-Smirnov test		198

9.1 度数の検定

度数とは標本調査で収集したデータについて次の集計によって求められる値です。

カテゴリーデータ　カテゴリー別（選択肢別）に件数を集計する。

数量データ　データをいくつかの範囲に分けたとき、それぞれの範囲内に含まれる件数を集計する。

度数の検定は、標本調査より得た単純集計表やクロス集計表の度数（**実測度数**という）と統計学が定める理論上の**期待度数**との食い違いの程度から、項目の適合度、正規性、関連性を明らかにすることを目的とします。

度数の検定方法には適合度検定、独立性検定、1標本コルモゴロフ・スミルノフ検定、2標本コルモゴロフ・スミルノフ検定があります。

1. 適合度の検定と1標本コルモゴロフ・スミルノフ検定

適合度の検定と**1標本コルモゴロフ・スミルノフ検定**とは、度数が単純集計表であるとき、実測度数と期待度数の食い違いから度数分布の適合度や正規性を明らかにする方法である。

2. 2標本コルモゴロフ・スミルノフ検定

2標本コルモゴロフ・スミルノフ検定は、2つの単純集計表の分布の違いを明らかにする方法である。

3. 独立性の検定

独立性の検定は、度数が2項目間のクロス集計表であるとき、実測度数と期待度数の食い違いから2項目間の関連性を明らかにする方法である。

実測度数と期待度数が等しいという帰無仮説のもとで、検定統計量が（近似的に）**カイ2乗分布**に従うことから、適合度の検定、独立性の検定、コルモゴロフ・スミルノフ検定は**カイ2乗検定（χ^2検定）**とも呼ばれます。

適合度の検定と1標本コルモゴロフ・スミルノフ検定の具体例

実測度数と期待度数（正規分布）の違いがないほど、度数分布は正規分布です。

単純集計表　テスト成績得点別人数			
階級幅	階級値	実測度数	期待度数
30以上40未満	35	2	1.35
40以上50未満	45	4	4.24
50以上60未満	55	7	9.15
60以上70未満	65	13	11.62
70以上80未満	75	10	8.68
80以上90未満	85	3	3.81
90以上100	95	1	1.14
計		40	40.00

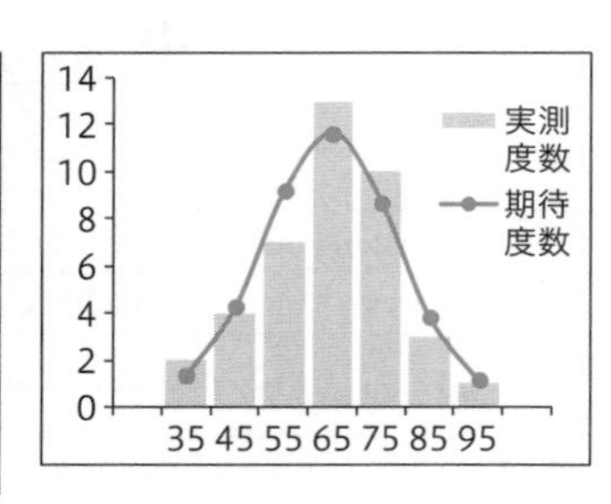

適合度の検定と1標本コルモゴロフ・スミルノフ検定の具体例

実測度数と期待度数の違いがないほど、さいころは正確に作られています。

単純集計表　さいころの目出現回数

	1の目	2の目	3の目	4の目	5の目	6の目	計
実測度数	9	10	12	8	10	11	60
	15.0%	16.7%	20.0%	13.3%	16.7%	18.3%	100.0%

	1の目	2の目	3の目	4の目	5の目	6の目	計
期待度数	10	10	10	10	10	10	60
	16.7%	16.7%	16.7%	16.7%	16.7%	16.7%	100.0%

2標本コルモゴロフ・スミルノフ検定の具体例

男性と女性の度数分布（確率分布）の形状に違いがあります。

単純集計表　男性における商品嗜好度

	非常に好き	やや好き	どちらともいえない	やや嫌い	非常に嫌い	計(人)	
実測度数	37	30	20	12	1	100	平均
%	37%	30%	20%	12%	1%	100%	3.90

単純集計表　女性における商品嗜好度

	非常に好き	やや好き	どちらともいえない	やや嫌い	非常に嫌い	計(人)	
実測度数	10	17	12	8	3	50	平均
%	20%	34%	24%	16%	6%	100%	3.46

独立性の検定の具体例

実測度数と期待度数の違いがあるほど所得階層と政党の関連性は高くなります。

クロス集計表　所得階層別政党支持

実測度数	J政党	M政党	横計
高所得層	30	10	40
中所得層	20	10	30
低所得層	10	20	30
縦計	60	40	100

期待度数	J政党	M政党	横計
高所得層	24	16	40
中所得層	18	12	30
低所得層	18	12	30
縦計	60	40	100

横%表

%	J政党	M政党	横計
高所得層	75.0%	25.0%	100.0%
中所得層	66.7%	33.3%	100.0%
低所得層	33.3%	66.7%	100.0%
縦計	60.0%	40.0%	100.0%

%	J政党	M政党	横計
高所得層	60.0%	40.0%	100.0%
中所得層	60.0%	40.0%	100.0%
低所得層	60.0%	40.0%	100.0%
縦計	60.0%	40.0%	100.0%

9.2 独立性の検定

1　独立性の検定の概要

独立性の検定はカイ２乗検定（χ^2 検定）の1つで、クロス集計表を作成したとき、2つの項目が独立であるか（関連性がないか）を統計的に判定する方法です。

クロス集計表の各セルについて統計学が定める基準に従い、**期待度数**を算出します。観測された**実測度数**と期待度数の食い違いを反映し、検定統計量を算出します。

実測度数と期待度数が等しいという帰無仮説のもとで、検定統計量が（近似的に）**カイ２乗分布**に従います。カイ２乗分布を適用し、検定統計量が出現する確率ｐ値を算出し、ｐ値から２項目間の関連性（独立性）があるかを判断します。

クロス集計表の各セルの度数に0の度数がない場合、検出力が高い尤度比による独立性の検定が適用できます。

２項目のカテゴリー数がどちらも2カテゴリーのクロス集計表を**２×２分割表**といいます。２×２分割表の4つのセルの期待度数の中の少なくとも1つが5より小さい場合、イエーツの補正による独立性の検定、あるいはフィッシャーの正確確率検定（別名、フィッシャーの直接確率検定）を適用します。

独立性の検定でクロス集計表のどのセルで顕著に高いか（低いか）を検出したい場合、調整残差分析を適用します。

独立性の検定は次の手順によって行います。

1. 帰無仮説を立てる
   クロス集計の2項目は独立である（関連性がない）
2. 対立仮説を立てる
   クロス集計の2項目は独立でない（関連性がある）
3. 両側検定のみで片側検定はない
4. 検定統計量を算出
5. p値を算出
   カイ2乗分布を適用。
6. 有意差判定
   p値＜有意水準0.05　クロス集計の2項目は関連性があるといえる
   p値≧有意水準0.05　クロス集計の2項目は関連性があるといえない

2 独立性の検定の結果

 具体例45

ある地域に居住する有権者の政党支持率を調べるためにn=100の標本調査を実施しました。
所得階層と政党支持とのクロス集計を行いました。
所得階層と政党支持の関係は独立であるか、すなわち、所得階層で政党支持に違いがあるかを有意水準5%で検定しなさい。

n表

	J政党	M政党	横計
高所得層	30	10	40
中所得層	20	10	30
低所得層	10	20	30
全体	60	40	100

%表

	J政党	M政党	横計
高所得層	75.0%	25.0%	100.0%
中所得層	66.7%	33.3%	100.0%
低所得層	33.3%	66.7%	100.0%
全体	60.0%	40.0%	100.0%

このクロス集計表解釈すると次のようになります。
J政党の支持率は高所得層が75%、中所得層が67%、低所得層は33%で、所得が高い層ほどJ政党の支持率は高くなる傾向が見られます。
M政党の支持率は高所得層が25%、中所得層が33%、低所得層は67%で、所得が低い層ほどM政党の支持率は高くなる傾向が見られます。
このクロス集計表で見られるように、ある特定の所得層である特定の政党支持の割合が高いとき、所得水準と支持政党の項目は関連性があると解釈します。
母集団における所得と政党支持との関連性は独立性の検定で把握できます。

A. 検定結果

独立性の検定

検定統計量	13.1944
n数	100
自由度	2
p値	0.0014
判定	[**]
クラメール連関係数	0.3632

尤度比による独立性の検定

検定統計量	13.2338
n数	100
自由度	2
p値	0.0013
判定	[**]

p値＜0.05より、所得階層で政党支持に違いがあるといえます。
※所得階層と政党支持に関連性があるともいえる。
※無相関でない関連性があるということで、強い関連性があるかまではわからない。
※関連性の強弱はクラメール連関係数で把握できる。

3　2×2分割表の独立性の検定の結果

Q. 具体例46

抗がん剤Ｙを投与したとき、効果がある患者と効果のない患者がいることがわかりました。さらに、それには遺伝子のある部分が特殊な型であるかどうかが疑われています。そこで、抗がん剤Ｙの効果のあるなしとその患者の遺伝子が特殊型であるかどうかを調べました。抗がん剤Ｙの効果有無に遺伝子特殊型が影響しているかを有意水準5%で検定しなさい。

実績度数

	効果あり	効果なし	横計
特殊型	2	8	10
普通型	24	16	40
縦計	26	24	50

横%

	効果あり	効果なし	横計
特殊型	20.0%	80.0%	100.0%
普通型	60.0%	40.0%	100.0%
縦計	52.0%	48.0%	100.0%

A. 検定結果

期待度数

	効果あり	効果なし	横計
特殊型	5.2	4.8	10
普通型	20.8	19.2	40
縦計	26	24	50

横%

	効果あり	効果なし	横計
特殊型	52.0%	48.0%	100.0%
普通型	52.0%	48.0%	100.0%
縦計	52.0%	48.0%	100.0%

期待度数に5以下があるので、イエーツの補正、もしくは、フィッシャーの正確確率検定を適用します。

独立性の検定

検定統計量	5.13
自由度	1
p値	0.024
判定	[*]

イエーツの補正

検定統計量	3.65
自由度	1
p値	0.056
判定	[ ]

フィッシャーの正確確率検定

p値	0.035
判定	[*]

フィッシャーの正確確率検定のｐ値＜0.05より、
抗がん剤Ｙの効果有無に遺伝子特殊型が影響しているといえます。

4 調整残差分析の結果の結果

Q. 具体例47

あるエリアに在住する120人に、今までに利用したコンビニ3会社についてどのような印象をいだいているかを聞きました。コンビニ会社がどのような内容で評価されているか、あるいは評価されていないかを明らかにしなさい。

実測度数

	商品の豊富さ・新鮮さ	店の内装・イメージ	従業員の接客態度	横計
S店	30	8	12	50
L店	10	22	8	40
F点	9	11	10	30
縦計	49	41	30	120

横%

	商品の豊富さ・新鮮さ	店の内装・イメージ	従業員の接客態度	横計
S店	60%	16%	24%	100%
L店	25%	55%	20%	100%
F点	30%	37%	33%	100%
縦計	41%	34%	25%	100%

A. 検定結果

独立性の検定から、コンビニに対する印象は会社によって違いがあるといえます。

独立性の検定

検定統計量	19.04
自由度	4
P値	0.0008
判定	[**]

調整残差

	商品の豊富さ・新鮮さ	店の内装・イメージ	従業員の接客態度
S店	3.61	−3.55	−0.21
L店	−2.50	3.40	−0.89
F点	−1.39	0.33	1.22

調整残差からp値が算出できます。

p値

	商品の豊富さ・新鮮さ	店の内装・イメージ	従業員の接客態度
S店	0.000	0.000	0.831
L店	0.013	0.001	0.371
F点	0.163	0.739	0.224

有意差判定

	商品の豊富さ・新鮮さ	店の内装・イメージ	従業員の接客態度
S店	[**]	[//]	[ ]
L店	[/]	[**]	[ ]
F点	[ ]	[ ]	[ ]

p値によって、どのセルで有意に高いか低いかが把握できます。

- 商品の豊富さ・新鮮さはS店[**]で高く、L店[/]で低い
- 店の内装・イメージはL店[**]で高く、S店[//]で低い
- 従業員の接客態度は店によって有意に高い／低いはいえない

調整残差がプラス	かつ	p値＜0.01 [**]	有意に高い
調整残差がプラス	かつ	p値＜0.05 [*]	有意に高い
調整残差がプラス	かつ	p値≧0.05 [ ]	有意に高いといえない
調整残差がマイナス	かつ	p値＜0.01 [//]	有意に低い
調整残差がマイナス	かつ	p値＜0.05 [/]	有意に低い
調整残差がマイナス	かつ	p値≧0.05 [ ]	有意に低いといえない

5　独立性の検定の計算方法

検定統計量の計算方法

具体例45で独立性の検定の検定統計量の計算方法を示す。

下記左表は具体例45のクロス集計横％表、右表はどの所得層も左全体と同じ割合だったと仮定した横％表である。

具体例45の横％表

	J政党	M政党	横計
高所得層	75.0%	25.0%	100.0%
中所得層	66.7%	33.3%	100.0%
低所得層	33.3%	66.7%	100.0%
縦計	60.0%	40.0%	100.0%

仮定の横％表

	J政党	M政党	横計
高所得層	60.0%	40.0%	100.0%
中所得層	60.0%	40.0%	100.0%
低所得層	60.0%	40.0%	100.0%
縦計	60.0%	40.0%	100.0%

このような割合となる人数は、実測度数の縦計、横計、総計について縦計×横計÷総計を算出した値から求められる。

	J政党	M政党	横計
高所得層			横計1
中所得層			横計2
低所得層			横計3
縦計	縦計1	縦計2	総計

	J政党	M政党
高所得層	縦計1×横計1÷総計	縦計2×横計1÷総計
中所得層	縦計1×横計2÷総計	縦計2×横計2÷総計
低所得層	縦計1×横計3÷総計	縦計2×横計3÷総計

実測度数

	J政党	M政党	横計
高所得層	30	10	40
中所得層	20	10	30
低所得層	10	20	30
縦計	60	40	100

	J政党	M政党
高所得層	60×40÷100=24	40×40÷100=16
中所得層	60×30÷100=18	40×30÷100=12
低所得層	60×30÷100=18	40×30÷100=12

求められた値を**期待度数**といいます。

期待度数の横％表では、政党の割合はどの所得層も同じです。

期待度数の縦％表では、所得層の割合はどの政党も同じです。

期待度数の横％表

	J政党	M政党	横計
高所得層	60.0%	40.0%	100.0%
中所得層	60.0%	40.0%	100.0%
低所得層	60.0%	40.0%	100.0%
縦計	60.0%	40.0%	100.0%

期待度数の縦％表

	J政党	M政党	横計
高所得層	40.0%	40.0%	40.0%
中所得層	30.0%	30.0%	30.0%
低所得層	30.0%	30.0%	30.0%
縦計	100.0%	100.0%	100.0%

実測度数が期待度数に近い値であれば関連性が弱く、かけ離れていれば関連性が強いと判断します。

実測度数

	J政党	M政党	横計
高所得層	30	10	40
中所得層	20	10	30
低所得層	10	20	30
縦計	60	40	100

期待度数

	J政党	M政党	横計
高所得層	24	16	40
中所得層	18	12	30
低所得層	18	12	30
縦計	60	40	100

一致度を調べるために、個々のセルごとに次の計算をする。

$$\frac{(\text{実測度数}-\text{期待度数})^2}{\text{期待度数}}$$

	J政党	M政党
高所得層	$\frac{(30-24)^2}{24}$	$\frac{(10-16)^2}{16}$
中所得層	$\frac{(20-18)^2}{18}$	$\frac{(10-12)^2}{12}$
低所得層	$\frac{(10-18)^2}{18}$	$\frac{(20-12)^2}{12}$

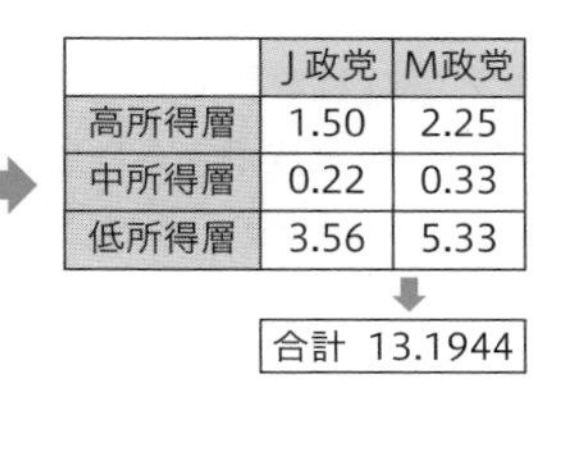

	J政党	M政党
高所得層	1.50	2.25
中所得層	0.22	0.33
低所得層	3.56	5.33

合計 13.1944

合計をカイ2乗値（χ^2）という。この値が**検定統計量**となる。

p値の計算方法

検定統計量はカイ2乗分布に従う。

p値は、カイ2乗分布において検定統計量の上側確率である。

カイ2乗分布の上側確率はExcelの関数で求められる。

Excel関数

CHIDIST(検定統計量, 自由度)

自由度はクロス集計の2項目のカテゴリー数を C_1, C_2 とすると $(C_1-1)\times(C_2-1)$ で求められる。

自由度＝(3－1)×(2－1)=2

=CHIDIST(13.1944,2) Enter 0.0014

尤度比による独立性の検定の検定統計量の計算方法

具体例45で尤度比による独立性の検定の検定統計量の計算方法を示す。

① クロス集計表の各セルの実測度数（下記表a）について、自然対数（下記表b）をとる。
自然対数はExcel関数で計算できる。

Excel関数

<計算例>30の自然対数

=LN(30) Enter 3.401

② a×b　実測度数と自然対数の積を算出する。
③ a×bの値を合計する。
④ J政党、M政党の実測度数計と自然対数計の積を算出し合計する。
⑤ 高所得層、中所得層、低所得層の実測度数計と自然対数計の積を算出し合計する。
⑥ 全体の実測度数計と自然対数計の積を算出する。

		a 実測度数	① b 自然対数	② a×b
J政党	高所得層	30	3.401	102.036
J政党	中所得層	20	2.996	59.915
J政党	低所得層	10	2.303	23.026
M政党	高所得層	10	2.303	23.026
M政党	中所得層	10	2.303	23.026
M政党	低所得層	20	2.996	59.915
			計	290.943 ③

J政党	60	4.094	245.661
M政党	40	3.689	147.555
		計	393.216 ④

高所得層	40	3.689	147.555
中所得層	30	3.401	102.036
低所得層	30	3.401	102.036
		計	351.627 ⑤

全体	100	4.605	460.517 ⑥

検定統計量は次式によって求められる。

検定統計量＝2×（③－④－⑤＋⑥）

検定統計量＝2×（290.943－393.216－351.627＋460.517）

$=2\times 6.617=13.234$

6 2×2分割表の独立性の検定の計算方法

イエーツの補正の検定統計量

具体例46で2×2分割表におけるイエーツの補正の検定統計量は次式によって求められます。

実測度数

	B_1	B_2	横計
A_1	a	b	y_1
A_2	c	d	y_2
縦計	x_1	x_2	n

$$\textbf{検定統計量} = \frac{n\left(|ad - bc| - n/2\right)^2}{x_1 \times x_2 \times y_1 \times y_2}$$

| |は絶対値

具体例46でイエーツの補正の検定統計量の計算方法を示す。

実績度数

	効果あり	効果なし	横計
特殊型	2	8	10
普通型	24	16	40
縦計	26	24	50

$$\text{検定統計量} = \frac{50 \times (|2 \times 16 - 8 \times 24| - 50 \div 2)^2}{26 \times 24 \times 10 \times 40}$$

$$= \frac{50 \times (|-160| - 25)^2}{249,600}$$

$$= \frac{50 \times (160 - 25)^2}{249,600}$$

$$= 3.65$$

7　フィッシャーの正確確率検定の計算方法

p値の計算方法

2×2分割表の実測度数より出現しにくい極端な仮想度数を想定する。

そのような分割表は周辺度数を固定し、最小度数よりさらに小さい度数、あるいは最小度数からかけ離れた度数を設定して作成する。

具体例46で2×2分割表の仮想度数の作成方法を示す。

① 最小の度数は2である。
② 最小の度数のセルから1を引くと1である。
③ さらに1を引くと0である。
　度数が0となるまで引き続ける。
④ 最小度数の横計は10である。
　10から②で求められた1を引くと9である。
⑤ 10から③で求められた0を引くと10である。

①

2	8	10
24	16	40
26	24	50

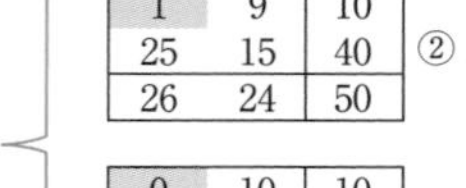

②

1	9	10
25	15	40
26	24	50

③

0	10	10
26	14	40
26	24	50

④

9	1	10
17	23	40
26	24	50

⑤

10	0	10
16	24	40
26	24	50

具体例46における上記の分割表は2×2分割表は5つである。

2×2分割表個々について次式の値を算出する。

	B_1	B_2	横計
A_1	a	b	y_1
A_2	c	d	y_2
縦計	x_1	x_2	n

$$\frac{x_1! \times x_2! \times y_1! \times y_2!}{n!} \times \frac{1}{a! \times b! \times c! \times d!} \quad \cdots(1)$$

！は階乗の意味である。例えば4！は4×3×2×1で24である。

階乗の値は大きな値となるので対数変換して計算する。

$\dfrac{A \times B \times C}{D \times E}$において対数を取る。

$LOG\left(\dfrac{A \times B \times C}{D \times E}\right) = LOG\,(A) + LOG\,(B) + LOG\,(C) - (LOG\,(D) + LOG\,(E))$となる。

これより(1)の式の対数変換は次となる。

$$\frac{分子}{分母} = \frac{LOG\,(x_1!) + LOG\,(x_2!) + LOG\,(y_1!) + LOG\,(y_2!)}{LOG\,(n!) + LOG\,(a!) + LOG\,(b!) + LOG\,(c!) + LOG\,(d!)}$$

Excel関数

Excelでの計算方法

階乗の関数は　=FACT()

計算例　5！=5×4×3×2×1=120

=FACT(5) Enter 120

階乗の値は大きな値となるので対数変換して計算する。

対数（常用対数）の関数は　=LOG()

計算例　LOG(100)=2

=LOG(100) Enter 2

2×2分割表の各セルについて=LOG(FACT( ))を計算する。

前ページの式において分子 i −分母 ii の値（iii）を求める。

対数変換された値を元の数値に戻すために、$10^{\text{i}-\text{ii}}$を計算する

2×2分割表			=LOG(FACT())			i 分子	ii 分母	iii i −ii	10^{iii}
2	8	10	0.301	4.606	6.560				
24	16	40	23.793	13.321	47.912				
26	24	50	26.606	23.793	64.483	104.870	106.503	−1.633	0.02327
1	9	10	0.000	5.560	6.560				
25	15	40	25.191	12.116	47.912				
26	24	50	26.606	23.793	64.483	104.870	107.350	−2.480	0.00331
0	10	10	0.000	6.560	6.560				
26	14	40	26.606	10.940	47.912				
26	24	50	26.606	23.793	64.483	104.870	108.589	−3.719	0.00019
9	1	10	5.560	0.000	6.560				
17	23	40	14.551	22.412	47.912				
26	24	50	26.606	23.793	64.483	104.870	107.006	−2.137	0.00730
10	0	10	6.560	0.000	6.560				
16	24	40	13.321	23.793	47.912				
26	24	50	26.606	23.793	64.483	104.870	108.156	−3.286	0.00052
								合計	0.035

8　調整残差分析の結果の計算方法

調整残差の計算方法

具体例47で調整残差分析の調整残差の計算方法を示す。
クロス集計表の実測度数、期待度数を次の記号で表す。

実測度数

	商品	店	従業員	横計
S店	n_{11}	n_{12}	n_{13}	n1·
L店	n_{21}	n_{22}	n_{23}	n2·
F点	n_{31}	n_{32}	n_{33}	n3·
縦計	n·1	n·2	n·3	n

実測度数

	商品	店	従業員	横計
S店	30	8	12	50
L店	10	22	8	40
F点	9	11	10	30
縦計	49	41	30	120

期待度数

	商品	店	従業員
S店	k_{11}	k_{12}	k_{13}
L店	k_{21}	k_{22}	k_{23}
F点	k_{31}	k_{32}	k_{33}

期待度数

	商品	店	従業員
S店	20.417	17.083	12.500
L店	16.333	13.667	10.000
F点	12.250	10.250	7.500

調整残差は次式で求められる。

$$\frac{\text{実測度数} - \text{期待度数}}{\sqrt{\text{期待度数} \times (1 - \text{縦計}/\text{総数})\,(1 - \text{横計}/\text{総数})}} = \frac{n_{ij} - k_{ij}}{\sqrt{k_{ij}\,(1 - n\cdot_j/n)\,(1 - n_i\cdot/n)}}$$

実測度数−期待度数

	商品	店	従業員
S店	9.583	−9.083	−0.500
L店	−6.333	8.333	−2.000
F点	−3.250	0.750	2.500

(1−縦計/総数)(1−横計/総数)

	商品	店	従業員
S店	0.345	0.384	0.438
L店	0.394	0.439	0.500
F点	0.444	0.494	0.563

調整残差

	商品	店	従業員
S店	3.61	−3.55	−0.21
L店	−2.50	3.40	−0.89
F点	−1.39	0.33	1.22

有意差判定

	商品	店	従業員
S店	[**]	[//]	[ ]
L店	[/]	[**]	[ ]
F点	[ ]	[ ]	[ ]

調整残差と棄却限界値1.96、2.58との比較で有意差判定が行える。
調整残差＞2.58　[**]　有意に高い（この判断が間違う確率は1%）
調整残差＜−2.58　[//] 有意に低い（この判断が間違う確率は5%）
1.96＜調整残差≦2.58　[*]
−1.96＞調整残差≧−2.58　[/]
調整残差≦1.96あるいは調整残差≧−1.96　[ ]　高い(低い)といえない

p値の算出方法

調整残差はz分布に従う。

Excel関数

Excelの関数でp値は求められる。
=2＊(1−NORMSDIST(|調整残差|))
※|調整残差|は調整残差の絶対値。

p値

	商品	店	従業員
S店	0.000	0.000	0.831
L店	0.013	0.001	0.371
F点	0.163	0.739	0.224

9.3 適合度の検定

1 適合度の検定の概要

適合度の検定はカイ2乗検定の1つで、度数分布（単純集計表）の各度数の**同等性**や度数分布の**正規性**を統計的に判定する方法です。

度数分布表の各カテゴリーについて統計学が定める基準に従い、期待度数を算出します。同等性を判定する場合の期待度数は全カテゴリーが同じ値、正規性を判定する場合の期待度数は正規分析から算出した理論値です。

観測された**実測度数**と**期待度数**の食い違いから検定統計量を算出します。

実測度数と期待度数が等しいという帰無仮説のもとで、検定統計量は（近似的に）**カイ2乗分布**に従います。

カイ2乗分布を適用し、検定統計量が出現する確率p値を算出し、p値から度数分布の出現度数の同等性や正規性を判断します。

適合度の検定は次の手順によって行います。

1 帰無仮説を立てる
度数分布の実測度数は期待度数に適合する
度数分布の各カテゴリーの出現度数は同じ
度数分布は正規分布

2 対立仮説を立てる
度数分布の実測度数は期待度数に適合しない
度数分布の各カテゴリーの出現度数は同じではない
度数分布は正規分布ではない

3 両側検定のみで片側検定はない

4 検定統計量を算出

5 p値を算出
カイ2乗分布を適用。

6 有意差判定
p値＜有意水準0.05　　対立仮説がいえる
p値≧有意水準0.05　　対立仮説がいえない

2　適合度の検定（同等性）の結果

Q. 具体例48

あるサイコロが不正につくられたものかどうかを調べるために、60回投げて出た目の数を集計しました。次の表はその結果です。
このサイコロは不正につくられたサイコロといえるかを有意水準5%で検定しなさい。
ただし、正しくつくられたサイコロの1～6の目の出る確率は、すべて1/6で等しいものとします。

1の目	2の目	3の目	4の目	5の目	6の目	計
9	10	12	8	10	11	60
15.0%	16.7%	20.0%	13.3%	16.7%	18.3%	100.0%

1から6の目の出る確率はすべて1/6なので、60回投げた時の出現回数はすべて10回です。

期待度数

1の目	2の目	3の目	4の目	5の目	6の目
10	10	10	10	10	10

帰無仮説　さいころの1～6の目の出る出現回数（実測度数）は期待度数（いずれも10）と同じ。
さいころの出現する目は正しい。

対立仮説　さいころの1～6の目の出る出現回数（実測度数）は期待度数（いずれも10）と同じでない。
さいころの出現する目は不正。

A. 検定結果

検定統計量	1.00
自由度	5
P値	0.9626
判定	[ ]

p値＞0.05より対立仮説がいえません。
さいころは不正であるといえません。

3 適合度の検定（正規性）の結果

Q. 具体例49

ある学校で無作為に抽出した40人に記憶力テストをしました。
下記はテスト成績の度数分布とヒストグラムです。
この学校全体における記憶力テストの成績は正規分布であるといえるかを有意水準5%で判断しなさい。

階級幅	階級値	度数	相対度数
30以上40未満	15	2	5.0%
40以上50未満	25	4	10.0%
50以上60未満	35	7	17.5%
60以上70未満	45	13	32.5%
70以上80未満	55	10	25.0%
80以上90未満	65	3	7.5%
90以上100	75	1	2.5%
		40	100.0%

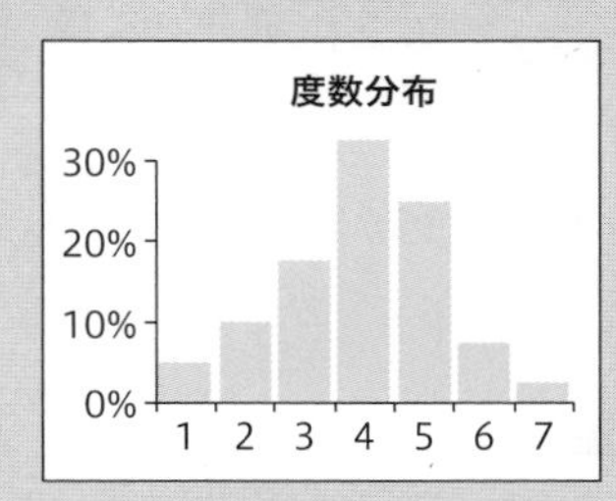

9

度数分布に正規分布を当てはめ期待度数（理論度数のこと）を求めます。
※期待度数の求め方は第２章**2.5**を参照。

平均	64.50
標準偏差	13.41

階級幅	階級値	度数	期待度数
30以上40未満	15	2	1.35
40以上50未満	25	4	4.24
50以上60未満	35	7	9.15
60以上70未満	45	13	11.62
70以上80未満	55	10	8.68
80以上90未満	65	3	3.81
90以上100	75	1	1.14
		40	40.00

帰無仮説　度数（実測度数）は期待度数と同じ。
　　　　　正規分布である。
対立仮説　度数（実測度数）は期待度数と同じではない。
　　　　　正規分布であるといえない。

A. 検定結果

検定統計量	1.383
自由度	4
P値	0.8472
判定	[ ]

p値＞0.05より対立仮説を採択できません。
「正規分布でない」がいえません（正規分布であるといってはいけません）。

4　適合度の検定（同等性）の計算方法

検定統計量

具体例４８で適合度の検定（同等性）の検定統計量の計算方法を示します。
さいころの目ごとに、(実測度数 － 期待度数)^{2}を算出します。
合計します。　→　10 ································ (a)

	1の目	2の目	3の目	4の目	5の目	6の目	計
実測度数	9	10	12	8	10	11	60
期待度数	10	10	10	10	10	10	60
(実測度数−期待度数)^2	1	0	4	4	0	1	10

総数 (60) ×確率 (1/6) を求めます。　→　10 ······ (b)
検定統計量＝合計÷（総数×確率）　(a) ÷ (b) →　10 ÷ 10 = 1

p値の算出

検定統計量はカイ２乗分布に従う。
p値は、カイ２乗分布において検定統計量の上側確率である。
カイ２乗分布の上側確率はExcelの関数で求められる。

Excel関数

CHIDIST(検定統計量, 自由度)
自由度は階級数−1である。
自由度=6−1=5
=CHIDIST(1, 5) Enter 0.9626

5 適合度の検定（正規性）の計算方法

具体例49の実測度数と期待度数（正規分布）の折れ線グラフを示します。
実測度数と期待度数が適合しているかを調べるのが適合度の検定（正規性）です。

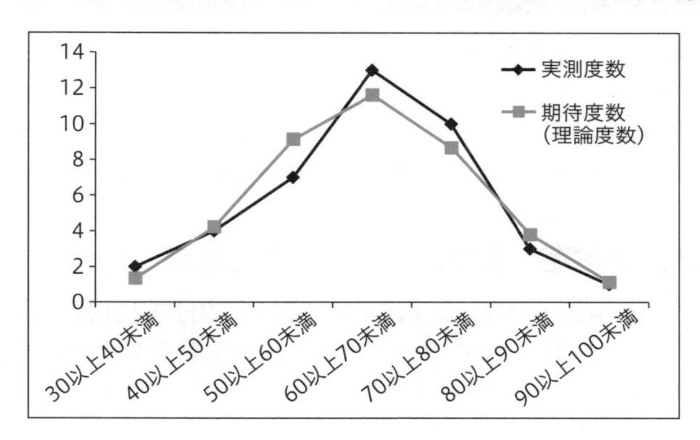

検定統計量

具体例49で適合度の検定（正規性）の検定統計量の計算方法を示します。
階級ごとに、（実測度数－期待度数^2）を算出します。 ……（b）
求められた値（b）を期待度数（a）で割ります。
階級ごとに求めた値を合計します。
合計1.383が検定統計量です。

	階級幅	30以上40未満	40以上50未満	50以上60未満	60以上70未満	70以上80未満	80以上90未満	90以上100	計
	実測度数	2	4	7	13	10	3	1	40
a	期待度数（理論度数）	1.353	4.237	9.153	11.624	8.680	3.809	1.143	40
b	（実測度数－期待度数）^{2}	0.419	0.056	4.637	1.892	1.742	0.655	0.021	9.422
	b÷a	0.310	0.013	0.507	0.163	0.201	0.172	0.018	1.383

p値の算出

検定統計量はカイ2乗分布に従う。
p値は、カイ2乗分布において検定統計量の上側確率である。
カイ2乗分布の上側確率はExcelの関数で求められる。

Excel関数

CHIDIST(検定統計量，自由度)
適合度検定（同等性）の自由度は階級数－1である。
適合度検定（正規性）自由度は、期待度数の計算に平均値と標準偏差を使用しているので、自由度は2つ減って自由度＝階級数－1－2となる。
自由度=7－1－2=4
=CHIDIST(1.383, 4) Enter 0.8472

9.4 コルモゴロフ・スミルノフ検定

1 コルモゴロフ・スミルノフ検定の概要

コルモゴロフ・スミルノフ検定には1標本と2標本の2種類ありますが、ここでは2標本コルモゴロフ・スミルノフ検定を解説します。

2標本コルモゴロフ・スミルノフ検定は、カテゴリーデータの場合は選択肢が同じ、数量データの場合は階級幅が同じである2つの項目の度数分布について、確率分布の相違を検定する方法です。

コルモゴロフ・スミルノフ検定を使うにあたっての注意点

階級幅（数量データ）が同じ2つの項目の比較には、**母平均の比較**と**確率分布の比較**があります。

この検定は確率分布の比較であって、母平均の比較でありません。検定結果がp値＜0.05だからといって2項目の母平均に有意差があるといってはいけません。

適合度の検定は次の手順によって行います。

1 帰無仮説を立てる

2つの項目の度数分布について確率分布は同じ

2 対立仮説を立てる

2つの項目の度数分布について確率分布は異なる

3 両側検定・片側検定がある

4 検定統計量を算出

5 2標本に累積相対度数を作成し、各カテゴリーについて差を求め、その最大値をDとする

検定統計量 $= 4D^2 \dfrac{n_1 n_2}{n_1 + n_2}$　　ただし、n_1、n_2は2項目のサンプルサイズ

6 p値を算出

$n_1 \geqq 40$、$n_2 \geqq 40$のとき、検定統計量はカイ2乗分布に従う。

p値は、カイ2乗分布において両側検定は検定統計量の上側確率の2倍、片側検定は上側確率である。

p値＜有意水準0.05　対立仮説がいえる

p値≧有意水準0.05　対立仮説がいえない

$n_1 < 40$、$n_2 < 40$の場合、コルモゴロフ・スミルノフの検定表より、n、有意水準0.05に対応する値を求める。

求められた値と検定統計量の比較で有意差判定する。

2 コルモゴロフ・スミルノフ検定の結果

具体例50

A商品をどの程度好きかを5段階評価で聞きました。
男性100人のA商品嗜好度、女性100人のA商品嗜好度を集計し、度数分布と確率分布を求めました。
A商品嗜好度の確率分布は男性と女性で異なるかを調べなさい。

度数分布

	非常に好き	やや好き	どちらともいえない	やや嫌い	非常に嫌い	計（人）
男性	27	21	20	15	17	100
女性	20	16	12	24	28	100

確率分布

	非常に好き	やや好き	どちらともいえない	やや嫌い	非常に嫌い	計（人）
男性	27%	21%	20%	15%	17%	100%
女性	20%	16%	12%	24%	28%	200%

A. 検定結果

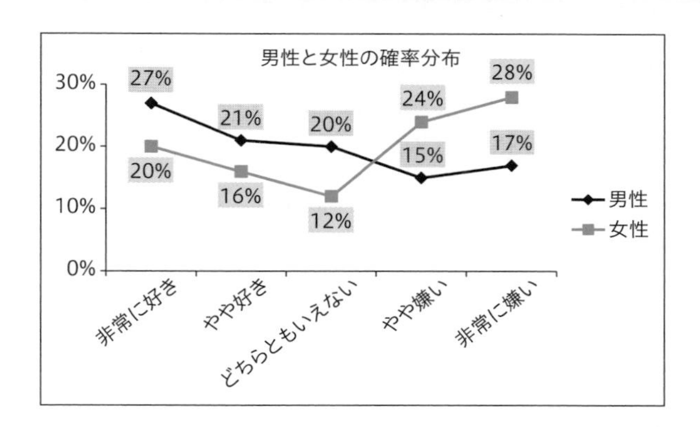

差の絶対値の最大値	0.2
検定統計量	8
p値	0.037
判定	[*]

p値＜0.05より、A商品嗜好度の確率分布は男性と女性で異なるといえます。

3　コルモゴロフ・スミルノフ検定の計算方法

検定統計量の計算方法

男性の相対度数と累積相対度数を算出する。
女性の相対度数と累積相対度数を算出する。
男性累積相対度数と女性累積相対度数の差分を求める。

		非常に好き	やや好き	どちらともいえない	やや嫌い	非常に嫌い	計
男性	n	27	21	20	15	17	100
	相対度数(%)	27%	21%	20%	15%	17%	100%
	累積相対度数	27%	48%	68%	83%	100%	
女性	n	20	16	12	24	28	100
	相対度数(%)	0.2	0.16	0.12	0.24	0.28	100%
	累積相対度数	20.0%	36.0%	48.0%	72.0%	100.0%	
累積相対度数 差分		7.0%	12.0%	20.0%	11.0%	0.0%	

差分の最大値をDとする。$D=0.2$
検定統計量を算出する。

$$\text{検定統計量}=4D^2\frac{n_1n_2}{n_1+n_2}=4\times0.2^2\times\frac{100\times100}{100+100}=4\times0.04\times50=8$$

p値の計算方法

検定統計量はカイ2乗分布に従う。
p値は、カイ2乗分布において検定統計量の上側確率の2倍である。
カイ2乗分布の上側確率はExcelの関数で求められる。

Excel関数

CHIDIST(検定統計量，自由度)
比較項目は2個なので、自由度は2である。
=CHIDIST(8, 2) Enter 0.0183
p値=2×0.0183=0.037

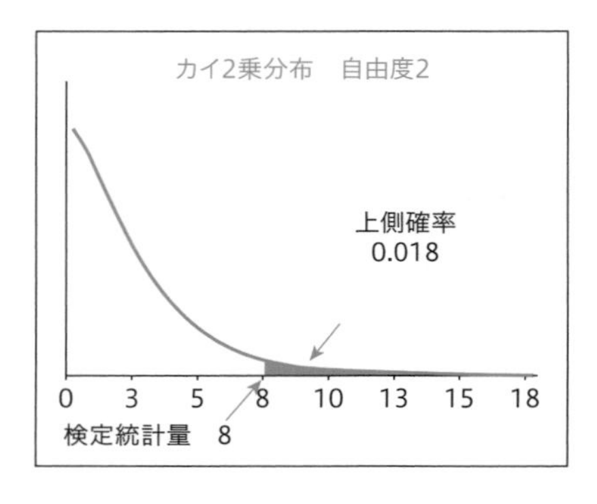

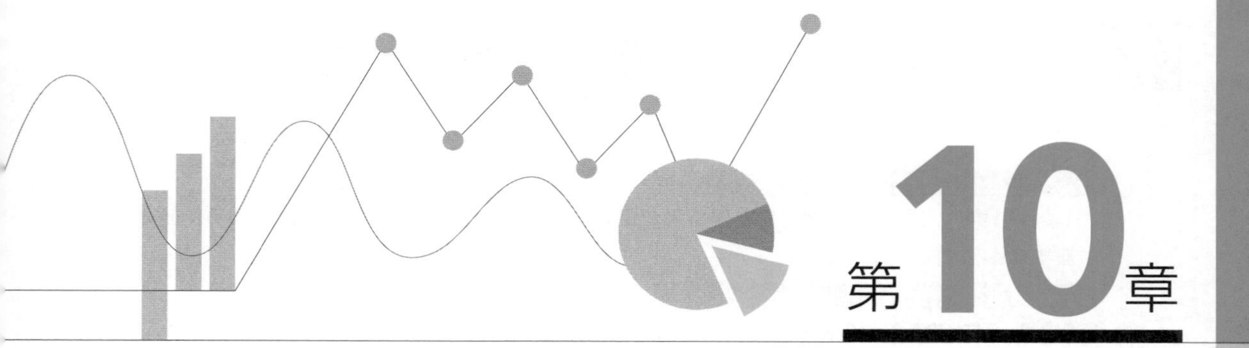

第10章

分散に関する検定

この章で学ぶ解析手法を紹介します。解析手法の計算はExcel関数やフリーソフトで行えます。
Excel関数は378ページ、フリーソフトは第17章17.2を参考にしてください。

解析手法名	英語名	フリーソフトメニュー	解説ページ
母分散と比較値の差の検定	Test for difference between population variance and comparison values		202
母分散の比の検定	Testing the ratio of mother variance		210
等分散性の検定	Isodispersity test		217
バートレット検定	Bartlett test		218
ルビーン検定	Levene's test		221
「母分散と比較値の差の検定」の検定統計量χ^2分布	χ^2 distribution of the test statistic of "Test of ratio of population variance"	実験χ^2分布	208
「母分散の比の検定」の検定統計量のF分布	F distribution of the test statistic of "Test of ratio of population variance"	実験F分布	215

10.1 分散に関する検定手法の種類と概要

分散に関する検定は3つに分類できます。

1. 母分散比と比較値の差の検定

1項目（1群）のデータの標本分散と解析者が定める比較値から、母分散が比較値と異なるかを検証する検定方法です。

2. 母分散比の検定

2項目（2群）のデータの標本分散から、母集団における2項目（2群）の分散は異なるかを検証する検定方法です。

3. 等分散性の検定

3項目以上（3群以上）のデータの標本分散から、母集団における3項目以上（3群以上）の分散は異なるかを検証する検定方法です。

代表的手法としてバートレット検定とルビーン検定があります。

いずれの検定も、正規分布している母集団から無作為抽出した標本の分散を比べて、それぞれの分散に有意な差があるかどうかを確かめるために行うものです。

したがって、母集団が正規分布であるかどうかの検定（正規性の検定）の事前検定を行うことになります。

しかし、一般的に得られるサンプルサイズは小さいことが多く、標本データから母集団が正規分布であるかどうかを判断することは難しいです。

非正規母集団について少数サンプルの標本調査を行った場合、少数サンプルがゆえにp値＞0.05となり、非正規母集団なのに正規分布であるという誤った判定がなされてしまうことがあります。

正規母集団について多数サンプルの標本調査を行った場合、多数サンプルがゆえにp値＜0.05となり、正規母集団なのに正規分布でないという誤った判定がなされることがあります。

分散に関する事前検定として正規性の検定を行うことを薦めている者がいますが、今述べた理由から、正規性の検定は必ずしもする必要はありません。

重要なのは経験的、理論的に母集団が正規分布に従うといえるかどうかを考えるということです。すなわち、経験的、理論的に明らかに正規分布に従わないであろうデータと考えられる場合については、分散に関する検定はしない（できない）とします。

母集団における標準偏差の同等性の検定は、分散の同等性の検定と同じです。母分散が同等でないといえれば、母標準偏差も同等でないといえます。

10.2 母分散と比較値の差の検定

1 母分散と比較値の差の検定の概要

母分散と比較値の差の検定は、1項目（1群）のデータの標本分散と解析者が指定する比較値から、母分散が比較値と異なるかを検証する検定方法です。

母分散の検定は母集団におけるデータが正規分布である場合に適用できます。

母分散の検定は次の手順によって行います。

1 帰無仮説を立てる

母分散は比較値と同じ

2 対立仮説を立てる

次の3つのうちのいずれかにする。

対立仮説1：母分散は比較値より大きい

対立仮説2：母分散は比較値より小さい

対立仮説3：母分散は比較値と異なる

3 両側検定、片側検定を決める

2 で選んだ対立仮説によって自動的に決まる。

対立仮説1：母分散は比較値より大きい → 片側検定（右側検定）

対立仮説2：母分散は比較値より小さい → 片側検定（左側検定）

対立仮説3：母分散は比較値と異なる → 両側検定

4 検定統計量を算出

$$\text{検定統計量} = \frac{(n-1) \times \text{標本分散}}{\text{比較値}}$$

検定統計量は帰無仮説のもとに自由度 $n-1$ の χ^2 分布（カイ2乗分布）に従う。

※カイ２乗分布は第16章**16.2**参照。

5 p値を算出

6 有意差判定

p値＜有意水準0.05（5%）

帰無仮説を棄却し対立仮説を採択→有意差があるといえる。

有意水準は通常5%を適用するが、1%を用いることもある。

有意水準0.05と0.01から有意差判定を次のように行うこともある。

p値＜0.01	[**]	有意水準1%で有意差がある
0.01≦p値＜0.05	[*]	有意水準5%で有意差がある
p値≧0.05	[ ]	有意差があるといえない

2　母分散と比較値の差の検定の結果

Q. 具体例51

ある機械の部品の新製法が開発されました。その製法によって作られた部品からランダムに11個を取り出し、重量の標準偏差を計算したところ、42gでした。基準としている重量の標準偏差は30gです。
次の3つの仮説検証について検定しなさい。
母集団における部品データは正規分布であるとします。

(1)　新製法によって重量のばらつきが30gより大きくなったといえるかを調べなさい。
(2)　新製法によって重量のばらつきが30gより小さくなったといえるかを調べなさい。
(3)　新製法によって重量のばらつきは30gと異なるかを調べなさい。

A. 検定結果

(1)

対立仮説：重量のばらつきは30gより大きい　→　右側検定を適用

比較値	30
n	11
標本標準偏差	42
不偏分散	1764
検定統計量	19.6
p値	0.0333
有意差判定	[*]

p値0.0333＜有意水準0.05
重量のばらつきは30gより大きいといえます。

(2)

対立仮説：重量のばらつきは30gより小さい　→　左側検定を適用

比較値	30
n	11
標本標準偏差	42
不偏分散	1764
検定統計量	19.6
p値	0.9667
有意差判定	[ ]

p値0.9667＞有意水準0.05
重量のばらつきは30gより小さいといえません。

(3)

対立仮説：重量のばらつきは30gと異なる　→　両側検定を適用

比較値	30
n	11
標本標準偏差	42
不偏分散	1764
検定統計量	19.6
p値	0.0665
有意差判定	[ ]

p値0.0665＞有意水準0.05
重量のばらつきは30gと異なるといえません。

3 母分散と比較値の差の検定の計算方法

(1) の検定

①検定統計量

標準偏差で与えられている値を分散に直す。

比較値 $= 30^2 = 900$ 　 標本分散 $= 42^2 = 1,764$

$$\text{検定統計量} = \frac{(n-1) \times \text{標本分散}}{\text{比較値}} = \frac{(11-1) \times 1,764}{900} = \frac{17,640}{900} = 19.6$$

検定統計量は帰無仮説のもとに自由度f=10のχ^2分布になる。

②p値

右側検定のp値はχ^2分布において検定統計量の上側確率である。

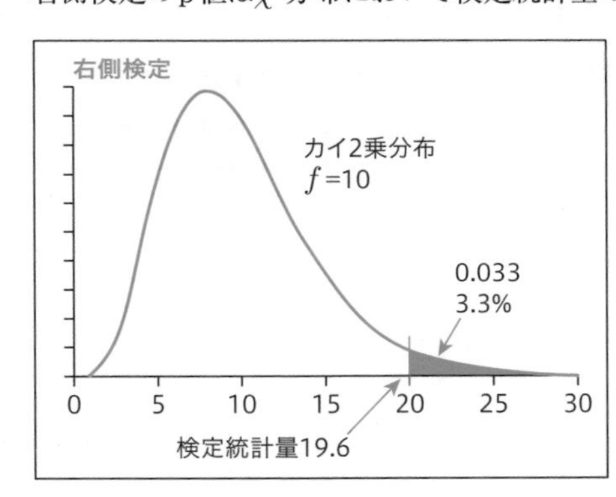

Excel関数

p値はExcelの関数で求められる。

=CHIDIST(検定統計量, 自由度)

=CHIDIST(19.6, 10) Enter 0.033

③右側棄却限界値による有意差判定

p値でなく棄却限界値を適用し有意差判定を行うこともできる。

右側棄却限界値はχ^2分布において上側確率5%となる横軸の値である。

検定統計量＞右側棄却限界値であれば「有意差ある」といえる。

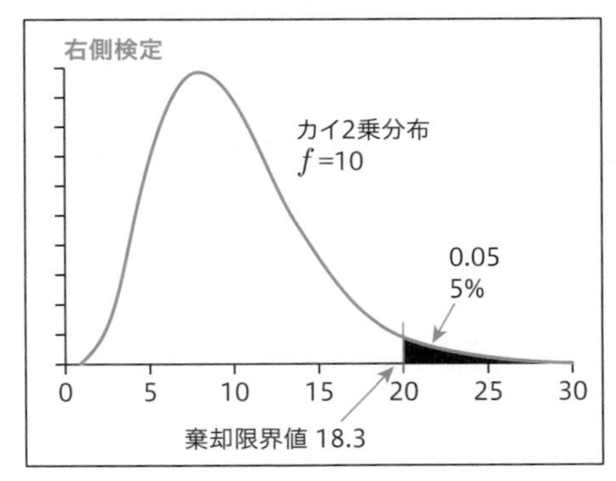

Excel関数

棄却限界値はExcelの関数で求められる。

=CHIINV(0.05, 自由度)

=CHIINV(0.05, 10) Enter 18.3

検定統計量19.6＞右側棄却限界値18.3

重量のばらつきは30gより大きいといえる。

(2) の検定

①検定統計量

標準偏差で与えられている値を分散に直す。

比較値 $= 30^2 = 900$　　標本分散 $= 42^2 = 1,764$

$$\textbf{検定統計量} = \frac{(\boldsymbol{n}-\mathbf{1}) \times \textbf{標本分散}}{\textbf{比較値}} = \frac{(11-1)\times 1,764}{900} = \frac{17,640}{900} = 19.6$$

検定統計量は帰無仮説のもとに自由度f=10のχ^2分布になる。

②p値

左側検定のp値はχ^2分布において検定統計量の下側確率である。

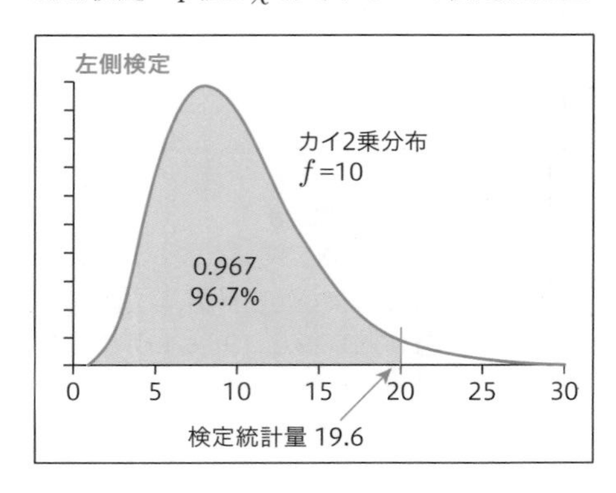

Excel関数

p値はExcelの関数で求められる。

=1－CHIDIST(検定統計量, 自由度)

=1－CHIDIST(19.6, 10) [Enter] 0.967

③左側棄却限界値による有意差判定

p値でなく棄却限界値を適用し有意差判定を行うこともできる。

左側棄却限界値はχ^2分布において下側確率5%となる横軸の値である。検定統計量＜左側棄却限界値であれば有意差ありといえる。

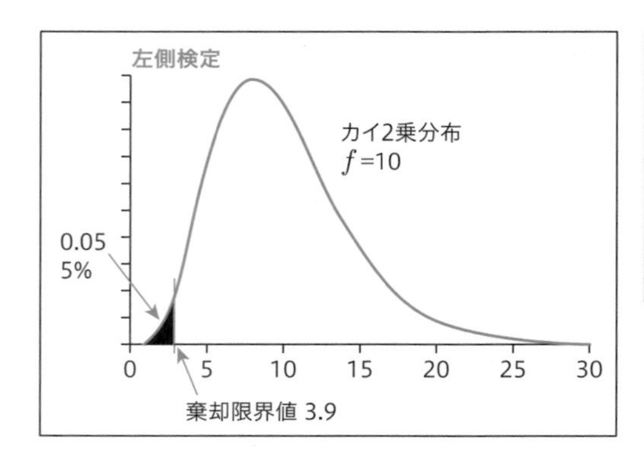

Excel関数

棄却限界値はExcelの関数で求められる。

=CHIINV(1－0.05, 自由度)

=CHIINV(0.95, 10) [Enter] 3.9

検定統計量19.6＞左側棄却限界値3.9

重量のばらつきは30gより小さいといえない。

(3) の検定

①検定統計量

標準偏差で与えられている値を分散に直す。

比較値 $= 30^2 = 900$　　標本分散 $= 42^2 = 1,764$

$$\textbf{検定統計量} = \frac{(n-1)\times \textbf{標本分散}}{\textbf{比較値}} = \frac{(11-1)\times 1,764}{900} = \frac{17,640}{900} = 19.6$$

検定統計量は帰無仮説のもとに自由度f=10のχ^2分布になる。

②p 値

両側検定のp値は上側確率の2倍と下側確率の2倍を算出する。

2個のp値のうち小さい値をp値とする。

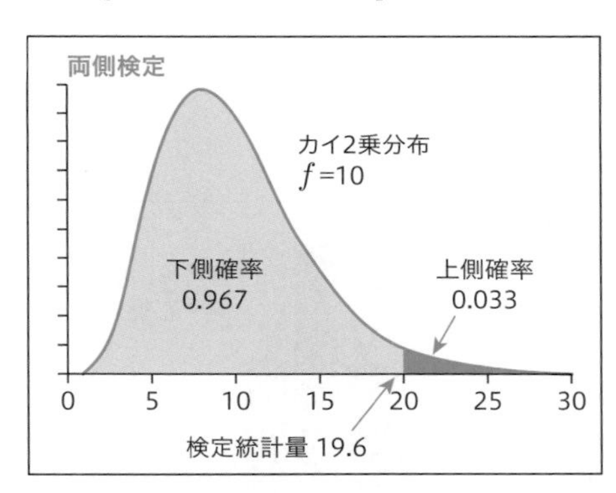

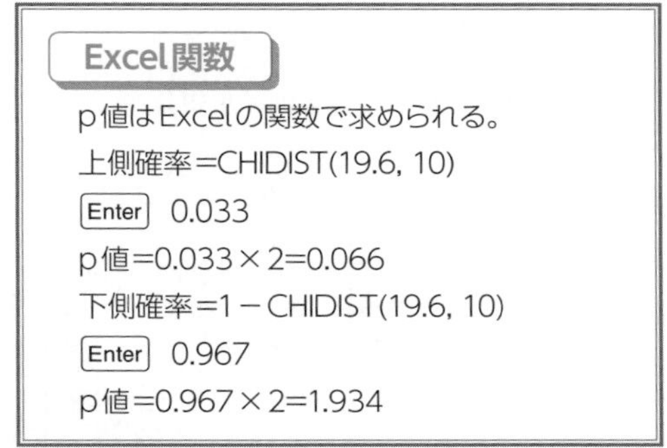

③両側棄却限界値による有意差判定

p値でなく棄却限界値を適用し有意差判定を行うこともできる。

両側検定の棄却限界値は右側棄却限界値と左側棄却限界値を算出する。

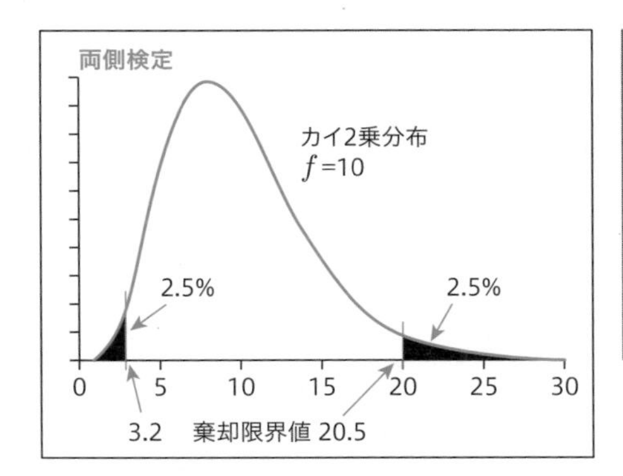

Excel関数

棄却限界値はExcelの関数で求められる。

=CHIINV(0.025, 10)

Enter 20.5

=CHIINV(1−0.025, 10)

Enter 3.2

検定統計量＜左側棄却限界値、検定統計量＞右側棄却限界値のいずれかが成立すれば有意差あるといえる。

検定統計量19.6＞左側棄却限界値3.2　有意でない

検定統計量19.6＜右側棄却限界値20.5　有意でない

重量のばらつきは30gと異なるといえない。

4　母分散と比較値の差の検定の検定統計量はχ^2分布になることを検証

ある機械の部品の新製法が開発されました。その製法によって作られた部品の重量データ（g）が10,000個あります。10,000個の部品を母集団とします。母平均は100g、母標準偏差は30g、母分散900g^{2}です。

母集団データ

No	重量
1	103.8
2	69.2
3	62.0
4	80.0
5	114.7
⋮	⋮
9,997	114.1
9,998	94.6
9,999	141.2
10,000	62.9

N	10,000
母平均	100 g
母標準偏差	30 g
母分散	900 g^2

部品の重量の母集団は正規分布です。

下限値	上限値	階級値	n	%
	25	10	55	0.6%
25	55	40	639	6.4%
55	85	70	2,378	23.8%
85	115	100	3,809	38.1%
115	145	130	2,461	24.6%
145	175	160	581	5.8%
175	205	190	77	0.8%
			10,000	100.0%

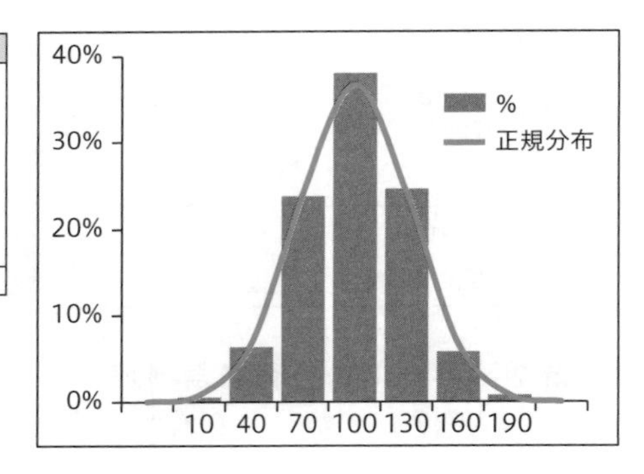

検定統計量の算出

母集団（10,000個の部品）から11個をランダムに抽出する調査を実施し、標準偏差、検定統計量を算出しました。ただし検定統計量算出式に用いる比較値は母分散900g^{2}とします。この調査を2,000回行い2,000個の検定統計量を求めました。

【計算例】調査No1の検定統計量

標準偏差で与えられている値を分散に直す。

比較値=900　　標本分散=612

$$\text{検定統計量} = \frac{(n-1)\times\text{標本分散}}{\text{比較値}} = \frac{(11-1)\times 612}{900} = \frac{6,120}{900} = 6.8$$

2,000回の標本調査の検定統計量を示します。

標本調査No	標本平均	標本標準偏差	標本分散	検定統計量
1	106.90	24.73	611.7	6.80
2	99.51	17.36	301.4	3.35
3	93.54	13.90	193.2	2.15
4	93.81	25.96	674.0	7.49
5	93.02	37.11	1,377.5	15.31
⋮	⋮	⋮	⋮	⋮
1,997	96.82727	37.28128	1,389.9	15.44
1,998	116.9091	33.36392	1,113.2	12.37
1,999	103.4182	25.21178	635.6	7.06
2,000	102.7091	23.12559	534.8	5.94

検定統計量の度数分布を作成しました。

下限値	上限値	階級値	度数	相対度数
0.0	2.0	1	9	0.5%
2.0	4.0	3	99	5.0%
4.0	6.0	5	258	12.9%
6.0	8.0	7	394	19.7%
8.0	10.0	9	374	18.7%
10.0	12.0	11	295	14.8%
12.0	14.0	13	219	11.0%
14.0	16.0	15	147	7.4%
16.0	18.0	17	89	4.5%
18.0	20.0	19	60	3.0%
20.0	22.0	21	33	1.7%
22.0	24.0	23	11	0.6%
24.0	26.0	25	7	0.4%
26.0	28.0	27	2	0.1%
28.0	30.0	29	1	0.1%
30.0	32.0	31	2	0.1%
32.0	34.0	33	0	0.0%
34.0	36.0	35	0	0.0%
36.0	38.0	37	0	0.0%
38.0	40.0	39	0	0.0%
		合計	2000	100.0%

度数分布のグラフを描きました。(左図)
自由度10のカイ2乗分布のグラフを描きました。(右図)

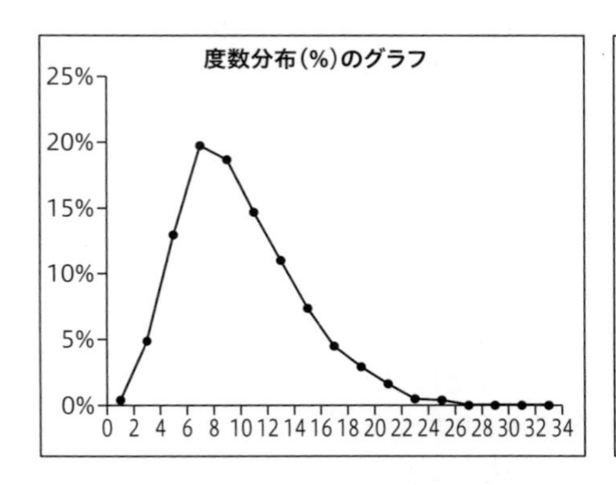

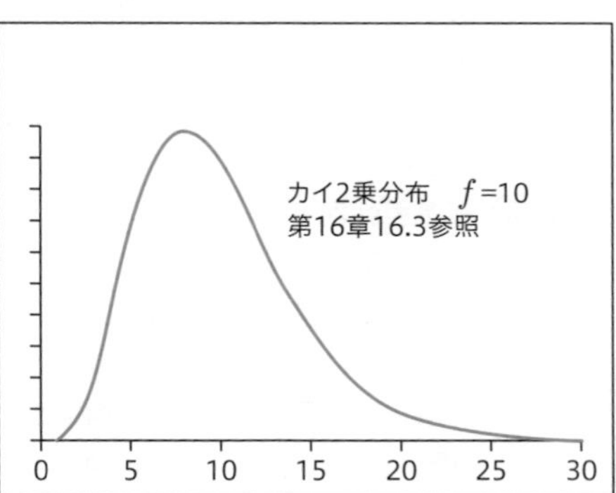

度数分布は自由度$n-1=10$のカイ2乗分布(χ^2分布)に一致します。

検定統計量は、帰無仮説「部品重量の母分散は900g^{2}である」という仮説のもとにχ^2分布になります。

10.3 母分散の比の検定

1 母分散の比の検定の概要

母分散の比の検定は、2項目（2群）のデータの標本分散から、母集団における2項目（2群）の分散は異なるかを検証する検定方法です。

母分散の比の検定は母集団におけるデータが正規分布である場合に適用できます。

母分散の比の検定は次の手順によって行います。

2項目（2群）をA、Bとします。

1 帰無仮説を立てる

母分散Aと母分散Bは同じ

2 対立仮説を立てる

次の3つのうちのいずれかにする。

対立仮説1：母分散Aは母分散Bより大きい

対立仮説2：母分散Aは母分散Bより小さい

対立仮説3：母分散Aと母分散Bは異なる

3 両側検定、片側検定を決める

2 で選んだ対立仮説によって自動的に決まる。

対立仮説1：母分散Aは母分散Bより大きい　→　片側検定（右側検定）

対立仮説2：母分散Aは母分散Bより小さい　→　片側検定（左側検定）

対立仮説3：母分散Aと母分散Bは異なる　→　両側検定

4 検定統計量を算出

$$\text{検定統計量} = \frac{\text{A 群標本分散}}{\text{B 群標本分散}}$$

検定統計量は帰無仮説のもとに自由度$f_1 = n_1 - 1$、$f_2 = n_2 - 1$のF分布に従う。

※F分布は第16章**16.4**参照。

n_1はA群のサンプルサイズ、n_2はB群のサンプルサイズ。

5 p値を算出

6 有意差判定

p値＜有意水準0.05（5%）

帰無仮説を棄却し対立仮説を採択→有意差があるといえる。

有意水準は通常5%を適用するが、1%を用いることもある。

有意水準0.05と0.01から有意差判定を次のように行うこともある。

p値＜0.01	[**]	有意水準1%で有意差がある
0.01≦p値＜0.05	[*]	有意水準5%で有意差がある
p値≧0.05	[ ]	有意差があるといえない

2 母分散の比の検定の結果

Q. 具体例52

ある学校において、ランダムに男子17人、女子15人を選び、1年間の2重飛びの標準偏差を調べたら4回、8回でした。
次の3つの仮説検証について検定しなさい。
全生徒の2重飛びのデータは正規分布であるとします。

(1) 2重飛びのばらつきは、男子の方が女子より大きいかを調べなさい。
(2) 2重飛びのばらつきは、男子の方が女子より小さいかを調べなさい。
(3) 2重飛びのばらつきは、男子と女子は異なるかを調べなさい。

A. 検定結果

(1)

対立仮説：男子の方が女子より大きい → 右側検定を適用

群名	男子	女子
n	17	15
標本標準偏差	4	8
不偏分散	16	64
検定統計量	0.25	
p値	0.9952	
有意差判定	[ ]	

p値0.9952＞有意水準0.05
「2重飛びのばらつきは、男子の方が女子より大きい」がいえません。

(2)

対立仮説：男子の方が女子より小さい → 左側検定を適用

群名	男子	女子
n	17	15
標本標準偏差	4	8
不偏分散	16	64
検定統計量	0.25	
p値	0.0048	
有意差判定	[**]	

p値0.0048＜有意水準0.05
「2重飛びのばらつきは、男子の方が女子より小さい」がいえます。

(3)

対立仮説：男子と女子は異なる → 両側検定を適用

群名	男子	女子
n	17	15
標本標準偏差	4	8
不偏分散	16	64
検定統計量	0.25	
p値	0.0097	
有意差判定	[**]	

p値0.0097＜有意水準0.05
「2重飛びのばらつきは、男子と女子は異なる」がいえます。

3　母分散の比の検定の計算方法

(1) の検定

①検定統計量

標準偏差で与えられている値を分散に直す。

男子　標本分散 $= 4^2 = 16$　　女子　標本分散 $= 8^2 = 64$

自由度　男子　$f_1 = n_1 - 1 = 17 - 1 = 16$　　女子　$f_2 = n_2 - 1 = 15 - 1 = 14$

$$検定統計量 = \frac{男子標本分散}{女子標本分散} = \frac{16}{64} = 0.25$$

検定統計量は帰無仮説のもとに自由度f_1、f_2のF分布になる。

②p値

右側検定のp値はF分布において検定統計量の上側確率である。

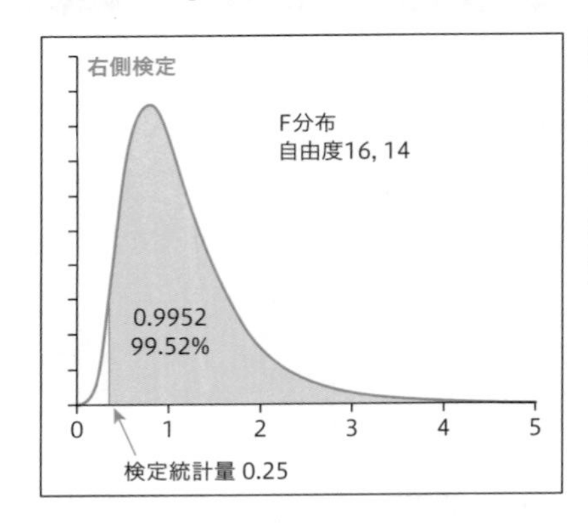

Excel関数

p値はExcelの関数で求められる。

=FDIST(検定統計量, f_1, f_2)

=FDIST(0.25, 16, 14) Enter 0.9952

③右側棄却限界値による有意差判定

p値でなく棄却限界値を適用し有意差判定を行うこともできる。

右側棄却限界値はF分布において上側確率5%となる横軸の値である。

検定統計量＞右側棄却限界値であれば有意差ありといえる。

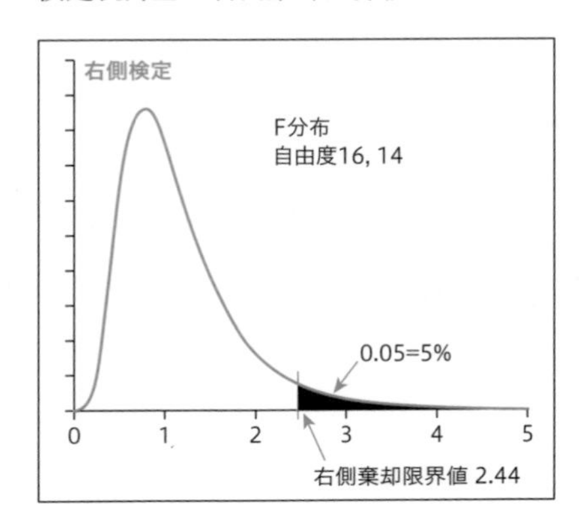

Excel関数

棄却限界値はExcelの関数で求められる。

=FINV(0.05, f_1, f_2)

=FINV(0.05, 16, 14) Enter 2.44

検定統計量0.25＜右側棄却限界値2.44

「2重飛びのばらつきは男子の方が女子より大きい」といえない。

(2) の検定

①検定統計量

標準偏差で与えられている値を分散に直す。

男子　標本分散 $= 4^2 = 16$　　女子　標本分散 $= 8^2 = 64$

自由度　男子　$f_1 = n_1 - 1 = 17 - 1 = 16$　　女子　$f_2 = n_2 - 1 = 15 - 1 = 14$

$$\text{検定統計量} = \frac{\text{男子標本分散}}{\text{女子標本分散}} = \frac{16}{64} = 0.25$$

検定統計量は帰無仮説のもとに自由度 f_1、f_2 のF分布になる。

②p値

左側検定のp値はF分布において検定統計量の下側確率である。

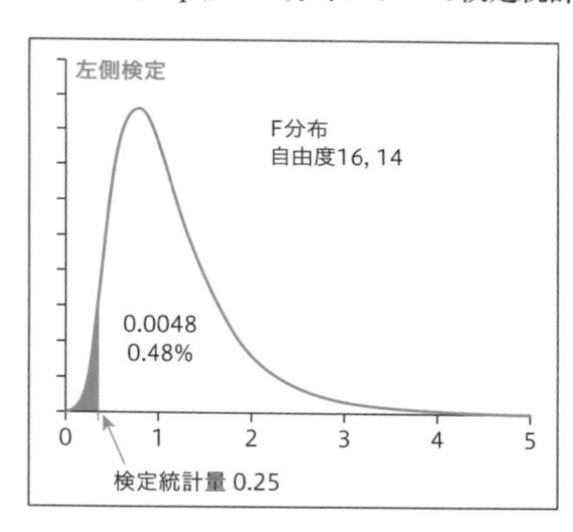

Excel関数

p値はExcelの関数で求められる。

=1－FDIST(検定統計量, f_1, f_2)

=1－FDIST(0.25, 16, 14) Enter 0.0048

③左側棄却限界値による有意差判定

p値でなく棄却限界値を適用し有意差判定を行うこともできる。

左側棄却限界値はF分布において下側確率5%となる横軸の値である。

検定統計量＜左側棄却限界値であれば有意差ありといえる。

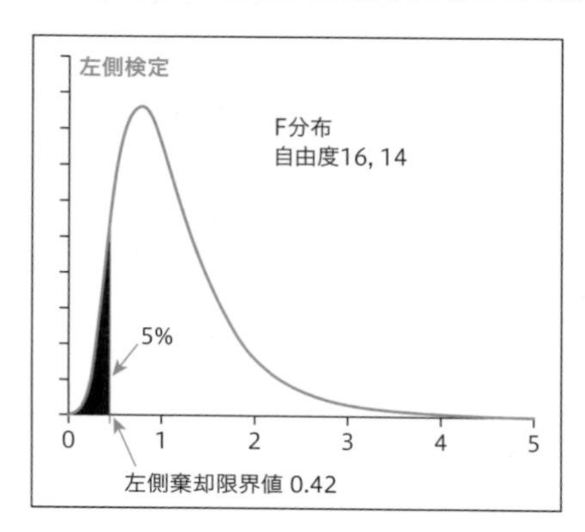

Excel関数

棄却限界値はExcelの関数で求められる。

=FINV(1－0.05, f_1, f_2)

=FINV(0.95, 16, 14) Enter 0.42

統計量0.25＜左側棄却限界値0.42

「2重飛びのばらつきは男子の方が女子より小さい」といえる。

(3) の検定

①検定統計量

標準偏差で与えられている値を分散に直す。

男子　標本分散 $= 4^2 = 16$　　女子　標本分散 $= 8^2 = 64$

自由度　男子　$f_1 = n_1 - 1 = 17 - 1 = 16$　　女子　$f_2 = n_2 - 1 = 15 - 1 = 14$

$$\text{検定統計量} = \frac{\text{男子標本分散}}{\text{女子標本分散}} = \frac{16}{64} = 0.25$$

検定統計量は帰無仮説のもとに自由度f_1、f_2のF分布になる。

②p値

両側検定のp値は上側確率の2倍と下側確率の2倍を算出する。

2個のp値のうち小さいp値に着目すればよい。

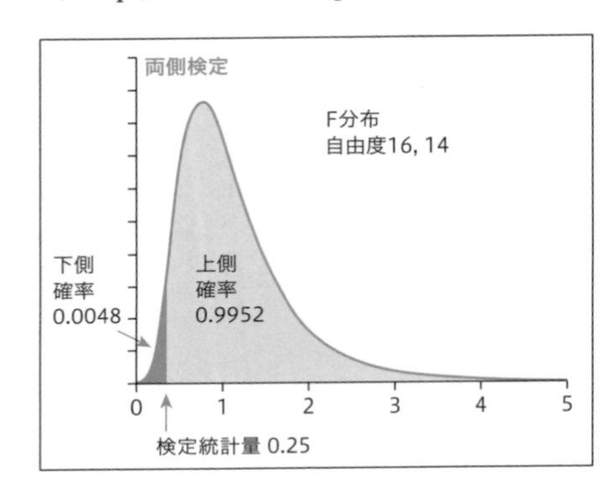

Excel関数

p値はExcelの関数で求められる。

上側確率=FDIST(0.25, 16, 14)

Enter 0.9952

p値　0.9952の2倍=1.9904

下側確率=1－FDIST(0.25, 16, 14)

Enter　0.0048

p値　0.0048の2倍=0.096

③両側棄却限界値による有意差判定

p値でなく棄却限界値を適用し有意差判定を行うこともできる。

両側検定の棄却限界値は右側棄却限界値と左側棄却限界値を算出する。

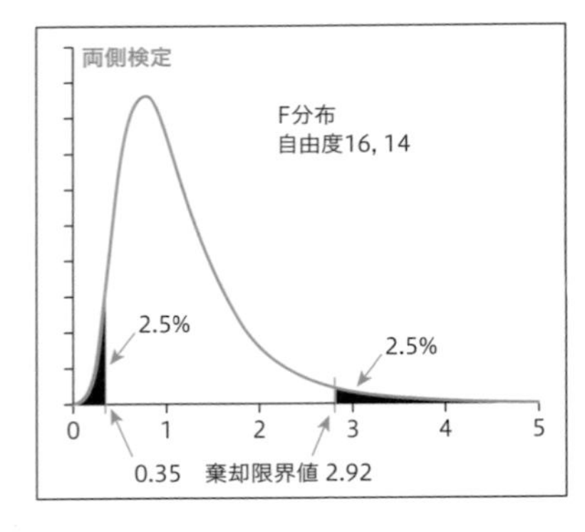

Excel関数

棄却限界値はExcelの関数で求められる。

=FINV(0.025, 16, 14) Enter　2.92

=FINV(1－0.025, 16, 14) Enter　0.35

検定統計量＜左側棄却限界値、検定統計量＞右側側棄却限界値のいずれかが成立すれば有意差ありといえる。

検定統計量0.25＜左側棄却限界値0.35　有意である

検定統計量0.25＜右側棄却限界値2.92　有意でない

2重飛びのばらつきは、男子と女子は異なるといえる。

4 母分散の比の検定の検定統計量はF分布になることを検証

あるエリアの中学生全生徒数は男子10,000人、女子10,000人です。縄跳びの2重飛び回数の標準偏差は男子6回、女子6回で同じです。

全生徒のデータを示します。

母集団	2重飛びの回数	
No	男子	女子
1	13	30
2	20	19
3	15	15
4	27	5
5	8	26
⋮	⋮	⋮
9,997	15	22
9,998	13	20
9,999	25	25
10,000	17	14

	男子	女子
母平均	19回	18回
母標準偏差	6回	6回
母分散	36回	36回

母集団は正規分布です。

男子				
下限値	上限値	階級値	度数	%
0	4	2	91	1%
4	8	6	353	4%
8	12	10	1,033	10%
12	16	14	2,021	20%
16	20	18	2,602	26%
20	24	22	2,171	22%
24	28	26	1,158	12%
28	32	30	454	5%
32	36	34	96	1%
36	40	38	21	0%
		計	10,000	100%

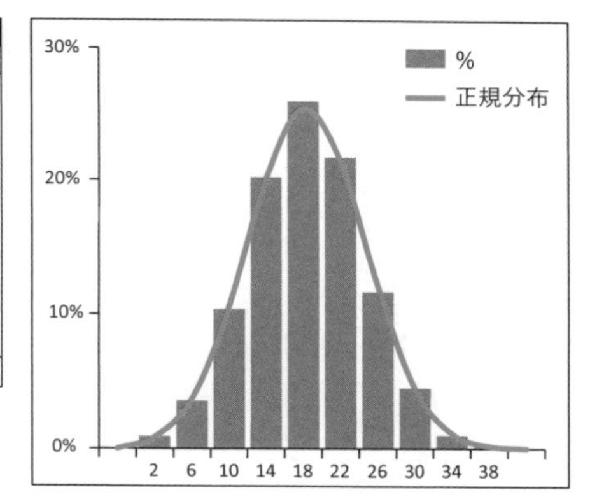

女子				
下限値	上限値	階級値	度数	%
0	4	2	137	1%
4	8	6	426	4%
8	12	10	1,196	12%
12	16	14	2,172	22%
16	20	18	2,696	27%
20	24	22	1,964	20%
24	28	26	994	10%
28	32	30	334	3%
32	36	34	69	1%
36	40	38	12	0%
		計	10,000	100%

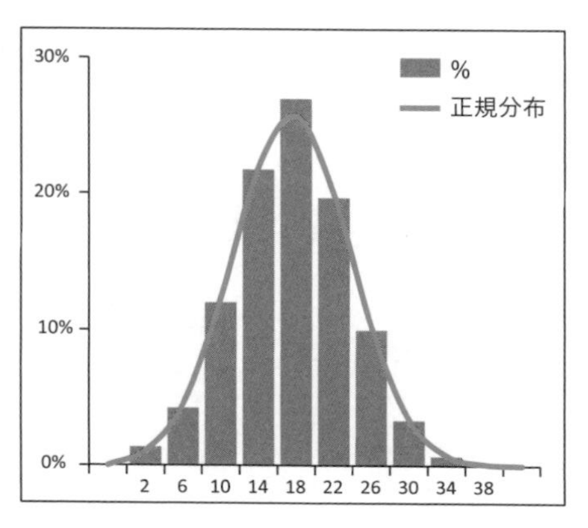

検定統計量の算出

母集団男子10,000人から17人、女子10,000人から15人をランダムに抽出する調査を実施し、標準偏差、検定統計量を算出しました。この調査を1,000回行い1,000個の検定統計量を求めました。

【計算例】調査No1の検定統計量

標準偏差で与えられている値を分散に直す。

男子　標本標準偏差=5.2　　標本分散=27.0

女子　標本標準偏差=5.6　　標本分散=31.4

$$\text{検定統計量} = \frac{\text{男子標本分散}}{\text{女子標本分散}} = \frac{27.0}{31.4} = 0.86$$

1,000回の標本調査の検定統計量を示します。(左表)

検定統計量の度数分布を作成しました。(右表)

標本調査No	男子標本標準偏差	女子標本標準偏差	検定統計量
1	5.2	5.6	0.86
2	6.5	5.9	1.25
3	4.6	6.0	0.59
4	5.4	6.4	0.72
5	3.1	5.0	0.39
⋮	⋮	⋮	⋮
997	5.6	3.4	2.76
998	5.1	7.1	0.52
999	4.9	6.9	0.51
1,000	5.7	5.9	0.94

度数分布表

下限値	上限値	階級値	度数	%
	0.0	0.0	0	0%
0.0	0.5	0.5	83	8%
0.5	1.0	1.0	398	40%
1.0	1.5	1.5	288	29%
1.5	2.0	2.0	126	13%
2.0	2.5	2.5	49	5%
2.5	3.0	3.0	25	3%
3.0	3.5	3.5	17	2%
3.5	4.0	4.0	4	0%
4.0	4.5	4.5	5	1%
4.5	5.0	5.0	3	0%
5.0	5.5	5.5	1	0%
5.5	6.0	6.0	0	0%
		合計	1000	100%

度数分布のグラフを描きました。(左図)

自由度16,14のF分布を描きました。(右図)

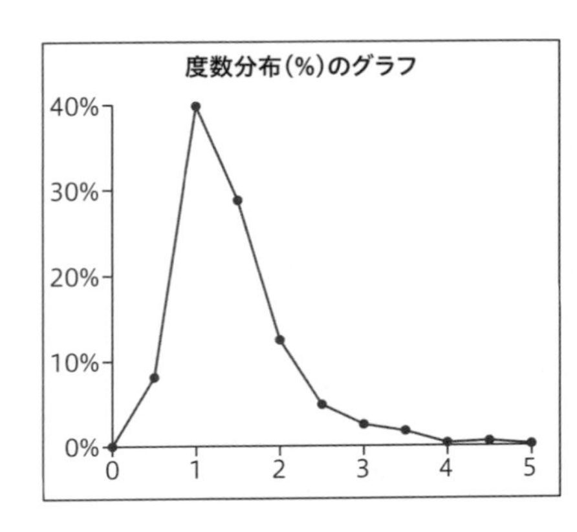

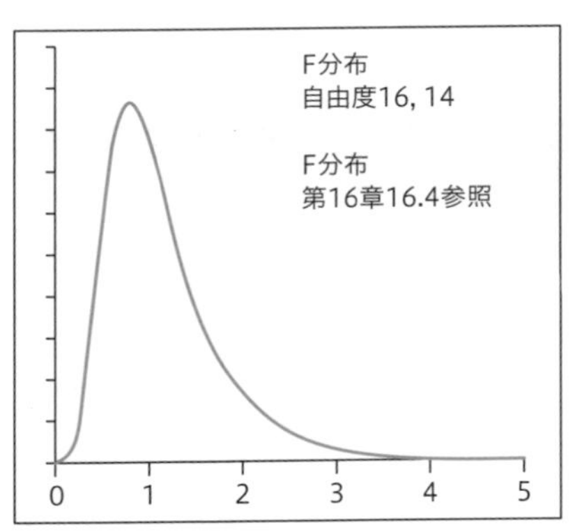

度数分布は自由度16、14のF分布に一致します。

検定統計量は、「男子分散と女子分散は等しい」という帰無仮説のもとにF分布になります。

10.4 等分散性の検定

等分散性の検定は、3項目以上（3群以上）のデータの標本分散から、母集団における3項目以上（3群以上）の分散は異なるかを検証する検定方法です。

代表的手法として**バートレット検定**と**ルビーン検定**があります。

等分散性の検定は次の手順によって行います。

1 帰無仮説を立てる
各群の母分散は等しい（母分散に差はない）

2 対立仮説を立てる
各群の母分散は異なる（いずれかの母分散に差がある）

3 両側検定、片側検定を決める
両側検定のみである。

4 検定統計量を算出
検定手法によって異なる。
検定統計量は帰無仮説のもとにχ^2分布あるいはF分布に従う。

5 p値を算出

6 有意差判定
p値＜有意水準0.05
帰無仮説を棄却し対立仮説を採択。
各群の母分散は異なる（いずれかの母分散に差がある）といえる。
p値≧有意水準0.05
帰無仮説を棄却できず対立仮説を採択しない。
各群の母分散は異なる（いずれかの母分散に差がある）といえない。

> 等分散性の検定では、「各群の母分散が異なるがいえない」場合、「帰無仮説を棄却できず」を「帰無仮説の受容」とします。これより、「各群の母分散は等しい」といえます。

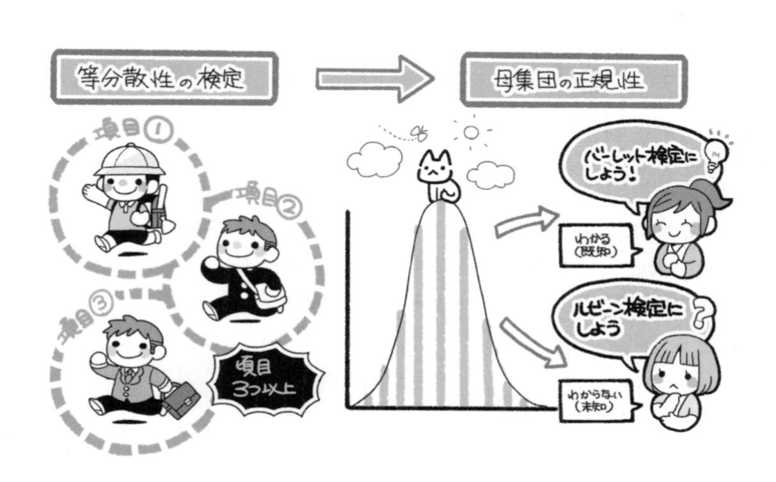

10.5 バートレット検定

1 バートレット検定の概要

バートレット検定は3項目以上（3群以上）のデータの標本分散から、母集団における3項目以上（3群以上）の分散は異なるかを検証する検定方法です。

母集団の正規性が既知の場合に適用できる検定手法です。

Q. 具体例53

ある中学校の各学年について縄跳びの2重飛び回数の分散を調べました。

学年別の2重飛び回数

中1	5	1	3	3	8	4	
中2	5	4	5	9	7		
中3	9	11	10	5	9	13	6

学年	生徒数	平均	分散
中1	6	4.00	5.60
中2	5	6.00	4.00
中3	7	9.00	7.67

各学年の2重飛び回数の分散は異なるかを検証しなさい。

ただし、縄跳びの2重飛び回数は正規分布であるとします。

A. 検定結果

帰無仮説：各学年の2重飛び回数の分散は等しい。

対立仮説：各学年の2重飛び回数の分散は異なる。

この結果から、各学年の2重飛び回数の分散は等しいという判断がいえる。

学年	生徒数	分散
中1	6	5.60
中2	5	4.00
中3	7	7.67

検定統計量	0.454
p値	0.797

p値0.797＞0.05より帰無仮説を採択できず、対立仮説を採択できない。

各学年の縄跳びの2重飛び回数の分散は異なるがいえない。

各学年の縄跳びの2重飛び回数の分散は等しいがいえる。

2 バートレット検定の計算方法

標本調査の結果

群数：$k=3$　全生徒数：$n=18$

		生徒数
中1	n_1	6
中2	n_2	5
中3	n_3	7
全体	n	18

		分散
中1	V_1	5.60
中2	V_2	4.00
中3	V_3	7.67

検定統計量の算出式

$$S_e = \sum_{i=1}^{k}(n_i-1)\cdot V_i \div (n-k)$$

$$W = (n-k)\cdot\log(S_e) - \sum_{i=1}^{k}(n_i-1)\cdot\log(V_i)$$

$$C = 1+\frac{1}{3(k-1)}\left(\sum_{i=1}^{k}\frac{1}{n_i-1}-\frac{1}{n-k}\right)$$

検定統計量 $T=\dfrac{W}{C}$

検定統計量の算出

$$\begin{aligned}S_e &= \sum_{i=1}^{k}(n_i-1)\cdot V_i \div (n-k)\\ &= (6-1)\times 5.60+(5-1)\times 4.00+(7-1)\times 7.67\div(18-3)\\ &= 90\div 15 = 6\end{aligned}$$

$$\begin{aligned}W &= (n-k)\cdot\log(S_e) - \sum_{i=1}^{k}(n_i-1)\cdot\log(V_i)\\ &= 15\log(6)-\{(6-1)\log(5.60)+(5-1)\log(4.00)+(7-1)\log(7.67)\}\\ &= 15\times 1.792-(5\times 1.723+4\times 1.386+6\times 2.037)\\ &= 26.86-26.38=0.496\end{aligned}$$

$$\begin{aligned}C &= 1+\frac{1}{3(k-1)}\left(\sum_{i=1}^{k}\frac{1}{n_i-1}-\frac{1}{n-k}\right)\\ &= 1+\frac{1}{3(3-1)}\left(\frac{1}{5}+\frac{1}{4}+\frac{1}{6}-\frac{1}{18-3}\right)\\ &= 1+0.167\times(0.2+0.25+0.1667-0.0666)=1+0.167\times 0.55=1.092\end{aligned}$$

検定統計量 $T=\dfrac{W}{C}=\dfrac{0.496}{1.092}=0.454$

p値

検定統計量は帰無仮説のもとに自由度$f = k - 1$のχ^2分布に従う。
自由度2のχ^2分布における検定統計量の上側確率

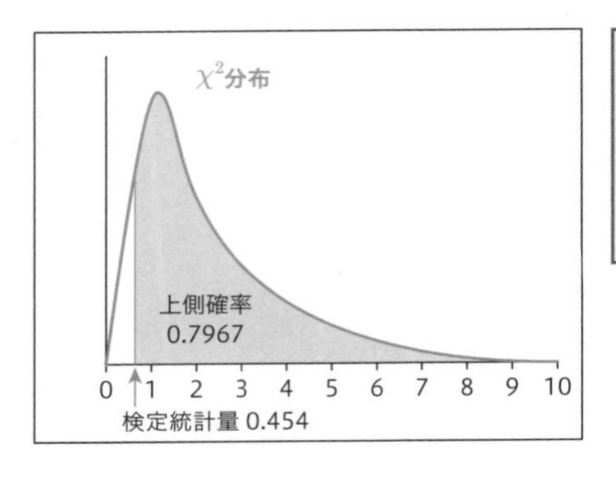

Excel関数
検定統計量はExcelの関数で求められる。
上側確率＝CHIDIST(検定統計量，自由度)
=CHIDIST(0.454, 2) Enter 0.7967

棄却限界値による有意差判定

p値でなく棄却限界値を適用し有意差判定を行うこともできる。
棄却限界値は自由度2のχ^2分布の上側確率5%の横軸の値である。

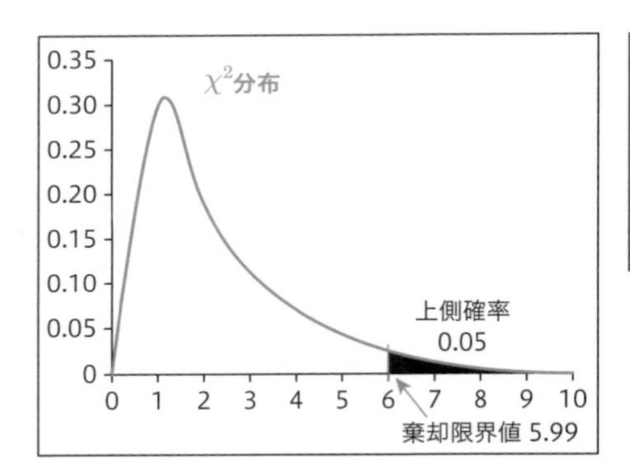

Excel関数
棄却限界値はExcelの関数で求められる。
=CHIINV(0.05, 自由度)
=CHIINV(0.05, 2) Enter 5.99

検定統計量＞棄却限界値が成立すれば帰無仮説を棄却し対立仮説を採択。
検定統計量＜棄却限界値が成立すれば帰無仮説を受容。
検定統計量0.454＜棄却限界値5.99より帰無仮説を受容。
各学年の縄跳びの2重飛び回数の分散は等しいといえる。

10.6 ルビーン検定

1 ルビーン検定の概要

ルビーン検定は3項目以上（3群以上）のデータの標本分散から、母集団における3項目以上（3群以上）の分散は異なるかを検証する検定方法です。

母集団が正規分布に従わなくても適用できる検定手法です。

Q. 具体例54

ある中学校の各学年について、縄跳びの2重飛び回数の分散を調べました。

学年別の2重飛び回数

中1	5	1	3	3	8	4	
中2	5	4	5	9	7		
中3	9	11	10	5	9	13	6

学年	生徒数	平均	分散
中1	6	4.00	5.60
中2	5	6.00	4.00
中3	7	9.00	7.67

各学年の2重飛び回数の分散は異なるかを検証しなさい。

ただし、縄跳びの2重飛び回数は正規分布であるかはわかりません。

10

A. 検定結果

学年	生徒数	分散
中1	6	5.60
中2	5	4.00
中3	7	7.67

検定統計量	0.133
p値	0.876

p値0.8776＞0.05より帰無仮説を受容できます。

各学年の縄跳びの2重飛び回数の分散は等しいといえます。

2　ルビーン検定の計算方法

標本調査の結果

群別データ

群1	X_{11}	X_{12}	X_{13}	X_{14}	X_{15}	X_{16}	
群2	X_{21}	X_{22}	X_{23}	X_{24}	X_{25}		
群3	X_{31}	X_{32}	X_{33}	X_{34}	X_{35}	X_{36}	X_{37}

学年別データ

中1	5	1	3	3	8	4	
中2	5	4	5	9	7		
中3	9	11	10	5	9	13	6

平均

$X_{1.}$	4
$X_{2.}$	6
$X_{3.}$	9

偏差データ絶対値の作成

偏差データの絶対値

								平均
群1	$Z_{11}=$ $\lvert X_{11}-X_{1.}\rvert$	$Z_{12}=$ $\lvert X_{12}-X_{1.}\rvert$	$Z_{13}=$ $\lvert X_{13}-X_{1.}\rvert$	$Z_{14}=$ $\lvert X_{14}-X_{1.}\rvert$	$Z_{15}=$ $\lvert X_{15}-X_{1.}\rvert$	$Z_{16}=$ $\lvert X_{16}-X_{1.}\rvert$		$\bar{Z}_1$
群2	$Z_{21}=$ $\lvert X_{21}-X_{2.}\rvert$	$Z_{22}=$ $\lvert X_{22}-X_{2.}\rvert$	$Z_{23}=$ $\lvert X_{23}-X_{2.}\rvert$	$Z_{24}=$ $\lvert X_{24}-X_{2.}\rvert$	$Z_{25}=$ $\lvert X_{25}-X_{2.}\rvert$			$\bar{Z}_2$
群3	$Z_{31}=$ $\lvert X_{31}-X_{3.}\rvert$	$Z_{32}=$ $\lvert X_{32}-X_{3.}\rvert$	$Z_{33}=$ $\lvert X_{33}-X_{3.}\rvert$	$Z_{34}=$ $\lvert X_{34}-X_{3.}\rvert$	$Z_{35}=$ $\lvert X_{35}-X_{3.}\rvert$	$Z_{36}=$ $\lvert X_{36}-X_{3.}\rvert$	$Z_{37}=$ $\lvert X_{37}-X_{3.}\rvert$	$\bar{Z}_3$
							全体平均	$\bar{\bar{Z}}$

学年別データの偏差絶対値

								平均 $\bar{Z}_i$
中1	1	3	1	1	4	0		1.67
中2	1	2	1	3	1			1.60
中3	0	2	1	4	0	4	3	2.00
							全体平均	1.78

検定統計量の計算式

$$W=\frac{n-k}{k-1}\cdot\frac{\sum_{i=1}^{k} n_i\left(\bar{Z}_i-\bar{\bar{Z}}\right)^2}{\sum_{i=1}^{k}\sum_{j=1}^{n_i}\left(Z_{ij}-\bar{Z}_i\right)^2}$$

検定統計量の計算

全データ数＝全生徒数＝n =18　群数＝学年数＝k =3

$Z_{ij}-\bar{Z}_i$

中1	−0.67	1.33	−0.67	−0.67	2.33	−1.67	
中2	−0.60	0.40	−0.60	1.40	−0.60		
中3	−2.00	0.00	−1.00	2.00	−2.00	2.00	1.00

$(Z_{ij}-\bar{Z}_i)^2$

中1	0.44	1.78	0.44	0.44	5.44	2.78	
中2	0.36	0.16	0.36	1.96	0.36		
中3	4.00	0.00	1.00	4.00	4.00	4.00	1.00

全合計

32.53

$\sum_{i=1}^{k}\sum_{j=1}^{n_i}(Z_{ij}-\bar{Z}_i)^2$

	$\bar{Z}_i$	$\bar{\bar{Z}}$	$\bar{Z}_i-\bar{\bar{Z}}$	$(\bar{Z}_i-\bar{\bar{Z}})^2$	n_i	$n_i(\bar{Z}_i-\bar{\bar{Z}})^2$
中1	1.67	1.78	−0.11	0.0123	6	0.0741
中2	1.60	1.78	−0.18	0.0316	5	0.1580
中3	2.00	1.78	0.22	0.0494	7	0.3457
					計	0.5778

$\sum_{i=1}^{k} n_i\left(\bar{Z}_i-\bar{\bar{Z}}\right)^2$

$$W=\frac{18-3}{3-1}\times\frac{0.5778}{32.53}=7.5\times0.01776=0.1332$$

検定統計量Wは帰無仮説のもとに自由度$f_1=k-1$、$f_2=n-k$のF分布に従う。

p値

自由度2,15のF分布における検定統計量の上側確率

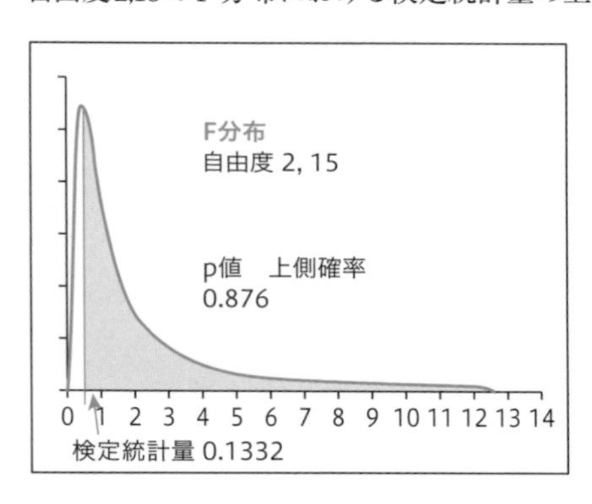

Excel関数

検定統計量はExcelの関数で求められる。

上側確率＝FDIST(検定統計量, f_1, f_2)

＝FDIST(0.1332, 2, 15) Enter 0.876

棄却限界値による有意差判定

p値でなく棄却限界値を適用し有意差判定を行うこともできる。

自由度$f_1=2$、$f_2=15$のF分布の上側確率5%の横軸

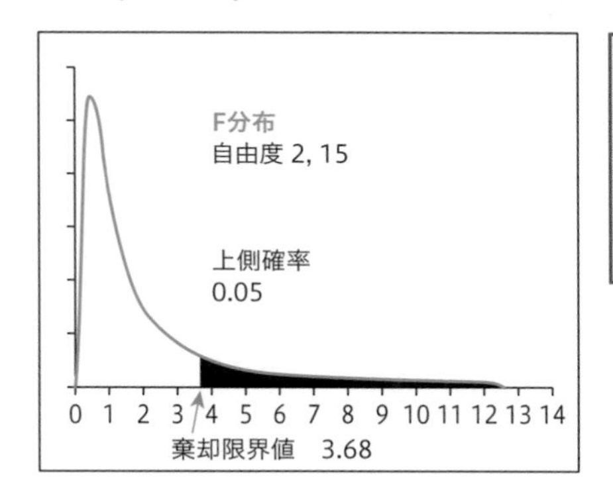

Excel関数

棄却限界値はExcelの関数で求められる。

＝FINV(0.05, f_1, f_2)

＝FINV(0.05, 2, 15) Enter 3.68

検定統計量＞棄却限界値が成立すれば帰無仮説を棄却し対立仮説を採択。

検定統計量＜棄却限界値が成立すれば帰無仮説を受容。

検定統計量0.1332＜棄却限界値3.68より帰無仮説を受容。

各学年の縄跳びの2重飛び回数の分散は等しいといえる。

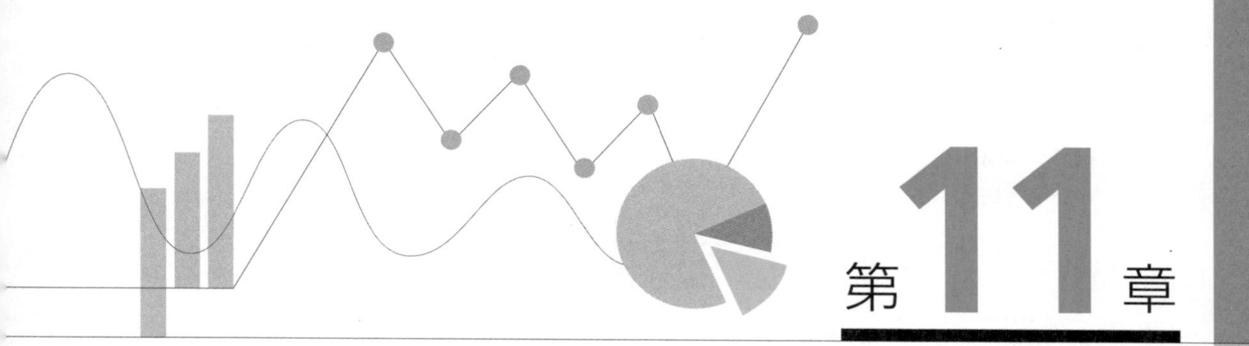

第11章

相関に関する検定

この章で学ぶ解析手法を紹介します。解析手法の計算はフリーソフトで行えます。
フリーソフトは第17章17.2を参考にしてください。

上段：手法名　下段：英語名	フリーソフトメニュー	解説ページ
無相関検定 Uncorrelated test	相関分析	226
単相関係数の無相関検定 Uncorrelation test of single correlation coefficient	相関分析	228
スピアマン順位相関係数の無相関検定 Uncorrelated test of Spearman rank correlation coefficient	相関分析	230
クラメール連関係数の無相関検定 Uncorrelated test of the number of cramer relationships	相関分析	232
相関比の無相関検定 Uncorrelated test of correlation ratio		235
母相関係数と比較値の差の検定 Test for the difference between the population correlation coefficient and the comparison value		237
母相関係数の差の検定 Test for difference in population correlation coefficient		239

11.1 相関に関する検定手法の種類と名称

相関関係は、2つの項目（変数）のうち、一方が変わると、もう一方も変化するという関係です。相関係数は2項目間（2変数間）の関係を数値で記述する方法です。

相関係数はデータのタイプ（尺度）によって求め方が異なります。

データタイプ	尺度名	例
数量データ	間隔尺度	温度（10度,22度,25度）
	比例尺度	身長（150cm,162cm,165cm）
順位データ	順序尺度	順位（1位,2位,3位）
		満足度（満足,普通,不満）
カテゴリーデータ	名義尺度	性別（男,女）
		血液型（A,O,B,A B）

データタイプ	相関係数	範囲
数量データ 数量データ	単相関係数 ピアソン積率相関係数	−1〜＋1
順位データ 順位データ	スピアマン順位相関係数	−1〜＋1
カテゴリーデータ カテゴリーデータ	クラメール連関係数	0〜1
数量データ カテゴリーデータ	相関比	0〜1

相関係数は−１〜１の間の値です。

標本調査によって求められた相関係数が「高い・低い」を検討すると同時に母集団の相関係数は0であるか、あるいは、任意の値、例えば0.6より高いか、を検証しなければなりません。これらの検証は相関検定によって行います。

相関検定は3つに分類できます。

1. 母相関係数の無相関検定

標本相関係数から、母集団の相関係数が0であるかを検証する検定方法である。

「母相関係数が0 」ということは2つの変数が「無相関」ということである。そのため、相関係数の検定は無相関検定と呼ばれる。

2. 母相関係数と比較値の差の検定

標本相関係数と解析者が定める比較値について、母相関係数が比較値と異なるかを検証する検定方法である。

3. 母相関係数の差の検定

2個の標本相関係数から、母集団における2個の相関係数は異なるかを検証する検定方法である。

11.2 母相関係数の無相関検定

1 母相関係数の無相関検定

母相関係数の無相関検定は、標本相関係数から、母集団の相関係数が0であるかを検証する検定方法です。

無相関検定は次の手順によって行います。

1 帰無仮説を立てる
母相関係数は0である

2 対立仮説を立てる
母相関係数は0でない（有意な相関がある）

3 両側検定、片側検定を決める
両側検定、片側検定の概念がない。

4 検定統計量を算出
検定統計量は相関係数の種類によって異なる。

5 p値を算出

6 有意差判定
p値＜有意水準0.05（5%）
帰無仮説を棄却し対立仮説を採択する。
→母相関係数は0でない相関がある。
有意な相関がある。
※高い（強い）相関があるということではない。
p値≧有意水準0.05（5%）
帰無仮説を棄却できず対立仮説を採択しない。
→「母相関係数は0でない」がいえない。

有意水準は通常 5%を適用するが、1%を用いることもある。
有意水準0.05と0.01から有意差判定を次のように行うこともある。

p値＜0.01	[**]	有意水準1%で有意な相関がある
0.01≦p値＜0.05	[*]	有意水準5%で有意な相関がある
p値≧0.05	[ ]	有意な相関があるといえない

11.3 単相関係数の無相関検定

1　単相関係数の無相関検定の概要

単相関係数は、2項目（2変数）が数量データの相関関係を数値で記述する方法です。単相関係数はピアソン積率相関係数ともいいます。

単相関係数は−1から1の間の値で絶対値が大きいほど相関関係は高くなります。

単相関係数の無相関検定は母集団の単相関係数が0であるかを検証する検定方法です。

単相関係数の無相関検定は、データが正規分布している場合に適用できます。

検定統計量

$$検定統計量 = r\sqrt{\frac{n-2}{1-r^2}}$$

ただし、nはサンプルサイズ、rは単相関係数

p値

検定統計量は自由度$n-2$のt分布に従う。

p値はt分布において横軸の値が検定統計量の上側確率である。

2　単相関係数の無相関検定の結果

Q. 具体例55

今、ある学校で1年生52人をランダムに選び、入学試験と入学後の学力試験の総合得点の単相関係数を求めたところ0.3でした。

両者の関係は1年生全体において無相関だといえるかを検定しなさい。

A. 検定結果

帰無仮説：入学試験と学力試験の相関は0である

対立仮説：入学試験と学力試験の相関は0ではない

n	52
単相関係数	0. 3
検定統計量	2. 22
p 値	0. 0154
判定	[*]

p値0.0154＜0.05より

帰無仮説を棄却し対立仮説を採択します。

入学試験と学力試験の母相関係数は0でない相関があるといえます。

入学試験と学力試験の母相関係数は有意な相関があるといえます。

3 単相関係数の無相関検定の計算方法

検定統計量

サンプルサイズ　$n = 52$

単相関係数　$r = 0.3$

$$
\begin{aligned}
\text{検定統計量} &= r\sqrt{\frac{n-2}{1-r^2}} \\
&= 0.3 \times \sqrt{\frac{52-2}{1-0.3^2}} \\
&= 0.3 \times \sqrt{\frac{50}{0.91}} \\
&= 0.3 \times 7.4128 \\
&= 2.22
\end{aligned}
$$

p値

検定統計量は自由度$n-2 = 52-2 = 50$のt分布に従う。

p値は、t分布における検定統計量の上側確率である。

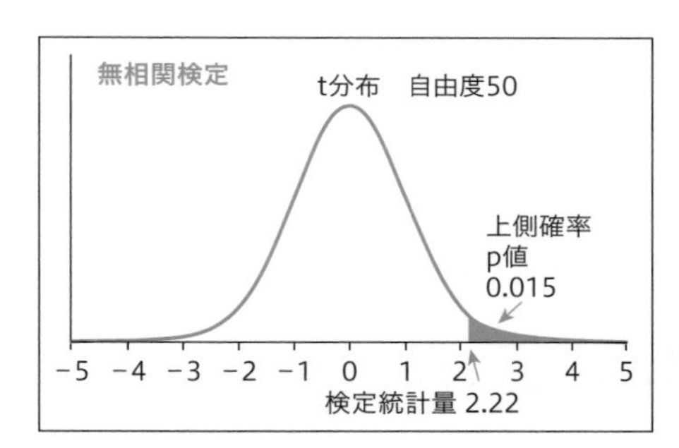

Excel関数

上側p値はExcelの関数で求められる。

上側確率

=TDIST(検定統計量，自由度，定数1)

=TDIST(2.22, 50, 1) Enter　0.015

11

11.4 スピアマン順位相関係数の無相関検定

1　スピアマン順位相関係数の無相関検定の概要

スピアマン順位相関係数は、2項目（2変数）が順位データや5段階評価データなどの順序尺度の相関関係を数値で記述する方法です。

スピアマン順位相関係数は－1から1の間の値で絶対値が大きいほど相関関係は高くなります。

スピアマン順位相関係数の無相関検定は母集団のスピアマン順位相関係数が0であるかを検証する検定方法です。

スピアマン順位相関係数の無相関検定は、母集団が正規分布していなくても適用できます。

サンプルサイズが5以下は適用できません。

検定統計量

$$\text{検定統計量} = r\sqrt{\frac{n-2}{1-r^2}}$$

ただし、nはサンプルサイズ、rはスピアマン順位相関係数

※rの求め方は第３章**3.5**を参照。

検定統計量算出公式は単相関係数と同じである。

p値

検定統計量は自由度$n-2$のt分布に従う。

p値はt分布において横軸の値が検定統計量の上側確率である。

Q. 具体例56　再掲　具体例17

旅館の顧客満足度調査を行いました。

No	1	2	3	4	5	6	7	8	9	10
大浴場の満足度	3	3	3	3	4	2	4	4	2	5
旅館総合満足度	4	3	2	2	2	3	4	4	4	5

1.不満　2.やや不満　3.どちらともいえない　4.やや満足　5.満足

スピアマン順位相関係数は0.3133でした。母集団におけるスピアマン順位相関係数は有意な相関があるかを明らかにしなさい。

A. 検定結果

n	10
スピアマン順位相関係数	0. 3133
検定統計量	0. 933
p値	0. 1890
判定	[ ]

p値0.1890＞0.05より

大浴場満足度と旅館総合満足度の母集団におけるスピアマン順位相関係数は0でない相関があるといえません。これより、有意な相関があるといえません。

2 スピアマン順位相関係数の無相関検定の計算方法

検定統計量

サンプルサイズ　$n = 10$

単相関係数　$r = 0.3133$

$$検定統計量 = r\sqrt{\frac{n-2}{1-r^2}}$$

$$= 0.3133 \times \sqrt{\frac{10-2}{1-0.3133^2}}$$

$$= 0.3133 \times \sqrt{\frac{8}{0.9018}}$$

$$= 0.3133 \times 2.978 = 0.933$$

p値

検定統計量は自由度$n - 2 = 10 - 2 = 8$のt分布に従う。

p値は、t分布における検定統計量の上側確率である。

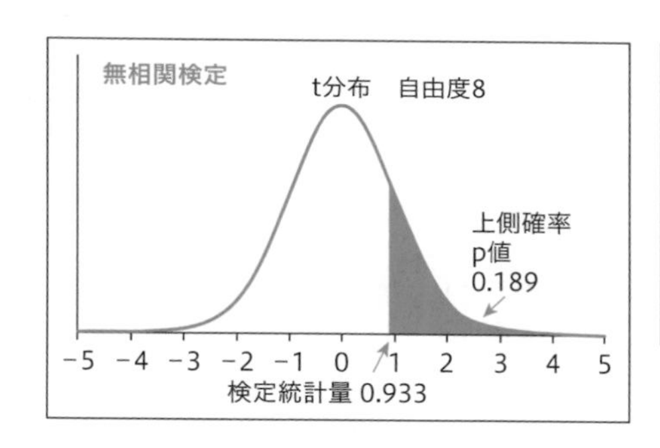

Excel関数

上側p値はExcelの関数で求められる。

上側確率

=TDIST(検定統計量, 自由度, 定数1)

=TDIST(0.933, 8, 1) Enter 0.189

※nが10以下はp値が算出できません。

nが6～9以下の場合、下記の限界値を求められた相関係数を比較し、限界値＜スピアマン順位相関係数であれば0でない相関があるといえます。

n	5%	1%
6	0.886	1.000
7	0.786	0.929
8	0.715	0.881
9	0.700	0.833
10	0.648	0.794

11.5 クラメール連関係数の無相関検定

1　クラメール連関係数の無相関検定の概要

クラメール連関係数は、カテゴリーデータである2項目間のクロス集計表において、2項目間の相関関係を数値で記述する方法です。

クラメール連関相関係数は0から1の間の値で、絶対値が大きいほど相関関係は高くなります。

クラメール連関係数の無相関検定は母集団のクラメール連関係数が0であるかを検証する検定方法です。

検定統計量

クロス集計表

	表頭1	表頭2	表頭3	⋮	表頭 j	⋮	横計
表側1				⋮		⋮	横計1
表側2				⋮		⋮	横計2
表側3				⋮		⋮	横計3
⋮	⋮	⋮	⋮	⋮	⋮	⋮	⋮
表側i				⋮		⋮	横計i
⋮	⋮	⋮	⋮	⋮	⋮	⋮	⋮
縦計	縦計1	縦計2	縦計3	⋮	縦計 j	⋮	総計

表側i番目、表頭j番目の**実測度数**をD_{ij}とする。

表側i番目、表頭j番目の**期待度数**をE_{ij}とする。

$E_{ij}=$ 横計 $i\ \times$ 縦計 $j\ \div$ 総計

$$\text{検定統計量}=\frac{\Sigma(\text{実績度数}-\text{期待度数})^2}{\text{期待度数}}$$

自由度　$f=(\text{表側カテゴリー数}-1)\times(\text{表頭カテゴリー数}-1)$

クラメール連関係数

$$\sqrt{\frac{\text{検定統計量}}{n(k-1)}}$$

ただし、nはサンプルサイズ

kは2項目のカテゴリー数の小さい方の値

p値

検定統計量は自由度fのカイ2乗分布（χ^2分布）に従う。

p値は、χ^2分布における検定統計量の上側確率である。

2 クラメール連関係数の無相関検定の結果

Q. 具体例57

所得階層と支持政党とのクロス集計の結果を示します。
所得階層と支持政党のクラメール連関係数を求めなさい。
母集団におけるクラメール連関係数は0でない相関関係があるかを明らかにしなさい。。

	A政党	B政党	C政党	横計
低所得層	12	18	30	60
中所得層	24	18	18	60
高所得層	24	32	24	80
全体	60	68	72	200

	A政党	B政党	C政党	横計
低所得層	20%	30%	50%	100%
中所得層	40%	30%	30%	100%
高所得層	30%	40%	30%	100%
全体	30%	34%	36%	100%

A. 検定結果

帰無仮説：所得階層と支持政党のクラメール連関係数は0である
対立仮説：所得階層と支持政党のクラメール連関係数は0ではない

n	200
クラメール連関係数	0. 1587
検定統計量	10. 08
p 値	0. 0391
判定	[*]

クラメール連関係数は0.1587です。
p値0.0391＜0.05より
帰無仮説を棄却し対立仮説を採択します。
所得階層と支持政党の母集団におけるクラメール連関係数は0でない相関があるといえます。
所得階層と支持政党の母集団におけるクラメール連関係数は有意な相関があるといえます。

3　クラメール連関係数の無相関検定の計算方法

実測度数と期待度数

	実測度数			
	A政党	B政党	C政党	横計
低所得層	12	18	30	60
中所得層	24	18	18	60
高所得層	24	32	24	80
全体	60	68	72	200

	期待度数			
	A政党	B政党	C政党	横計
低所得層	18	20.4	21.6	60
中所得層	18	20.4	21.6	60
高所得層	24	27.2	28.8	80
全体	60	68	72	200

<期待度数の計算例>

高所得層・C政党＝横計80×縦計72÷総計200=28.8

検定統計量

$$検定統計量 = \frac{\Sigma(実績度数 - 期待度数)^2}{期待度数}$$

	A政党	B政党	C政党
低所得層	$(12-18)^2/18$	$(18-20.4)^2/20.4$	$(30-21.6)^2/21.6$
中所得層	$(24-18)^2/18$	$(18-20.4)^2/20.4$	$(18-21.6)^2/21.6$
高所得層	$(24-24)^2/24$	$(32-27.2)^2/27.2$	$(24-28.8)^2/28.8$

	A政党	B政党	C政党
低所得層	2. 00	0. 28	3. 27
中所得層	2. 00	0. 28	0. 60
高所得層	0. 00	0. 85	0. 80

自由度

(表側カテゴリー数 $-$ 1) $\times$ (表頭カテゴリー数)

$= (3-1) \times (3-1) = 4$

p値

検定統計量は自由度4のχ^2分布に従う。

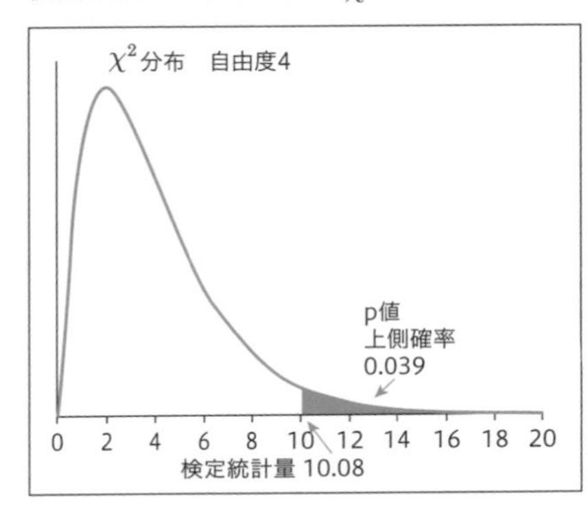

Excel関数

上側p値はExcelの関数で求められる。

上側確率

=CHIDIST(検定統計量, 自由度)

=CHIDIST(10.8, 4) Enter 0.039

クラメール連関係数

$$\sqrt{\frac{検定統計量}{n(k-1)}} = \sqrt{\frac{10.08}{200 \times (3-1)}} = \sqrt{0.0252} = 0.1587$$

11.6 相関比の無相関検定

1 相関比の無相関検定の概要

相関比は、1つの項目がカテゴリーデータ、もう1つの項目が数量データである2項目間の相関関係を数値で記述する方法です。

相関比は0から1の間の値で、絶対値が大きいほど相関関係は高くなります。

相関比の無相関検定は母集団の相関比が0であるかを検証する検定方法です。

相関比

$$\frac{S_b}{S_w + S_b} \qquad S_b \text{ 群間変動} \qquad S_w \text{ 群内変動}$$

検定統計量

$$\frac{S_b/(\text{カテゴリー数}-1)}{S_w/(n-\text{カテゴリー数})}$$

nはサンプルサイズ

※群間変動、群内変動の求め方は第3章**3.8**を参照。

自由度

$$f_b = \text{カテゴリー数} - 1 \qquad f_w = n - \text{カテゴリー数}$$

p値

検定統計量は自由度f_b、f_wのF分布に従う。

p値は、F分布における検定統計量の上側確率である。

11

Q. 具体例58　再掲　具体例20

15人の消費者に好きな商品と年齢を聞きました。

相関比は0.604でした。母集団における相関比は無相関といえるかを明らかにしなさい。

N o	1	2	3	4	5	6	7	8	9	10	11	12	13	14	15
年齢(才)	24	43	35	48	35	38	20	38	40	36	29	41	29	32	22
好きな商品	C	B	A	B	C	B	C	C	B	A	A	B	C	A	C

A. 検定結果

n	15
相関比	0.6040
群間変動	540
群内変動	354
検定統計量	9.1525
P値	0.0039
判定	[**]

p値0.0039＜0.05より

年齢と好きな商品の母集団における相関比は0でない相関があるといえます。

年齢と好きな商品の母集団における相関比は有意な相関があるといえます。

2 相関比の無相関検定の計算方法

検定統計量

サンプルサイズ　$n = 15$

カテゴリー数は、A、B、Cの3

相関比　$r = 0.3133$

群間変動　540

群内変動　354

※群間変動、群愛変動の計算方法は第3章**3.8**を参照。

検定統計量

$$= \frac{\text{群間変動}/(\text{カテゴリー数} - 1)}{\text{群内変動}/(n - \text{カテゴリー数})} = \frac{540/(3-1)}{354/(15-3)} = \frac{270}{29.5} = 9.15$$

自由度

$f_b = \text{カテゴリー数} - 1 = 3 - 1 = 2$

$f_w = n - \text{カテゴリー数} = 15 - 3 = 12$

p値

検定統計量は自由度$f_b = 2$、$f_w = 12$のF分布に従う

p値は、F分布における検定統計量の上側確率である。

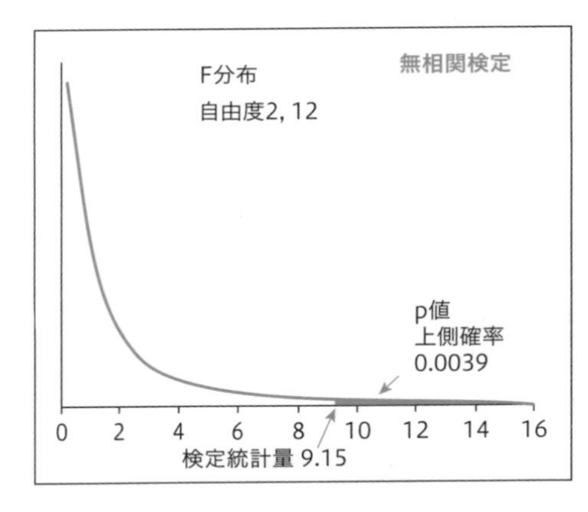

Excel関数

上側p値はExcelの関数で求められる。

上側確率

=FDIST(検定統計量, 自由度1, 自由度2)

=FDIST(9.15, 2, 12) Enter 0.0039

11.7 母相関係数と比較値の差の検定

1 母相関係数と比較値の差の検定の概要

母相関係数と比較値の差の検定は、標本相関係数と解析者が定める比較値から、母相関係数が比較値と異なるかを検証する検定方法です。

母相関係数と比較値の差の検定は次の手順によって行います。

1 比較する相関係数を定める

2 帰無仮説を立てる

母相関係数は比較値である

3 対立仮説を立てる

次の3つのうちのいずれかにする。

対立仮説1：母相関係数は比較値より大きい

対立仮説2：母相関係数は比較値より小さい

対立仮説3：母相関係数と比較値は異なる

4 両側検定、片側検定を決める

2 で選んだ対立仮説によって自動的に決まる。

対立仮説1 → 片側検定（右側検定）

対立仮説2 → 片側検定（左側検定）

対立仮説3 → 両側検定

5 検定統計量を算出

相関係数　r　　比較値　R　　サンプルサイズ　n

$$\left(\frac{1}{2}\log\frac{1+r}{1-r}-\frac{1}{2}\log\frac{1+R}{1-R}\right)\Big/\sqrt{\frac{1}{n-3}}$$

6 p値を算出

検定統計量はz分布に従う。

両側検定p値は、z分布における検定統計量の上側確率の2倍。

片側検定p値は、z分布における上側確率である。

7 有意差判定

p値＜有意水準0.05（5%）

帰無仮説を棄却し対立仮説を採択。

母相関係数は比較と異なる（あるいは大きい、小さい）がいえる。

p値≧有意水準0.05（5%）

帰無仮説を棄却できず対立仮説を採択しない。

母相関係数は比較と異なる（あるいは大きい、小さい）がいえない。

11

2　母相関係数と比較値の差の検定の結果

Q. 具体例59

今、ある学校で1年生103人をランダムに選び、身長と体重の単相関係数を計算したら0.72でした。ここ数年の1年生の身長と体重の単相関係数はおよそ0.6です。今年の1年生の単相関係数は従来通りと考えてよいかを検定しなさい。

A. 検定結果

帰無仮説：今年の1年生の身長と体重の母相関係数は0.6である
対立仮説：今年の1年生の身長と体重の母相関係数は0.6と異なる

比較値	0.6
n	103
単相関係数	0. 7200
検定統計量	2.14
p値	0. 032
判定	[*]

p値 0.032<0.05より、今年の1年生の身長と体重の相関係数は異なるといえる。

3　母相関係数と比較値の差の検定の計算方法

検定統計量

$$\left(\frac{1}{2}\log\frac{1+r}{1-r}-\frac{1}{2}\log\frac{1+R}{1-R}\right)\Big/\sqrt{\frac{1}{n-3}}=\left(\frac{1}{2}\log\frac{1+0.72}{1-0.72}-\frac{1}{2}\log\frac{1+0.6}{1-0.6}\right)\Big/\sqrt{\frac{1}{103-3}}$$

$$=(0.5\log 6.143-0.5\log 4)/0.1=0.5\times 1.8153-0.5\times 1.3863)/0.1=2.14$$

※log自然対数 Excel関数はLN(数値)で求められる。

p値

検定統計量はz分布に従う。
p値は、z分布における検定統計量の上側確率の2倍である。

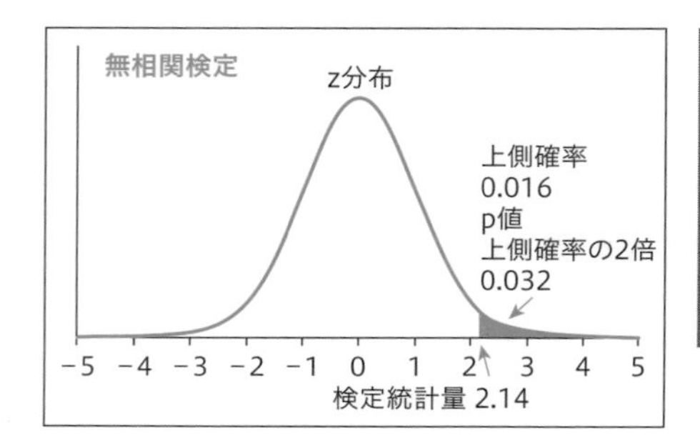

Excel関数

上側確率
=1−NORMSDIST(検定統計量)
=1−NORMSDIST(2.14) Enter 0.016
p値　0.016の2倍　0.032

11.8 母相関係数の差の検定

1　母相関係数の差の検定の概要

母相関係数の差の検定は、2個の標本相関係数から、母集団における2個の相関係数は異なるかを検証する検定方法です。

母相関係数の差の検定には3つのタイプがあります。

タイプ1　対応のない場合

サンプルが別の集団の2個の相関係数r_1とr_2を比較します。

中学3年の成績と学習時間との相関　r_1

中学1年の成績と学習時間との相関　r_2

中学3年生		
	成績	学習時間
生徒1		
生徒2		
生徒3		
生徒4		
生徒5		
生徒6		
⋮		
生徒18		
生徒19		
生徒20		

中学1年生		
	成績	学習時間
生徒21		
生徒22		
生徒23		
生徒24		
生徒25		
⋮		
生徒36		
生徒37		
生徒38		

タイプ2　対応のある場合(1)

3つの項目a、b、cでaとbの相関r_1とaとcの相関r_2を比較します。

共通項目aがある場合の検定です。

aとbとの相関係数　r_1

aとcとの相関係数　r_2

中学3年生			
	a	b	c
生徒1			
生徒2			
生徒3			
生徒4			
生徒5			
生徒6			
⋮			
生徒18			
生徒19			
生徒20			

タイプ3　対応のある場合(2)

4つの項目a、b、c、dでaとbの相関r_1とcとdの相関r_2を比較します。
共通項目がない場合の検定です。

aとbとの相関係数　r_1
cとdとの相関係数　r_2

中学3年生				
	a	b	c	d
生徒1				
生徒2				
生徒3				
生徒4				
生徒5				
生徒6				
⋮				
生徒18				
生徒19				
生徒20				

母相関係数の差の検定は次の手順によって行います。

1 帰無仮説を立てる

母相関係数r_1とr_2は同じ

2 対立仮説を立てる

次の3つのうちのいずれかにする。

対立仮説1：母相関係数r_1はr_2より大きい

対立仮説2：母相関係数r_1はr_2より小さい

対立仮説3：母相関係数r_1とr_2は異なる

3 両側検定、片側検定を決める

2 で選んだ対立仮説によって自動的に決まる。

対立仮説1　→　片側検定（右側検定）

対立仮説2　→　片側検定（左側検定）

対立仮説3　→　両側検定

4 検定統計量を算出

5 p値を算出

6 有意差判定

p値＜有意水準0.05（5%）

帰無仮説を棄却し対立仮説を採択。

母相関係数r_1とr_2は異なる（あるいは大きい、小さい）がいえない。

p値≧有意水準0.05（5%）

帰無仮説を棄却できず対立仮説を採択しない。

母相関係数r_1とr_2は異なる（あるいは大きい、小さい）がいえない。

検定統計量

タイプによって異なります。

「タイプ1　対応のない場合」の検定統計量

比較する相関係数をr_1、r_2とする。

2つの集団のサンプルサイズn_1、n_2とする。

$$\left(\frac{1}{2}\log\frac{1+r_1}{1-r_1}-\frac{1}{2}\log\frac{1+r_2}{1-r_2}\right)\Big/\sqrt{\frac{1}{n_1-3}+\frac{1}{n_2-3}}$$

「タイプ2　対応のある場合（1）」の検定統計量

3項目a、b、c相互の相関を

a対b→r_{12}、a対c→r_{13}、b対c→r_{23}とする。

比較する相関係数をr_{12}、r_{13}とする。（aが共通項目である）

$$(r_{12}-r_{13})\sqrt{\frac{(n-3)(1+r_{23})}{2\,(1-r_{12}^2-r_{13}^2-r_{23}^2+2r_{12}\cdot r_{13}\cdot r_{23})}}$$

「タイプ3　対応のある場合（2）」の検定統計量

4項目相互の相関係数を次とする。

相関行列				
	a	b	c	d
a	-	r$_{12}$	r$_{13}$	r$_{14}$
b		-	r$_{23}$	r$_{24}$
c			-	r$_{34}$
d				-

Aを次の式で求める。

$$A=(1-r_{12}^2)^2+(1-r_{34}^2)^2-(r_{13}-r_{14}r_{34})(r_{24}-r_{12}r_{14})-(r_{14}-r_{13}r_{34})(r_{23}-r_{12}r_{13})$$
$$-(r_{14}-r_{12}r_{24})(r_{23}-r_{24}r_{34}-(r_{13}-r_{12}r_{23})(r_{24}-r_{23}r_{34}))$$

r_{12}とr_{34}を比較する場合の検定統計量

$$\frac{r_{12}-r_{34}}{\sqrt{A/n}}$$

p値

タイプ1	z分布の上側確率
タイプ2（1）	自由度$n-3$のt分布の上側確率
タイプ3（2）	z分布の上側確率

2　母相関係数の差の検定の結果

Q. 具体例60

ある中学校で学習時間と成績の相関係数を調べました。
中学3年生20人の相関係数は0.8945、中学1年生18人の相関係数は0.5192でした。この学校における学習時間と成績の相関係数は中学3年生と中学1年生で異なるといえるかを検証しなさい。

A. 検定結果

タイプ1対応のない場合の検定です。

	中学3年	中学1年
サンプルサイズ	20	18
単相関係数	0. 8945	0. 5192
検定統計量	2. 453	
p 値	0. 0142	
判定	[＊]	

p値0.0142＜0.05より
学習時間と成績の相関係数は中学3年生と中学1年生で異なるといえます。

Q. 具体例61

ある中学校3年生の3教科相互の相関係数を調べました。
国語と数学の相関係数と国語と物理の相関係数は異なるといえるかを検証しなさい。

	国語	数学	物理
国語	–	0. 1482	0. 3686
数学		–	0. 5168
物理			–

A. 検定結果

タイプ2対応のある場合（1）の検定です。

	国語と数学	国語と物理
サンプルサイズ	20	20
単相関係数	0. 1482	0. 3686
検定統計量	0. 995	
p 値	0. 3335	
判定	[ ]	

p値0.3335＞0.05より
国語と数学の相関係数と国語と物理の相関係数は異なるといえません。

Q. 具体例62

ある中学校3年生の4教科相互の相関係数を調べました。
国語と英語の相関係数と数学と物理の相関係数は異なるといえるかを検証しなさい。

	英語	国語	数学	物理
英語	−	0. 6086	0. 3481	0. 4798
国語		−	0. 1482	0. 3686
数学			−	0. 5168
物理				−

A. 検定結果

タイプ3対応のある場合 (2) の検定です。

	英語と国語	数学と物理
サンプルサイズ	20	20
単相関係数	0. 6086	0. 5168
検定統計量	0. 331	
p 値	0. 7408	
判定	[ ]	

p値0.7408＞0.05より
英語と国語の相関係数と数学と物理の相関係数は異なるといえません。

3　母相関係数の差の検定の計算方法

具体例60（タイプ1対応のない場合）

n_1=20　n_2=18　r_1=0.8945　r_2=0.5192

検定統計量

$$= \left(\frac{1}{2}\log\frac{1+r_1}{1-r_1} - \frac{1}{2}\log\frac{1+r_2}{1-r_2}\right) \Big/ \sqrt{\frac{1}{n_1-3}+\frac{1}{n_2-3}}$$

$$= \left(\frac{1}{2}\log\frac{1.8945}{0.1055} - \frac{1}{2}\log\frac{1.5192}{0.4808}\right) \Big/ \sqrt{\frac{1}{17}+\frac{1}{15}}$$

$$= (2.8823 - 1.1505)/0.3542 = 2.45$$

検定統計量はz分布に従う。
p値はz分布の上側確率の2倍である。

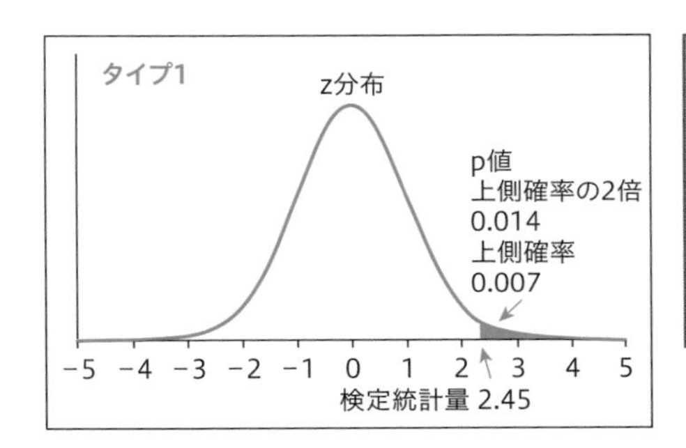

Excel関数

上側確率
=1−NORMSDIST(検定統計量)
=1−NORMSDIST(2.45) Enter 0.007
p値　0.007の2倍　0.014

具体例61(タイプ２対応のある場合(1))

$n = 20$

	国語	数学	物理
国語	−	0. 1482	0. 3686
数学		−	0. 5168
物理			−

	国語	数学	物理
国語	−	r_{12}	r_{13}
数学		−	r_{23}
物理			−

$$\text{検定統計量} = (r_{12} - r_{13})\sqrt{\frac{(n-3)(1+r_{23})}{2(1-r_{12}^2-r_{13}^2-r_{23}^2+2r_{12}\cdot r_{13}\cdot r_{23})}}$$

$$= (0.1482 - 0.3686)\sqrt{\frac{17\times 1.5168}{1.2863}} = 0.2204 \times 4.5182 = 0.9955$$

両側検定の場合、マイナスの値はプラスに変換する。

検定統計量は自由度$n-3$のt分布に従う。

p値はt分布の上側確率の2倍である。

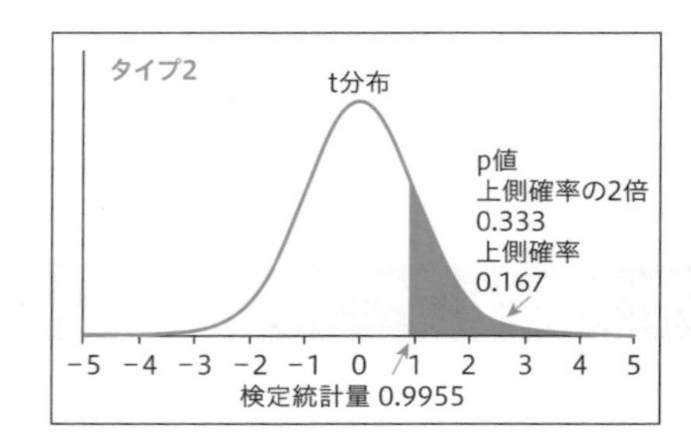

Excel関数

上側確率

=TDIST(検定統計量, 自由度, 1)

=TDIST(0.9955, 17, 1) Enter 0.167

p値　0.167の2倍　0.333

具体例62(タイプ３対応のある場合(2))

$n = 20$

	英語	国語	数学	物理
英語	−	0. 6086	0. 3481	0. 4798
国語		−	0. 1482	0. 3686
数学			−	0. 5168
物理				−

	英語	国語	数学	物理
英語	−	r_{12}	r_{13}	r_{14}
国語		−	r_{23}	r_{24}
数学			−	r_{34}
物理				−

$$A = (1 - r_{12}^2)^2 + (1 - r_{34}^2)^2 - (r_{13} - r_{14}r_{34})(r_{24} - r_{12}r_{14}) - (r_{14} - r_{13}r_{34})(r_{23} - r_{12}r_{13})$$
$$-(r_{14} - r_{12}r_{24})(r_{23} - r_{24}r_{34} - (r_{13} - r_{12}r_{23})(r_{24} - r_{23}r_{34})) = 1.3094$$

$$\text{検定統計量} = \frac{r_{12} - r_{34}}{\sqrt{A/n}} = \frac{0.0918}{\sqrt{1.3094/20}} = 0.3308$$

検定統計量はz分布に従う。

p値はz分布の上側確率の2倍である。

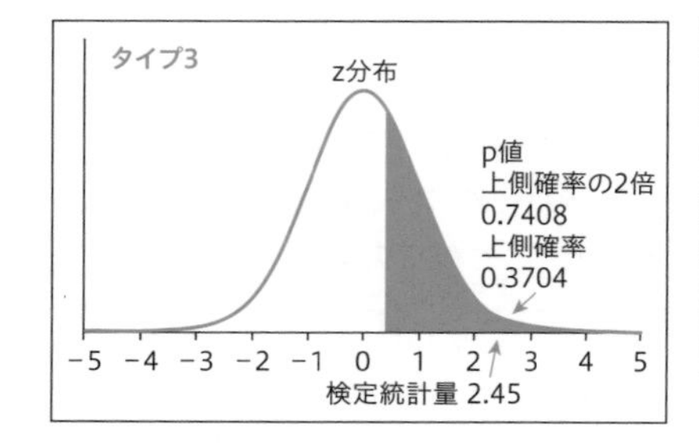

Excel関数

上側確率

=1−NORMSDIST(検定統計量)

=1−NORMSDIST(0.3308) Enter 0.3704

p値　0.3704の2倍　0.7408

第12章

ノンパラメトリック検定

この章で学ぶ解析手法を紹介します。

解析手法名	英語名	解説ページ
パラメトリック検定	Parametric test	246
ノンパラメトリック検定	Nonparametric test	246
ウイルコクソンの順位和検定	Wilcoxon rank sum test	247
マンホイットニーのU検定	Mann-Whitney U test	247
タイ(同順位の個数)	Tie(Number of ranks)	252
ウイルコクソンの符号順位和検定	Wilcoxon signed rank test	254
クルスカルワリス検定	Kruskal-Wallis　test	261
フリードマン検定	Friedman's test	265

12.1 ノンパラメトリック検定

1 パラメトリック検定とは

パラメトリック検定とは、母集団の分布がある特定の分布に従うことがわかっているデータに対して行う検定法のことです。検定統計量を計算するためにはその統計量が従う分布が明らかになっている必要があります。検定統計量の計算には平均、割合、標準偏差が用いられます。代表的手法にt検定があります。

2 ノンパラメトリック検定とは

ノンパラメトリック検定は、パラメトリック検定で行うような母集団に対する一切の前提を仮定しません。その代わりに、データにおけるデータの大小の順位、すなわち順序尺度を利用します。

ノンパラメトリック検定は、得られたデータ数が少なく、データが従う分布を仮定することが困難であり、パラメトリック検定を利用することが不適切であると判断される際に利用されます。

3 ノンパラメトリック検定の使いどころとその欠点

ノンパラメトリック検定は、母集団の分布を仮定しない便利な検定法です。基本的には、調査、実験で得られたデータに対する仮説検定の際にはノンパラメトリック検定を実行することは間違いではありません。特に、得られたデータサイズが小さいときはパラメトリックな方法で検定すると検出力が低下するため、ノンパラメトリックな方法を選択した方がよいです。

しかしながら、欠点も存在します。本来パラメトリック検定を行うことができるデータに対してノンパラメトリック検定を行うと、帰無仮説を棄却できるのにもかかわらず帰無仮説を採用してしまう確率（有意であるものを有意としない確率；第2種の過誤β）が大きく上昇します。すなわち、検定の検出力$(1-\beta)$が低下します。得られたデータに対し、適切な検定法を選定することは重要です。

※第2種の過誤、検出力$1-\beta$は第15章参照

4 ノンパラメトリック検定の種類

ノンパラメトリック検定には多数の手法がありますが、本書では4つ紹介します。

	2群比較	3群以上比較
対応のない	ウイルコクソンの順位和検定（U検定）	クルスカルワリス検定
対応のある	ウイルコクソンの符号順位和検定	フリードマン検定

12.2 ウイルコクソンの順位和検定(U検定)

1 ウイルコクソンの順位和検定（U 検定）の概要

ウイルコクソンの順位和検定はノンパラメトリック検定の1つです。マンホイットニーのU検定と呼ばれる検定法と実質的には同じものです。検定統計量の算出方法に違いがありますが、検定結果（p値）は完全に一致します。

ウイルコクソンの順位和検定は得られた対応のないデータの2群間の平均値に差があるかどうかを検定する方法です。データの大小を順位に置き換えて統計的検定を行うので、2群間の平均値の差というより順位平均値（中央値）の有意差を調べる検定手法といってよいでしょう。

データが順序尺度の場合、サンプル数が少ない場合、正規性がわからない場合に用いられます。

ウイルコクソンの順位和検定の検定は次の手順によって行います。

1 帰無仮説を立てる

群1と群2の2つ群の母集団の順位平均値は同じ

2 対立仮説を立てる

次の3つのうちのいずれかにする。

対立仮説1：群1の母集団順位平均値は群2の母集団順位平均値より大きい

対立仮説2：群1の母集団順位平均値は群2の母集団順位平均値より小さい

対立仮説3：群1と群2の2群の母集団順位平均値は異なる

3 両側検定、片側検定を決める

2 で選んだ対立仮説によって自動的に決まる。

対立仮説1 → 片側検定（右側検定）

対立仮説2 → 片側検定（左側検定）

対立仮説3 → 両側検定

4 検定統計量Uを算出

5 p値を算出

2群のサンプルサイズいずれも7以下 → **マンホイットニーU検定表を適用**

2群のサンプルサイズいずれかが8以上 → **z分布を適用**

6 有意差判定

p値＜有意水準0.05　　2群の順位平均値に差があるといえる

p値≧有意水準0.05　　2群の順位平均値に差があるといえない

2　2 群のサンプルサイズいずれも 7 以下の検定の結果

Q. 具体例63

プロ野球2軍登録選手と東京6大学野球レギュラーとでバッティング技術に差があるかを調べるために、各々からランダムに7人、6人を選び、バッティングマシンによるテストを行いました。
下記表は、100回振ったときの空振り、およびヒット性でないミス数を示したものです。これからバッティング技術に差があるといえるかを有意水準0.05で検定しなさい。

	ミス数						
プロ野球２軍選手	30	30	30	32	34	44	51
6大学野球選手	38	48	48	52	68	68	

A. 基本統計量

	プロ野球２軍選手	6大学野球選手
件数	7	6
平均値	35.86	53.67
中央値	32.00	50.00
標準偏差	8.34	12.03
四分位偏差	7.00	11.25

A. 検定結果

対立仮説は「プロ野球2軍選手と6大学野球選手のミス数に差がある」より、両側検定を行います。

	プロ野球２軍選手	6大学野球選手
n数	7	6
順位和	32.00	59.00
順位平均	4.57	9.83
U値	4	
p値	0.014	
判定	[*]	

※片側検定の場合のp値は0.014÷2=0.007

p値＜0.05より、プロ野球2軍選手と6大学野球選手のミス数に差があるといえます。

3　2 群のサンプルサイズいずれかが 8 以上の検定の結果

Q. 具体例64

プロ野球2軍登録選手と東京6大学野球レギュラーとでバッティング技術に差があるかを調べるために、各々からランダムに7人、9人を選び、バッティングマシンによるテストを行いました。下記表は、100回振ったときの空振り、およびヒット性でないミス数を示したものです。これからバッティング技術に差があるといえるかを有意水準0.05で検定しなさい。

	ミス数								
プロ野球２軍選手	30	30	30	32	34	44	51		
6大学野球選手	38	48	48	52	68	68	44	48	30

A. 基本統計量

	プロ野球2軍選手	6大学野球選手
件数	7	9
平均値	35.86	49.33
中央値	32.00	48.00
標準偏差	8.34	12.45
四分位偏差	7.00	9.50

A. 検定結果

対立仮説は「プロ野球2軍選手と6大学野球選手のミス数に差がある」より、両側検定を行います。

	プロ野球2軍選手	6大学野球選手
n数	7	9
順位和	40.00	96.00
順位平均	5.71	10.67
U値	12	
検定統計量	2.089	
p値	0.037	
判定	[*]	

※片側検定の場合のp値は0.037 ÷ 2=0.0185

p値＜0.05より、プロ野球2軍選手と6大学野球選手のミス数に差があるといえます。

12

4　2 群のサンプルサイズいずれも 7 以下の検定の計算方法

検定統計量の計算方法

2群すべてのデータを昇順で並べ替える。

順位を付ける。

同順位がある場合、次のように順位を付ける。

群	データ
1	30
1	30
1	30
1	32
1	34
1	44
1	51
2	38
2	48
2	48
2	52
2	68
2	68

群	並べ替え				順位
1	30	3個	1	3個の平均	2
1	30		2		2
1	30		3		2
1	32		4		4
1	34		5		5
2	38		6		6
1	44		7		7
2	48	2個	8	2個の平均	8.5
2	48		9		8.5
1	51		10		10
2	52		11		11
2	68	2個	12	2個の平均	12.5
2	68		13		12.5

群1の順位和、群2の順位和を求める。

群1の順位和をH_1、群2の順位和をH_2と名称する。

群1の順位和	
群1	順位
1	2
1	2
1	2
1	4
1	5
1	7
1	10
H_1	32
順位平均	4.57

群2の順位和	
群1	順位
2	6
2	8.5
2	8.5
2	11
2	12.5
2	12.5
H_2	59
順位平均	9.83

群1　n_1	7
群2　n_2	6

$n_1 \times n_2$	42
$n_1 + n_2$	13

群1の検定統計量U_1、群2の統計量U_2は次式によって求められる。

$$U_1 = n_1 n_2 + \frac{n_1(n_1+1)}{2} - H_1 = 42 + \frac{7 \times (7+1)}{2} - 32 = 38$$

$$U_2 = n_1 n_2 + \frac{n_2(n_2+1)}{2} - H_2 = 42 + \frac{6 \times (6+1)}{2} - 59 = 4$$

統計量Uは、上で求めたU_1とU_2のうち小さい方の値となるので、$U = 4$となる。

p値の計算方法

マンホイットニーU検定表における「$n_1 = 7$表」を参照する。
$n_1 = 7$, $n_2 = 6$, $U = 4$のセルの値は0.007である。

マン・ホイットニーのU検定表　$n_1=7$の表

U＼n_2	1	2	3	4	5	6	7
0	0.125	0.028	0.008	0.003	0.001	0.001	0.000
1	0.250	0.056	0.017	0.006	0.003	0.001	0.001
2	0.375	0.111	0.033	0.012	0.005	0.002	0.001
3	0.500	0.167	0.058	0.021	0.009	0.004	0.002
4	0.625	0.250	0.092	0.036	0.015	0.007	0.003
5		0.333	0.133	0.055	0.024	0.011	0.006
6		0.444	0.192	0.082	0.037	0.017	0.009
7		0.556	0.258	0.115	0.053	0.026	0.013
8			0.333	0.158	0.074	0.037	0.019
9			0.417	0.206	0.101	0.051	0.027
10			0.500	0.264	0.134	0.069	0.036
11			0.583	0.324	0.172	0.090	0.049
12				0.394	0.216	0.117	0.064
13				0.464	0.265	0.147	0.082
14				0.538	0.319	0.183	0.104
15					0.378	0.223	0.130
16					0.438	0.267	0.159
17					0.500	0.314	0.191
18					0.562	0.365	0.228
19						0.418	0.267
20						0.473	0.310
21						0.527	0.355
22							0.402
23							0.451
24							0.500
25							0.549

両側検定は参照した値を2倍、片側検定はそのままの値をp値とする。
この具体例のp値は、0.007×2=0.014である。

片側検定における留意点

具体例63の対立仮説が「プロ野球2軍登録選手（群1）は東京6大学野球レギュラー（群2）よりバッティング技術は劣る」の片側検定であったとします。
「プロ野球2軍登録選手は東京6大学野球レギュラーよりバッティング技術は劣る」とは、「プロ野球2軍登録選手は東京6大学野球レギュラーよりミス数が多い」となり、プロ野球2軍登録選手（群1）のミス数の順位和が多くなるということです。
マンホイットニーのU検定の統計量Uは、群2より大きい群1の順位和である$U = 38$を適用します。
上記表の$n_1 = 7$, $n_2 = 6$, $U = 38$の値がp値となります。
$U = 26$以上は記載されていません。この場合のp値は1です。
p値=1＞0.05より、「プロ野球2軍登録選手は東京6大学野球レギュラーよりバッティング技術は劣る」はいえません。

5　2群のサンプルサイズいずれかが8以上の検定の計算方法

検定統計量の計算方法

2群すべてのデータを昇順で並べ替える。

順位を付ける。

同順位がある場合、下表に示すように順位を付ける。

同順位の個数（タイという）を数える。

Lの値を次式によって計算する。

$$L = \frac{タイ^3 - タイ}{12}$$

計算例　タイ=4の場合　$L = \frac{4^3 - 4}{12} = \frac{64 - 4}{12} = 5$

Lの合計を求める。　$\Sigma L = 8$

群	データ
1	30
1	30
1	30
1	32
1	34
1	44
1	51
2	38
2	48
2	48
2	52
2	68
2	68
2	44
2	48
2	30

群	並べ替え		順位	タイ	L
2	30	1	2.5	4	5
1	30	2	2.5		0
1	30	3	2.5		0
1	30	4	2.5		0
1	32	5	5		0
1	34	6	6		0
2	38	7	7		0
1	44	8	8.5	2	0.5
2	44	9	8.5		0
2	48	10	11	3	2
2	48	11	11		0
2	48	12	11		0
1	51	13	13		0
2	52	14	14		0
2	68	15	15.5	2	0.5
2	68	16	15.5		0
				ΣL	8

群1の順位和、群2の順位和を求める。群1の順位和をH_1、群2の順位和をH_2と名称する。

群	データ	順位
1	30	2.5
1	30	2.5
1	30	2.5
1	32	5
1	34	6
1	44	8.5
1	51	13
群1の順位和		40

H_1と名称

群	データ	順位
2	30	2.5
2	38	7
2	44	8.5
2	48	11
2	48	11
2	48	11
2	52	14
2	68	15.5
2	68	15.5
群2の順位和		96

H_2と名称

群1　n_1	7
群2　n_2	9

$n_1 \times n_2$	63
$n_1 + n_2$	16

群1の検定統計量U_1、群2の統計量U_2は次式によって求められる

$$U_1 = n_1 n_2 + \frac{n_1(n_1+1)}{2} - H_1 = 63 + \frac{7 \times (7+1)}{2} - 40 = 51$$

$$U_2 = n_1 n_2 + \frac{n_2(n_2+1)}{2} - H_2 = 63 + \frac{9 \times (9+1)}{2} - 96 = 12$$

統計量Uは、上で求めたU_1とU_2のうち小さい方の値となるので、$U = 12$となる。

標準偏差を次式によって求める。

標準偏差の算出式は、タイが**ない場合**と**ある場合**で異なる。

タイがない場合　$\sqrt{\dfrac{n_1 n_2(n_1+n_2+1)}{12}}$

タイがある場合

$$\sqrt{\left\{\frac{n_1 n_2}{(n_1+n_2)(n_1+n_2-1)}\right\}\left\{\frac{(n_1+n_2)(n_1+n_2+1)(n_1+n_2-1)}{12} - \Sigma L\right\}}$$

この具体例の標準偏差を求める。

$n_1 n_2 = 63 \quad n_1 + n_2 = 16$

$$\sqrt{\left\{\frac{63}{16 \times (16-1)}\right\}\left\{\frac{16 \times 17 \times 15}{12} - 8\right\}} = \sqrt{\frac{63}{240} \times \left(\frac{4080}{12} - 8\right)} = \sqrt{0.2625 \times (340-8)}$$

$= 9.335$

検定統計量を次式によって求める。

検定統計量 $= |U - n_1 n_2/2|$/標準偏差

$= |12 - 7 \times 9 \div 2|/9.335 = |-19.5 \div 9.335| = 2.089$　　　$|\ |$は絶対値

p値の計算方法

検定統計量はz分布に従う。

両側検定のp値は、z分布において検定統計量の下側確率の2倍である。

検定統計量の符号を逆転すれば、p値はz分布の上側確率の2倍である。

z分布の上側確率はExcelの関数で求められる。

Excel関数

上側確率は1－NORMSDIST(検定統計量)の2倍

=2＊(1－NORMSDIST(2.089)) [Enter] 0.03367

片側検定における留意点

前々ページで示したように、対立仮説は「群1は群2より劣る」とは、ミス数の順位和「群1＞群2」となり、U値は**群1の検定統計量U_1**51を適用します。

検定統計量 $= |U - n_1 n_2/2|$/標準偏差

$= |51 - 7 \times 9 \div 2|/9.335 = |19.5 \div 9.335| = 2.089$

左側検定のp値は下側確率なので

p値は=NORMSDIST(2.089) [Enter] 0.9816

p値=0.9816＞0.05より「群1は群2より劣るといえない」となります。

12.3 ウイルコクソンの符号順位和検定

1　ウイルコクソンの符号順位和検定の概要

ウイルコクソンの符号順位和検定はノンパラメトリック検定の1つです。この検定をサインランク検定ということがあります。

名前が似ているウイルコクソンの順位和検定とは異なる検定法なので注意が必要です。どちらもデータが順序尺度の場合、および、距離尺度の場合はサンプル数が少ないときに用いられます。

この検定手法は得られた2つのデータ間に対応があるときに用いる検定法です。すなわち、ウイルコクソンの順位和検定はパラメトリック検定でいうところの対応のないt検定、ウイルコクソンの符号順位検定は対応のあるt検定に相当するものです。

この検定は対応する個々のデータの差分の大小を順位に置き換えて統計的検定を行うので、2群の平均値の差というより順位平均値（中央値）の有意差を調べる検定手法といってよいでしょう。

ウイルコクソンの順位和検定の検定は次の手順によって行います。

1 帰無仮説を立てる
群1と群2の2つの群の母集団の順位平均値は同じ

2 対立仮説を立てる
次の3つのうちのいずれかにする。
対立仮説1：群1の母集団順位平均値は群2の母集団順位平均値より大きい
対立仮説2：群1の母集団順位平均値は群2の母集団順位平均値より小さい
対立仮説3：群1と群2の2群の母集団順位平均値は異なる

3 両側検定、片側検定を決める
2 で選んだ対立仮説によって自動的に決まる。
対立仮説1　→　片側（右側）検定
対立仮説2　→　片側（左側）検定
対立仮説3　→　両側検定

4 検定統計量Uを算出

5 p値を算出
サンプルサイズが25以下　→　**サインランク検定表を適用**
サンプルサイズが26以上　→　**z分布を適用**

6 有意差判定
p値＜有意水準0.05　　2群の順位平均値に差があるといえる
p値≧有意水準0.05　　2群の順位平均値に差があるといえない

2 サンプルサイズが25以下の検定の結果

対象者10人に、脂肪分の量の異なる2種類のアイスクリーム新製品Aと既存製品Bを試食してもらい、10点満点でおいしさを評価してもらいました。
新製品Aのアイスクリームは既存製品Bより評価が高いといえるでしょうか。
有意水準0.05で検定しなさい。

	評価データ（10点満点）									
回答者No	1	2	3	4	5	6	7	8	9	10
新製品A	9	5	8	7	6	7	7	7	8	10
既存製品B	7	7	6	5	7	8	7	4	5	5

A. 基本統計量

	新製品A	既存製品B
件数	10	10
平均値	7.40	6.10
中央値	7.00	6.50
標準偏差	1.43	1.29
四分位偏差	0.75	1.00

A. 検定結果

対立仮説は「AはBより評価は高いか」より、右側検定を行います。

	新製品A	既存製品B
n数	10	10
n'	9	
順位和	7.500	
有意水準5%	8.000	
有意水準1%	3.000	
判定	[*]	

8.000の値はサインランク検定表に示されている値。
$n' = 9$は、具体例のn数10から評価が同じ回答者数1を引いた値です。
順位和7.5＜8.000より、「AはBより評価は高い」がいえます。

有意水準1%で検定した場合、順位和7.5＞3.000より
「AはBより評価は高い」がいえません。

判定マーク [**] 有意水準1%で有意差があるといえる
[*] 有意水準5%で有意差があるといえる
[ ] 有意差があるといえない

3　サンプルサイズが26以上の検定の結果

Q. 具体例66

対象者29人に、脂肪分の量の異なる2種類のアイスクリーム新製品Aと既存製品Bを試食してもらい、10点満点でおいしさを評価してもらいました。
新製品Aのアイスクリームは既存製品Bより評価が高いといえるでしょうか。
有意水準0.05で検定しなさい。

評価データ（10点満点）

回答者No	1	2	3	4	5	6	7	8	9	10	11	12	13	14	15
新製品A	9	5	8	7	6	7	7	8	10	10	10	9	9	9	8
	16	17	18	19	20	21	22	23	24	25	26	27	28	29	
	8	8	8	7	7	7	7	7	6	6	6	5	5	6	

回答者No	1	2	3	4	5	6	7	8	9	10	11	12	13	14	15
既存製品B	7	7	6	5	7	7	4	5	5	10	9	8	7	10	7
	16	17	18	19	20	21	22	23	24	25	26	27	28	29	
	6	5	9	6	5	4	3	8	6	7	5	4	7	8	

A. 基本統計量

	新製品A	既存製品B
件数	29	29
平均値	7.41	6.45
中央値	7.00	7.00
標準偏差	1.48	1.80
四分位偏差	1.25	1.25

A. 検定結果

対立仮説は「AはBより評価は高いか」より、右側検定を行います。

片側検定

n数	29
検定n数	26
検定統計量	2.476
p値	0.007
判定	[**]

検定n数26は、具体例のn数29から評価が同じ回答者数3を引いた値です。
p値0.007＜有意水準0.05より、「AはBより評価は高い」がいえます。

判定マーク　[**]　有意水準1%で有意差があるといえる
[*]　有意水準5%で有意差があるといえる
[ ]　有意差があるといえない

4 サンプルサイズが25以下の検定の計算方法

検定統計量の計算方法

1 個々のサンプルについて、データの差分を算出する。

2 差分を絶対値に変換する。
差分が0の絶対値に×印を付ける。

3 絶対値を降順で並べ替え、順位を付ける。
×は順位から外す。
同順位がある場合の順位付けは、ウイルコクソンの順位和検定を参照。

4 差分の符号がプラスの順位の和を求める。

5 差分の符号がマイナスの順位の和を求める。

6 サンプルサイズが25以下の場合、サインランク表を適用するので両側検定、片側検定どちらも 4 と 5 の小さい方の値を検定統計量Jとする。

	データ		1	2
No	A	B	差分	絶対値
1	9	7	2	2
2	5	7	−2	2
3	8	6	2	2
4	7	5	2	2
5	6	7	−1	1
6	7	8	−1	1
7	7	7	0	×
8	7	4	3	3
9	8	5	3	3
10	10	5	5	5

並べ替え

No	差分	絶対値	3 順位
5	−1	1	1.5
6	−1	1	1.5
1	2	2	4.5
2	−2	2	4.5
3	2	2	4.5
4	2	2	4.5
8	3	3	7.5
9	3	3	7.5
10	5	5	9
7	0	×	×
		計	45

4	プラス順位和	37.5
5	マイナス順位和	7.5
6	小さい方 J	7.5

7 Jとサインランク表の値を比較する。
両側検定の場合、J>サインランク表の値➡AとBが異なるがいえる。

8 A群とB群の中央値を算出する。Aは7、Bは6.5である。
右側検定の場合、J>サインランク表の値 かつAの中央値>Bの中央値➡A>Bがいえる。
左側検定の場合、J>サインランク表の値 かつAの中央値<Bの中央値➡A<Bがいえる。

有意差の判定方法

サンプルサイズnから×の個数を引いた値を検定用サンプルサイズとする。

検定用サンプルサイズ $= n -$ ×の個数 $= 10 - 1 = 9$

サンプルサイズが25以下の検定は、p値は算出されない。

順位和とサインランク表で参照した数値を比較し有意差を判定する。

この例題におけるサインランク表の参照数値は、片側検定 0.05の$n = 9$の8である。

有意水準0.01の場合は3である。

0.01 ⇒ 3　　0.05 ⇒ 8

サインランク表

有意水準 / n	両側検定		片側検定	
	0.005	0.025	0.01	0.05
5				0
6		0		2
7		2	0	3
8	0	3	1	5
9	1	5	3	8
10	3	8	5	10
11	5	10	7	13
12	7	13	9	17
13	9	17	12	21
14	12	21	15	25
15	15	25	19	30
16	19	29	23	35
17	23	34	27	41
18	27	40	32	47
19	32	46	37	53
20	37	52	43	60
21	42	58	49	67
22	48	65	55	75
23	54	73	62	83
24	61	81	69	91
25	68	89	76	100

順位和Jと参照数値を比較。

$J<3$　[**]　有意水準1%で有意差があるといえる（AはBより高い）

$J<8$　[*]　有意水準5%で有意差があるといえる（AはBより高い）

$J \geqq 8$　[ ]　有意差があるといえない（AはBより高いといえない）

5 サンプルサイズが 26 以上の検定の計算方法

検定統計量 J の計算方法

1 個々のサンプルについて、データの差分を算出する。

2 差分を絶対値に変換する。
差分が0の絶対値に×印を付ける。

3 絶対値を降順で並べ替え、順位を付ける。
×は順位から外す。
同順位がある場合の順位付けは、ウイルコクソン順位和検定を参照。

4 差分の符号がプラスの順位の和273を求める。

5 差分の符号がマイナスの順位の和78を求める。

6 サンプルサイズが26以上の場合、サインランク表は適用しないので
両側検定は、**4** と **5** の小さい方の値78
片側（右側）検定は **4** の値273
片側（左側）検定は **5** の値78

	データ		1	2		並べ替え			3
No	A	B	差分	絶対値	順位	No	差分	絶対値	順位
1	9	7	2	2	16	11	1	1	6
2	5	7	−2	2	16	12	1	1	6
3	8	6	2	2	16	15	1	1	6
4	7	5	2	2	16	19	1	1	6
5	6	7	−1	1	6	26	1	1	6
6	7	7	×	×	×	27	1	1	6
7	7	4	3	3	22.5	1	2	2	16
8	8	5	3	3	22.5	3	2	2	16
9	10	5	5	5	26	4	2	2	16
10	10	10	×	×	×	13	2	2	16
11	10	9	1	1	6	16	2	2	16
12	9	8	1	1	6	20	2	2	16
13	9	7	2	2	16	7	3	3	22.5
14	9	10	−1	1	6	8	3	3	22.5
15	8	7	1	1	6	17	3	3	22.5
16	8	6	2	2	16	21	3	3	22.5
17	8	5	3	3	22.5	22	4	4	25
18	8	9	−1	1	6	9	5	5	26
19	7	6	1	1	6	5	−1	1	6
20	7	5	2	2	16	14	−1	1	6
21	7	4	3	3	22.5	18	−1	1	6
22	7	3	4	4	25	23	−1	1	6
23	7	8	−1	1	6	25	−1	1	6
24	6	6	×	×	×	2	−2	2	16
25	6	7	−1	1	6	28	−2	2	16
26	6	5	1	1	6	29	−2	2	16
27	5	4	1	1	6	6	×	×	×
28	5	7	−2	2	16	10	×	×	×
29	6	8	−2	2	16	24	×	×	×
								計	351

4	プラス順位和	273
5	マイナス順位和	78
6	小さい方 J	78

検定統計量を次式によって算出する。

$$検定統計量 = \frac{J - n(n+1)/4}{\sqrt{n(n+1)(2n+1)/24}}$$

nは検定用n数の26である。

n	26
n+1	27
2n+1	53

具体例66は右側検定なので$J = 273$

$$検定統計量 = \frac{273 - 26 \times 27 \div 4}{\sqrt{26 \times 27 \times 53 \div 24}} = \frac{97.5}{\sqrt{1550.25}} = 2.4763$$

p値の計算方法

検定統計量はz分布に従う。
右側検定のp値は、z分布において検定統計量の上側確率である。
z分布の上側確率はExcelの関数で求められる。

Excel関数

上側確率は1－NORMSDIST(検定統計量)
=1－NORMSDIST(2.4763) Enter 0.007

※1　両側検定の場合のp値は算出された値の2倍である。
0.007×2=0.014

※2　片側検定（左側）を行う場合は、マイナス順位和78をJとし、p値を算出する。

12.4 クルスカルワリス検定

1 クルスカルワリス検定の概要

クルスカルワリス検定はノンパラメトリック検定の1つで、対応のない3群以上のデータの群間に差があるかを調べるときに用います。データの大小を順位に置き換えて統計的検定を行うので、3群間の平均値の差というより順位平均値（中央値）の有意差を調べる検定手法といってよいでしょう。

データが順序尺度の場合、および、距離尺度の場合はサンプルサイズが小さいときに用いられます。

距離尺度でサンプルサイズが大きいとき、小さくてもすべての群の正規性、分散の同等性が既知の場合は、パラメトリックの一元配置分散分析を適用します。

クルスカルワリス検定は次の手順によって行います。

1. 帰無仮説を立てる
   3群以上の母集団の順位平均値は同じ
2. 対立仮説を立てる
   3群以上の母集団の順位平均値は同じではない
3. 両側検定のみ、片側検定はない
4. 検定統計量を算出
5. p値を算出
   カイ2乗分布を適用
6. 有意差判定
   p値＜有意水準0.05
   　3群以上の母集団の順位平均値は同じでないといえる
   p値≧有意水準0.05
   　3群以上の母集団の順位平均値は同じでないといえない

12

2　クルスカルワリス検定の結果

Q. 具体例67

ある会社で、血液型が営業成績に関係があるかを調べるために、営業社員25人を選び、1年間の売上台数を調べました。
下表は、血液型別に成績の悪い順に並べたものです。この会社の営業社員は、血液型によって営業成績が異なるといえるでしょうか。
有意水準0.05で検定しなさい。

A型	20	23	30	30	35	42	45	52	60
O型	22	25	30	40	46	54	56		
B型	20	25	28	53					
AB型	25	26	30	38	55				

A. 基本統計量

	A型	O型	B型	AB型
件数	9	7	4	5
平均値	37.44	39.00	31.50	34.80
中央値	35.00	40.00	26.50	30.00
標準偏差	13.36	13.72	14.71	12.40
四分位偏差	11.00	14.50	12.75	10.50

A. 検定結果

	A型	O型	B型	AB型
n数	9	7	4	5
順位和	122.5	101.5	37.5	63.5
順位平均	13.61	14.50	9.38	12.70
検定統計量	1.339			
p値	0.720			
判定	[ ]			

p値0.720＞有意水準0.05より、「血液型によって営業成績が異なる」といえません。

判定マーク　[**]　有意水準1%で有意差があるといえる
[*]　有意水準5%で有意差があるといえる
[ ]　有意差があるといえない

3 クルスカルワリス検定の計算方法

検定統計量の計算方法

4群すべてのデータを昇順で並べ替える。

順位を付ける。

同順位がある場合の順位付けは、ウイルコクソン順位和検定を参照。

同順位の個数タイを求める。

Kを次式によって求める。

$K =$ タイ^3 $-$ タイ

<計算例>タイが2の場合 $K = 2^3 - 2 = 8 - 2 = 6$

データ

血液型	No	売上台数	血液型
A型	1	20	A型
A型	2	23	A型
A型	3	30	A型
A型	4	30	A型
A型	5	35	A型
A型	6	42	A型
A型	7	45	A型
A型	8	52	A型
A型	9	60	A型
O型	10	22	O型
O型	11	25	O型
O型	12	30	O型
O型	13	40	O型
O型	14	46	O型
O型	15	54	O型
O型	16	56	O型
B型	17	20	B型
B型	18	25	B型
B型	19	28	B型
B型	20	53	B型
AB型	21	25	AB型
AB型	22	26	AB型
AB型	23	30	AB型
AB型	24	38	AB型
AB型	25	55	AB型

並べ替え

No	売上台数	血液型	順位		タイ	K
1	20	A型	1	1.5	2	**6**
17	20	B型	2	1.5		
10	22	O型	3	3		
2	23	A型	4	4		
11	25	O型	5	6	3	24
18	25	B型	6	6		
21	25	AB型	7	6		
22	26	AB型	8	8		
19	28	B型	9	9		
3	30	A型	10	11.5	4	**60**
4	30	A型	11	11.5		
12	30	O型	12	11.5		
23	30	AB型	13	11.5		
5	35	A型	14	14		
24	38	AB型	15	15		
13	40	O型	16	16		
6	42	A型	17	17		
7	45	A型	18	18		
14	46	O型	19	19		
8	52	A型	20	20		
20	53	B型	21	21		
15	54	O型	22	22		
25	55	AB型	23	23		
16	56	O型	24	24		
9	60	A型	25	25		
					ΣK	90

No.の並びに戻す

No	群	順位
1	1	1.5
2	1	4.0
3	1	11.5
4	1	11.5
5	1	14.0
6	1	17.0
7	1	18.0
8	1	20.0
9	1	25.0
10	2	3.0
11	2	6.0
12	2	11.5
13	2	16.0
14	2	19.0
15	2	22.0
16	2	24.0
17	3	1.5
18	3	6.0
19	3	9.0
20	3	21.0
21	4	6.0
22	4	8.0
23	4	11.5
24	4	15.0
25	4	23.0

群別の順位和、順位平均を求める。

	人数	順位和	順位平均
A型	9	122.5	13.611
O型	7	101.5	14.500
B型	4	37.5	9.375
AB型	5	63.5	12.700

群別サンプルサイズ、群別順位和を次の記号で表す。

n_1	9
n_2	7
n_3	4
n_4	5
n	25

H_1	122.5
H_2	101.5
H_3	37.5
H_4	63.5

検定統計量を次式によって算出する。

$$\boldsymbol{T = \frac{12}{n(n+1)} \sum_{i=1}^{G} \frac{H_i^2}{n_i} - 3(n+1)}$$

$$= \frac{12}{25(25+1)} \left(\frac{122.5^2}{9} + \frac{101.5^2}{7} + \frac{37.5^2}{4} + \frac{63.5^2}{5} \right) - 3(25+1)$$

$$= 79.33 - 78$$

$$= 1.33$$

同順位（タイ）があるときは、次に示す修正指数を求め、検定統計量を修正指数で割る。

$$修正指数 = 1 - \frac{\Sigma(K^3 - K)}{n^3 - n}$$

$$= 1 - \frac{6 + 24 + 60}{25^3 - 25}$$

$$= 0.994$$

$$検定統計量 = T/修正指数 = 1.33 \div 0.994$$

$$= 1.339$$

p 値の計算方法

検定統計量はカイ 2 乗分布に従う。
p 値は、カイ 2 乗分布において検定統計量の上側確率である。
カイ 2 乗分布の上側確率は Excel の関数で求められる。

Excel 関数

上側確率は CHIDIST（検定統計量，群数－1）
=CHIDIST(1.339, 3) Enter 0.720

12.5 フリードマン検定

1 フリードマン検定の概要

フリードマン検定はノンパラメトリック検定の1つで、対応のある3群以上のデータの群間に差があるかを調べるときに用います。データの大小を順位に置き換えて統計的検定を行うので、3群間の平均値の差というより順位平均値（中央値）の有意差を調べる検定手法といってよいでしょう。

データが順序尺度の場合、および、距離尺度の場合はサンプルサイズが小さいときに用いられます。

距離尺度でサンプルサイズが大きいとき、小さくてもすべての群の正規性、分散の同等性が既知の場合は、パラメトリックの一元配置分散分析を適用します。

フリードマン検定は次の手順によって行います。

1 帰無仮説を立てる
3群以上の母集団の順位平均値は同じ

2 対立仮説を立てる
3群以上の母集団の順位平均値は同じではない

3 両側検定のみ、片側検定はない

4 検定統計量を算出

5 p値を算出
カイ2乗分布を適用

6 有意差判定
p値＜有意水準0.05
　3群以上の母集団の順位平均値は同じでないといえる
p値≧有意水準0.05
　3群以上の母集団の順位平均値は同じでないといえない

2　フリードマン検定の結果

Q. 具体例68

対象者10人に、同じジュースの色を3通りに変えて試飲してもらい、おいしさを5点法で評価させました。

5. おいしい　4. ややおいしい　3. どちらともいえない
2. ややおいしくない　1. おいしくない

下表はその結果です。ジュースのおいしさの評価に色の影響があったかどうか、有意水準0.05で検定しなさい。

	No1	No2	No3	No4	No5	No6	No7	No8	No9	No10
ジュースA	5	4	4	4	3	3	3	3	3	2
ジュースB	4	3	4	4	4	3	2	2	3	3
ジュースC	3	2	1	2	3	3	1	3	1	1

A. 基本統計量

	ジュースA	ジュースB	ジュースC
件数	10	10	10
平均値	3.40	3.20	2.00
中央値	3.00	3.00	2.00
標準偏差	0.84	0.79	0.94
四分位偏差	0.50	0.63	1.00

A. 検定結果

フリードマン検定

	ジュースA	ジュースB	ジュースC
n数	10	10	10
順位和	24.5	22.5	13
順位平均	2.45	2.25	1.3
検定統計量	7.550		
p値	0.023		
判定	[*]		

p値0.023＜有意水準0.05より、
ジュースのおいしさの評価は、色の影響があったといえます。

判定マーク　[**]　有意水準1%で有意差があるといえる
[*]　有意水準5%で有意差があるといえる
[ ]　有意差があるといえない

3 フリードマン検定の計算方法

検定統計量の計算方法

回答者ごとに3群のデータを昇順で順位を付ける。
同順位がある場合の順位付けは、ウイルコクソン順位和検定を参照。

データ	A	B	C
No1	5	4	3
No2	4	3	2
No3	4	4	1
No4	4	4	2
No5	3	4	3
No6	3	3	3
No7	3	2	1
No8	3	2	3
No9	3	3	1
No10	2	3	1

順位	A	B	C
	3	2	1
	3	2	1
	2.5	2.5	1
	2.5	2.5	1
	1.5	3	1.5
	2	2	2
	3	2	1
	2.5	1	2.5
	2.5	2.5	1
	2	3	1
順位和	24.5	22.5	13
	H_1	H_2	H_3

検定統計量を次式によって算出する。

$$\text{検定統計量} = \frac{12}{nG(G+1)}(H_1{}^2 + H_2{}^2 + H_3{}^2) - 3n(G+1)$$

$H_1{}^2$	24.5^2	600.25
$H_2{}^2$	22.5^2	506.25
$H_3{}^2$	13.0^2	169.00
	計	1275.50

n	10	サンプル
G	3	群
G(G+1)	12	
nG(G+1)	120	
3n(G+1)	120	

$$\text{検定統計量} = \frac{12}{120} \times 1275.50 - 120 = 127.55 - 120 = 7.55$$

p値の計算方法

検定統計量はカイ2乗分布に従う。
p値は、カイ2乗分布において検定統計量の上側確率である。
カイ2乗分布の上側確率はExcelの関数で求められる。

Excel関数

上側確率はCHIDIST(検定統計量，群数－1)
=CHIDIST(7.55, 2) Enter 0.023

12

第13章

ANOVA(分散分析法)

この章で学ぶ解析手法を紹介します。解析手法の計算はフリーソフトで行えます。
フリーソフトは第17章17.2を参考にしてください。

上段:手法名　下段:英語名	フリーソフトメニュー	解説ページ
分散分析 Analysis of variance	多重比較法	270
一元配置分散分析のデータ One-way ANOVA data	多重比較法	270
二元配置分散分析のデータ Two-way ANOVA data		271
一元配置分散分析(別名:一元配置法) One-way ANOVA(One-way method)	多重比較法	272
群間変動 Intergroup variation	多重比較法	275
群内変動 Within-group variation	多重比較法	276
分散比 Dispersion ratio	多重比較法	278
分散分析表 Analysis of variance table	多重比較法	279
二元配置分散分析(別名:二元配置法) Two-way ANOVA(Two-way method)		281

13.1 ANOVA、分散分析法とは

分散分析はanalysis of varianceの頭文字をとってANOVAともいいます。

2群の平均値の有意差を検討するにはt検定を用いますが、3群以上の平均値の有意差を調べる場合はANOVAを用います。

分散分析は全体的な平均値の相違を調べる方法で、どの群間に有意差があるかは把握できません。

分散分析によって全体的な相違が認められた場合、どこの群間に有意差があるかは**多重比較法**（次章解説）によって検証します。

分散分析には2つの解析手法があります。

- **一元配置分散分析**（別名：一元配置法）
- **二元配置分散分析**（別名：二元配置法）

一元配置分散分析のデータ

一元配置分散分析で適用できるデータ例を示します。

1列目に個体名、2列目に群、3列目に数量項目のデータがあります（A表）。

A表を編集して、B表を作成します。

B表は、1列目を群1（20代）、2列目を群2（30代）、3列目を群3（40代）の数量データとします。

一元配置分散分析はB表の各群の平均値を検討する手法です。

A表

個体	群項目	数量項目
個体1	群3	1
個体2	群1	4
個体3	群2	8
個体4	群1	5
個体5	群2	9
個体6	群2	10
個体7	群3	3
個体8	群3	5
個体9	群1	7
個体10	群1	8

群1：20代
群2：30代
群3：40代

B表

	群項目					
	群1：20代		群2：30代		群3：40代	
	個体2	4	個体3	8	個体1	1
	個体4	5	個体5	9	個体7	3
	個体9	7	個体6	10	個体8	5
	個体10	8				
平均		6		9		3

データには「**対応のないデータ**」と「**対応のあるデータ**」があります。

- **対応のないデータ**
  20代、30代、40代など同一人物でない者同士を比較する場合
- **対応のあるデータ**
  前日、1日後、2日後など同一人物で経過を追って比較する場合

対応のないデータ		
群1	群2	群3
20代	30代	40代
個体2 データ 個体4 データ 個体9 データ 個体10 データ	個体3 データ 個体5 データ 個体6 データ	個体1 データ 個体7 データ 個体8 データ

対応のあるデータ		
群1	群2	群3
前日	1日後	2日後
個体1 データ 個体2 データ 個体3 データ 個体4 データ 個体5 データ	個体1 データ 個体2 データ 個体3 データ 個体4 データ 個体5 データ	個体1 データ 個体2 データ 個体3 データ 個体4 データ 個体5 データ

一元配置分散分析は、「対応のないデータ」に適用する解析手法です。

対応のあるデータは、二元配置分散分析／繰り返しのない（**13.3**参照）を適用します。

二元配置分散分析のデータ

二元配置分散分析で適用できるデータ例を示します。

1列目に個体名、2列目に群項目P、3列目に群項目Q、4列目に数量項目のデータがあります（A表）。

A表を編集してB表を作成します。

表側に群項目Pの群1と群2、表頭に群項目Qの群1と群2と群3の2群×3群=6個のマス目を作り、マス目に該当する数量データを集めます。

二元配置分散分析はB表の項目Pの群別平均および項目Qの群別平均を比較検討する解析手法です。

A表

個体	群項目P	群項目Q	数量
個体1	群2	群1	3
個体2	群2	群3	4
個体3	群2	群3	9
個体4	群1	群1	6
個体5	群2	群2	2
個体6	群1	群2	8
個体7	群2	群2	5
個体8	群1	群1	5
個体9	群1	群2	4
個体10	群1	群3	3
個体11	群2	群3	3
個体12	群2	群1	7
個体13	群1	群3	10
個体14	群1	群2	3

B表

		群項目Q 年代		
		群1	群2	群3
群項目P 性別	群1	6 5	8 4 3	3 10
	群2	3 7	2 5	4 3 9

平均

群項目P 性別	
群1	群2
5.57	4.71

群項目Q 年代		
群1	群2	群3
5.25	4.40	5.80

13.2 一元配置分散分析

1 一元配置分散分析の概要

一元配置分散分析は、複数群（3群以上）からなるデータが得られた場合、すべての群の母平均が等しいといえるか否かを明らかにする解析手法です。

一元配置分散分析で把握できること

①**3群以上の母平均が異なるか**を明らかにします。

かつて、洗濯機はHメーカー、テレビはMメーカーがよいといわれたことがあります。最近は家電製品の性能に差がなくなっているので、価格が安いものを買うのがよいという考えがあります。性能に差がないことを検証するためにH、M、Nの3メーカーの洗濯機ユーザーの評価調査を行いました。 3メーカーの洗濯機評価得点について、H、M、N得点の母平均が異なるかを明らかにします。

②**要因の効果**を明らかにします。

記憶個数が高まる学習方法を考案しました。 その方法を受けない生徒4人、60分間受けた生徒3人、120分間受けた生徒3人を対象に、記憶個数のテストを行いました。 学習方法別の記憶個数の平均値の変化から、学習方法の効果を明らかにします。

留意点

①のテーマにおいて、一元配置法から把握できることは3メーカーの性能が異なるかで、H、M、Nのうちどのメーカーがよいとか、個々のメーカー間を比較しMよりHがよいといったことは把握できません。このことを把握したい場合は、一元配置法で3メーカーの評価が異なると判断された後に、多重比較法（第14章）によるメーカー間相互の有意差検定を行います。

一元配置分散分析の解析手順

1 帰無仮説を立てる
各群の母平均は等しい

2 対立仮説を立てる
各群の母平均は異なる

3 両側検定、片側検定を決める
一元配置分散分析は両側検定のみ

4 分散分析表を算出する

分散分析表				
	偏差平方和	自由度	分散	分散比
全体変動	全体偏差平方和 S_t	$n-1$ f_t	全体分散 $V_t = \dfrac{S_t}{f_t}$	
群間変動	群間偏差平方和 S_a	群数-1 f_a	群間分散 $V_a = \dfrac{S_a}{f_a}$	分散比 $F = \dfrac{V_a}{V_e}$
群内変動	群内偏差平方和 S_e	$n-$群数 f_e	群内分散 $V_e = \dfrac{S_e}{f_e}$	

5 検定統計量を算出

検定統計量は分散分析表の分散比である。

分散比は、母集団が正規分布、各群の母分散が等しい場合、帰無仮説のもとにF分布に従う。

母集団の正規性、等分散性が崩れても近似的にF分布となる。

したがって分散分析は正規性、等分散性の仮定の違反に関しては比較的頑健な解析手法である。

> 頑健（がんけん）とは
> 一般的には、ある統計手法が仮定している条件を満たしていないときにも、ほぼ妥当な結果を与えるとき、頑健（robust）である（頑健性を持つ）といいます。

6 p値を算出

p値はF分布における検定統計量の上側確率である。

7 有意差判定

p値＜有意水準0.05

　帰無仮説を棄却し対立仮説を採択する。

　各群の母平均は異なるといえる。

p値≧有意水準0.05

　帰無仮説を棄却できず対立仮説を採択しない。

　各群の母平均は異なるといえない。

検定統計量と棄却限界値の比較でも有意差判定は行える。

検定統計量＞棄却限界値

　帰無仮説を棄却し対立仮説を採択する。

　各群の母平均は異なるといえる。

検定統計量≦棄却限界値

　帰無仮説を棄却できず対立仮説を採択しない。

　各群の母平均は異なるといえない。

2　一元配置分散分析の結果

Q. 具体例69

かつて、洗濯機はHメーカー、テレビはMメーカーがよいといわれたことがあります。最近は家電製品の性能に差がなくなっているので、価格が安いものを買うのがよいという考え方があります。
このことを検証するために、H、M、Nの3メーカーの洗濯機ユーザーの評価調査を行いました。H使用者4人、M使用者3人、L使用者3人、計10人回答データを示します。なお、評価点は10点満点で回答させました。

Hメーカー	Mメーカー	Nメーカー
4	8	1
5	9	3
7	10	5
8		

各人の評価から、洗濯機における3メーカーの性能が同じか否かを判断するために、3メーカーの平均を算出しました。

	Hメーカー	Mメーカー	Nメーカー	全体
人数	4	3	3	10
平均	6	9	3	6

母集団において3メーカーの平均に違いがあるかを一元配置分散分析で明らかにしなさい。

A. 検定結果

	偏差平方和	自由度	不偏分散	分散比	p値
全体	74.0	9	8.22		
群間	54.0	2	27.00	9.45	0.0103
群内	20.0	7	2.86		

p値=0.0103＜0.05より
3メーカーの母平均に違いがあるといえます。

3 一元配置分散分析の計算方法

分散分析は分散を分析するのではなく、データの変動を測る分散、詳しくは**群間変動**、**群内変動**、全体変動を用いて、3個以上の群の平均値を分析する検定手法です。

まずはじめに、群間変動、群内変動、全体変動は何かを解説します。

3メーカーの評価データについて点グラフを作成します。

データは変動しています。

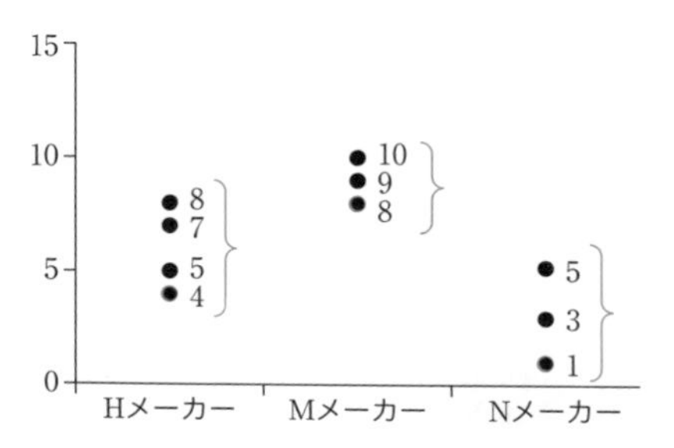

変動には、群間変動と群内変動があります。

メーカーの違いによる変動を**群間変動**といいます。

同じメーカーの中でも評価者の違いによる変動を**群内変動**といいます。

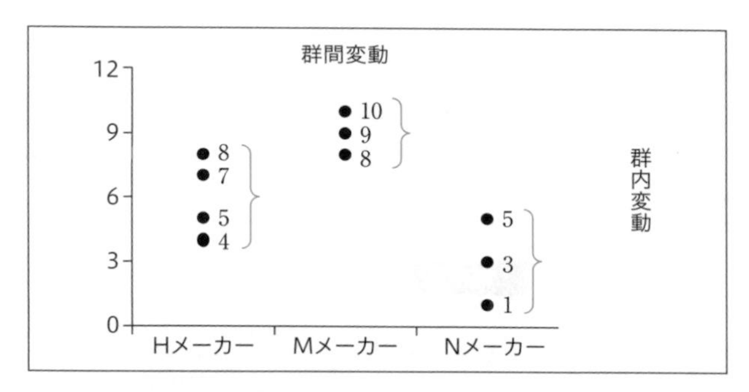

群間変動

群間変動は、全体平均（6）を基準として3メーカーの平均（6,9,3）がどのくらい広がっている（ばらついている）か数値化したものです。

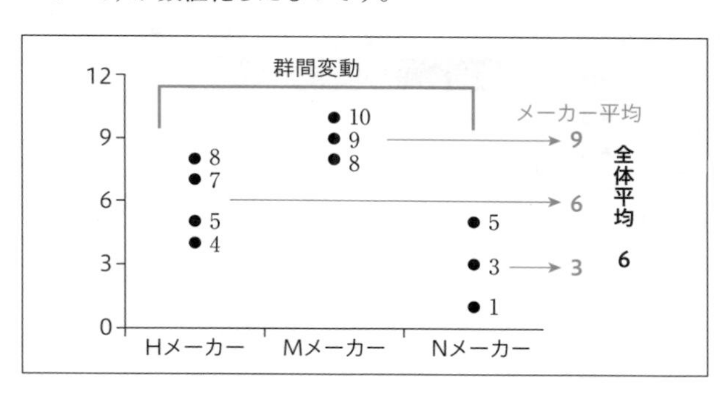

群間変動の求め方を示します。

- メーカー別平均と全体平均の偏差を計算する。
- 求められた偏差の平方を算出する。この値を偏差平方という。(a)
- メーカーごとの回答人数 (b) を偏差平方 (a) に掛ける。
- 求めた値の合計が群間変動である。
- **群間変動**には群間偏差平方和、群間分散があり、ここで求めたのは群間偏差平方和である。

	Hメーカー	Mメーカー	Nメーカー	
	4	8	1	
	5	9	3	
	7	10	5	
	8			全体平均
平均	6	9	3	6
偏差	0	3	−3	
a 偏差平方	0	9	9	
b 人数	4	3	3	横計
a × b	0	27	27	54

群間偏差平方和

群内変動

- メーカーごとに、データから平均を引いた偏差を求める。
- 求められた偏差を平方する（偏差平方という）。
- メーカーごとに偏差平方を合計する（偏差平方和という）。
- 3メーカーの偏差平方和を合計する。求めた値が群内変動である。
- **群内変動**には群内偏差平方和、群内分散があり、ここで求めたのは群内偏差平方和である。
  群内偏差平方和=10+2+8=20

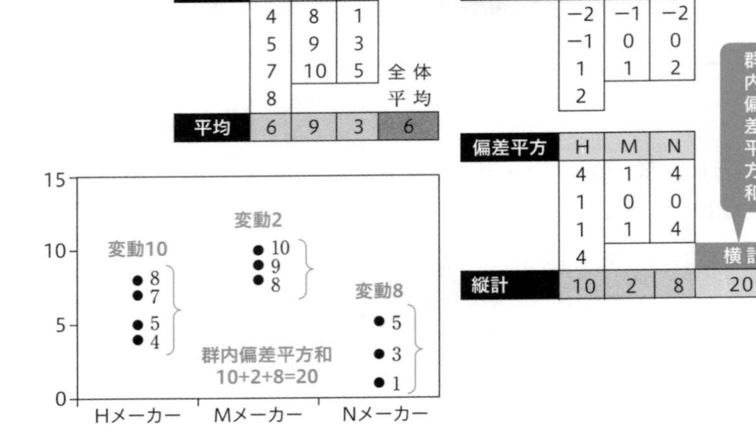

全体変動

全体変動は全データの偏差平方の合計で、**全体偏差平方和**といいます。
群間偏差平方和と群内偏差平方和の合計は全体偏差平方和に一致します。

メーカー	評価得点	偏差	偏差平方
H	4	−2	4
H	5	−1	1
H	7	1	1
H	8	2	4
M	8	2	4
M	9	3	9
M	10	4	16
N	1	−5	25
N	3	−3	9
N	5	−1	1
平均	6	0	7.4
		合計	74

群間変動・群内変動と平均の関係

群間偏差平方和からメーカー間の母平均値に違いがあるかを調べることができます。
群間偏差平方和が大きいほど、メーカー間の母平均は違いがあるといえます。

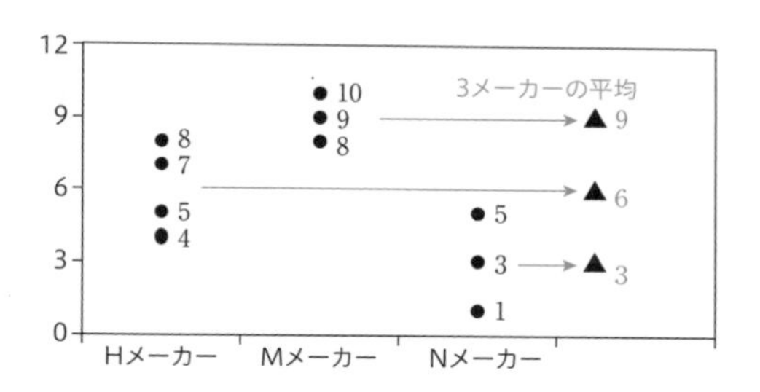

次ページの右は別の調査の結果です。
左と右を比較すると、3メーカーの平均および群間偏差平方和は同じですが、群内偏差平方和は異なります。

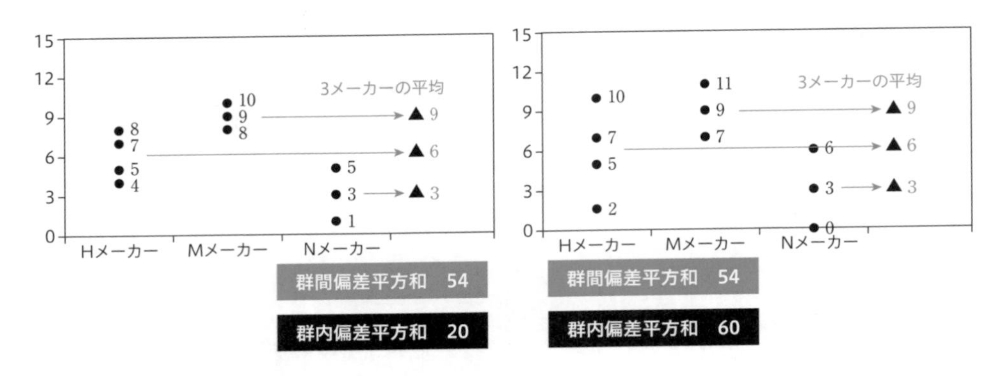

3群H，M，Nの標本平均6，9，3から母平均の点推定は、6，9，3ですが、推定の信ぴょう性は左図と右図ではどちらが高いといえるでしょうか。

左図の場合、群内偏差平方和は小さく母集団の平均は6，9，3といえそうで、母平均に違いがありそうといえます。

回答データが右図の場合、群内偏差平方和は大きく、母集団の平均は6，9，3である信憑性は低く、母平均に違いがあるかはわからず、母平均に違いがあるといえなさそうです。

3メーカーの母集団の平均の違いを調べるには、**群間偏差平方和**だけでなく**群内偏差平方和**も考慮しなければなりません。

分散比

群間偏差平方和が大きく、群内偏差平方和が小さいほど、メーカー間の母平均に違いがあると考えます。

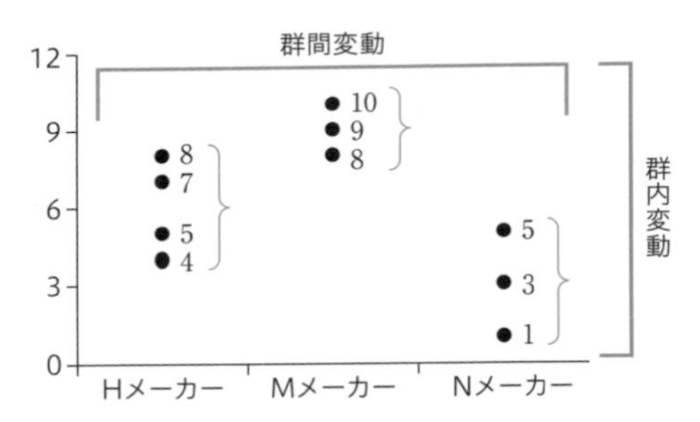

群間偏差平方和が大で、群内偏差平方和が小（右図）なら3メーカーの母平均に違いがあるといえます。

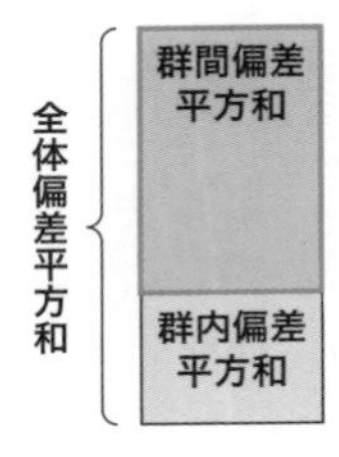

群間偏差平方和と群内偏差平方和の大きさを比較します。
群間偏差平方和を群内偏差平方和で割った値を検討します。

群間偏差平方和を群内偏差平方和で割ります。正しくは、群間分散を群内分散で割ります。
この値を**分散比**といいます。

分散分析表

- 群間分散は群間偏差平方和を（群数−1）で割った値です。
  群間分散=群間偏差平方和÷（メーカー数−1)=54÷2=27
- 群内分散は群内偏差平方和を（全データ数−群数）で割った値です。
  群内分散=群内偏差平方和÷（全データ数 − メーカー数）=20÷（10−3）=2.86
- 分散比=群間分散÷群内分散=27÷2.86=9.45

※全データ数 $= n$　群数 $= a$
　$a-1$、$n-a$を自由度という。

計算した結果を下記のようにまとめた表を分散分析表といいます。

分散分析表

	偏差平方和	自由度	分散	分散比
全体	全体偏差平方和 S_t 74	全体自由度 $f_t = n-1$ 9	全体分散 $V_t = \frac{S_t}{f_t}$ 8.22	
群間	群間偏差平方和 S_a 54	群間自由度 $f_a = a-1$ 2	群間分散 $V_a = \frac{S_a}{f_a}$ 27	分散比 $F = \frac{V_a}{V_e}$ 9.45
群内	群内偏差平方和 S_e 20	群内自由度 $f_e = n-a$ 7	群内分散 $V_e = \frac{S_e}{f_e}$ 2.86	

nは全データ数、aは群数（メーカー数）とします。
S_tは全体偏差平方和、S_aは群間偏差平方和、S_eは群内偏差平方和とします。
$f_t = n-1$は全体自由度です。
$f_a = a-1$は群間自由度です。
$f_e = n-a$は群内自由度です。
$S_t = S_a + S_e$　$f_t = f_a + f_e$　となります。
V_tは全体分散、V_aは群間分散、V_eは群内分散とします。
$V_t = \frac{S_t}{n-1}$　$V_a = \frac{S_a}{a-1}$　$V_e = \frac{S_e}{n-a}$となります。
Fは分散比とします。
$F = \frac{V_a}{V_e}$です。

13

p値

分散分析における検定統計量は分散比です。

検定統計量は、母集団が正規分布、各群の母分散が等しい場合、帰無仮説のもとに、自由度 $f_1 = a - 1$, $f_2 = n - a$ のF分布に従います。

具体例の自由度は $f_1 = 3 - 1 = 2$, $f_2 = 10 - 3 = 7$ です。

母集団の正規性、等分散性が崩れても近似的にF分布となります。
したがって分散分析は正規性、等分散性の仮定の違反に関しては比較的頑健な解析手法です。

p値は自由度 f_1, f_2 のF分布における検定統計量の上側確率です。

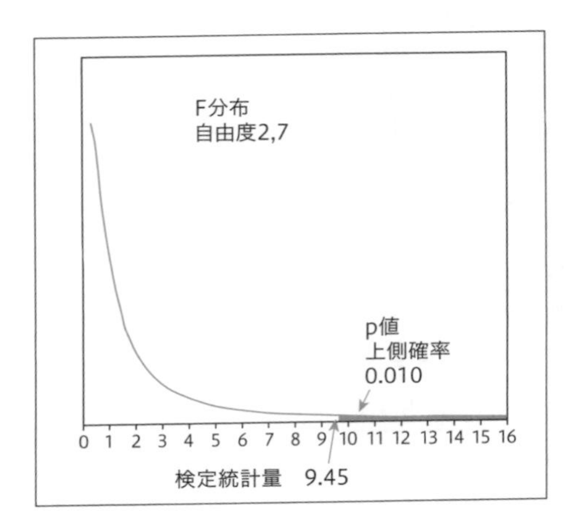

Excel関数

上側p値はExcelの関数で求められる。

上側確率

=FDIST(検定統計量, 自由度1, 自由度2)

=FDIST(9.45, 2, 7) [Enter] 0.0103

棄却限界値

棄却限界値はF分布の上側確率が5%となる横軸の値（パーセント点）です。

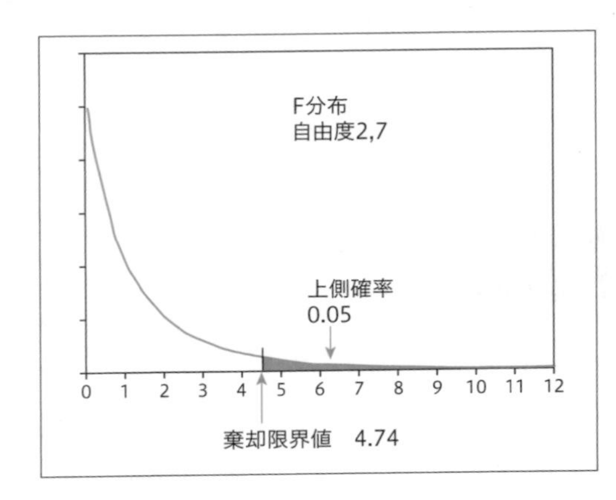

Excel関数

Excelの関数で求められる。

棄却限界値

=FINV(0.05, 自由度1, 自由度2)

=FINV(0.05, 2, 7) [Enter] 4.74

13.3 二元配置分散分析

1 二元配置分散分析の概要

二元配置分散分析は、群データ（カテゴリーデータ）の項目2つ（XとY）と数量データの項目1つが得られたとき、X項目、Y項目の群別平均の有意差を検証する方法です。

二元配置分散分析で適用できるデータの種別

二元配置分散分析で適用できるデータは3パターンあります。

タイプ1. セル内のデータ個数は等しくないが、セル内個数は横計個数、縦計個数に比例する
タイプ2. セル内のデータ個数はすべて1（繰り返しがないデータという）
タイプ3. セル内のデータ個数は等しくなく、セル内個数は横計個数、縦計個数に比例しない

タイプ1. セル内の個数は等しくないが、セル内個数は横計個数、縦計個数に比例する

		群項目Q 調査時期		
		群1 前日	群2 1日後	群3 2日後
群項目P 性別	群1 男性	10 12 8	12 13 8	15 14 10
	群2 女性	9 7	13 15	16 15

データ個数

	群1	群2	群3	横計
群1	3	3	3	9
群2	2	2	2	6
縦計	5	5	5	

タイプ2. セル内の個数はすべて1

		群項目Q 年代		
		群1 20代	群2 30代	群3 40代
群項目P 性別	群1 男性	12	13	16
	群2 女性	7	9	14

データ個数

	群1	群2	群3
群1	1	1	1
群2	1	1	1

タイプ3. セル内の個数は等しくなく、セル内個数は横計個数、縦計個数にも比例しない

		群項目Q 年代		
		群1 20代	群2 30代	群3 40代
群項目P 性別	群1 男性	6 5	8 4 3	3 10
	群2 女性	3 7	2 5	4 3 9

セル内個数

	群1	群2	群3	横計
群1	2	3	2	7
群2	2	3	3	8
縦計	4	6	5	

※二元配置分散分析は、データが対応していない場合に適用できます。
上記のタイプ1のように、対応しているデータの場合は混合効果二元配置分散分析を適用します。
混合効果二元配置分散分析の説明は省略します。

13

二元配置分散分析の解析手順

1 帰無仮説を立てる

群項目1の各群の母平均は等しい（群項目1は効果がない）

群項目2の各群の母平均は等しい（群項目2は効果がない）

群項目1と群項目2は交互作用がない

2 対立仮説を立てる

群項目1の各群の母平均は異なる（群項目1は効果がある）

群項目2の各群の母平均は異なる（群項目2は効果がある）

群項目1と群項目2は交互作用がある

3 両側検定、片側検定を決める

二元配置分散分析は両側検定のみ

4 分散分析表を算出

二元配置分散分析における検定統計量は分散比である。

検定統計量（分散比）は、母集団が正規分布、各群の母分散が等しい場合、帰無仮説のもとにF分布に従う。

母集団の正規性、等分散性が崩れても近似的にF分布となる。

したがって分散分析は正規性、等分散性の仮定の違反に関しては比較的頑健な解析手法である。

5 p値を算出

分散分析表の分散比についてp値を算出する。

p値はF分布における分散比の上側確率である。

p値はExcel関数で求められる。

=FDIST(分散比, 自由度1, 自由度2)

6 有意差判定

p値＜有意水準0.05

　帰無仮説を棄却し対立仮説を採択。

　各群の母平均は異なるといえる。

　交互作用はあるといえる

p値≧有意水準0.05

　帰無仮説を棄却できず対立仮説を採択しない。

　各群の母平均は異なるといえない。

　交互作用はあるといえない。

2 タイプ1の結果

Q. 具体例70

あるポスターの評価テストをしました。
群項目は「ポスターの台紙の色」と「ポスターに使用した色の数」の2つです。

- 「ポスター台紙の色」は、白色、灰色の2群。
- 「ポスターに使用した色の数」は、1色（赤）、2色（赤、黄）、3色（赤、黄、黒）の3群。

群項目の組み合わせ数は、2×3=6個です。
各組み合わせについて2人ずつ、計12人に10点満点で評価させました。

観測データ

	群項目1	群項目2	数量項目
No	台紙の色	色の数	得点
1	白色	1色	2
2	白色	1色	2
3	白色	2色	3
4	白色	2色	5
5	白色	3色	8
6	白色	3色	10
7	灰色	1色	1
8	灰色	1色	3
9	灰色	2色	7
10	灰色	2色	5
11	灰色	3色	4
12	灰色	3色	4

二元配置分散分析のデータ

		群項目2：色の数		
		1色	2色	3色
群項目1 台紙の色	白色	2 2	3 5	8 10
	灰色	1 3	7 5	4 4

検定

平均値表

	1色	2色	3色	横計
白色	2.0	4.0	9.0	5.0
灰色	2.0	6.0	4.0	4.0
縦計	2.0	5.0	6.5	4.5

分散分析表を求め、p値について解釈しなさい。

A. 結果

件数表

	1色	2色	3色	横計
白色	2	2	2	6
灰色	2	2	2	6
縦計	4	4	4	12

- 因子（A）のp値=0.184＞有意水準0.05より、台紙の色別の得点の平均は異なるといえません。台紙の色を変えたことはポスターの評価を上げることに効果があったとはいえません。
- 因子（B）のp値=0.004＜有意水準0.05より、色の数別の得点の平均は異なるといえます。色の数が増えることはポスターの評価を上げることに効果があったといえます。
- 交互作用のp値=0.013＜有意水準0.05より、台紙の色と色の数に交互作用があったといえます。

分散分析表

要因		偏差平方和	自由度	不偏分散	分散比	p値	判定
全体変動		79.00	11	7.18			
因子(A)	台紙の色	3.00	1	3.00	2.25	0.184	[ ]
因子(B)	色の数	42.00	2	21.00	15.75	0.004	[**]
交互作用		26.00	2	13.00	9.75	0.013	[*]
誤差変動		8.00	6	1.33			

交互作用の解釈

台紙の色別、色の数別の評価得点の平均値をグラフ化すると右図のようになります。

平均値表				
	1色	2色	3色	横計
白色	2.0	4.0	9.0	5.0
灰色	2.0	6.0	4.0	4.0
縦計	2.0	5.0	6.5	4.5

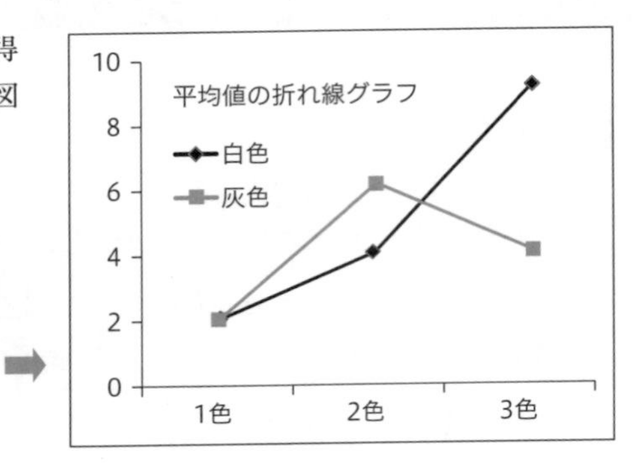

平均値を見ると、台紙の色では、白色が5点で灰色の4点より高くなっています。また、色の数では、1色2点、2色5点、3色6.5点と、色の数が多いほど平均点が高くなる傾向が見られます。

ところが、灰色のポスターだけは、色の数が多くなるほど平均値が高くなるという傾向は見られず、特に灰色で3色使用したポスターでは、平均値が低くなるという結果が出ています。つまり、灰色で3色という組み合わせに限って、何か平均値を低下させる事柄（効果）があったものと予想されます。このような現象を「交互作用がある」といいます。

折れ線グラフを見ると、白色と灰色の2本の折れ線は、交差する結果を示しています。

一般的に、2つの因子AとBに交互作用があれば折れ線は交差し、交互作用がなければ、それらは平行の形態になります。

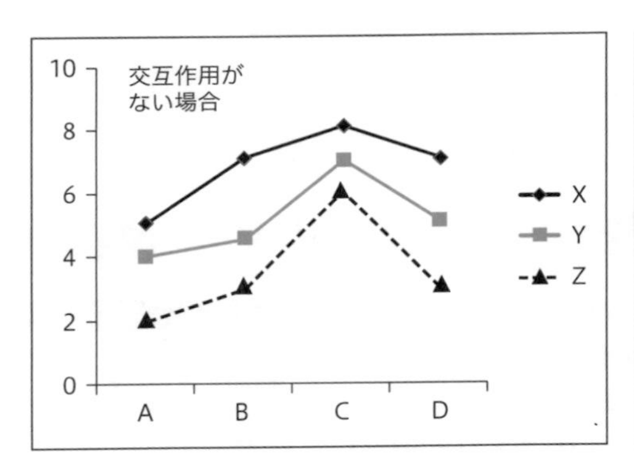

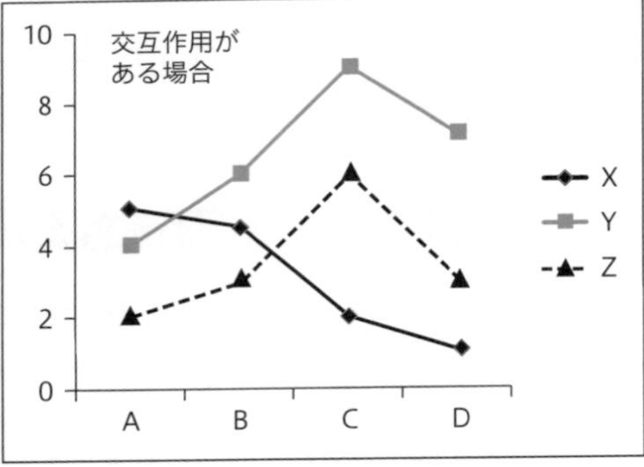

3　タイプ1の計算方法

分散分析表

下記の分散分析表の求め方を説明します。

	偏差平方和	自由度	分散	分散比
全体変動	S_t	f_t	$V_t = \frac{S_t}{f_t}$	
群項目1 群間変動	S_a	f_a	$V_a = \frac{S_a}{f_a}$	$F_a = \frac{V_a}{V_e}$
群項目2 群間変動	S_b	f_b	$V_b = \frac{S_b}{f_b}$	$F_b = \frac{V_b}{V_e}$
交互作用	$S_{a\times b}$	$f_{a\times b}$	$V_{a\times b} = \frac{S_{a\times b}}{f_{a\times b}}$	$F_{a\times b} = \frac{V_{a\times b}}{V_e}$
群内変動	S_e	f_e	$V_e = \frac{S_e}{f_e}$	

分散分析表の算出方法はデータ種別によって求め方が異なるので、1つずつ解説します。

1. セル内データ個数は等しくないが、セル内個数は横計個数、縦計個数に比例

		群項目2：色の数		
		1色	2色	3色
群項目1 台紙の色	白色	2	3	8
		2	5	10
	灰色	1	7	4
		3	5	4

件数表

	1色	2色	3色	横計
白色	2	2	2	6
灰色	2	2	2	6
縦計	4	4	4	12

平均値表

	1色	2色	3色	横計
白色	2.0	4.0	9.0	5.0
灰色	2.0	6.0	4.0	4.0
縦計	2.0	5.0	6.5	4.5

全体平均（4.5）

全体偏差平方和　S_t

$S_t = \Sigma(\text{個々のデータ} - \text{全体平均})^2$

データ－全体平均

		色の数		
		1色	2色	3色
台紙の色	白色	−2.5	−1.5	3.5
		−2.5	0.5	5.5
	灰色	−3.5	2.5	−0.5
		−1.5	0.5	−0.5

(データ－全体平均)²

		色の数			
		1色	2色	3色	
台紙の色	白色	6.25	2.25	12.25	
		6.25	0.25	30.25	
	灰色	12.25	6.25	0.25	全合計
		2.25	0.25	0.25	79

$S_t = 79$

群項目1群間偏差平方和　S_a

$$S_a = \Sigma(\text{横平均} - \text{全体平均})^2$$

台紙の色	白色	灰色		
i 横平均	5	4		
ii 横平均－全体平均	0.5	－0.5		
iii （横平均－全体平均）^{2}	0.25	0.25		
iv n数横計	6	6	横計	群項目1
iii × iv	1.5	1.5	3	群間偏差平方和

$S_a = 3$

群項目2群間偏差平方和　S_b

$$S_b = \Sigma(\text{縦平均} - \text{全体平均})^2$$

色の数	1色	2色	3色		
i 縦平均	2	5	6.5		
ii 縦平均－全体平均	－2.5	0.5	2		
iii （縦平均－全体平均）^{2}	6.25	0.25	4		
iv n数縦計	4	4	4	横計	群項目2
iii × iv	25	1	16	42	群間偏差平方和

$S_b = 42$

交互作用　$S_{a \times b}$

$$S_{a \times b} = S_{ab} - S_a - S_b$$
$$S_{ab} = \Sigma(\text{セル平均} - \text{全体平均})^2 \times \text{セル}\, n\, \text{数}$$

セル平均－全体平均

	1色	2色	3色
白色	－2.5	－0.5	4.5
灰色	－2.5	1.5	－0.5

（セル平均－全体平均）^{2}

	1色	2色	3色
白色	6.25	0.25	20.25
灰色	6.25	2.25	0.25

（セル平均－全体平均）^{2}×セルn数

	1色	2色	3色	
白色	12.5	0.5	40.5	全合計
灰色	12.5	4.5	0.5	71

$$\begin{aligned} S_{a \times b} &= S_{ab} - S_a - S_b \\ &= 71 - 3 - 42 \\ &= 26 \end{aligned}$$

群内偏差平方和　S_e

$$S_e = \Sigma(\text{データ} - \text{セル平均})^2$$

（データ－セル平均）^{2}

	1色	2色	3色	
白色	0	1	1	
	0	1	1	
灰色	1	1	0	全合計
	1	1	0	8

$S_e = 8$

自由度

$f_t = n - 1 = 12 - 1 = 11$

$f_a =$ 群項目 1 の群数 $a - 1 = 2 - 1 = 1$

$f_b =$ 群項目 2 の群数 $b - 1 = 3 - 1 = 2$

$f_{a \times b} = (a-1)(b-1) = (2-1) \times (3-1) = 2$

$f_e = n - ab = 12 - 2 \times 3 = 6$

分散分析表

	偏差平方和	自由度	分散	分散比
全体変動	全体偏差平方和 S_t 79	$n-1$ f_t 11	全体分散 $V_t = \dfrac{S_t}{f_t}$ 7.1818	
群項目1　群間変動	群間偏差平方和 S_a 3	群数 -1 f_a 1	群間分散 $V_a = \dfrac{S_a}{f_a}$ 3	分散比 $F = \dfrac{V_a}{V_e}$ 2.25
群項目2　群間変動	群間偏差平方和 S_b 42	群数 -1 f_b 2	群間分散 $V_b = \dfrac{S_b}{f_b}$ 21	分散比 $F = \dfrac{V_a}{V_e}$ 15.75
交互作用	群間偏差平方和 $S_{a \times b}$ 26	$f_{a \times b}$ 2	群間分散 $V_{a \times b} = \dfrac{S_{a \times b}}{f_{a \times b}}$ 13	分散比 $F = \dfrac{V_a}{V_e}$ 9.75
群内変動	群内偏差平方和 S_e 8	f_e 6	群内分散 $V_e = \dfrac{S_e}{f_e}$ 1.3333	

p値

13.2 のp値の求め方を参照してください。

4　タイプ2の結果

Q. 具体例71

3人の工員が、ABCD4台の工作機によって1日に制作した部品の個数は次の通りでした。部品の出来高が、機械・人のどちらによるものかを明らかにしなさい。

	A	B	C	D
鈴木	41	43	40	40
田中	40	42	41	38
中村	39	41	39	36

A. 検定結果

対応のあるデータなので、一元配置法でなく二元配置法（繰り返しのない）を適用します。

平均値表

	A	B	C	D	平均値
鈴木	41	43	40	40	41.00
田中	40	42	41	38	40.25
中村	39	41	39	36	38.75
平均値	40	42	40	38	40.00

分散分析表

	偏差平方和	自由度	不偏分散	分散比	p値	判定
全体変動	38.0	11	3.45			
因子（A）　工員間	10.5	2	5.25	9.00	0.0156	[*]
因子（B）　機械間	24.0	3	8.00	13.71	0.0043	[**]
誤差変動	3.5	6	0.58			

工員間のp値=0.0156＜有意水準0.05より、工員間の部品数の平均に違いがあるといえます。
機械間のp値=0.0043＜有意水準0.05より、機械間の部品数の平均に違いがあるといえます。

5 タイプ2の計算方法

「セル内のデータ個数はすべて1」です。

平均値

	A	B	C	D
鈴木	41	43	40	40
田中	40	42	41	38
中村	39	41	39	36

横平均、縦平均、全体平均

	A	B	C	D	横平均
鈴木	41	43	40	40	41
田中	40	42	41	38	40.25
中村	39	41	39	36	38.75
縦平均	40	42	40	38	40
					全体平均

全体偏差平方和 S_t

$S_t = \Sigma$(個々のデータ − 全体平均$)^2$

データ − 全体平均

	A	B	C	D
鈴木	1	3	0	0
田中	0	2	1	−2
中村	−1	1	−1	−4

(データ − 全体平均$)^2$

	A	B	C	D	
鈴木	1	9	0	0	
田中	0	4	1	4	全体計
中村	1	1	1	16	38

$S_t = 38$

群項目1群間偏差平方和 S_a

$S_a = \Sigma$(横平均 − 全体平均$)^2$

工員	鈴木	田中	中村		
i 横平均	41	40.25	38.75		
ii 横平均 − 全体平均	1	0.25	−1.25		
iii (横平均 − 全体平均$)^2$	1	0.063	1.563		
iv n数横計	4	4	4	横計	群項目1
iii × iv	4	0.25	6.25	10.5	群間偏差平方和

$S_a = 10.5$

群項目2群間偏差平方和　S_b

$$S_b = \Sigma(\text{縦平均} - \text{全体平均})^2$$

機械	A	B	C	D		
i 縦平均	40	42	40	38		
ii 縦平均－全体平均	0	2	0	−2		
iii （縦平均－全体平均）^{2}	0	4	0	4		
iv　n 数縦計	3	3	3	3	横計	群項目2
iii × iv	0	12	0	12	24	群間偏差平方和

$S_b = 24$

群内偏差平方和　S_e

$$S_e = S_t - S_a - S_b$$
$$= 38 - 10.5 - 24 = 3.5$$

自由度

$f_t = n - 1 = 12 - 1 = 11$

$f_a =$ 群項目 1 の群数 $a - 1 = 3 - 1 = 2$

$f_b =$ 群項目 2 の群数 $b - 1 = 4 - 1 = 3$

$f_e = f_t - f_a - f_b = 11 - 2 - 3 = 6$

分散分析表

	偏差平方和	自由度	分散	分散比
全体変動	全体偏差平方和 S_t 38	全体自由度 $f_t = n - 1$ 11	全体分散 $V_t = \frac{S_t}{f_t}$ 3.45	
群項目1 群間変動	群間偏差平方和 S_a 10.5	群間自由度 $f_a = a - 1$ 2	群間分散 $V_a = \frac{S_a}{f_a}$ 5.25	分散比 $F_a = \frac{V_a}{V_e}$ 9.00
群項目2 群間変動	群間偏差平方和 S_b 24	群間自由度 $f_b = b - 1$ 3	群間分散 $V_a = \frac{S_a}{f_a}$ 8	分散比 $F_b = \frac{V_a}{V_e}$ 13.71
群内変動	群内偏差平方和 3.5	群内自由度 f_e 6	群内分散 $V_e = \frac{S_e}{f_e}$ 0.5833	

6 タイプ 3 の計算方法

「セル内のデータ個数は等しくなく、セル内個数は横計個数、 縦計個数に比例しない」です。

商品評価を10点満点で回答したデータです。性別、年代別で商品評価に違いがあるかを検証してください。

	20才代	30才代	40才代
男 性	2 2	3 5 6	8 10
女 性	1 3 2	7 5 6	4 4 3 5

データを回答者ごとの表に変換します。
性別、年代をダミー変数(1,0)に変換します。

			性別	年代	
性別	年代	得点	A1	B1	B2
男性	20才代	2	1	1	0
男性	20才代	2	1	1	0
女性	20才代	1	0	1	0
女性	20才代	3	0	1	0
女性	20才代	2	0	1	0
男性	30才代	3	1	0	1
男性	30才代	5	1	0	1
男性	30才代	6	1	0	1
女性	30才代	7	0	0	1
女性	30才代	5	0	0	1
女性	30才代	6	0	0	1
男性	40才代	8	1	0	0
男性	40才代	10	1	0	0
女性	40才代	4	0	0	0
女性	40才代	4	0	0	0
女性	40才代	3	0	0	0
女性	40才代	5	0	0	0

ダミー変数

	A1
男性	1
女性	0

	B1	B2
20才代	1	0
30才代	0	1
40才代	0	0

分散分析表の各種変動を求めるためのデータを作成します。

得 点	A1	B1	B2	A1×B1	A1×B2
2	1	1	0	1	0
2	1	1	0	1	0
1	0	1	0	0	0
3	0	1	0	0	0
2	0	1	0	0	0
3	1	0	1	0	1
5	1	0	1	0	1
6	1	0	1	0	1
7	0	0	1	0	0
5	0	0	1	0	0
6	0	0	1	0	0
8	1	0	0	0	0
10	1	0	0	0	0
4	0	0	0	0	0
4	0	0	0	0	0
3	0	0	0	0	0
5	0	0	0	0	0

得点を目的変数、A1、B1、B2、A1×B1、A1×B2を説明変数として重回帰分析を4ケース行い、分散分析表を算出します。

- ケース1　説明変数　A1、B1、B2、A1×B1、A1×B2
- ケース2　説明変数　A1、B1、B2
- ケース3　説明変数　A1
- ケース4　説明変数　B1、B2

<ケース1>　説明変数　A1、B1、B2、A1×B1、A1×B2

分散分析表

	平方和	自由度	不偏分散	分散比
全体変動	92.235	16		
回帰変動	79.569	5	15.914	13.820
残差変動	12.667	11	1.152	

回帰変動 $S_{A \cdot B \cdot AB}$

<ケース2>　説明変数　A1、B1、B2

分散分析表

	平方和	自由度	不偏分散	分散比
全体変動	92.235	16		
回帰変動	48.968	3	16.323	4.904
残差変動	43.267	13	3.328	

回帰変動 $S_{A \cdot B}$

<ケース3>　説明変数　A1

分散分析表

	平方和	自由度	不偏分散	分散比
全体変動	92.235	16		
回帰変動	5.378	1	5.378	0.929
残差変動	86.857	15	5.790	

回帰変動 S_A

<ケース4>　説明変数　B1、B2

分散分析表

	平方和	自由度	不偏分散	分散比
全体変動	92.235	16		
回帰変動	43.569	2	21.784	6.267
残差変動	48.667	14	3.476	

回帰変動 S_B

※重回帰分析の説明は、この書籍では割愛します。

偏差平方和

群間変動　群項目1の群間偏差平方和

$$S_a = S_{A \cdot B} - S_B = 48.968 - 43.569 = 5.399$$

群間変動　群項目2の群間偏差平方和

$$S_b = S_{A \cdot B} - S_A = 48.968 - 5.378 = 43.590$$

交互作用

$$S_a \times b = S_{A \cdot B \cdot AB} - S_{A \cdot B} = 79.569 - 48.968 = 30.601$$

群内変動群内偏差平方和

$$S_e = S_t - S_a - S_b - S_{a \times b}$$

$$= 92.235 - 5.399 - 43.59 - 30.601 = 12.645$$

ただし、S_tは全体変動

自由度

サンプルサイズ$n = 17$

群1（性別）の群数　$a = 2$

群2（年代）の群数　$b = 3$

$f_t = n - 1 = 16$

$f_a = a - 1 = 1$

$f_b = b - 1 = 2$

$f_{ab} = (a-1)(b-1) = 2$

$f_e = f_t - f_a - f_b - f_{ab} = 11$

分散分析表

	偏差平方和	自由度	分散	分散比
全体変動	全体偏差平方和 S_t 92.235	$n-1$ f_t 16	全体分散 $V_t = \dfrac{S_t}{f_t}$ 5.765	
群項目1 群間変動	群間偏差平方和 S_a 5.399	群数－1 f_a 1	群間分散 $V_a = \dfrac{S_a}{f_a}$ 5.399	分散比 $F = \dfrac{V_a}{V_e}$ 4.697
群項目2 群間変動	群間偏差平方和 S_b 43.590	群数－1 f_b 2	群間分散 $V_b = \dfrac{S_b}{f_b}$ 21.795	分散比 $F = \dfrac{V_a}{V_e}$ 18.959
交互作用	群間偏差平方和 $S_{a \times b}$ 30.601	$f_{a \times b}$ 2	群間分散 $V_{a \times b} = \dfrac{S_{a \times b}}{f_{a \times b}}$ 15.300	分散比 $F = \dfrac{V_a}{V_e}$ 13.309
群内変動	群内偏差平方和 S_e 12.645	f_e 11	群内分散 $V_e = \dfrac{S_e}{f_e}$ 1.150	

第14章

多重比較法

この章で学ぶ解析手法を紹介します。解析手法の計算はフリーソフトで行えます。
フリーソフトは第17章17.2を参考にしてください。

上段：解析手法名　下段：英語名	フリーソフトメニュー	解説ページ
多重比較法 Multiple comparison methods		296
多重比較ボンフェローニ Multiple Comparison Bonferroni	多重比較ボンフェローニ	301
多重比較ホルム Multiple Comparison Holm		304
多重比較チューキー Multiple Comparison Chewy		306
多重比較チューキー・クレーマー Multiple Comparison Chewy Kramer		309
多重比較ダネット Multiple Comparison Dunnett's test		310
多重比較ウイリアムズ Multiple Comparison Williams		315
多重比較シェッフェ Multiple comparison sheffe		320
母比率の多重比較 Mother Ratio Multiple Comparison		325
多重比較ライアン Multiple Comparison Ryan		326
多重比較チューキー Multiple Comparison Chewkey		330
多重比較スティール・ドゥワス Mother Comparison Steel-Dwass		334

14.1 多重比較法とは

2群の平均値を比較するにはt検定を用います。3群以上の平均値の比較には**分散分析**を利用します。分散分析は対象とする全群に対して一度に検定を行うため、全体的な平均値の相違を把握できますが、どの群間に有意差があるかは把握できません。

分散分析によって全体的な相違が認められた場合、どこの群間に有意差があるかを調べなければなりません。

多重比較法は、3群以上の母平均の比較においてどの群間で有意差があるかを検討する解析方法です。

多重比較を行う前には分散分析が必要か

「分散分析の帰無仮説は“各群の平均値はすべて等しい”であり、どの群とどの群に差があるかは、多重比較を行わなければならない」というのはある意味で正しいですが、「多重比較の前には分散分析を行わなければならない」は必ずしも正しいといえません。

分散分析では有意差はなかったが、多重比較のある群間では有意差が出ることがあります。

どの群間に有意差があるかに注目するだけならば、分散分析は用いず最初から多重比較を適用すればよいでしょう。

3群以上でどの群間に有意差があるかの検定は、t検定を適用してはいけない

第13章の分散分析で取り上げた具体例69から得られた結論は、「3メーカーの洗濯機の評価に差がある」ということでした。

ここで出された結論から、3メーカーに差があることはわかりましたが、どのメーカーが良いとか、メーカー間相互の優劣まではわかりません。このわからないことを解決してくれるのが、多重比較法です。

H、M、Nの3メーカーについて、H-M、H-N、M-Nのすべてについて従来のt検定を行うと、それぞれについては有意水準5%で判定していても、全体としては有意水準が大きく（下記に解説しますが14.3%）なってしまいます。そのため、有意差が出やすい検定をしていることになります。

多重比較法とはどんな手法であるかを一言でいうならば、3つ以上の群を比較する場合、有意差が「出やすくなる」を統計学的ルールに従って抑える検定であるといえます。すなわち、有意水準は5%でなく、5%より小さい値でp値と比較し有意差判定します。

多重比較で用いる有意水準は次式となります。

$$\text{有意水準} = \frac{5\%}{\text{比較する群の組み合わせ数}}$$

群数=Kとしたときの組み合わせ数は次式によって求められます。

組み合わせ数 $= K(K-1) \div 2$

群数が3個の場合　群数 $= K = 3$

組み合わせ数 $= 3 \times 2 \div 2 = 3$

群数が3個の有意水準

$5\ \% \div$ 組み合わせ数 $= 5\ \% \div 3 = 1.67\ \%$

有意水準は5%でなく1.67%なのか

このことを理解するには確率の知識が必要です。

外れる確率が5%と、くじを引く人にとって有利なくじについて、3回くじを引いたとき少なくとも1回外れる確率を計算してみましょう。

外れる確率　5%　0.05
当たる確率　95%　0.95
3回とも当たる確率　0.95×0.95×0.95=0.857 → 85.7%
少なくとも1回外れる確率　100%－85.7% =14.3%

外れる確率がわずか5%でも、そのくじを3回引いたとき、少なくとも1回外れる確率は14.3%になります。

3メーカーの2群間相互について、t検定を行ったとします。

1つの組み合わせについて、p値＜0.05（有意水準5%）であれば「差がある」という結論が得られます。

「その判断は正しいか」の問に対し、統計学では「間違えるとしたら5%未満である」という回答になります。

3つの組み合わせすべてのt検定を同時に行ったとき、「少なくとも1つ間違っている確率は」の問に対しての回答はどうなるかです。

先の確率計算で述べたように、3つの組み合わせのうち、少なくとも1つ間違える確率は14.3%になります。統計学の判断基準として14.3%は大きすぎます。

各組み合わせの有意水準を5%でなく1.67%とした検定を3個同時に行うと、少なくとも1つ間違う確率は5%となります。

外れる確率　1.67%　0.0167
当たる確率　98.33%　0.9833
3回とも当たる確率　0.98339×0.98339×0.9833=0.950 → 0.95（95%）
少なくとも1回外れる確率　100%－95% =5%

14

有意差が「出やすくなる」を統計学的ルールに従って抑える調整方法

多重比較は有意差が「出やすくなる」を統計学的ルールに従って抑える検定方法です。有意差が「出やすくなる」を統計学的ルールに従って抑える調整方法としては下記の2つが挙げられます。

① 有意水準の調整

先に示したように有意水準は5%でなく、3群の場合、5%より小さい1.67%を適用します。

② 分布自体の調整

検定統計量が従う分布にはt分布やF分布などがありますが、多重比較独自のスチューデント化されたq分布を適用します。

群の比較「対比較、対照との比較、対比」とは

群の比較の仕方には「対比較、対照との比較、対比」の3通りがあります。

- **対比較**

  「対比較」は、比較する群すべての組み合わせについて検討する方法です。4群の場合、組み合わせ数は4×3÷2=6通りです。
- **対照との比較**

  「対照との比較」は、対象とする群と他の群との組み合わせについて検討する方法です。4群の場合、組み合わせ数は4−1=3通りです。

  例えば、4群A・B・C・Dの比較で、対象群をAとする場合の組み合わせはA・B、A・C、A・Dの3通りです。
- **対比**

  「対比」は複数群の中の任意の群を比較する方法で2タイプあります。

  <群をグループ化して比較する方法>

  例えば、5群A・B・C・D・Eの比較で

  (1) A・B・C・D の各群の平均値よりも、E の平均値が大きい。

  (2) A・B・C の各群の平均値よりも、D・E の各群の平均値が大きい。

  (3) A の平均値よりも、B・C・D・E の各群の平均値が大きい。

  <群別平均の大小関係の傾向を把握する方法>

  例えば、4群A・B・C・Dの比較で

  (4) 平均値は「A ＜ D=C=B」の傾向がある。

  (5) 平均値は「A ＜ D ＜ C ＜ B」の傾向がある。

対比較の多重比較検定は、比較する群数が増えれば増えるほど組み合わせ数は多くなり（有意水準は小さくなり）有意差が出にくくなります。

比較する群すべての組み合わせについて有意差を調べる必要がない場合、「対照との比較」「対比」を適用します。

多重比較の帰無仮説・対立仮説と両側検定・片側検定

- **群の比較が「対比較」の場合**
  - 帰無仮説
    全組み合わせにおいて対となる母平均は等しい
  - 対立仮説
    全組み合わせにおいて対となる母平均は異なる
  - 両側検定、片側検定
    両側検定のみで片側検定はない。

- **群の比較が「対照との比較」の場合**
  - 帰無仮説
    対照群と比較群の組み合わせにおいて対となる母平均は等しい
  - 対立仮説（1）
    対照群と比較群の組み合わせにおいて対となる母平均は異なる
    両側検定
  - 対立仮説（2）
    対照群と比較群の組み合わせにおいて、対照群は比較群より大きい（小さい）
    片側検定

- **群の比較が「対比」の場合**
  - 帰無仮説
    全組み合わせにおいて対となる母平均は等しい
  - 対立仮説（1）
    全組み合わせにおいて対となる母平均は異なる
    両側検定
  - 対立仮説（2）
    「A<D<C<B」の傾向がある
    片側検定

14.2 多重比較法の種類

多重比較法は大別すると次の3つに分かれます。

1. 母平均の多重比較法

データが数値で測定された距離尺度で母集団の正規性や等分散性が検討できる場合において、3群以上の群別平均の有意差判定を検討する方法である。

2. 母比率の多重比較法

データが1,0のカテゴリデータについて群別割合が求められたとき、3群以上の群別割合の有意差判定を検討する方法である。

3. ノンパラメトリック多重比較法

データが順位や5件法（5段階評価）などの順序尺度で母集団の分布が特定できない場合、また、サンプルサイズが小さく母集団の正規性や等分散性を検討できない場合において、3群以上の群別平均や割合の有意差判定を検討する方法である。

多重比較法は数多くの解析手法がありますが、どの手法を選択するかは、次の7項目の内容によって決まります。

1. 群の比較はどのタイプか　　対比較、対照との比較、対比
2. 群のデータ数は異なるか同じか　　異なる、同じ
3. 母集団は正規分布か　　正規性既知、正規性未知
4. 各群の分散は等しいか　　等分散性既知、等分散性未知
5. 事前に分散分析を行うか　　行う、不要
6. p値は算出されるか　　ない、ある
7. 検定統計量の分布は　　t分布、F分布、q分布、独自の分布

種別	解析手法名	1 群の比較	2 データ数	3 正規性	4 等分散性	5 事前の分散分析	6 p値	7 統計量分布
母平均	ボンフェローニ	対比較	異なる	未知	未知	不要	ある	t 分布
母平均	ホルム	対比較	異なる	既知	既知	不要	ある	t 分布
母平均	チュキー	対比較	同じ	既知	既知	不要	ない	q 分布
母平均	チュキー・クレーマー	対比較	異なる	既知	既知	不要	ない	q 分布
母平均	ダネット	対照	異なる	既知	未知	不要	ない	ﾀﾞﾈｯﾄ表
母平均	ウイリアムズ	対照	同じ	既知	既知	不要	ない	ｳｨﾘｱﾑｽﾞ表
母平均	シェッフェ	対比	異なる	既知	既知	行う	ある	F 分布
母比率	ボンフェローニ	対比較	異なる	未知	未知	不要	ない	z 分布
母比率	チュキー	対比較	異なる	未知	未知	不要	ない	q 分布
ノンパラ	スティール・ドゥワス	対比較	異なる	未知	未知	不要	ない	q 分布

対照：「対照の比較」のことである

14.3 ボンフェローニ

1 ボンフェローニの概要

多重比較ボンフェローニは、3群以上の群相互の母平均の有意差を調べる検定方法です。

- **メリット**

  母集団の正規性、等分散性について頑健です。
  （母集団の正規性、等分散性未知でも使える）
- **デメリット**

  5群以上では検出力が落ちます。

2 ボンフェローニの結果

Q. 具体例72　再掲　具体例69

H、M、Nの3メーカーの洗濯機ユーザーの評価調査を行いました。
3メーカーの平均は6点、9点、3点でした。
母集団において、メーカー間の平均に違いがあるかを検証しなさい。

Hメーカー	Mメーカー	Nメーカー
4	8	1
5	9	3
7	10	5
8		

	Hメーカー	Mメーカー	Nメーカー
人数	4	3	3
平均	6	9	3

A. 検定結果

		n1	n2	平均1	平均2	差
H	M	4	3	6.0	9.0	3.0
H	N	4	3	6.0	3.0	3.0
M	N	3	3	9.0	3.0	6.0

ボンフェローニ（全群比較）

		統計量	p値	判定	95%CI 下限値	95%CI 上限値
H	M	2.3238	0.0531	[ ]	−1.038	7.038
H	N	2.3238	0.0531	[ ]	−1.038	7.038
M	N	4.3474	0.0034	[*]	1.684	10.316

P<0.00333[**]　p<0.01667 [*]　p≧0.01667 [ ]

p値0.0531＞0.01667より、HとMの母平均は異なるといえません。
p値0.0531＞0.01667より、HとNの母平均は異なるといえません。
p値0.0034＜0.01667より、MとMの母平均は異なるといえます。
「Mの評価はNに比べ高いが、Hより高いといえない」ともいえます。

3　ボンフェローニの検定手順

- 標本調査の結果

群	:	i番目	:	j番目	:
n	:	n_i	:	n_j	:
平均	:	$\overline{X}_i$	:	$\overline{X}_j$	:

- 検定統計量

全組み合わせについて検定統計量を求めます。

i 番目と j 番目の比較の検定統計量　$\dfrac{|\bar{x}_i - \bar{x}_j|}{\sqrt{\left(\dfrac{1}{n_i} + \dfrac{1}{n_j}\right) V_e}}$

V_eは分散分析表の群内分散（第13章**13.2**参照）

	偏差平方和	自由度	分散	分散比
全体	全体偏差平方和 $S_t = 74$	全体自由度 $f_t = n - 1 = 9$	全体分散 $V_t = \dfrac{S_t}{f_t} = 8.22$	
群間	群間偏差平方和 $S_a = 54$	群間自由度 $f_a = a - 1 = 2$	群間分散 $V_a = \dfrac{S_a}{f_a} = 27$	分散比 $F = \dfrac{V_a}{V_e} = 9.45$
群内	群内偏差平方和 $S_e = 20$	群内自由度 $f_e = n - a = 7$	群内分散 $V_e = \dfrac{S_e}{f_e} = 2.857$	

※t検定の公式は、V_eのところが2群の標本分散の和を適用します。

- 帰無仮説を立てる

全組み合わせにおいて対となる母平均は等しい

- 対立仮説を立てる

全組み合わせにおいて対となる母平均は異なる

ボンフェローニは両側検定のみで片側検定はありません。

- 検定統計量の分布

検定統計量は帰無仮説のもとに、自由度「$f = n-$群数」のt分布になります。

- p値の算出

t分布における検定統計量の上側確率の2倍

- 有意水準

有意水準=0.05／組み合わせ数

- p値による有意差判定

p値と有意水準を比較し有意差判定を行います。

p値＜有意水準=0.05／組み合わせ数

帰無仮説を棄却し対立仮説を採択。有意差があるといえます。

- 母平均の差の95%CIの算出

$|\bar{x}_i - \bar{x}_j| \pm$ 棄却限界値 $\times \sqrt{\left(\dfrac{1}{n_i} + \dfrac{1}{n_j}\right) V_e}$

棄却限界値=t分布の上側確率5%の横軸の値（パーセント点）

4 ボンフェローニの計算方法

検定統計量

HとMの比較における検定統計量

$$\text{検定統計量} = \frac{|\bar{x}_i - \bar{x}_j|}{\sqrt{\left(\frac{1}{n_i} + \frac{1}{n_j}\right) V_e}} = \frac{|6 - 9|}{\sqrt{\left(\frac{1}{4} + \frac{1}{3}\right) 2.857}} = \frac{3}{\sqrt{1.667}} = 2.32$$

p値

自由度$f = n -$ 群数 $= 10 - 3 = 7$

p値はt分布における検定統計量の上側確率の2倍

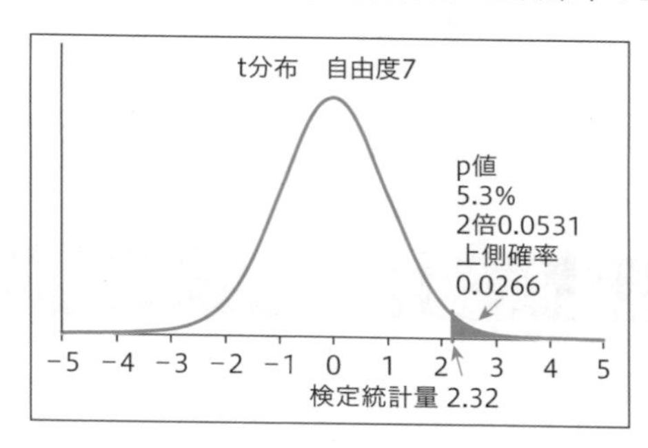

Excel関数

上側確率はExcelの関数で求められる。

上側確率

=TDIST(検定統計量, 自由度, 定数1)

=TDIST(2.32, 7, 1) Enter 0.0266

p値＝上側確率×2=0.0266×2=0.0531

- 有意水準

  組み合わせ数=群数×（群数−1）÷2=3×2÷2=3

  有意水準=0.05÷組み合わせ数=0.05÷3=0.01667

- HとMの母平均の差の95%CIの算出

$$|\bar{x}_i - \bar{x}_j| \pm \text{棄却限界値} \times \sqrt{\left(\frac{1}{n_i} + \frac{1}{n_j}\right) V_e}$$

HとMの平均差　$|6 - 9| = 3$

棄却限界値

自由度7のt分布の上側確率（=有意水準）の横軸の値

Excel関数

棄却限界値はExcelの関数で求められる。

=TINV(有意水準, 自由度)

=TINV(0.01667, 7) Enter 3.1276

$$\sqrt{\left(\frac{1}{n_i} + \frac{1}{n_j}\right) V_e} = \sqrt{1.667} = 1.291$$

95%CI　3±3.1276×1.291

　下限値=3−4.038=−1.038

　上限値=3+4.038=7.038

下限値と上限値の範囲が0をまたぐので、2群間の母平均は有意差があるといえない。

14.4 ホルム

1 ホルムの概要

多重比較ホルムは、前節で解説したボンフェローニを改良した手法です。

検定統計量とp値はボンフェローニと同じですが、p値と比較する有意水準が異なります。有意水準はボンフェローニに比べ緩くなっています。

- **メリット**

  ボンフェローニより有意差が出やすい手法です。

- **デメリット**

  ボンフェローニは、各群の比較の検定すべてにおいて同一の有意水準(0.05／組み合わせ数)を採用しましたが、ホルムはp値の大きさに従って、有意水準が異なります。

  有意差が出やすいということではメリットですが、組み合わせごとに異なる有意水準とp値を比較し有意差判定するのが面倒です。

2 ホルムの結果

Q. 具体例73　再掲　具体例69

H、M、Nの3メーカーの洗濯機ユーザーの評価調査を行いました。
3メーカーの平均は6点、9点、3点でした。
母集団において、メーカー間の平均に違いがあるかを検証しなさい。

	H	M	N
	4	8	1
	5	9	3
	7	10	5
	8		
平均	6	9	3

A. 検定結果

検定統計量の大きい順に出力します。

ホルム		n 1	n 2	平均1	平均2	差	棄却限界値
M	N	3	3	9. 0	3. 0	6. 0	3. 128
H	M	4	3	6. 0	9. 0	3. 0	2. 841
H	N	4	3	6. 0	3. 0	3. 0	2. 365

ホルム		検定統計量	P値	有意水準5%	有意水準1%	判定	95%CI 下限値	95%CI 上限値
M	N	4. 35	0. 0034	0. 017	0. 003	[*]	1. 684	10. 316
H	M	2. 32	0. 0531	0. 025	0. 005	[ ]	−0. 668	6. 668
H	M	2. 32	0. 0531	0. 050	0. 010	[ ]	−0. 053	6. 053

p値0.0034＜0.017より、MとMの母平均は異なるといえます。
p値0.0531＞0.025より、HとMの母平均は異なるといえません。
p値0.0531＞0.05より、HとNの母平均は異なるといえません。

3 ホルムの計算方法

検定統計量とp値はボンフェローニと同じですが、p値と比較する有意水準が異なります。ホルムの有意水準の求め方を説明します。

比較する組み合わせ数をrとします。　$r=$ 群数 $\times$ (群数 $-1) \div 2$

1 2群の比較全組み合わせについて、p値の小さい順に並べる。

		n 数1	n 数2	平均1	平均2	統計量	p 値
M	N	3	3	9	3	4. 35	0. 0034
H	M	4	3	6	9	2. 32	0. 0531
H	N	4	3	6	3	2. 32	0. 0531

2 最もp値が小さい第1位の組み合わせの有意水準を$0.05 \div (r-$順位 $1+1)$にする。
p値と有意水準の比較で有意差判定を行う。

3 第2位の組み合わせの有意水準$0.05 \div (r-$順位 $2+1)$にする。
p値と有意水準の比較で有意差判定を行う。

4 第3位の組み合わせの有意水準を$0.05 \div (r-$順位 $3+1)$にする。
p値と有意水準の比較で有意差判定を行う。

5 第k位の組み合わせの有意水準を$0.05 \div (r-$順位 $k+1)$にする。
各組み合わせの有意水準は次となる。

		順位 k	r − k +1	0.05/(r−k+1)	有意水準
M	N	1	3−1+1=3	0. 05/3	0. 01667
H	M	2	3−2+1=2	0. 05/2	0. 02500
H	N	3	3−3+1=1	0. 05/1	0. 05000

p値と有意水準の比較で有意差判定を行う。

95%CI

$$|\bar{x}_i - \bar{x}_j| \pm \text{棄却限界値} \times \sqrt{\left(\frac{1}{n_i}+\frac{1}{n_j}\right)V_e}$$

V_eは分散分析表の群内分散

MとNの組み合わせについて95%CIを算出する。

$$|\bar{x}_i - \bar{x}_j| = |9-3| = 6$$

Excel関数

棄却限界値
=TINV(0.01667, 7) [Enter] 3.1276

$$\sqrt{\left(\frac{1}{n_i}+\frac{1}{n_j}\right)V_e} = \sqrt{\left(\frac{1}{3}+\frac{1}{3}\right)\times 2.8571} = \sqrt{1.9048} = 1.3801$$

95%CI　6 ± 3.1276 × 1.3801

下限値=6 − 4.3164=1.684

上限値=6 + 4.3164=10.316

下限値と上限値の範囲が0をまたがないので、2群間の母平均は有意差があるといえる。

14.5 チューキー

1 チューキーの概要

多重比較チューキーは、3群以上の群相互の母平均の有意差を調べる検定方法です。
母集団は正規分布、各群の母分散は等しい、各群のデータ数が等しい場合に適用できます。

- **メリット**
  群数が多いときはボンフェローニより有意差が出やすいです。
- **デメリット**
  各群のデータ数は同数でなければなりません。
  群数が少ないときはボンフェローニより有意差が出にくいです。
  母集団は正規分布でなければなりません。
  各群の母分散は等しくなければなりません。
  p値が出力されません。

2 チューキーの結果

Q. 具体例74

H、M、Nの3メーカーの洗濯機ユーザーの評価調査を行いました。
3メーカーの平均は6点、9点、3点でした。
母集団において、メーカー間の平均に違いがあるかを検証しなさい。

	H	M	N
	4	8	2
	5	9	3
	7	12	6
	8	9	4
	6	7	5
平均	6.0	9.0	4.0
分散	2.5	3.5	2.5

A. 検定結果

		平均1	平均2	差	検定統計量	棄却限界値	95%ＣＩ 下限値	95%ＣＩ 上限値	判定
H	M	6	9	3	3.99	3.77	−5.84	−0.16	ある
H	N	6	4	2	2.66	3.77	−0.84	4.84	ない
M	N	9	4	5	6.64	3.77	2.16	7.84	ある

検定統計量＞棄却限界値であれば有意差があるといえます。
HとMの母平均は異なるといえます。
HとNの母平均は異なるといえません。
MとNの母平均は異なるといえます。
※p値は出力されない。

3 チューキーの検定手順

1 複数個の群から2群ずつ取り出し、すべての組み合わせについて、平均値の差分および検定統計量を算出する。
検定統計量はt分布と類似したq分布に従う。

2 q分布の上側確率5％（有意水準）の横軸の値である棄却限界値qを求める。
棄却限界値qをスチューデント化した範囲という。

3 検定統計量と棄却限界値q（スチューデント化した範囲）と比べ、検定統計量≧qなら、有意差ありと判断する。検定統計量＜qなら有意差なしと判断する。

4 チューキーの計算方法

群数をg (3) 、全データ数をN (15) とする。
カッコ内の数値は具体例74の値である。
チューキーは、各群のデータ数は等しく、群データ数をn (5) とする。
各群の平均を$\bar{x}_1$、$\bar{x}_2$、$\bar{x}_3$、…、$\bar{x}_g$ (6、9、4) とする。
分散分析表の群内分散をV_e (2.833) 、自由度を$f_E = N - g$ (12) とする。
チューキーの群内分散V_eは各群のnが等しいので、各群の分散の平均に一致。

H	M	N	平均
2.5	3.5	2.5	2.833

← V_e

チューキーの検定統計量

j番目群とi番目群の統計量をq'_{ij}とする。

$$q'_{ij} = \frac{|\bar{x}_j - \bar{x}_i|}{\sqrt{V_e\left(\frac{1}{n} + \frac{1}{n}\right)}} = \frac{|\bar{x}_j - \bar{x}_i|}{\sqrt{\frac{V_e}{n}} \cdot \sqrt{2}}$$

上式に$\sqrt{2}$を掛けた値が検定統計量q_{ij}である。

$$q_{ij} = \frac{|\bar{x}_j - \bar{x}_i|}{\sqrt{\frac{V_e}{n}}}$$

Hメーカーと Mメーカー比較の検定統計量

$$検定統計量 = \frac{|\bar{x}_j - \bar{x}_i|}{\sqrt{\frac{V_e}{n}}} = \frac{|6 - 9|}{\sqrt{\frac{2.8333}{5}}} = \frac{3}{0.7528} = 3.985$$

チューキーの棄却限界値

群数3、自由度12の棄却限界値は次頁の「棄却限界値q（スチューデント化した範囲）」より3.77である。

棄却限界値q(スチューデント化した範囲)　巻末付表参照

群別、自由度別のq分布の上側確率（有意水準0.05）の棄却限界値を示す。

スチューデント化した範囲の表　$\alpha = 0.05$										
群数→		2	3	4	5	6	7	8	9	10
自由度 f_e	1	17.97	26.98	32.82	37.08	40.41	43.12	45.40	47.36	49.07
	⋮	⋮	⋮	⋮	⋮	⋮	⋮	⋮	⋮	⋮
	12	3.08	3.77	4.20	4.51	4.75	4.95	5.12	5.27	5.39
	⋮	⋮	⋮	⋮	⋮	⋮	⋮	⋮	⋮	⋮
	20	2.95	3.58	3.96	4.23	4.45	4.62	4.77	4.90	5.01
	24	2.92	3.53	3.90	4.17	4.37	4.54	4.68	4.81	4.92
	⋮	⋮	⋮	⋮	⋮	⋮	⋮	⋮	⋮	⋮

棄却限界値の補間

上記表を見ると、自由度21以上は24、30、40、60、120のみ表記されています。
表記されていない自由度の棄却限界値の求め方を示します。

- 表記されていない自由度22（mとする）の棄却限界値（x）を求める。
- 22に近い前後の自由度をa、bとする。$a = 20 \quad b = 24$
- 自由度$a = 20$の棄却限界値は上記表より$q_1 = 3.58$である。
  自由度$b = 24$の棄却限界値は上記表より$q_1 = 3.53$である
- 次の2式の合計が求める棄却限界値（x）である。

$x = \text{式}1 + \text{式}2$

式1 $(1/m - 1/b)/(1/a - 1/b) \times q_1$　式2 $(1/a - 1/x)/(1/a - 1/b) \times q_2$

式1 $(1/22 - 1/24)/(1/20 - 1/24) \times 3.58$

$= (0.045455 - 0.041667)/(0.05 - 0.041667) \times 3.58 = 0.003788/0.008333 \times 3.58$

$= 0.454578 \times 3.58 = 1.6273$

式2 $(1/20 - 1/22)/(1/20 - 1/24) \times 3.53$

$= (0.05 - 0.04545)/(0.05 - 0.041667) \times 3.53$

$= 0.004545/0.008333 \times 3.58 = 0.5455 \times 3.53 = 1.9255$

群3、自由度22の棄却限界値 $x = 1.6273 + 1.9255 = 3.55$

2群間の母平均の差の95%CI

$(\bar{x}_j - \bar{x}_i) \pm \text{棄却限界値}\sqrt{\dfrac{V_e}{n}}$

下限値と上限値の範囲が0をまたがなければ2群間の母平均は有意差がある。
下限値と上限値の範囲が0をまたげば2群間の母平均は有意差があるといえない。
HメーカーとMメーカーの母平均の95%CI

$(\bar{x}_j - \bar{x}_i) \pm \text{棄却限界値}\sqrt{\dfrac{V_e}{n}}$

$= (6 - 9) \pm 3.77 \times \sqrt{\dfrac{2.8333}{5}} = -3 \pm 3.77 \times 0.7528 = -3 \pm 2.838$

下限値＝－3－2.838＝－5.84　上限値＝－3＋2.838＝－0.16
下限値と上限値の範囲が0をまたがないので、2群間の母平均は有意差があるといえる。

14.6 チューキー・クレーマー

1 チューキー・クレーマーの概要

多重比較チューキー・クレーマーは、3群以上の群相互の母平均の有意差を調べる検定方法です。母集団は正規分布、各群の母分散は等しい、各群のデータ数が異なる場合に適用できます。

- **メリット**

  群数が多いときはボンフェローニより有意差が出やすいです。

  各群のデータ数が異なる場合に適用できます。

- **デメリット**

  群数が少ないときはボンフェローニより有意差が出にくいです。

  母集団は正規分布でなければなりません。

  各群の母分散は等しくなければなりません。

  p値が出力されません。

2 チューキー・クレーマーの結果

Q. 具体例75　再掲　具体例69

H、M、Nの3メーカーの洗濯機ユーザーの評価調査を行いました。
3メーカーの平均は6点、9点、3点でした。
母集団において、メーカー間の平均に違いがあるかを検証しなさい。

	H	M	N
	4	8	1
	5	9	3
	7	10	5
	8		
平均	6	9	3

A. 検定結果

チューキー・クレーマー

		n 1	n 2	平均1	平均2	差	検定統計量	棄却限界値	95%CI 下限値	95%CI 上限値	判定
H	M	3	3	9	3	6	3. 29	4. 16	−6. 80	0. 80	ない
H	N	4	3	6	9	3	3. 29	4. 16	−0. 80	6. 80	ない
M	N	4	3	6	3	3	6. 15	4. 16	1. 94	10. 06	ある

検定統計量＜棄却限界値より、HとMの母平均は異なるといえません。
検定統計量＜棄却限界値より、HとNの母平均は異なるといえません。
検定統計量＞棄却限界値より、MとNの母平均は異なるといえます。
※チューキー多重比較は各群のサンプルサイズが同数、チューキー・クレーマーは異数に適用できる。
両者の計算方法は同じである。

14.7 ダネット

1 ダネットの概要

多重比較ダネットは、1つの**対照群**と2つ以上の**処理群**があって、母平均について対照群と処理群の対比較のみを同時に検定するための多重比較法です。

各処理群の母平均が対照群の母平均と比べ「異なるかどうか」だけでなく「小さいといえるか」または「大きいといえるか」を判定したい状況で用いることができます。母集団の正規性は既知、各群の母分散の同等性未知でも適用できます。

- **メリット**
  有意差が出やすいです。
  母集団の等分散性未知でも使えます。
  両側検定、片側検定の選択ができます。
- **デメリット**
  p値が出力されません。

Q. 具体例76

ある中学校の生徒23人を無作為に選び、4グループA、B、C、Dに分けました。生徒23人について、縄跳びの2重飛び回数をテストしました。
ただし、Aの生徒は練習せずに、Bは練習した後に、CとDは練習を5日間毎日（1日10分程度）した後にテストしました。
練習しない生徒に比べ練習を多くした生徒の方が、2重飛び回数の平均が多くなるかをダネットで検証しなさい。
練習しても2重飛び回数が増えるとは限らないので、片側検定でなく両側検定で検証しなさい。

グループ	2重飛び回数						
A	5	1	3	3	8	4	
B	5	4	5	9	7		
C	9	11	10	5	9	13	6
D	8	7	9	8	8		

グループ	n	平均	分散
A	6	4.00	5.60
B	5	6.00	4.00
C	7	9.00	7.67
D	5	8.00	0.50

A. 検定結果

	平均1	平均2	差	検定統計量	ダネット表 棄却限界値 5%	1%	95%CI 下限値	上限値	判定
A B	4	6	2	1.50	2.56	3.31	5.41	−1.41	[ ]
A C	4	9	5	4.08	2.56	3.31	8.13	1.87	[**]
A D	4	8	4	3.00	2.56	3.31	7.41	0.59	[*]

練習しない生徒（A）に比べ練習を5日間した生徒の方（C、D）が、2重飛び回数の平均は多くなるといえます。

2 ダネットの検定手順

1. 対照群と複数個の処理群を比較する組み合わせについて、平均値の差および検定統計量を算出する。
2. 有意水準0.05のダネット表から、群数、自由度に対する棄却限界値を求める。
3. 検定統計量と棄却限界値と比べ、
   検定統計量≧棄却限界値なら、有意差ありと判断する。
   検定統計量<棄却限界値なら、有意差なしと判断する。

3 ダネットの計算方法

標本調査統計量の定義

群数：k　全サンプル：N　自由度$f_e = N - k$
各群のサンプルサイズと標本平均を次のように定義する。

	対照群	処理群					
		1	2	$\cdots$	i	$\cdots$	$k-1$
件数	n_0	n_1	n_2	$\cdots$	n_i	$\cdots$	n_{k-1}
平均値	$\bar{x}_0$	$\bar{x}_1$	$\bar{x}_2$	$\cdots$	$\bar{x}_i$	$\cdots$	$\bar{x}_{k-1}$

検定統計量

処理群i番と対照群との比較における検定統計量

$$\text{検定統計量} = \frac{\bar{x}_i - \bar{x}_0}{\sqrt{V_e\left(\frac{1}{n_i} + \frac{1}{n_0}\right)}}$$

V_eは分散分析の群内分散

分散分析表

要因	偏差平方和	自由度	不偏分散	分散比
全体	183.3	22	8.33	
因子間	91.3	3	30.43	6.29
誤差	92.0	9	4.84	

群内分散 V_e

検定統計量とダネット表から求められた棄却限界値を比べ、
検定統計量≧棄却限界値なら、有意差ありと判断する。
検定統計量<棄却限界値なら、有意差なしと判断する。

対照群と処理群の2群間の母平均の差の95%CI

$$(\bar{x}_i - \bar{x}_0) \pm \text{棄却限界値}\sqrt{V_e\left(\frac{1}{n_i} + \frac{1}{n_0}\right)}$$

下限値と上限値の範囲が0をまたがなければ2群間の母平均は有意差がある。
下限値と上限値の範囲が0をまたげば2群間の母平均は有意差があるといえない。

14

ダネットの表

ダネットの統計表には2つの表があります。1つはDunnet1955年の表、もう1つはDunnet1964年の表です。両者を識別するために前者を$d()$、後者を$d'()$と名称します。

片側検定のとき$d()$を、両側検定のとき$d'()$を用いるのがよいとされています。

ダネットの表は、有意水準αが0.05と0.01の2種類、サンプルサイズ比（ρ）が0.1、0.3、0.5、0.7の4種類、計8種類の場合において、群数k、自由度f_eに対する値を掲載しています。

8種類のうちの1つである$d'(k, f_e, \rho, \alpha) = d'(k, f_e, 0.5, 0.05)$の表を示します（詳細は巻末の付表参照）。

ダネット表　両側　$d'()$　（ρ=0.5 の場合）　（α=0.05 の場合）
表側：自由度 f_e　表頭：群数

f_e \ k	3	4	5	6	7	8	9	10	11	13	15	17	19	21
2	5.42	6.06	6.51	6.85	7.12	7.35	7.54	7.71	7.85	8.10	8.31	8.49	8.64	8.77
⋮	⋮	⋮	⋮	⋮	⋮	⋮	⋮	⋮	⋮	⋮	⋮	⋮	⋮	⋮
16	2.42	2.59	2.71	2.80	2.87	2.92	2.97	3.02	3.06	3.12	3.18	3.22	3.26	3.30
20	2.38	2.54	2.65	2.73	2.80	2.86	2.90	2.95	2.98	3.05	3.10	3.14	3.18	3.22
⋮	⋮	⋮	⋮	⋮	⋮	⋮	⋮	⋮	⋮	⋮	⋮	⋮	⋮	⋮

ダネットの統計表にないf_eの$d'()$の求め方

$d'(k, f_e, \rho, \alpha) = d'(4, 19, 0.5, 0.05)$の値を求めよ。

上記表（$\rho = 0.5$）には$f_e = 19$の値がない。

f_eの前後のf_1とf_2の値は表にあるものとし、$f_1 < f_e < f_2$とする。

$f_e = 19$の場合、$f_1 = 16$、$f_2 = 20$である。

表にないf_eは次式によって補間する。

$$\frac{\frac{1}{1-f_e} \frac{1}{1-f_2}}{\frac{1}{1-f_1} \frac{1}{1-f_2}} \times \text{ダネット表 } f_1 \text{の値} + \frac{\frac{1}{1-f_1} \frac{1}{1-f_e}}{\frac{1}{1-f_1} \frac{1}{1-f_2}} \times \text{ダネット表 } f_2 \text{の値}$$

$f_1 = 16$　$k = 4$　上記表より2.59　$f_2 = 20$　$k = 4$　上記表より2.54

$f_e = 19$、$k = 4$における$d'()$の値

$$\frac{\frac{1}{1-19} \frac{1}{1-20}}{\frac{1}{1-16} \frac{1}{1-20}} \times 2.59 + \frac{\frac{1}{1-16} \frac{1}{1-19}}{\frac{1}{1-16} \frac{1}{1-20}} \times 2.54 = \frac{-0.0029}{-0.014} \times 2.59 + \frac{-0.011}{-0.014} \times 2.54$$

$$= 0.5396 + 2.0108 = 2.55$$

$d'(k, f_e, \rho, \alpha) = d'(4, 19, 0.5, 0.05) = 2.55$である。

> $d'(k, f_e, \rho, \alpha) = d'(4, 19, 0.3, 0.05)$の値を求めよ。
> $d'(k, f_e, 0.3, \alpha)$の表は巻末の付表を参照。

$f_1 = 16 \quad k = 4$　巻末の付表より2.63　$f_2 = 20 \quad k = 4$　巻末の付表より2.58

$$\frac{\dfrac{1}{1-19}\dfrac{1}{1-20}}{\dfrac{1}{1-16}\dfrac{1}{1-20}} \times 2.63 + \frac{\dfrac{1}{1-16}\dfrac{1}{1-19}}{\dfrac{1}{1-16}\dfrac{1}{1-20}} \times 2.58 = \frac{-0.0029}{-0.014} \times 2.63 + \frac{-0.011}{-0.014} \times 2.58$$

$$= 0.5479 + 2.0425 = 2.59$$

$d'(k, f_e, \rho, \alpha) = d'(4, 19, 0.3, 0.05) = 2.59$である。

ρの求め方

各群のサンプルサイズが等しい場合、$\rho = 0.5$となる。
各群のサンプルサイズが不揃いの場合は、次によってρを計算する。

$$\lambda_{i1} = n_i/(n_i + n_1) \quad (i = 2, 3, 4, \ldots, k)$$

$$\rho_{ij} = \sqrt{\lambda_{i1} \times \lambda_{j1}} \quad (i, j = 2, 3, 4, \ldots, k : i < j)$$

ρ_{ij}の平均をρとする

> $k = 4 \quad n_1 = 6 \quad n_2 = 5 \quad n_3 = 7 \quad n_4 = 5$の場合の$\rho$を求めよ。

λ_{i1}の算出　$i = 2, 3, 4$　　$\lambda_{21} = \dfrac{n_2}{n_2 + n_1} = \dfrac{5}{5+6} = 0.4545$

$$\lambda_{31} = \frac{n_3}{n_3 + n_1} = \frac{7}{7+6} = 0.5385$$

$$\lambda_{41} = \frac{n_4}{n_4 + n_1} = \frac{5}{5+6} = 0.4545$$

$\rho_{i,j}$の算出　$i = 2, 3$　　$j = 3, 4$　　$\rho_{23} = \sqrt{\lambda_{21} \times \lambda_{31}} = \sqrt{0.4545 \times 0.5385} = 0.4947$

$$\rho_{24} = \sqrt{\lambda_{21} \times \lambda 41} = \sqrt{0.4545 \times 0.4545} = 0.4545$$

$$\rho_{34} = \sqrt{\lambda_{31} \times \lambda 41} = \sqrt{0.5385 \times 0.4545} = 0.4947$$

ρの算出

$\rho = (\rho_{23} + \rho_{24} + \rho_{34})$ の平均 $= (0.4947 + 0.4545 + 0.4947) \div 3 = 0.4813 \cdots\cdots$ (イ)

ダネット表にないρの$d()$の求め方

ダネット表は、ρの値が0.1、0.3、0.5、0.7について存在する。
先に求めた$\rho = 0.4813$はダネット表に存在しない。
ρの前後のρ_1とρ_2の値は表にあるものとし、$\rho_1 < \rho < \rho_2$とする。
$\rho = 0.4813$の場合、$\rho_1 = 0.3$、$\rho_2 = 0.5$である。
ρが上記4つ以外のダネット表の値は、次の式によって計算する。

$$d(k,f_e,\rho,\alpha)=\frac{1/(1-\rho_2)-1/(1-\rho)}{1/(1-\rho_2)-1/(1-\rho_1)}d(k,f_e,\rho_1,\alpha)+\frac{1/(1-\rho)-1/(1-\rho_1)}{1/(1-\rho_2)-1/(1-\rho_1)}d(k,f_e,\rho_2,\alpha)$$

$d'()$についても同様である。

> $k=4$、$f_e=19$、$\rho=0.4813$、$\alpha=0.05$、
> ⇒$d'(4,19,0.4813,0.05)$の値を求めよ。

$\rho=0.4831$より、$\rho_1=0.3$、$\rho_2=0.5$
先の具体例より

$d'(k,f_e,\rho_1,\alpha)=d'(4,19,0.3,0.05)=2.59$

$d'(k,f_e,\rho_2,\alpha)=d'(4,19,0.5,0.05)=2.55$

$$\frac{\frac{1}{1-\rho_2}\frac{1}{1-\rho}}{\frac{1}{1-\rho_2}\frac{1}{1-\rho_1}}=\frac{\frac{1}{1-0.5}\frac{1}{1-0.4831}}{\frac{1}{1-0.5}\frac{1}{1-0.3}}=\frac{0.0654}{0.5714}=0.1144$$

$$\frac{\frac{1}{1-\rho}\frac{1}{1-\rho_1}}{\frac{1}{1-\rho_2}\frac{1}{1-\rho_1}}=\frac{\frac{1}{1-0.4843}\frac{1}{1-0.3}}{\frac{1}{1-0.5}\frac{1}{1-0.3}}=\frac{0.5060}{0.5714}=0.8856$$

$d'(4,19,0.4813,0.05)=0.1144\times2.55+0.8856\times2.59=2.555\cdots\cdots$（ロ）

具体例76のA群とD群の比較

A群　$n_1=6$　　B群　$n_4=5$　　群数$k=4$

自由度$f_e=19$　　群内分散V_e　4.84　　（求め方は第13章**13.2**参照）

$$\text{検定統計量}=\frac{\text{D の平均}-\text{A の平均}}{\sqrt{V_e\left(\frac{1}{n_4}+\frac{1}{n_1}\right)}}=\frac{8-4}{\sqrt{4.84\left(\frac{1}{5}+\frac{1}{6}\right)}}=\frac{4}{1.3325}=3.00$$

前ページ（イ）より　$\rho=0.4813$
ダネット表の値は上記（ロ）より
$d'(4,19,0.4813,0.05)=2.555$
検定統計量3.00＞2.555より、A群とD群の2重飛び回数の平均値は有意な差があるといえる。

対照群（A）と処理群（D）の2群間の母平均の差の95%CIを算出する。

$$(\text{D の平均}-\text{A の平均})\pm\text{ダネット表の値}\sqrt{V_E\left(\frac{1}{n_4}+\frac{1}{n_1}\right)}$$

(8－4) ± 2.555 × 1.3325=4 ± 3.405
下限値=0.595　上限値=7.405
下限値と上限値の範囲が0をまたがっていないので、2群間の母平均は有意差があるといえる。

14.8 ウイリアムズ

1 ウイリアムズの概要

多重比較ウイリアムズは、1つの対照群と2つ以上の処理群があって、母平均について対照群と処理群の対比較のみを同時に検定するための多重比較法です。

ここまでは**ダネットの方法**と同じですがウイリアムズの方法では、k個の母平均について、$\mu_1 < \mu_2 \cdots < \mu_k$または$\mu_1 > \mu_2 \cdots > \mu_k$の単調性が想定できるものとします。

> 例：ある薬物の投与で、第1群は無投与とし、第2群から第a群までは順次用量を増加させ、どの用量以上で無投与群と有意差のある薬効が見出されるのかを検討する場合。このような場合には、各群の母平均について上式のような単調性を想定できることが多い。

単調性が想定できるとき、前節のダネットの方法を適用することは次の点で好ましくありません。

ダネットの方法を用いると「$\mu_1 < \mu_3$であるといえる」けれど「$\mu_1 < \mu_4$であるとはいえない」という結論が得られる可能性があり、これは上式に矛盾します。

母集団の正規性は既知、各群の母分散の同等性は未知でも適用できます。

- **メリット**
  平均値の単調性に適用できます。
  母集団の等分散性未知でも使えます。
- **デメリット**
  片側検定のみの適用です。
  p値が出力されません。

検定の手順

1. 群数をk個とする。対照群と複数個の処理群を比較する（$k-1$個）の組み合わせについて、平均値の差および検定統計量を算出する。
2. 有意水準0.05のウイリアムズ表から、群数、自由度に対する棄却限界値を求める。
3. 検定統計量と棄却限界値と比べ、
   検定統計量≧棄却限界値なら、有意差ありと判断する。
   検定統計量＜棄却限界値なら、有意差なしと判断する。

14

2　ウイリアムズの結果

Q. 具体例77

記憶は時間が経つほど減少するかを実験しました。
中学生を5グループに分け、記憶させた20個の単語を、1番目グループは経過時間「無し」、2番目グループは「30分後」、以下「60分後」、「翌日」、「2日後」でどれほど覚えていたかを調べました。
記憶個数は、時間が経過するほど減少するかを、ウイリアムズ多重比較で検証しなさい。

記憶個数

無し	30分後	60分後	翌日	二日後
20	20	18	15	10
18	17	15	13	10
19	18	18	16	12
17	16	14	10	8
21	19	20	19	
	18	14	11	

調査結果

	無し	30分後	60分後	翌日	二日後
n	5	6	6	6	4
合計	95	108	99	84	40
平均	19.0	18.0	16.5	14.0	10.0

A. 検定結果

分散分析表

	自由度	偏差平方和	不偏分散	分散比	P値	判定
全体	26	352.7				
群間	4	237.2	59.29	11.29	0.0000	[**]
群内	22	115.5	5.25			

分散分析表より、記憶個数は、経過時間で異なるがいえます。

母平均の差の検定

	平均1	平均2	差	検定統計量	棄却限界値	判定
無し：二日後	10.0	19.0	−9.0	5.86	1.838	[*]
無し：翌日	14.0	19.0	−5.0	3.60	1.825	[*]
無し：60分	16.5	19.0	−2.5	1.80	1.799	[*]
無し：30分	18.0	19.0	−1.0	0.72	1.717	[ ]

経過時間30分では記憶個数は低下したとはいえないが、60分以降、時間が経つほど記憶個数は減少するといえます。

3 ウイリアムズの計算方法

基本統計量の定義

群数：k　　全サンプル：N　　自由度$f_e = N - k$
各群のサンプルサイズと標本平均を次のように定義する。

	対照群	処理群				
		1	2	$\cdots$	i	$\cdots$	$k-1$
件数	n_0	n_1	n_2	$\cdots$	n_i	$\cdots$	n_{k-1}
平均値	$\bar{x}_0$	$\bar{x}_1$	$\bar{x}_2$	$\cdots$	$\bar{x}_i$	$\cdots$	$\bar{x}_{k-1}$

検定統計量

対照群と$k-1$番目の処理群の平均を比較するための検定統計量
$K-1$個の平均値を算出します。

1.（処理群 1 合計 + 処理群 2 合計 + $\cdots$）/($n_1 + n_2 + n_3 + \cdots$)
2.（処理群 2 合計 + 処理群 3 合計 + $\cdots$）/($n_2 + n_3 + \cdots$)
……
$K-1$.　処理群$k-1$　合計／n_{k-1}

平均1＞平均2＞平均3＞…を検証する場合
$(k-1)$個の平均値の最小値をMとします。
平均1＜平均2＜平均3＜…を検証する場合
$(k-1)$個の平均値の最大値をMとします。

$$\text{検定統計量} = \frac{M - \text{対照群平均}}{\sqrt{V_e\left(\frac{1}{\text{処理群}\ k-1\ \text{番目}\ n} + \frac{1}{\text{対照群}\ n}\right)}}$$

V_eは分散分析表の群内分散

検定統計量とダネット表から求められた棄却限界値と比べ、
検定統計量≧棄却限界値なら、有意差ありと判断します。
検定統計量＜棄却限界値なら、有意差なしと判断します。

対照群と処理群$k-1$番目の2群間の母平均の差の95% CI

$$(\text{処理群平均} - \text{対照群平均}) \pm \text{棄却限界値}\sqrt{V_e\left(\frac{1}{\text{対照群}\ n} + \frac{1}{\text{処理群}\ n}\right)}$$

下限値と上限値の範囲が0をまたがなければ2群間の母平均は有意差があります。
下限値と上限値の範囲が0をまたげば2群間の母平均は有意差があるといえません。

ウイリアムズ表

有意水準0.05　表側：f_e　表頭：群数　（詳細は巻末の付表参照）

	2	3	4	5	6	7	8	9
2	2920	3217	3330	3390	3427	3453	3471	3484
⋮	⋮	⋮	⋮	⋮	⋮	⋮	⋮	⋮
22	1717	1798	1825	1838	1846	1851	1854	1857
⋮	⋮	⋮	⋮	⋮	⋮	⋮	⋮	⋮

対照群「無し」と処理群「二日後」の比較の検定統計量

$f_e = 22 \qquad V_e = 5.25$

1番目平均　(108 + 99 + 84 + 40) ÷ (6 + 6 + 6 + 4) =15.0455

2番目平均　(99 + 84 + 40) ÷ (+ 6 + 6 + 4) =13.9375

3番目平均　(84 + 40) ÷ (6 + 4) =12.4

4番目平均　(40) ÷ (4) =10.0

無し＞30分後＞60分後＞翌日＞二日後を検証するので、Mは最小値である。最小値=10.0

$$検定統計量 = \frac{M - 対照群平均}{\sqrt{V_e\left(\dfrac{1}{処理群「二日後」n} + \dfrac{1}{対照群\ n}\right)}} = \frac{10.0 - 19}{\sqrt{5.25 \times \left(\dfrac{1}{4} + \dfrac{1}{5}\right)}}$$

$$= \frac{-9}{1.53704} = -5.855$$

検定統計量は絶対値とする。検定統計量=5.855

ウイリアムズ表より、$f_e = 22$、群数=5の値は1.838

検定統計量5.855＞1.838より、二日後平均＞対照群平均がいえる。

対照群「無し」と処理群「翌日」の比較の検定統計量

1番目平均　(108 + 99 + 84) ÷ (6 + 6 + 6) =16.1667

2番目平均　(99 + 84) ÷ (6 + 6) =15.25

3番目平均　(84) ÷ (6) =14.00

無し＞30分後＞60分後＞翌日を検証するので、Mは最小値である。最小値=14.0

$$検定統計量 = \frac{M - 対照群平均}{\sqrt{V_e\left(\dfrac{1}{「翌日」n} + \dfrac{1}{対照群\ n}\right)}} = \frac{14 - 19}{\sqrt{5.25 \times \left(\dfrac{1}{6} + \dfrac{1}{5}\right)}}$$

$$= \frac{-5}{1.3874} = -3.604$$

検定統計量は絶対値とする。検定統計量=3.604

ウイリアムズ表より、$f_e = 22$、群数=4の値は1.825

検定統計量3.604＞1.825より、翌日平均＞対照群平均がいえる。

対照群「無し」と処理群「60分後」の比較の検定統計量

1番目平均　(108＋99)÷(6＋6)＝17.25

2番目平均　(99)÷(6)＝16.5

無し＞30分後＞60分後を検証するので、Mは最小値である。最小値＝16.5

$$検定統計量 = \frac{M - 対照群平均}{\sqrt{V_e\left(\frac{1}{「60分後」n} + \frac{1}{対照群\ n}\right)}} = \frac{16.5 - 19}{\sqrt{5.25 \times \left(\frac{1}{6} + \frac{1}{5}\right)}}$$

$$= \frac{-2.5}{1.3874} = -1.8019$$

検定統計量は絶対値とする。検定統計量＝1.802

ウイリアムズ表より、$f_e = 22$，群数＝3の値は1.799

検定統計量1.802＞1.799より、60分後平均＞対照群平均がいえる。

対照群「無し」と処理群「30分後」の比較の検定統計量

1番目平均　(108)÷(6)＝18

無し＞30分後を検証するので、Mは最小値である。最小値＝18

$$検定統計量 = \frac{M - 対照群平均}{\sqrt{V_e\left(\frac{1}{「30分後」n} + \frac{1}{対照群\ n}\right)}} = \frac{18 - 19}{\sqrt{5.25 \times \left(\frac{1}{6} + \frac{1}{5}\right)}}$$

$$= \frac{-1}{1.3874} = -0.7208$$

検定統計量は絶対値とする。検定統計量＝0.7208

ウイリアムズ表より、$f_e = 22$，群数＝2の値は1.717

検定統計量0.7208＜1.717より、30分後平均＞対照群平均がいえない。

結論

経過時間30分では記憶個数は低下したといえないが、60分以降、時間が経つほど記憶個数は減少するといえる。

14.9 シェッフェ

1　シェッフェの概要

多重比較シェッフェは、3群以上の群相互の母平均の有意差を調べる**対比較の検定**と、複数の項目を2グループに分けて2グループの平均値の有意差を調べる**対比の検定**が行える方法です。

母集団は正規分布、各群の母分散は等しい、各群のデータ数が異なる場合に適用できます。

- **メリット**
  合算した平均値の対比に適用できます。
  p値が出力されます。
- **デメリット**
  有意差が出にくいです。

2　シェッフェの結果

Q. 具体例78

ある中学校の生徒23人を無作為に選び、4グループA、B、C、Dに分けました。生徒23人について、縄跳びの2重飛び回数をテストしました。

ただし、Aの生徒は練習せずに、B生徒は練習したその日に、C生徒は5日間練習した後に、D生徒は2日間練習した後にテストしました。

学年別2重飛び回数							
A	5	1	3	3	8	4	
B	5	4	5	9	7		
C	9	11	10	5	9	13	6
D	8	7	9	8	8		

(1)　A、B、C、Dの4グループ相互で、2重飛び回数の平均に違いがあるかを検証しなさい。

学年	生徒数	平均	分散
A	6	4.00	5.60
B	5	6.00	4.00
C	7	9.00	7.67
D	5	8.00	0.50

(2)　AとBのグループとCとDのグループで、2重飛び回数の平均に違いがあるかを検証しなさい。

学年	生徒数	合計	平均
AとB	11	54	4.91
CとD	12	103	8.58

A. 検定結果

(1)

		平均1	平均2	差	p値	95%CI 下限値	95%CI 上限値	判定
A	B	4	6	−2	0.586	−6.08	2.08	[ ]
A	C	4	9	−5	0.012	−8.75	−1.25	[**]
A	D	4	8	−4	0.060	−8.08	0.08	[ ]
B	C	6	9	−3	0.118	−6.95	0.95	[ ]
B	D	6	8	−2	0.439	−6.26	2.26	[ ]
C	D	9	8	1	0.831	−2.95	4.95	[ ]

A−Cのp値0.012＜0.05より、練習しない生徒群（A）と5日間練習生徒群（C）で有意差が見られました。他の群間では有意差は見られません。

(2)

	下限値	上限値	判定
AB-CD	−6.513	−0.836	[*]

下限値と上限値の範囲が0をまたがっていないので、ABとCDの平均値に差があるといえます。

3 シェッフェの検定手順

1 群数をk個とする。

k個の組み合わせの平均値の有意差なのか、合算したグループの2グループ間の平均値の有意差なのかを判断する。

2 比較する組み合わせの検定統計量を算出する。

3 有意水準0.05、群数、自由度に対するF分布の棄却限界値を算出する。

4 検定統計量のF分布における上側確率を算出する。

p値＜0.05なら2群間の母平均は有意差があるといえる。

p値＞0.05なら2群間の母平均は有意差があるといえない。

5 比較する平均値の差分の95%CIを算出する。

下限値と上限値の範囲が0をまたがなければ2群間の母平均は有意差がある。

下限値と上限値の範囲が0をまたげば2群間の母平均は有意差があるといえない。

※シェッフェ多重比較の対立仮説は「比較する群間の母平均は異なる」で、両側検定である（片側検定は対応していない）。

4 シェッフェの計算方法

線形式

検定統計量算出の公式には線形式の概念が用いられている。

$Y = c_1X_1 + c_2X_2 + c_3X_3 \cdots$を線形式という。

シェッフェは線形式を適用する。

k群、例えば5群の多重比較について考えてみる。

5群の平均値をX_1, X_2, X_3, X_4, X_5とし、次の線形式を定義する。

$Y = c_1X_1 + c_2X_2 + c_3X_3 + c_4X_4 + c_5X_5$　ただし、$c_1 + c_2 + c_3 + c_4 + c_5 = 0$

- 5群を2グループに分けて、グループ1（X_1, X_3, X_4）の平均とグループ2（X_2, X_5）の平均の有意差を調べる対比の検定の場合、線形式が0となることからcの値は次となる。

  $c_1 = c_3 = c_4 = 1/3$　　$c_2 = c_4 = -1/2$（分母の3と2はグループ内の群数）

  $c_1 + c_2 + c_3 + c_4 + c_5 = 1/3 - 1/2 + 1/3 + 1/3 - 1/2 = 0$
- 5群総当たりの対比較の検定で例えばX_1とX_5の有意差を調べる場合、cの値は次となる。

  $c_1 = 1$　　$c_5 = -1$　　$c_2 = c_3 = c_4 = 0$

  $c_1 + c_2 + c_3 + c_4 + c_5 = 1 - 0 - 0 - 0 - 1 = 0$

検定統計量

n_1、n_2、n_3、…：各群のデータ数

n：全データ数　　k：群数

V_e：分散分析の群内分散

$\sum_{i=1}^{k} \frac{{c_i}^2}{n_i}$：線形式の$c$と各群の$n$数から算出される値

$$検定統計量 = \frac{(比較する群の平均値差分)^2}{(k-1)V_e \sum_{i=1}^{k} \frac{{c_i}^2}{n_i}}$$

95%CI

$$比較する群の平均値差分 \pm \sqrt{棄却限界値 \times (k-1)V_e \sum_{i=1}^{k} \frac{{c_i}^2}{n_i}}$$

棄却限界値

有意水準=0.05

自由度1=$f_1 = k - 1$　　自由度2=$f_2 = n - k$

棄却限界値=F分布におけるF（0.05, f_1, f_2）の値

具体例78（1）の計算結果

全データ数$n = 23$

群数　$k = 4$

自由度　$f_e = 19$　　群内分散　$V_e = 4.84$

棄却限界値=F（0.05, $k-1$, $n-k$）=F（0.05, 3, 19）

Excel関数

Excelの関数で求められる。

=FINV(0.05, 3, 19) [Enter] 3.12735

A群とD群の比較

$n1 = 6 \quad n4 = 5$

4群総当たりの対比較の検定で、A群とD群（X_1とX_4）を比較するのでcの値は次となる。

$c_1 = 1 \quad c_4 = -1 \quad c_2 = c_3 = 0$

$$\sum_{i=1}^{k} \frac{{c_i}^2}{n_i} = \frac{{c_1}^2}{n_1} + \frac{{c_2}^2}{n_2} + \frac{{c_3}^2}{n_3} + \frac{{c_4}^2}{n_4} = \frac{1}{6} + \frac{0}{5} + \frac{0}{7} + \frac{(-1)^2}{5} = \frac{5}{30} + \frac{6}{30} = \frac{11}{30}$$

$$\text{検定統計量} = \frac{(\text{比較する群の平均値差分})^2}{(k-1)V_e \sum_{i=1}^{k} \frac{{c_i}^2}{n_i}} = \frac{(4-8)^2}{(4-1) \times 4.84 \times \frac{11}{30}} = \frac{16}{5.324} = 3.01$$

- p値

F分布（検定統計量，$k-1$，$n-k$）の上側確率

Excel関数

Excelの関数で求められる。

=FDIST(検定統計量, 4－1, 23－4)

=FDIST(3.01, 3, 19) Enter 0.05574

- 有意差判定

p値＞0.05より、AとDの平均値に差があるといえない。

- 96％CI

$$\text{比較する群の平均値差分} \pm \sqrt{\text{棄却限界値} \times (k-1)V_e \sum_{i=1}^{k} \frac{{c_i}^2}{n_i}}$$

$$= 4 - 8 \pm \sqrt{3.12735 \times (4-1) \times 4.84 \times \frac{11}{30}} = -4 \pm \sqrt{16.65} = -4 \pm 4.08$$

下限値=－8.08上限値=0.08

下限値と上限値の範囲が0をまたがっているので、AとDの平均値に差があるといえない。

具体例78（2）の計算結果

全データ数　$n = 23$　　群数　$k = 4$

分散分析表

自由度　$f_e = 19 \quad V_e = 4.84$

棄却限界値=F（0.05，$k-1$，$n-k$）=F（0.05，3，19）

Excel関数

Excelの関数で求められる。

=FINV(0.05, 3, 19) Enter 3.12735

AB群とCD群の比較

$n_1 = 6 \qquad n_2 = 5 \qquad n_3 = 7 \qquad n_4 = 5$

ABとCD群を比較するのでcの値は次となる。

$$c_1 = \frac{1}{2} \qquad c_2 = \frac{1}{2} \qquad c_3 = \frac{-1}{2} \qquad c_4 = \frac{-1}{2}$$

$$\sum_{i=1}^{k} \frac{{c_i}^2}{n_i} = \frac{{c_1}^2}{n_1} + \frac{{c_2}^2}{n_2} + \frac{{c_3}^2}{n_3} + \frac{{c_4}^2}{n_4} = \frac{0.25}{6} + \frac{0.25}{5} + \frac{0.25}{7} + \frac{0.25}{5}$$

$$= 0.17738$$

- 検定統計量

$$\frac{(\text{比較する群の平均値差分})^2}{(k-1)V_e \sum_{i=1}^{k} \frac{{c_i}^2}{n_i}} = \frac{(4.91 - 8.58)^2}{(4-1) \times 4.84 \times 0.17738} = \frac{13.5}{2.3043}$$

$$= 5.239$$

- p値

F分布（検定統計量、$k-1$、$n-k$）の上側確率

> **Excel関数**
>
> Excelの関数で求められる。
>
> =FDIST(検定統計量, 4－1, 23－4)
>
> =FDIST(5.8586, 3, 19) [Enter] 0.0052

- 有意差判定

p値＜0.05より、ABとCDの平均値に差があるといえる。

- 96%CI

$$\text{比較する群の平均値差分} \pm \sqrt{\text{棄却限界値} \times (k-1)V_e \sum_{i=1}^{k} \frac{{c_i}^2}{n_i}}$$

$$= 4.91 - 8.58 \pm \sqrt{33.12735 \times (4-1) \times 4.8421 \times 0.1774}$$

$$= -3.67 \pm \sqrt{8.058}$$

$$= -3.67 \pm 2.84$$

下限値=－6.51上限値=－0.83

下限値と上限値の範囲が0をまたがっていないので、ABとCDの平均値に差があるといえる。

14.10 母比率の多重比較

母比率の多重比較は、データが選択、非選択（1,0）のカテゴリデータについて群別割合が求められたとき、3群以上の群別割合の有意差判定を検討する方法です。

群別割合の有意差検定を行う場合、全体としての群別割合の同等性は**コクランのQ検定**（第8章解説）により判断することができますが、個々の群間の割合の差の有意性を判定するためには多重検定法が必要となります。

3群以上の割合の差を対比較で検定する方法としては、**母比率ライアン多重比較**の方法と**母比率チューキー多重比較**の方法があります。

ライアンの方法は、名義的有意水準または調整された有意水準と呼ばれる概念を使用し、検定回数に応じて有意水準を調整する手法です。

一方、チューキーの方法は、スチューデント化した範囲の表を用いて有意差を判定する手法で、**チューキーのWSD法**あるいは**b法**と呼ばれます。

ライアンとチューキー、いずれの手法も、まず、割合の最大値と最小値の群間で検定を行い、有意性が認められた場合には、最大値または最小値の群を外して（群数を1つ減らし）検定を行います。これを、有意差がなくなるまで繰り返すという手順をとります。

どちらの手法も最終的にほぼ同じ結果となるため、どちらの手法を用いてもよいようです。

母比率多重比較の帰無仮説・対立仮説と両側検定・片側検定

- 帰無仮説
  全組み合わせにおいて対となる母比率は等しい
- 対立仮説
  全組み合わせにおいて対となる母比率は異なる
- 両側検定、片側検定
  両側検定のみで片側検定はない。

14

14.11 母比率ライアン多重比較

1 母比率ライアン多重比較の概要

母比率ライアン多重比較は、3群以上の群相互の母比率（母集団の割合）の有意差を調べる検定方法です。

- **メリット**
  1.0の2値データのみならず、集計した割合表にも適用できます。
  正規性は問いません。
- **デメリット**
  p値が出ません。

2 母比率ライアン多重比較の結果

Q. 具体例79

ある商品について、年代別の保有率を調査しました。
商品保有率は年代によって違いがあるかをライアン多重比較で検証しなさい。

年代別商品保有率

年代	20才代	30才代	40才代	50才代	60才代
回答数	70	60	80	50	70
保有数	14	15	36	36	49
保有率	20%	25%	45%	72%	70%

A. 検定結果

割合差分＞RDなら有意差があるといえます。

比較		割合差分	RD	判定
20才代	50才代	52.0%	25.9%	[*]
20才代	60才代	50.0%	22.5%	[*]
30才代	50才代	47.0%	25.9%	[*]
30才代	60才代	45.0%	22.6%	[*]
40才代	50才代	27.0%	22.7%	[*]
20才代	40才代	25.0%	19.5%	[*]
40才代	60才代	25.0%	18.9%	[*]
30才代	40才代	20.0%	19.1%	[*]
20才代	30才代	5.0%	17.0%	[ ]
60才代	50才代	2.0%	19.6%	[ ]

割合差分の降順で並べ替えて出力される。

20才代と30才代、50才代と60才代で有意差は見られませんでした。
他の年代間では有意差がありました。

3　母比率ライアン多重比較の検定手順

群数：k　全データ数：nとする。

1 各群の割合を小さい順に並べる。

2 比較する2群の回答数をn_L，n_R，保有率をP_L，P_Rとする。
2群間の保有率差分Pを算出する。$P = P_R - P_L$

3 比較する群とそれら群の間にある群の個数mを算出する。

4 平均割合Rを算出する。
比較する群とそれら群の間にある群の回答数を合計する。…a
比較する群とそれら群の間にある群の保有数を合計する。…b
$R = b \div a$

5 両群間の差の標準誤差SEを算出する。
SEは次式によって求められる。$SE = \sqrt{R(1-R)\left(\frac{1}{n_L} - \frac{1}{n_R}\right)}$

6 両群間の名義的有意水準zを算出する。
$\alpha' = 2\alpha/(k(m-1))$　ただし、$\alpha = 0.05$、k=群数
名義的有意水準zはz分布（標準正規分布）における上側確率$\alpha'/2$の横軸の値

7 RDを求める。$RD = SE \times z$

8 保有率差分PとRDを比較し有意差を判定する。
保有率差分$P > RD$なら、有意差があるといえる。
保有率差分$P \leqq RD$なら、有意差があるといえない。

4　母比率ライアン多重比較の計算方法

1 保有率を昇順で並べ替え、5群の名称をA，B，C，D，Eとする。

年代	20才代	30才代	40才代	60才代	50才代
	A	B	C	D	E
回答数	70	60	80	70	50
保有数	14	15	36	49	36
保有率	20%	25%	45%	70%	72%

2 比較する2群の回答数をn_L，n_R，保有率をP_L，P_Rとする。
2群間の保有率差分Pを算出する。

$P = P_R - P_L$

	AB	AC	AD	AE	BC	BD	BE	CD	CE	DE
n_L	70	70	70	70	60	60	60	80	80	70
n_R	60	80	70	50	80	70	50	70	50	50
P_L	20%	20%	20%	20%	25%	25%	25%	45%	45%	70%
P_R	25%	45%	70%	72%	45%	70%	72%	70%	72%	72%
割合差分P	5%	25%	50%	52%	20%	45%	47%	25%	27%	2%

3 比較する群とそれら群の間にある群の個数mを算出する。

	AB	AC	AD	AE	BC	BD	BE	CD	CE	DE
m	2	3	4	5	2	3	4	2	3	2

計算例　BとEの比較で、間にあるのはCとDの2個より、2＋2=4
AとCの比較で、間にあるのはBの1個より、2＋1=3
CとDの比較で、間にある群はないので、2＋0=2

4 平均割合Rを算出する。
回答数延べ：比較する群とそれら群の間にある群の回答数を合計する。
保有数延べ：比較する群とそれら群の間にある群の保有数を合計する。
平均割合R=保有数延べ÷回答数延べ

	AB	AC	AD	AE	BC	BD	BE	CD	CE	DE
回答数延べ	130	210	280	330	140	210	260	150	200	120
保有数延べ	29	65	114	150	51	100	136	85	121	85
平均割合R	22. 3%	31. 0%	40. 7%	45. 5%	36. 4%	47. 6%	52. 3%	56. 7%	60. 5%	70. 8%

計算例　AEの回答数延べ=A＋B＋C＋D＋E=70＋60＋80＋70＋50=330
AEの保有数延べ=A＋B＋C＋D＋E=14＋15＋36＋49＋36=150
R=150÷330=0.455

5 両群間の差の標準誤差SEを算出する。
SEは次式によって求められる。

$$SE = \sqrt{R(1 - R)\left(\frac{1}{n_L} + \frac{1}{n_R}\right)}$$

AとEの比較について算出する。

$R = 0.455 \qquad n_L = 70 \qquad n_R = 50$

$$SE = \sqrt{0.455(1 - 0.455)\left(\frac{1}{70} + \frac{1}{50}\right)} = \sqrt{0.2479 \times 0.0343} = 0.0922$$

すべての群間について算出する。

	AB	AC	AD	AE	BC	BD	BE	CD	CE	DE
$R(1-R)$	0. 173	0. 214	0. 241	0. 248	0. 232	0. 249	0. 249	0. 246	0. 239	0. 207
$1/n_L+1/n_R$	0. 031	0. 027	0. 029	0. 034	0. 029	0. 031	0. 037	0. 027	0. 033	0. 034
SE	0. 073	0. 076	0. 083	0. 092	0. 082	0. 088	0. 096	0. 081	0. 088	0. 084

6 両群間の名義的有意水準Zを算出する。

$\alpha' = \dfrac{2\alpha}{k(m-1)}$　　kは群数、mは **3** で求めた値

αは0.05または0.01を用いる。ここでは$\alpha = 0.05$とする。
AとEの比較について算出する。

$2\alpha = 0.1 \qquad k = 5 \qquad m = 5 \qquad \alpha' = \dfrac{0.1}{5 \times (5-1)} = 0.005$

名義的有意水準zはz分布（標準正規分布）における上側確率$\alpha'/2$の横軸の値

※ライアン多重比較は両側検定なので、上側確率はα'の1/2 z分布の上側確率はExcelの関数で求められる。

Excel関数

=NORMSINV(1 − α'/2)　=NORMSINV(1 − 0.005/2) Enter 2.807

すべての群間について算出する。

	AB	AC	AD	AE	BC	BD	BE	CD	CE	DE
α'	0.02	0.01	0.007	0.005	0.02	0.01	0.007	0.02	0.01	0.02
z	2.326	2.576	2.713	2.807	2.326	2.576	2.713	2.326	2.576	2.326

7 RDを算出する。

RDは次式によって求められる。

$RD = SE \times z$

	AB	AC	AD	AE	BC	BD	BE	CD	CE	DE
RD	0.17	0.195	0.225	0.259	0.191	0.226	0.259	0.189	0.227	0.196

8 有意差判定を行う。

2 で求めた保有率差分PとRDを比較し、

保有率差分$P > RD$なら、有意差があるといえる。

保有率差分$P \leqq RD$なら、有意差があるといえない。

比較		組合せ	割合差分	RD	判定
20才代	30才代	AB	5.0%	17.0%	[ ]
20才代	40才代	AC	25.0%	19.5%	[*]
20才代	60才代	AD	50.0%	22.5%	[*]
20才代	50才代	AE	52.0%	25.9%	[*]
30才代	40才代	BC	20.0%	19.1%	[*]
30才代	60才代	BD	45.0%	22.6%	[*]
30才代	50才代	BE	47.0%	25.9%	[*]
40才代	60才代	CD	25.0%	18.9%	[*]
40才代	50才代	CE	27.0%	22.7%	[*]
60才代	50才代	DE	2.0%	19.6%	[ ]

保有率差分で並べ替えた表を作成する。

比較		組合せ	割合差分	RD	判定
20才代	50才代	AE	52.0%	25.9%	[*]
20才代	60才代	AD	50.0%	22.5%	[*]
30才代	50才代	BE	47.0%	25.9%	[*]
30才代	60才代	BD	45.0%	22.6%	[*]
40才代	50才代	CE	27.0%	22.7%	[*]
20才代	40才代	AC	25.0%	19.5%	[*]
40才代	60才代	CD	25.0%	18.9%	[*]
30才代	40才代	BC	20.0%	19.1%	[*]
20才代	30才代	AB	5.0%	17.0%	[ ]
60才代	50才代	DE	2.0%	19.6%	[ ]

14.12 母比率チューキー多重比較

1　母比率チューキー多重比較の概要

母比率チューキー多重比較は、3群以上の群相互の母比率（母集団の割合）の有意差を調べる検定方法です。

- **メリット**
  1.0の2値データのみならず、集計した割合表にも適用できます。
  正規性は問いません。
- **デメリット**
  p値が出ません。

2　母比率チューキー多重比較の結果

Q. 具体例80　**再掲　具体例79**

ある商品について、年代別の保有率を調査しました。
商品保有率は年代によって違いがあるかをライアン多重比較で検証しなさい。

年代別商品保有率

年代	20才代	30才代	40才代	50才代	60才代
回答数	70	60	80	50	70
保有数	14	15	36	36	49
保有率	20%	25%	45%	72%	70%

A. 検定結果

割合差分＞WSDなら有意差があるといえます。

比較		割合差分P	WSD	判定
20才代	50才代	52. 0%	25. 2%	[*]
20才代	60才代	50. 0%	22. 0%	[*]
30才代	50才代	47. 0%	25. 3%	[*]
30才代	60才代	45. 0%	22. 3%	[*]
40才代	50才代	27. 0%	22. 3%	[*]
20才代	40才代	25. 0%	19. 2%	[*]
40才代	60才代	25. 0%	19. 0%	[*]
30才代	40才代	20. 0%	19. 3%	[*]
20才代	30才代	5. 0%	17. 2%	[ ]
60才代	50才代	2. 0%	19. 7%	[ ]

割合差分の降順で並べ替えて出力される。

20才代と30才代、50才代と60才代で有意差は見られませんでした。
他の年代間では有意差がありました。

3 母比率チューキー多重比較の検定手順

群数：k　全データ数：nとする。

1 各群の割合を小さい順に並べる。

2群間の保有率差分Pを算出する。

2 比較する2つの群で保有率が大きい方の値をP_L，P_Lを算出するための回答者数をn_Lとする。

比較する2つの群で保有率が小さい方の値をP_s，P_sを算出するための回答者数をn_sとする。

3 比較する群とそれら群の間にある群の個数mを算出する。

4 平均割合Rを算出する。

比較する群とそれら群の間にある群の回答者数を合計する。…a

比較する群とそれら群の間にある群の保有者数を合計する。…b

$R = b \div a$

5 両群間の差の標準誤差SEを算出する。

SEは次式によって求められる。$SE = \sqrt{R(1 - R)\left(\frac{1}{n_s} + \frac{1}{n_L}\right)}$

6 スチューデント化した範囲の表（q分布）から、k群、m群の自由度∞に対する値q_k，q_mを求め、下記を算出する。

$$q = \frac{q_k + q_m}{2}$$

7 WSDを求める。

$$WSD = \frac{SE \times q}{\sqrt{2}}$$

8 保有率差分PとWSDを比較し有意差を判定する。

保有率差分$P > WSD$なら、有意差があるといえる。

保有率差分$P \leqq WSD$なら、有意差があるといえない。

母比率チューキー多重比較の計算方法

1 保有率を昇順で並べ替え、5群の名称をA，B，C，D，Eとする。

年代	20才代	30才代	40才代	60才代	50才代
	A	B	C	D	E
回答数	70	60	80	70	50
保有数	14	15	36	49	36
保有率	20%	25%	45%	70%	72%

2 比較する2群の回答数をn_L、n_R、保有率をP_L、P_Rとする。
2群間の保有率差分Pを算出する。
$P = P_L - P_R$

	AB	AC	AD	AE	BC	BD	BE	CD	CE	DE
n_R	70	70	70	70	60	60	60	80	80	70
n_L	60	80	70	50	80	70	50	70	50	50
P_R	20%	20%	20%	20%	25%	25%	25%	45%	45%	70%
P_L	25%	45%	70%	72%	45%	70%	72%	70%	72%	72%
割合差分P	5%	25%	50%	52%	20%	45%	47%	25%	27%	2%

3 比較する群とそれら群の間にある群の個数mを算出する。

	AB	AC	AD	AE	BC	BD	BE	CD	CE	DE
m	2	3	4	5	2	3	4	2	3	2

計算例　BとEの比較で、間にあるのはCとDの2個より、2＋2=4
AとCの比較で、間にあるのはBの1個より、2＋1=3
CとDの比較で、間にある群はないので、2＋0=2

4 平均割合Rを算出する。
回答数延べ：比較する群とそれら群の間にある群の回答数を合計する。
保有数延べ：比較する群とそれら群の間にある群の保有数を合計する。
平均割合R=保有数延べ÷回答数延べ

	AB	AC	AD	AE	BC	BD	BE	CD	CE	DE
回答数延べ	130	210	280	330	140	210	260	150	200	120
保有数延べ	29	65	114	150	51	100	136	85	121	85
平均割合R	22. 3%	31. 0%	40. 7%	45. 5%	36. 4%	47. 6%	52. 3%	56. 7%	60. 5%	70. 8%

計算例　AEの回答数延べ=A＋B＋C＋D＋E=70＋60＋80＋70＋50=330
AEの保有数延べ=A＋B＋C＋D＋E=14＋15＋36＋49＋36=150
R=150÷330=0.455

5 両群間の差の標準誤差SEを算出する。
SEは次式によって求められる。

$$SE = \sqrt{R(1-R)\left(\frac{1}{n_L}+\frac{1}{n_R}\right)}$$

AとEの比較について算出する。

$R = 0.455 \qquad n_L = 70 \qquad n_R = 50$

$$SE = \sqrt{0.455(1-0.455)\left(\frac{1}{70}+\frac{1}{50}\right)} = \sqrt{0.2479 \times 0.0343} = 0.0922$$

すべての群間について算出する。

	AB	AC	AD	AE	BC	BD	BE	CD	CE	DE
$R(1-R)$	0. 173	0. 214	0. 241	0. 248	0. 232	0. 249	0. 249	0. 246	0. 239	0. 207
$1/n_L+1/n_R$	0. 031	0. 027	0. 029	0. 034	0. 029	0. 031	0. 037	0. 027	0. 033	0. 034
SE	0. 073	0. 076	0. 083	0. 092	0. 082	0. 088	0. 096	0. 081	0. 088	0. 084

6 スチューデント化した範囲の表（q分布）から、k群、m群の自由度∞に対する値q_k、q_mを求め、下記を算出する。

$$q = \frac{q_k + q_m}{2}$$

	AB	AC	AD	AE	BC	BD	BE	CD	CE	DE
q k	3. 858	3. 858	3. 858	3. 858	3. 858	3. 858	3. 858	3. 858	3. 858	3. 858
q m	2. 772	3. 314	3. 633	3. 858	2. 772	3. 314	3. 633	2. 772	3. 314	2. 772
q	3. 315	3. 586	3. 745	3. 858	3. 315	3. 586	3. 745	3. 315	3. 586	3. 315

7 WSDを求める。

$$WSD = \frac{SE \times q}{\sqrt{2}}$$

	AB	AC	AD	AE	BC	BD	BE	CD	CE	DE
WSD	0. 172	0. 192	0. 22	0. 252	0. 193	0. 223	0. 253	0. 19	0. 223	0. 197

8 有意差判定を行う。

求めた保有率差分PとWSDを比較し、

保有率差分$P > WSD$なら、有意差があるといえる。

保有率差分$P \leqq WSD$なら、有意差があるといえる。

比較		組合せ	割合差分P	WSD	判定
20才代	30才代	AB	5. 0%	17. 2%	[ ]
20才代	40才代	AC	25. 0%	19. 2%	[*]
20才代	60才代	AD	50. 0%	22. 0%	[*]
20才代	50才代	AE	52. 0%	25. 2%	[*]
30才代	40才代	BC	20. 0%	19. 3%	[*]
30才代	60才代	BD	45. 0%	22. 3%	[*]
30才代	50才代	BE	47. 0%	25. 3%	[*]
40才代	60才代	CD	25. 0%	19. 0%	[*]
40才代	50才代	CE	27. 0%	22. 3%	[*]
60才代	50才代	DE	2. 0%	19. 7%	[ ]

保有率差分で並べ替えた表を作成する。

比較		組合せ	割合差分P	WSD	判定
20才代	50才代	AE	52. 0%	25. 2%	[*]
20才代	60才代	AD	50. 0%	22. 0%	[*]
30才代	50才代	BE	47. 0%	25. 3%	[*]
30才代	60才代	BD	45. 0%	22. 3%	[*]
40才代	50才代	CE	27. 0%	22. 3%	[*]
20才代	40才代	AC	25. 0%	19. 2%	[*]
40才代	60才代	CD	25. 0%	19. 0%	[*]
30才代	40才代	BC	20. 0%	19. 3%	[*]
20才代	30才代	AB	5. 0%	17. 2%	[ ]
60才代	50才代	DE	2. 0%	19. 7%	[ ]

14.13 ノンパラ多重比較スティール・ドゥワス

1 ノンパラ多重比較スティール・ドゥワスの概要

ノンパラ多重比較スティール・ドゥワスは、3群以上の群相互の母平均の差を調べる検定方法です。

- **メリット**
  データが順位や5件法（5段階評価）などの順序尺度で母集団の分布が特定できない場合、また、数量データでもサンプルサイズが小さく母集団の正規性や等分散性を検討できない場合に適用できます。
- **デメリット**
  p値が出ません。

2 ノンパラ多重比較スティール・ドゥワスの結果

具体例81

ある会社で、血液型が営業成績に関係があるかを調べるために、社員25人を選び、1年間の売上台数を調べました。
下表は、血液型別の売上台数です。この会社の社員は、血液型によって営業成績が異なるといえるかを検証しなさい。

A型	20	23	30	30	35	2	45	52	60
O型	22	25	30	40	46	54	56		
B型	20	25	28	53					
AB型	25	26	30	38	55				

A. 検定結果

検定統計量の絶対値が棄却限界値より大きければ有意差があるといえます。すべての群間において有意差が見られません。

血液型は営業成績に影響していないといえます。

	順位和	検定統計量	スチューデントq 棄却限界値		判定
			5%	1%	
A型：O型	70.0	−0.690	2.569	3.113	[ ]
A型：B型	65.5	0.387	2.569	3.113	[ ]
A型：AB型	66.0	−0.201	2.569	3.113	[ ]
O型：B型	47.5	1.042	2.569	3.113	[ ]
O型：AB型	48.0	0.407	2.569	3.113	[ ]
B型：AB型	16.5	−0.861	2.569	3.113	[ ]

ノンパラ多重比較スティール・ドゥワスの計算方法

1 比較する群ごとに、順位を付ける。

2 順位和を求める。

	上群：A			上群：A			上群：A			上群：O			上群：O			上群：B		
	下群：O			下群：B			下群：AB			下群：B			下群：AB			下群：AB		
	1	20	1	1	20	1.5	1	20	1	1	22	2	1	22	1	1	20	1
	2	23	3	2	23	3	2	23	2	2	25	3	2	25	2	2	25	2.5
	3	30	6	3	30	6.5	3	30	6	3	30	6	3	30	3	3	28	5
	4	30	6	4	30	6.5	4	30	6	4	40	7	4	40	4	4	53	8
	5	35	8	5	35	8	5	35	8	5	46	8	5	46	5	1	25	2.5
	6	42	10	6	42	9	6	42	10	6	54	10	6	54	6	2	26	4
	7	45	11	7	45	10	7	45	11	7	56	11	7	56	7	3	30	6
	8	62	16	8	62	13	8	62	14	1	20	1	1	25	8	4	38	7
	9	60	15	9	60	12	9	60	13	2	25	4	2	26	9	5	55	9
	1	22	2	1	20	1.5	1	25	3	3	28	5	3	30	10			
	2	25	4	2	25	4	2	26	4	4	53	9	4	38	11			
	3	30	6	3	28	5	3	30	6				5	55	12			
	4	40	9	4	53	11	4	38	9									
	5	46	12				5	55	12									
	6	54	13															
	7	56	14															
順位和			76.0			69.5			71.0			47.0			28.0			16.5

群別個体No.　データ　順位 r_{jk}

比較する組み合わせは6通り。組み合わせj番目の順位和

$$\text{順位和} = \sum_{k=1}^{n} r_{ik}$$

（例　A-O）　1+3+6+6+8+10+11+16+15=76

3 $\dfrac{n_i(n_i+n_j+1)}{2}$を求める。

（例　A-O）　$n_i=9$　$n_j=7$　　9×（9+7+1）÷2=76.5

4 $\dfrac{n_i n_j}{(n_i+n_j)(n_i+n_j-1)}$を求める。

（例　A-O）　$\dfrac{9\times 7}{(9+7)(9+7-1)} = \dfrac{63}{16\times 15} = 0.2625$

5 $\displaystyle\sum_{k=1}^{n_i} {r_{ik}}^2$を求める。

（例　A）

順位	順位の2乗
1	1
3	9
6	36
6	36
8	64
10	100
11	121
16	256
15	225
計	848

6 $\displaystyle\sum_{k=1}^{n_j} {r_{jk}}^2$を求める。

（例　O）

順位	順位の2乗
2	4
4	16
6	36
9	81
12	144
13	169
14	196
計	646

14

7 $(n_i + n_j)(n_i + n_j + 1)^2/4$を求める。

(例　A-O)　$(9+7)(9+7+1)^2 \div 4 = 16 \times 17^2 \div 4$

$= 1156$

8 Vを求める。

$$V = \frac{n_i n_j}{(n_i+n_j)(n_i+n_j-1)} \left\{ \sum_{k=1}^{n_j} {r_{ik}}^2 + \sum_{k=1}^{n_j} {r_{jk}}^2 - \frac{(n_i+n_j)(n_i+n_j+1)^2}{4} \right\}$$

(例　A-O)

4 × (**5** + **6** − **7**)

$V = 0.2625 \times (848 + 646 - 1156)$

$= 88.725$

9 検定統計量を求める。

$$T_{ij} = \frac{\text{順位和} - \dfrac{n_i(n_i+n_j+1)}{2}}{\sqrt{V}}$$

(例　A-O)

$$T = \frac{\boxed{2} - \boxed{3}}{\sqrt{\boxed{8}}}$$

$$= \frac{76 - 76.5}{\sqrt{88.725}}$$

$$= -0.0531$$

すべての対について **3** 〜 **9** を計算すると次になる。

	順位和	n_i	n_j	3	4	5	6	7	8	検定統計量
A-O	76. 0	9	7	76. 5	0. 2625	848. 00	646. 00	1156. 00	88. 725	−0. 0531
A-B	69. 5	9	4	63. 0	0. 2308	653. 75	164. 25	637. 00	41. 769	1. 0057
A-AB	71. 0	9	5	67. 5	0. 2473	727. 00	286. 00	788. 00	55. 755	0. 4687
O-B	47. 0	7	4	42. 0	0. 2545	383. 00	123. 00	396. 00	28. 000	0. 9449
O-AB	28. 0	7	5	45. 5	0. 2652	140. 00	510. 00	507. 00	37. 917	−2. 8420
B-AB	16. 5	4	5	20. 0	0. 2778	96. 25	188. 25	225. 00	16. 528	−0. 8609

10 スチューデントの範囲を求める。

$a = 4$

$q(a, \infty, 0.01)/1.4142$	3.1132
$q(a, \infty, 0.05)/1.4142$	2.5684

11 検定統計量と比較して有意差判定を行う。

検定統計量は **10** の値より小さいので、すべての組み合わせにおいて有意差が見られない。

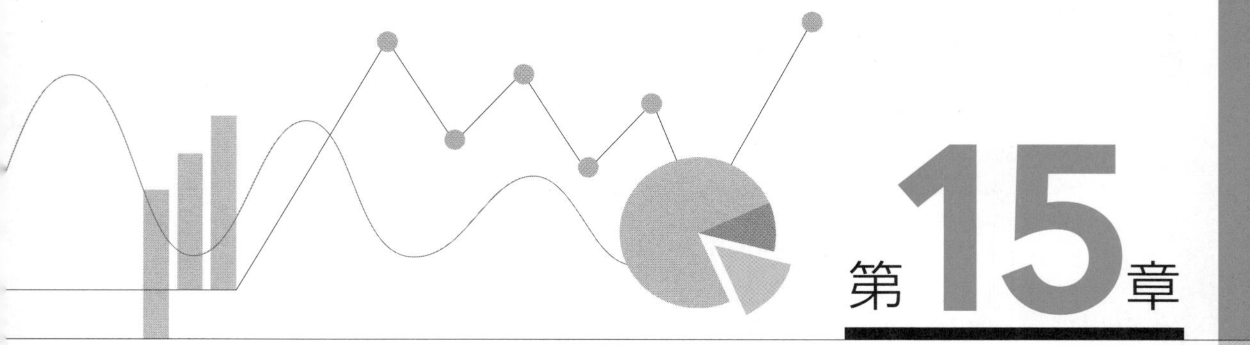

第15章

第1種の過誤、第2種の過誤、検出力、サンプルサイズ

この章で学ぶ解析手法を紹介します。解析手法の計算はフリーソフトで行えます。
フリーソフトは第17章17.2を参考にしてください。

上段：解析手法名　下段：英語名	フリーソフトメニュー	解説ページ
第1種の過誤　α　（タイプⅠエラー） Error of the first kind　α (type I error)		338
第2種の過誤　β　（タイプⅡエラー） Error of the second kind β (type Ⅱ error)		340
検出力　$1-\beta$ Power of detection $1-\beta$		343
効果量 Amount of effect		354
サンプルサイズの決め方 How to determine the sample size		353
検出力によるサンプルサイズの決め方 How to determine the sample size based on the detection power	サンプルサイズの決定（精度）	354
95% CIによるサンプルサイズの決め方 How to determine the sample size by 95% CI	サンプルサイズの決定（検出力）	363

15.1 第1種の過誤

有意水準5%をα、第1種の過誤、Type Iエラーといいます。

α (0.5=5%) は、実際には帰無仮説が正しいにもかかわらず、それを誤りと判定する確率です。差がないのにあると判断してしまう危険の率、といえます。

$1-\alpha$は帰無仮説が正しいとき、それを棄却せずにすます確率で、帰無仮説を棄却した場合の信頼率といえます。

平たくいうと、αは効果がないのに効果があると判定する確率です。

$1-\alpha$は効果がないのに効果がないと判定する確率です。

次の具体例で、第1種の過誤αとは何かを詳しく解説します。

Q. 具体例82

ある塾は英単語の暗記方法を考案しました。暗記方法の効果を検証するために、塾生30人を対象に暗記方法を学習する前のテスト成績と学習後のテスト成績を調査しました。テストの成績は学習後が学習前より上がったか、暗記方法の効果があったかを検証しなさい。

No	学習前	学習後	差分
1	43	44	1
2	39	39	0
3	69	68	-1
4	61	68	7
5	39	52	13
6	40	56	16
⋮	⋮	⋮	⋮
28	53	60	7
29	54	60	6
30	55	60	5
平均	50	56	6

差分データ	
平均	6.0
標準偏差	13.0

A. 解答

「**対応のあるt検定**」を適用しました。

対立仮説は、「テスト成績は、学習後の方が学習前より高い（差分の平均はプラス）」なので片側検定です。

検定統計量（第7章**7.6**参照）を求めると2.5です。

$$検定統計量 = \frac{差分データの平均}{\frac{差分データの標準偏差}{\sqrt{n}}} = \frac{6}{\frac{13.0}{\sqrt{30}}} = 2.53$$

自由度 $n-1=30-1=29$

p値は自由度29のt分布の上側確率で、p値＝0.009です。

p値＜有意水準0.05より、帰無仮説は棄却でき対立仮説を採択できます。

これより、暗記の学習方法は効果があったといえます。

この塾の塾生は1万人おり、テスト成績の平均の差分が0点であったとします。

30人の調査データはこの1万人（母集団）から得られた結果と仮定します。

現実的にはありえませんがこの調査を1,000回行い、1,000個の検定統計量を算出し、度数分布を作成します。相対度数（%）のグラフを描くと、グラフは自由度29（$n-1=30-1$）の**t分布**になります。この分布をAと名称します。

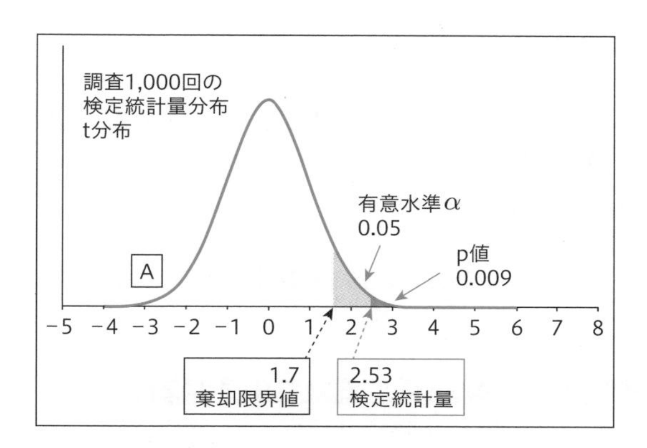

t分布の上側確率が5%となる横軸の値を**棄却限界値**といいます。自由度29のt分布の片側検定の棄却限界値は1.7です。棄却限界値1.7より大きい領域を**棄却域**といいます。

前ページの具体例82の検定統計量は2.53でした。

この例の検定統計量は棄却域に含まれました。

p値は0.009で、偶然こうなったとすると1,000回に9回以下しか起こらないほどまれなことが起こったといえます。母集団の「差分データは0である（帰無仮説）」が正しいとすればこのようなまれなことは起こらないはずなのに、起こったということは、母集団の差分データは0である（帰無仮説）が正しくないらしいということを意味しています。

統計の言葉でいえば、有意水準5%で「差分データは0である」という帰無仮説は棄却されたということです。これより対立仮説「テスト成績は学習後の方が学習前より高い」、すなわち「差分データはプラス」、効果があったと結論することになります。

平たくいうと、αは効果がないのに効果があると判定する確率です。
$1-\alpha$は効果がないのに効果がないと判定する確率です。

15.2 第２種の過誤

第２種の過誤（Type Ⅱエラー）をβで表します。

βは「効果があるのに効果ない」とする過誤の確率です。

$1-\beta$は検出力で「効果があるのに効果ある」とする正しい判断の確率です。

第２種の過誤β、検出力$1-\beta$とは何かを詳しく解説します。

具体例82を再掲します。塾生30人を対象に暗記方法を学習する前のテスト成績と学習後のテスト成績を調査した結果、学習前平均は50点、学習後平均は56点、差分は6点でした。

1万人の塾生（母集団）の差分は、具体例82では0点（効果なし）と仮定しましたが、ここでは差分は調査結果の6点（効果あり）と仮定します。

差分データの平均が6点の1万人（母集団）から30人を抽出する調査を1,000回行い、1,000個の検定統計量を算出しました。

全塾生のテスト成績

塾生No	学習前	学習後	差分
1	44	54	10
2	40	52	12
3	70	63	−7
⋮	⋮	⋮	⋮
9,999	48	58	10
10,000	76	76	0
平均	50	56	6

1000個の検定統計量

調査No	標本平均	標本標準偏差	検定統計量
1	6.00	13.00	2.53
2	5.80	13.78	2.31
3	8.77	13.93	3.45
⋮	⋮	⋮	⋮
999	2.07	9.29	1.22
1,000	7.80	13.76	3.10
		平均	2.53

検定統計量の平均は2.53です。

当然ながら検定統計量2.53は（母集団の差分は、調査結果と同じ差分としているので）塾生30の標本調査の検定統計量2.53と一致します。

検定統計量の度数分布を作成し、相対度数の折れ線グラフを描きました。

この分布は、t分布を2.53だけ右にシフトした形状となります。

この分布をBと名称します。

度数分布表

下限値	上限値	階級値	度数	相対度数
−2	−1	−1.5	0	0.0%
−1	0	−0.5	5	0.5%
0	1	0.5	60	6.0%
1	2	1.5	240	24.0%
2	3	2.5	366	36.6%
3	4	3.5	225	22.5%
4	5	4.5	89	8.9%
5	6	5.5	13	1.3%
6	7	6.5	2	0.2%
7	8	7.5	0	0.0%
		合計	1000	100.0

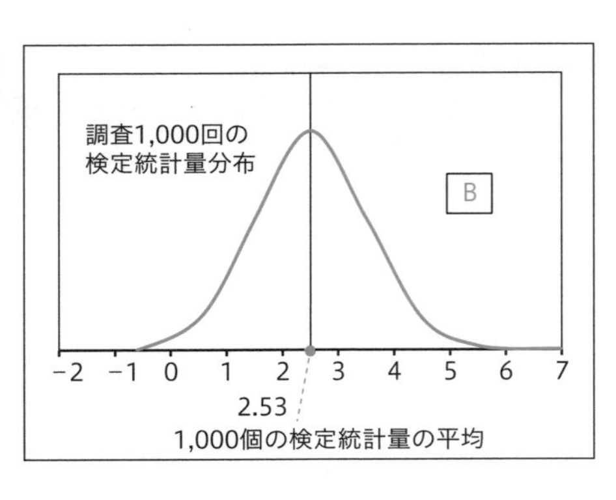

前節で求めた分布A（母集団の差分=0）と当節で求めた分布B（母集団の差分=6）を重ね描きします。

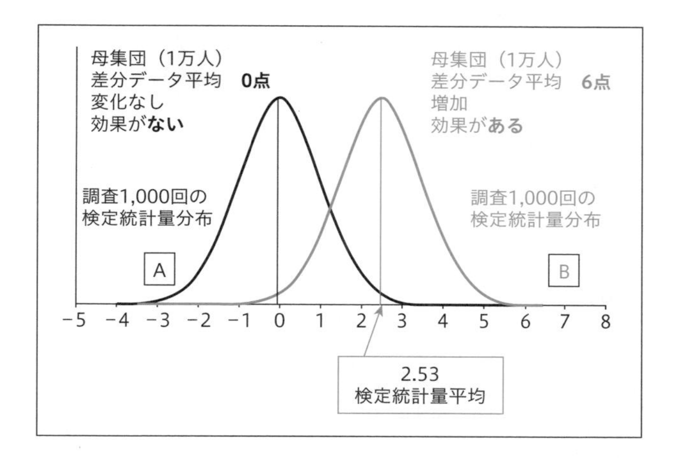

下図で、分布Aで上側確率が5%となる棄却限界値1.7を図示します。

Bの分布に着目します。分布Bにおいて棄却限界値以下の確率（赤色をつけた部分）がβとなります。

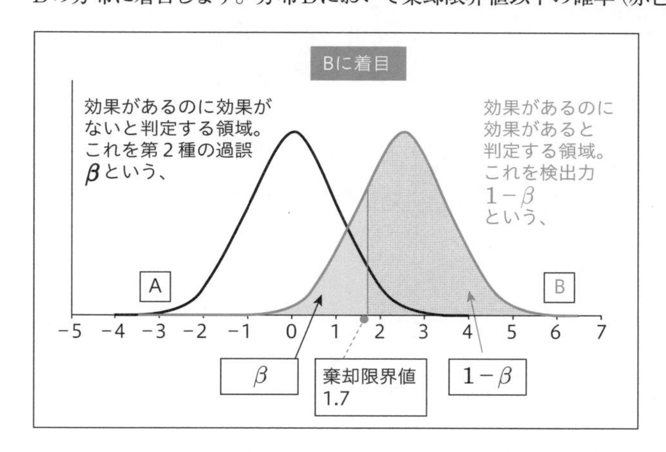

Aの母平均は0で、「効果ない」が真実です。
Aにおいて、「棄却限界値1.7以上」は「差分は0であるという帰無仮説を棄却する領域（差分は0でない（効果ある））です。

Bの母平均は6で、「効果ある」が真実です。…………………………………………（1）
Bにおいて「棄却限界値1.7未満」は帰無仮説を棄却しない領域で、「差分は0→効果ない」です。
………………………………………………………………………………………（2）

（1）（2）より、「棄却限界値1.7未満」は「効果があるのに効果ない」と判定する領域です。この領域はβで表されます。

βをType Ⅱエラー、第２種の過誤といいます。

検出力について説明します。

> Bの母平均は6で、「効果ある」が真実です。……………………………………………… (1)
> Bにおいて「棄却限界値1.7以上」は帰無仮説を棄却する領域で、「差分はプラス→効果ある」です。
> …………………………………………………………………………………………………… (2)

(1) (2) より、「棄却限界値1.7以上」は「効果があるのに効果ある」と判定する領域です。この領域は $1-\beta$ で表されます。

$1-\beta$ を**検出力**といいます。

α、$1-\alpha$、β、$1-\beta$ の比較

		母集団に関する真実（分布）	
		等しい（差分0）＝効果ない	高まる（差分プラス）＝効果ある
検定結果	棄却限界値より左側の領域 帰無仮説を棄却しない	等しいという帰無仮説を棄却しないので「等しい」	
		効果ないという帰無仮説を棄却しないので「効果ない」	
		母集団の真実は効果ない、検定結果は効果ない	母集団の真実は効果ある、検定結果は効果ない
		効果がないのに効果ないと判定する領域	効果があるのに効果ないと判定する領域
		領域（確率）は $1-\alpha$ で表わされる $1-\alpha=1-0.05=0.95$	領域（確率）は β で表わされる
		「効果ないのに効果ない」とする正しい判断の確率	「効果あるのに効果ない」とする過誤の確率
		$1-\alpha$ を信頼率という	**β を第2種の過誤という**
	棄却限界値より右側の領域 帰無仮説を棄却する	等しいという帰無仮説を棄却するので「等しくない」	
		効果ないという帰無仮説を棄却するので「効果ある」	
		母集団の真実は効果ない、検定結果は効果ある	母集団の真実は効果ある、検定結果は効果ある
		効果がないのに効果あると判定する領域	効果があるのに効果あると判定する領域
		領域（確率）は α で表わされる。　$\alpha=0.05$	領域（確率）は $1-\beta$ で表わされる。
		「効果ないのに効果ある」とする過誤の確率	「効果があるのに効果ある」とする正しい判断の確率
		α を第1種の過誤という	**$1-\beta$ を検出力という**

要約

$1-\alpha$ ：信頼率	β ：第2種の過誤
「効果ないのに効果ない」とする正しい判断の確率	「効果あるのに効果ない」とする過誤の確率
α ：第1種の過誤	$1-\beta$ ：検出力
「効果ないのに効果ある」とする過誤の確率	「効果があるのに効果ある」とする正しい判断の確率

15.3 検出力1 − βの求め方

検出力　1 − βは、図15.1の分布Bにおいて、棄却限界値の上側確率です。
検出力　1 − βは、図15.2のt分布において、新棄却限界値の上側確率です。

分布Bの**検定統計量平均2.53**（標本調査検定統計量2.53と同値）、**棄却限界値は1.7**で、両者の差分は0.83です。
図15.1における分布Bを2.53（検定統計量平均）だけ左にシフトすれば、図15.2の平均0のt分布になります。
図15.1の棄却限界値1.7は、図15.2のt分布では−0.83（1.7 − 2.53）になります。
−0.83を新棄却限界値と呼ぶことにします。

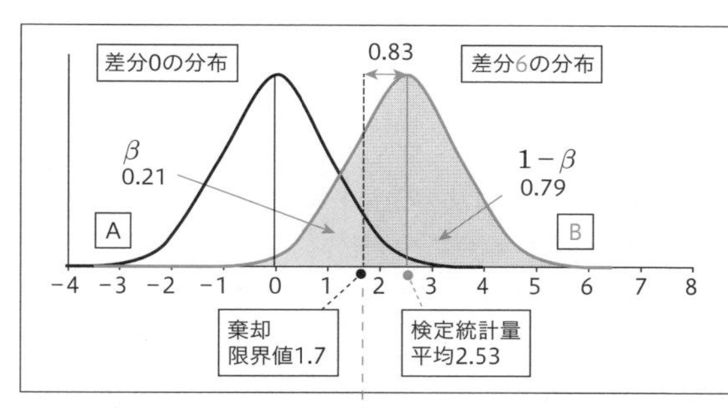

図15.1

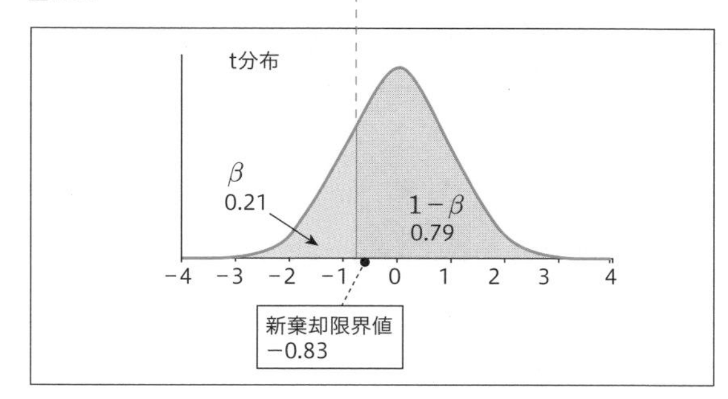

図15.2

図15.2のt分布において、βは新棄却限界値−0.83以下の下側確率です。
この確率をExcelの関数（TDIST）で求める場合、TDISTはマイナスの値を適用できないので、新棄却限界値（0.82）以上の上側確率とします。

Excel関数　片側検定　定数1

=TDIST(新棄却限界値をプラスの値にする, 自由度, 定数1)
=TDIST(0.83, 29, 1) Enter 0.21

βは0.21です。

$\beta = 0.21$より、検出力$1-\beta$は1－0.21=0.79です

具体例82の検定結果、p値＜有意水準0.05より、帰無仮説は棄却でき対立仮説を採択できます。これより、暗記の学習方法は効果があったといえます。

検出力0.79より、有意差検定の正しさ（効果あるのに効果ある）は79%といえます。

まとめ

- 検定統計量をKとする……………………………$K = 2.53$
- 分布A（母集団 平均0）の棄却限界値をGとする ……… $G = 1.7$
- 分布BをKだけ左にシフトした分布はt分布となる
- t分布の新棄却限界値は$G-K$である…………………$G-K = -0.83$
- $G-K$がマイナスのときはβ、プラスのときは$1-\beta$を先に求める
- $G-K$がマイナスのとき、βはt分布の（$G-K$）の下側確率である…$\beta = 0.21$
  $1-\beta = 1-0.21 = 0.79$

Q. 具体例83

ある塾は英単語の暗記方法を考案しました。暗記方法の効果を検証するために、塾生30人を対象に暗記方法を学習する前のテスト成績と学習後のテスト成績を調査しました。平均の差分は10点でした。

p値と検出力を求めなさい。

30人のテスト成績の平均と標準偏差を示します。

	学習前	学習後
平均	50	60

差分	標準偏差
10	13.0

「対応のあるt検定」を適用しました。

帰無仮説は、「効果ない」、「差分データは0」です。

対立仮説は、「効果ある」、「差分データはプラス」です。 → 片側検定です。

検定統計量を求めると4.2です。

$$\text{検定統計量} = \frac{\text{差分データの平均}}{\dfrac{\text{差分データの標準偏差}}{\sqrt{n}}} = \frac{10}{\dfrac{13.0}{\sqrt{30}}} = 4.21$$

p値を求めると0.00011です。

Excel関数

p値は自由度 $n-1 = 30-1 = 29$のt分布の上側確率である。

上側確率=TDIST(検定統計量, 自由度, 定数1)

=TDIST(4.21, 29, 1) Enter 0.00011

棄却限界値はt分布の上側確率5%の横軸の値（パーセント点）である。

=TINV(0.05の2倍, 自由度) =TINV(0.1, 29) Enter 1.7

図15.1、図15.2同様に分布AとBのグラフを描きます。

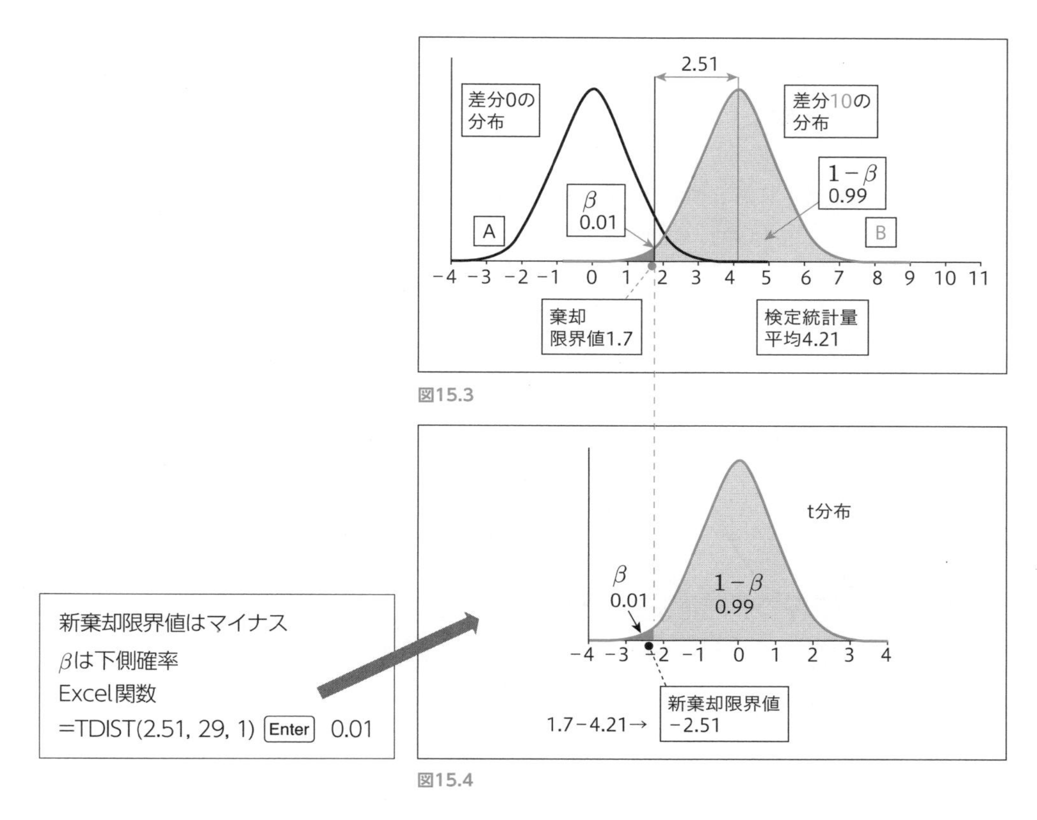

図15.3

図15.4

$\beta = 0.01 \qquad 1-\beta = 1-0.01 = 0.99$

具体例83の検定結果、p値＜有意水準0.05より、帰無仮説は棄却でき対立仮説を採択できます。これより、暗記の学習方法は効果があったといえます。

検出力0.99より、有意差検定の正しさは99%といえます。

Q. 具体例84

ある塾は英単語の暗記方法を考案しました。暗記方法の効果を検証するために、塾生30人を対象に暗記方法を学習する前のテスト成績と学習後のテスト成績を調査しました。差分データの平均は3点、標準偏差は13点でした。

p値と検出力を求めなさい。

	学習前	学習後
平均	50	53

差分	標準偏差
3	13.0

「対応のあるt検定」を適用しました。

帰無仮説は、「効果ない」、「差分データは0」です。

対立仮説は、「効果ある」、「差分データはプラス」です。 → 片側検定です。

検定統計量を求めると1.26です。

$$検定統計量 = \frac{差分データの平均}{\frac{差分データの標準偏差}{\sqrt{n}}} = \frac{3}{\frac{13.0}{\sqrt{30}}} = 1.26$$　p値を求めると0.108です。

Excel関数

p値は自由度$n-1=30-1=29$のt分布の上側確率である。
上側確率=TDIST(検定統計量, 自由度, 定数1)
=TDIST(1.26, 29, 1) Enter 0.108

図15.1と図15.2同様に分布Aと分布Bのグラフを描きます。

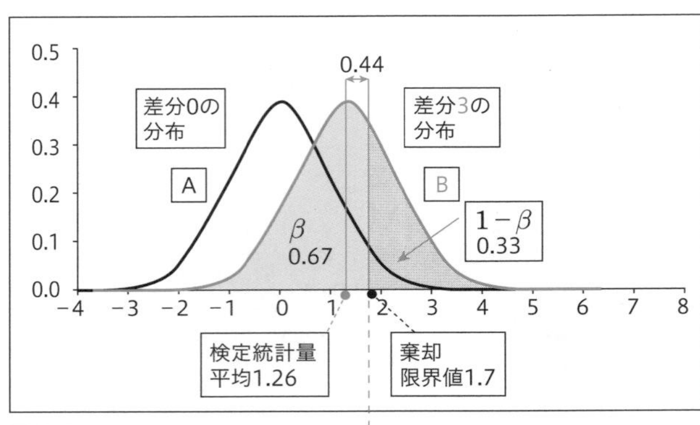

図15.5

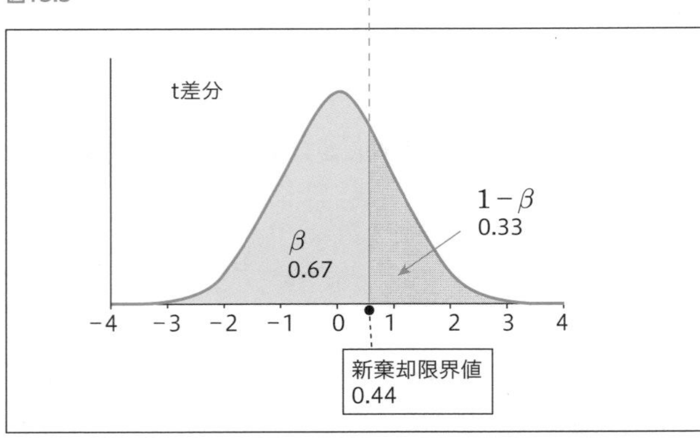

図15.6

$1-\beta$ =TDIST(0.44, 29, 1)
Enter 0.33
$\beta = 1 - 0.33 = 0.67$

p値＞有意水準0.05より、帰無仮説は棄却できず対立仮説を採択できない。暗記の学習方法は効果があったといえない。検出力0.35より、有意差検定の正しさは35%といえる。
検出力を求めたが、有意差がないとき検出力は意味をなさない。

検定統計量をKとする ……………………………… $K = 1.26$
分布A母集団（平均0）の棄却限界値をGとする … $G = 1.7$
新棄却限界値は$G-K$である …………………… $G - K = 0.44$
$G-K$がプラスのときは$1-\beta$を先に求める。
$1-\beta$はt分布の$-(K-G)$の上側確率である …… $1-\beta = 0.33$　$\beta = 1 - 0.33 = 0.67$

※片側について説明してきたが、両側検定の場合は棄却限界値Gの値が異なるだけで、検出力は同様の手順で求められる。

検定力は、「有意差を見つける力」です。
通常、検出力を0.8に設定しますが、これは「80%の確率で、有意差があるときにそれを正しく検出できる」ということを意味します。

3個の具体例の結果を記載します。

			具体例84	具体例82	具体例83
n			30	30	30
差分データの平均			3	6	10
差分データの標準偏差			13	13	13
標準誤差	差分データの標準偏差/√n		2	2	2
棄却限界値 G	片側	=TINV(0.05の2倍, 自由度)	1.70	1.70	1.70
検定統計量 K	片側	差分÷標準誤差	1.26	2.53	4.21
p値	片側	=TDIST(K, 自由度, 1)	0.108	0.009	0.0001
分布B→t分布、スライド	片側	G−K	0.44	−0.83	−2.51
G−Kマイナス	β	G−Kの下側確率		0.21	0.01
G−Kプラス	1−β	−(G−K)の上側確率	0.33		
検出力 1−β			0.33	0.79	0.99

- 差分データの平均が大きくなるほど、検出力は高まります。
  具体例82は、有意差はありましたが検出力は79%で80%を下回り、有意差を正しく検出できたとはいえません。
- 具体例83は、有意差はあり検出力も80%を超え、有意差を正しく検出できたといえます。

検出力算出2つの方法

検出力算出にはt分布適用とz分布適用の2つの方法があります。
母集団の標準偏差が未知の場合はt検定を適用します。
母集団の標準偏差が既知の場合はz検定を適用します。
具体例82～具体例84はt分布を適用し算出しました。

Q. 具体例85

ある塾は英単語の暗記方法を考案しました。暗記方法の効果を検証するために、塾生121人を対象に暗記方法を学習する前のテスト成績と学習後のテスト成績を調査しました。差分データの平均は3点、標準偏差は13点でした。
p値と検出力を求め、暗記方法は効果があったかを検証しなさい。
ただし、母集団の標準偏差は既知としてz分布適用で検証しなさい。

帰無仮説は、「効果ない」、「差分データは0」です。
対立仮説は、「効果ある」、「差分データはプラス」です。
対立仮説より、片側検定です。
検定統計量を求めると2.54です。

$$検定統計量 = \frac{差分データの平均}{\frac{差分データの標準偏差}{\sqrt{n}}} = \frac{3}{\frac{13.0}{\sqrt{121}}} = 2.54$$

p値を求めると0.006です。

15

Excel関数　z検定のp値

=1−NORMSDIST(検定統計量)　=1−NORMSDIST(2.54) [Enter] 0.006

p値＜0.05より、帰無仮説を棄却し対立仮説を採択できます。
暗記学習方法は効果があるといえます。

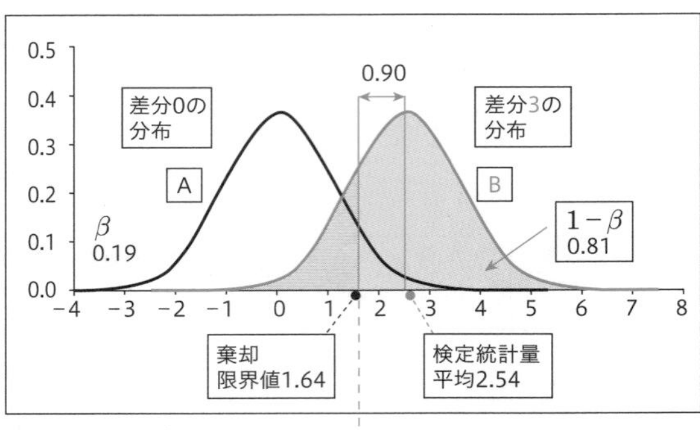

図15.7の棄却限界値1.64は分布Aの上側確率が5%となる値である。

図15.7

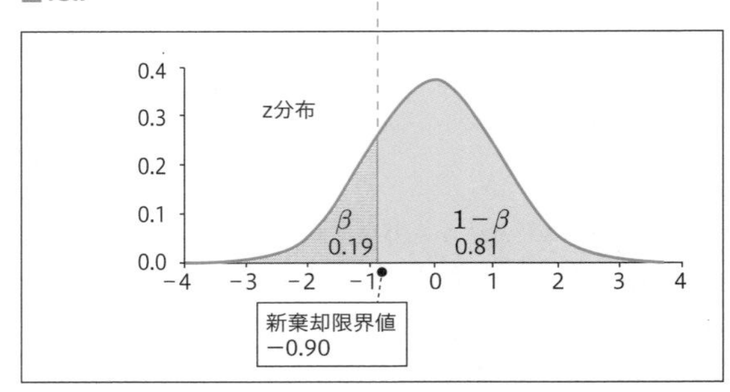

図15.8

検定統計量をKとする…………………………………$K = 2.54$
分布A（母集団 平均0）の棄却限界値をGとする……$G = 1.64$
分布BをKだけ左にシフトした分布はz分布となる
z分布の新棄却限界値は$G - K$である………………$G - K = -0.9$
$G - K$がプラスの場合、βを先に求める
βはz分布の$G - K$下側確率である…………………$\beta = 0.184$
β 算出のExcel関数=NORMSDIST(−0.9)

$\beta = 0.184$　　$\beta = 1 - 0.184 = 0.816$
p値＜有意水準0.05より、暗記の学習方法は効果があったといえます。
検出力0.816より、有意差検定の正しさは82%といえます。

15.4 対応のないｔ検定の検出力

前節は、対応のあるｔ検定の検出力の求め方を解説しました。
この節では、対応のないｔ検定の検出力の求め方を解説します。

Q. 具体例86

下記はある小学校のお年玉金額を調べた結果です。この小学校の男子と女子ではお年玉金額の平均に違いがあるかをp値と検出力から判断しなさい。
ただし、お年玉金額は正規分布でないとします。また、母集団における男子と女子の標準偏差は等しいことがわかっています。

2群	サンプルサイズ	標本平均	標本標準偏差
A	n_1	$\overline{X}_1$	s_1
B	n_2	$\overline{X}_2$	s_2

お年玉金額			（万円）
2群	サンプルサイズ	標本平均	標本標準偏差
男子	50	28.0	20.0
女子	50	22.0	20.0

p値の算出

1 両側検定、片側検定の判定

帰無仮説：お年玉金額は、男子と女子は同じ

対立仮説：お年玉金額は、男子と女子は異なる　これより両側検定を適用

2 検定統計量を算出

$$検定統計量=\frac{A\,標本平均-B\,標本平均}{標準誤差}=\frac{\bar{x}_1-\bar{x}_2}{\sqrt{\frac{s^2}{n_1}+\frac{s^2}{n_2}}}=\frac{28-22}{\sqrt{\frac{20^2}{50}+\frac{20^2}{50}}}=\frac{6}{4}=1.5$$

ただし　$s=\frac{(n_1-1)s_1+(n_2-1)s_2}{n_1+n_2-2}=\frac{49\times20+49\times20}{50+50-2}=20$

3 p値の算出

t検定かつ両側検定のp値はt分布における検定統計量の上側確率の2倍。

t検定の自由度=n_1+n_2−2である。自由度=50+50−2=98

Excel関数

=2＊TDIST(検定統計量，自由度，1)　1は定数

=2＊TDIST(1.5, 98, 1) Enter 0.137

4 有意差判定

p値＞有意水準0.05　　帰無仮説は棄却できず、対立仮説を採択できない

お年玉金額は、男子と女子は異なるといえない。

15

検出力の算出

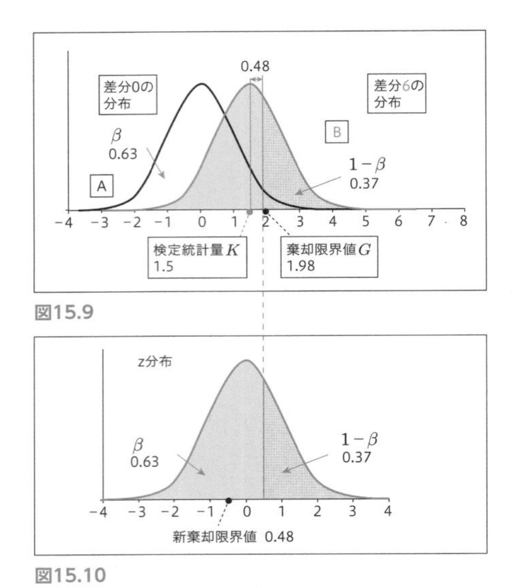

図15.9

図15.10

- 標本調査の検定統計量をKとする。
  $K=1.5$
- 分布A（母集団　平均0）の棄却限界値をGとする。$G=1.98$

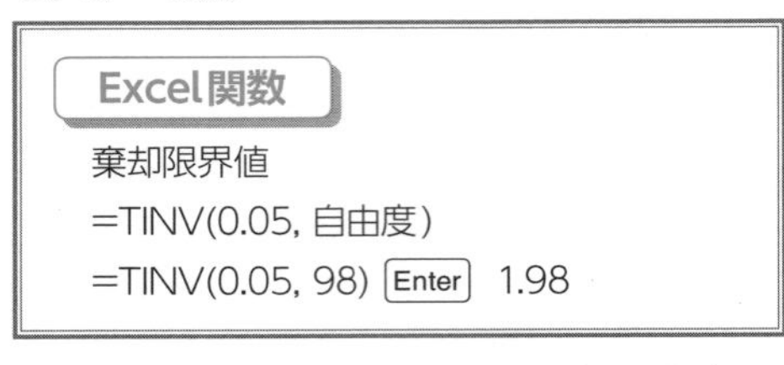

Excel関数

棄却限界値
=TINV(0.05, 自由度)
=TINV(0.05, 98) [Enter] 1.98

- 分布BをKだけ左にシフトした分布はt分布となる。
- t分布の新棄却限界値は
  $G-K=1.98-1.5=0.48$
- $G-K$がマイナスの場合$1-\beta$を先に求める。βはt分布の$G-K$の上側確率である。$\beta=0.37$

Excel関数

=TDIST($G-K$, 自由度, 2)　　=TDIST(0.48, 98, 2) [Enter] 0.37

p値＞有意水準0.05より、帰無仮説は棄却できず対立仮説を採択できません。
これより、男子と女子でお年玉金額の平均に違いがあったといえません。
検出力0.31より、有意差検定の正しさは31%といえます。
検出力を求めたが、有意差がないとき検出力は意味をなしません。

平均差分の変化に伴う検出力

平均差分を変えて検出力を算出してみました。

全体	n	n_1+n_2	100	100	100	100	2000
男子	n_1		50	50	50	50	1000
女子	n_2		50	50	50	50	1000
男子平均	X_1		50	50	50	50	50
女子平均	X_2		50	56	60	62	60
平均差分	X_1-X_2		3	6	10	12	3
男子標準偏差	s_1		20	20	20	20	20
女子標準偏差	s_2		20	20	20	20	20
標準偏差	2群の標準偏差の加重平均		20	20	20	20	20
標準誤差	$\sqrt{(s^2/n_1+s^2/n_2)}$		4.00	4.00	4.00	4.00	0.89
検定統計量 K		差分÷標準誤差	0.75	1.50	2.50	3.00	3.35
棄却限界値 G	両側	=TINV(0.05, 自由度)	1.98	1.98	1.98	1.98	1.96
p値	両側	=TDIST(K, 自由度, 2)	0.455	0.137	0.014	0.003	0.001
分布B→t分布、スライド	両側	G−K	1.23	0.48	−0.52	−1.02	−1.39
G−K マイナス	β	G−Kの下側確率			0.30	0.16	0.08
G−K プラス	$1-\beta$	−(G−K)の上側確率	0.11	0.32			
検出力 $1-\beta$			0.11	0.32	0.70	0.84	0.92

15.5 母比率の差の検定の場合の検出力

Q. 具体例87

下記はある町の500人に商品A保有の有無と性別を調べた結果です。この町全体の男性と女性では商品Aの保有率に違いがあるかを調べなさい。

	A群	B群
サンプルサイズ	n_1	n_2
標本割合	P_1	P_2

	男性	女性
n	200	300
保有人数	80人	90人
保有率	40%	30%

1 帰無仮説と対立仮説を立て、両側検定か片側検定を判定

帰無仮説：商品Aの保有率は男性と女性で同じ

対立仮説：商品Aの保有率は男性と女性で異なる

これより両側検定を適用する。

2 検定統計量を算出

$$検定統計量 = \frac{p_1 - p_2}{標準誤差} = \frac{p_1 - p_2}{\sqrt{\bar{p}(1-\bar{p})\left(\frac{1}{n_1}+\frac{1}{n_2}\right)}}$$

$\bar{P}$は次によって求められる。

$$\bar{p} = \frac{n_1 p_1 + n_2 p_2}{n_1 + n_2} \qquad \bar{p} = \frac{200 \times 0.4 + 300 \times 0.3}{200 + 300} = \frac{170}{500} = 0.34$$

$$検定統計量値 = \frac{0.4 - 0.3}{\sqrt{0.34(1 - 0.34)\left(\frac{1}{200}+\frac{1}{300}\right)}} = \frac{0.1}{\sqrt{0.34 \times 0.66 \times 0.00833}}$$

$$= \frac{0.1}{0.0432} = 2.31$$

3 検定統計量の分布

検定統計量は帰無仮説のもとにz分布になる。第10章10.5参照。

4 p値を算出

z検定かつ両側検定のp値はz分布における検定統計量の上側確率の2倍。

Excel関数

p値はExcelの関数で求められる。

=2＊(1－NORMSDIST(検定統計量))

=2＊(1－NORMSDIST(2.31)) [Enter] 0.021

5 有意差判定

p値=0.021＜有意水準0.05

帰無仮説は棄却でき、対立仮説を採択できる。

この町の商品Aの保有率は男性と女性で異なるといえる。

検出力の算出

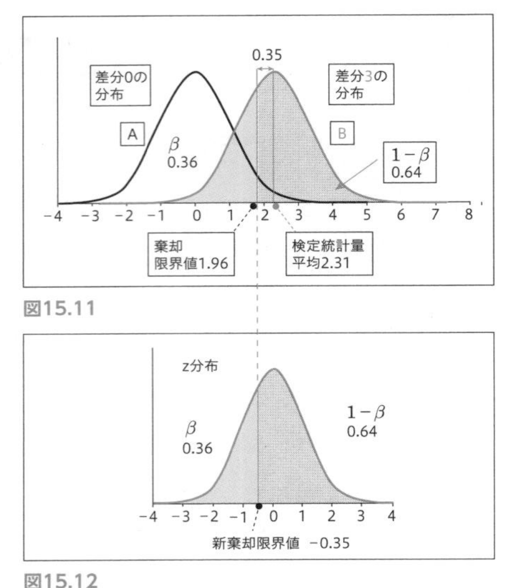

図15.11

図15.12

- 標本調査の検定統計量をKとする。
  $K = 2.31$
- 分布A（母集団　平均0）の棄却限界値をGとする。$G = 1.96$

Excel関数

z分布両側検定のG
=NORMSINV(1－有意水準/2)
=NORMSINV(0.975)　→　1.96

- 分布BをKだけ左にシフトした分布はz分布となる。
- z分布の新棄却限界値は$G-K$である。
  $G - K = 1.96 - 2.31 = -0.35$
- $G-K$はマイナスなのでβを先に計算する。
  βはz分布の$G-K$の下側確率である。$\beta = 0.36$
  =NORMSDIST(G−K)　→　=NORMSDIST(−0.35)
- 検出力　$1 - \beta = 1 - 0.36 = 0.64$

p値＜有意水準0.05より、帰無仮説は棄却でき対立仮説を採択できます。これより、男性と女性で保有率に違いがあったといえます。
検出力0.64より、有意差検定の正しさは64%といえます。
有意差はあったものの検出力の正しさ64%と低いです。

割合差分の変化に伴う検出力

割合差分を変えて検出力を算出してみました。

全体	n	$n_1 + n_2$	500	500	500	500
男子	n1		200	200	200	200
女子	n2		300	300	300	300
男子割合	P1		35%	38%	40%	45%
女子割合	P2		30%	30%	30%	30%
全体割合	P	$(n_1 \times P_1 + n_2 \times P_2) \div n$	32%	33%	34%	36%
割合差分	$\sqrt{P_1 - P_2}$		5%	8%	10%	15%
標準偏差	P(1−P)		46.65%	47.02%	47.37%	48.00%
標準誤差	標準偏差×$\sqrt{1/n_1 + 1/n_2}$		4.26%	4.29%	4.32%	4.38%
検定統計量	K	差分÷標準誤差	1.17	1.75	2.31	3.42
棄却限界値	G	両側　=NORMSINV(1−0.025)	1.96	1.96	1.96	1.96
p値		両側　=2*(1−NORMSDIST(K))	0.240	0.081	0.021	0.001
B分布→z分布、スライド		両側　G−K	0.79	0.21	−0.35	−1.46
G−Kマイナス		β　G−Kの下側確率			0.36	0.07
G−Kプラス		1−β　−(G−K)の上側確率	0.22	0.42		
検出力　1−β			0.22	0.42	0.64	0.93

15.6 サンプルサイズの決め方

サンプルサイズの決め方には2つの方法があります。

(1) 検出力を適用したサンプルサイズの決め方
(2) 母比率・母平均推定公式（第5章）を適用したサンプルサイズの決め方
※(1)は15.7、15.8、15.9、(2)は15.10で解説する。

検出力とサンプルサイズとの関係

具体例84「差分データの平均が3点」は、$n = 30$、p値=0.108、検出力=0.35でした。この例は、有意差なしで、検出力も80%を大きく下回り、有意差を正しく検出できませんでした。

具体例85「差分データの平均が3点」は、$n = 121$、p値=0.006、検出力=0.816でした。この例は、有意差ありで、検出力も80%を上回り、有意差を正しく検出できました。

$n = 30$では有意差なし（検出力35%）、$n = 121$では有意差あり（検出力82%）となりました。

検出力が80%であるサンプルサイズが適正

サンプルを増やせば、p値は小さくなり、検出力は大きくなり、統計的に有意になりやすくなります。

サンプルを増やしすぎると効果があるといえそうないことでも「有意差ありという結果になること」があります。

したがって、調査は適切なサンプルサイズに対して行う必要があります。

そのようなサンプルサイズは、検出力が80%であるサンプルサイズが適正と判断します。

検出力80%とした場合のサンプルサイズ算出公式

- 対応のあるt検定（2群の母平均の差の検定）

片側 $n = \left(\dfrac{1.64 + 0.84}{\text{効果量}}\right)^2 + \dfrac{1.64^2}{4}$　両側 $n = \left(\dfrac{1.96 + 0.84}{\text{効果量}}\right)^2 + \dfrac{1.96^2}{4}$

- 対応のないt検定（2群の母平均の差の検定）　各群のn_1, n_2をnとする。

片側 $n = 2\left(\dfrac{1.64 + 0.84}{\text{効果量}}\right)^2 + \dfrac{1.64^2}{4}$　両側 $n = 2\left(\dfrac{1.96 + 0.84}{\text{効果量}}\right)^2 + \dfrac{1.96^2}{4}$

- 対応のない母比率の差の検定（z検定）　各群のn_1, n_2をnとする。

片側 $n = 2\left(\dfrac{1.64 + 0.84}{\text{効果量}}\right)^2$　両側 $n = 2\left(\dfrac{1.96 + 0.84}{\text{効果量}}\right)^2$

※0.84は検出力を80%としたときの定数。
※効果量は2群の母平均（母比率）の差分を[差分の母標準偏差]で割った値。
※母平均（母比率）は未知なので効果量はわかりません。効果量は分析者が0.2～1の間で設定します。

15

15.7 対応のあるt検定の場合のサンプルサイズ

対応のあるt検定で片側検定の場合のサンプルサイズの決定方法を**具体例84**を用いて解説します。

検出力の算出はt分布を用いましたが、検出力が80%となるサンプルサイズの決定方法はz分布を適用します。

(1) 図 15.14 において、$1-\beta$が 0.8(80%) となる z 分布の横軸の値をYとする。Yはー 0.84 である。

Excel関数	=NORMSINV(1－0.8) Enter　－0.84

(2) いくつぐらいの差があれば有意差が正しく検出できるかを想定する。
　学習前から学習後の得点差分が 3 点高まれば有意差あるといいたい。
　母集団の得点差分の平均は 3 点と仮定する。

(3) 母集団の得点差分の標準偏差は 13 点と仮定する。

(4) 標準偏差に対し平均がどれほど大きいかを示す値を効果量という。
　効果量 = 想定する差分平均÷想定する標準偏差
　この例の効果量は 3 点÷ 13 点 =0.231 である。
　母平均、母標準偏差と仮定できない場合、効果量は通常 0.2 ～ 1 の間で設定する。
　効果量の値が小さいほど求めるサンプルサイズは大きくなる。

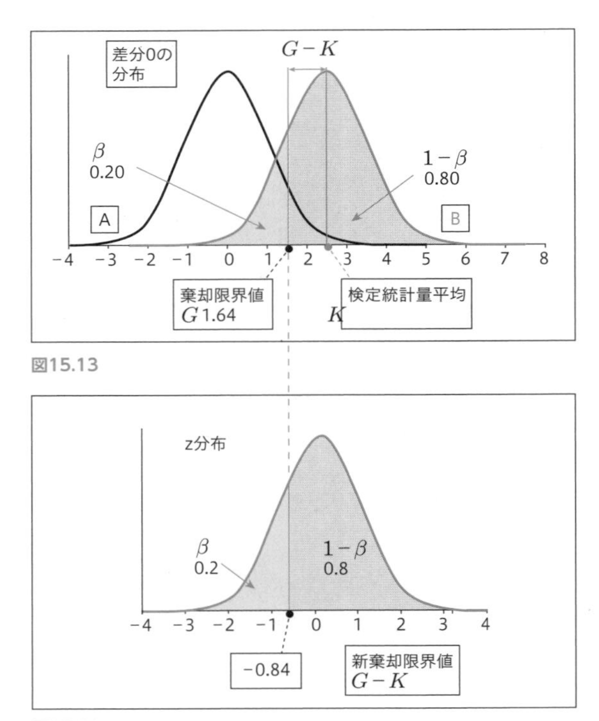

図15.13

図15.14

(5) 分布Bの検定統計量平均をKとする。Kは次式によって求められる。

$$K = \frac{得点差分の平均}{\frac{得点差分の標準偏差}{\sqrt{n}}} = \sqrt{n} \times \frac{得点差分の平均}{得点差分の標準偏差} = \sqrt{n} \times 効果量$$

対応のあるt検定、対応のないt検定、母比率の差の検定でKの求め方は異なる。上記は対応のあるt検定の公式である。

(6) 分布Aの有意水準5%となる棄却限界値をGとする。
分布Aはz分布、片側検定なので、$G = 1.64$となる。

Excel関数	=NORMSINV(1－0.05) Enter 1.64

(7) 棄却限界値Gと検定統計量Kとの差分を求める。
$G - K = 1.64 - \sqrt{n} \times 効果量$

(8) 差分＝$G - K$ は (1) で求めた$Y = -0.84$である。
$G - K = Y$
$1.64 - \sqrt{n} \times 効果量 = -0.84$

(9) 式を整理し、公式を作成する。
$\sqrt{n} \times 効果量 - 1.64 = 0.84$

$$\sqrt{n} = \frac{1.64 + 0.84}{効果量}$$

$$n = \left(\frac{1.64 + 0.84}{効果量}\right)^2$$

(10) サンプルサイズを算出する

$$n = \left(\frac{1.64 + 0.84}{効果量}\right)^2 = \left(\frac{2.48}{0.231}\right)^2 = 10.74^2 = 115$$

※差分平均は設定せず効果量の設定だけでもサンプルサイズは求められる。

差分平均3、効果量0.2313（差分平均3÷標準偏差13）を想定した場合、検出力が0.8となるサンプルサイズは115人です。
求められた$n = 115$、効果量0.2313で、検出力を計算すると0.79で0.80になりません。
なぜなら、検出力の算出はt分布、サンプルサイズの算出はz分を適用したことから誤差が生じたからです。
誤差をなくす、すなわち検出力が0.79でなく0.80となるサンプルサイズは、先のサンプルサイズ算出の公式に補正値を加算したものを正式の公式とするのがよいとされています。

サンプルサイズの公式

片側検定の場合の公式

$$n = \left(\frac{1.64 + 0.84}{効果量}\right)^2 + \underbrace{\frac{1.64^2}{4}}_{補正値}$$

具体例84、具体例82、具体例83において効果量を計算し、その効果量に対するサンプルサイズを計算しました。

		具体例84	具体例82	具体例83
差分データの平均		3	6	10
差分データの標準偏差		13	13	13
効果量	差分÷標準偏差	0.231	0.462	0.769
サンプルサイズ n		116	30	11

求められたサンプルサイズにおける検出力を算出しました。

対応のある検定、片側検定の検出力です。

		具体例84	具体例82	具体例83
n		116	30	11
差分データの平均		3	6	10
差分データの標準偏差		13	13	13
標準誤差	差分データの標準偏差/√n	1.21	2.39	3.91
棄却限界値 G	片側　=TINV(0.05の2倍, 自由度)	1.66	1.70	1.81
検定統計量 K	片側　差分÷標準誤差	2.5	2.5	2.6
p値	片側　=TDIST(K, 自由度, 1)	0.0072	0.0091	0.0142
分布B→t分布、スライド	片側　G−K	−0.8	−0.8	−0.7
G−Kマイナス	β　G−Kの下側確率	0.20	0.21	0.24
G−Kプラス	1−β　−(G−K)の上側確率			
検出力　1−β		0.80	0.79	0.80

両側検定の場合のサンプルサイズの公式

両側検定の場合の公式

$$n = \left(\frac{1.96 + 0.84}{\text{効果量}}\right)^2 + \frac{1.96^2}{4}$$

片側検定の公式との違いは1.64→1.96

差分、効果量の各値に対する$1-\beta$，サンプルサイズを示します。

		具体例84	具体例82	具体例83
差分データの平均		3	6	10
差分データの標準偏差		13	13	13
効果量(両側検定)	差分÷標準偏差	**0.231**	**0.462**	**0.769**
サンプルサイズ n		**148**	**38**	**14**

求められたサンプルサイズにおける検出力を算出しました。

対応のある t 検定、両側検定の検出力です。

		具体例84	具体例82	具体例83
n		**148**	**38**	**14**
差分データの平均		3	6	10
差分データの標準偏差		13	13	13
標準誤差	差分データの標準偏差/√n	1.07	2.12	3.45
棄却限界値 G	両側　=TINV(0.05, 自由度)	1.98	2.03	2.16
検定統計量 K	両側　差分÷標準誤差	2.8	2.8	2.9
p値	両側　=TDIST(K, 自由度, 2)	0.0028	0.0037	0.0062
分布B→t分布、スライド	両側　G−K	−0.83	−0.81	−0.74
G−Kマイナス	β　G−Kの下側確率	0.20	0.21	0.24
G−Kプラス	1−β　−(G−K)の上側確率			
検出力　1−β		**0.80**	**0.79**	**0.80**

15.8 対応のないt検定の場合のサンプルサイズ

具体例86「男子平均28万円、女子平均22万円、平均差6万円」は、$n = 100$、p値=0.14、検出力=0.31でした。この例は、有意差なしで、検出力も80%を大きく下回り、有意差を正しく検出できませんでした。

平均差は6万円もあるのに、サンプルサイズが小さいがゆえに有意差を正しく検出できなかったと考えられます。

それではいくつぐらいのサンプルサイズであれば、検出力判定80%になり有意差を正しく検出できるかを考えてみましょう。

検出力が80%となるサンプルサイズの決定方法

検出力の算出はt分布を用いましたが、検出力が80%となるサンプルサイズの決定方法はz分布を適用します。

(1) $1-\beta$が 0.8（80%）となる z 分布の横軸の値をYとする。Yは− 0.84 である。

Excel関数	=NORMSINV(1 − 0.8) Enter − 0.84

(2) いくつぐらいの差があれば有意差が正しく検出できるかを想定する。
男子と女子のお年玉金額の平均差は 6 万円であれば有意差あるといいたい。

(3) 母集団の差分の平均は 6 万円と仮定する。

(4) 母集団の標準偏差は男子 20 万円、女子 20 万円と仮定する。
全体の標準偏差sは男子と女子の平均で 20 万円である。

(5) 差分が標準偏差に対しどれほど大きいかを示す値を効果量という。
対応のない t 検定の効果量は次式で求められる。

$$\text{効果量} = \frac{A\text{母平均} - B\text{母平均}}{\text{母標準偏差}\ S} \qquad \text{効果量} = \frac{28-22}{20} = \frac{6}{20} = 0.3$$

この効果量は 0.3 である。
母平均、母標準偏差が想定できない場合、効果量は通常 0.2 ～ 1 の間で設定する。
効果量の値が小さいほど求めるサンプルサイズは大きくなる。

(6) 検定統計量をKとする。
Kは次式によって求められる。

$$K = \frac{\lceil \text{群 1 平均} - \text{群 2 平均} \rceil}{\sqrt{\dfrac{\text{群 1 標準偏差}^2}{n_1} + \dfrac{\text{群 2 標準偏差}^2}{n_2}}} = \frac{\text{群 1 平均} - \text{群 2 平均}}{\sqrt{\dfrac{s^2}{n_1} + \dfrac{s^2}{n_2}}}$$

$$s = \frac{(n_1-1)s_1 + (n_2-1)s_2}{n_1+n_2-2}$$

(7) 検定統計量Kの式を効果量で表す。

$n = n_1 = n_2$とする。

$$K = \frac{[\text{群1平均} - \text{群2平均}]}{\sqrt{\frac{s^2}{n_1} + \frac{s^2}{n_2}}} = \frac{\text{平均差分}}{\sqrt{\frac{s^2}{n} + \frac{s^2}{n}}} = \frac{\text{平均差分}}{\sqrt{\frac{2s^2}{n}}} = \frac{\text{平均差分}}{\frac{\sqrt{2}s}{\sqrt{n}}}$$

$$= \frac{\sqrt{n}\text{平均差分}}{\sqrt{2}s} = \frac{\sqrt{n}}{\sqrt{2}} \cdot \frac{\text{平均差分}}{s} = \frac{\sqrt{n}}{\sqrt{2}} \cdot \text{効果量}$$

(8) 母標準偏差が既知で、2群の母平均が等しいという仮説での標本平均の分布はz分布になる。z分布の有意水準5%（右側2.5%、左側2.5%）となる棄却限界値をGとする。z分布なので、$G = 1.96$となる。

Excel関数	=NORMSINV(1－0.025) Enter 1.96

(9) 棄却限界値Gと検定統計量Kとの差分を求める。

$$G - K = 1.96 - \frac{\sqrt{n}}{\sqrt{2}} \cdot \text{効果量}$$

(10) $G - K$は、(1) で求めた$Y = -0.84$である。

$$G - K = -0.84 \qquad 1.96 - \frac{\sqrt{n}}{\sqrt{2}}\text{効果量} = -0.84$$

(11) 式を整理し、公式を作成する。

$$\frac{\sqrt{n}}{\sqrt{2}} \times \text{効果量} = 1.96 + 0.84 \qquad \sqrt{n} = \frac{\sqrt{n}(1.96 + 0.84)}{\text{効果量}}$$

$$n = 2\left(\frac{1.96 + 0.84}{\text{効果量}}\right)^2$$

差分平均3、効果量0.2313（差分平均3÷標準偏差13）を想定した場合、検出力が0.8となるサンプルサイズは115人です。
求められた$n = 115$、効果量0.2313で、15.5による検出力を計算すると0.79で0.80になりません。なぜなら、検出力の算出はt分布、サンプルサイズの算出はz分を適用したことから誤差が生じたからです。
誤差をなくす、すなわち検出力が0.79でなく0.80となるサンプルサイズは、先のサンプルサイズ算出の公式に補正値を加算したものを正式の公式とするのがよいとされています。

公式

$$n = 2\left(\frac{1.96 + 0.84}{\text{効果量}}\right)^2 + \underbrace{\frac{1.96^2}{4}}_{\text{補正項}} \qquad n = n_1 = n_2$$

ただし、2群のサンプルサイズn_1, n_2

対応のないｔ検定（両側検定）において、差分平均６万円、効果量 0.3 を想定した場合、検出力が 0.8 となるサンプルサイズは各 175 人である。

$$n = 2\left(\frac{1.96 + 0.84}{効果量}\right)^2 + \frac{1.96^2}{4}$$

$$= 2\left(\frac{2.8}{0.3}\right)^2 + 1$$

$$= 2 \times 9.33^2 + 1$$

$$= 175$$

差分、効果量の各値に対する$1-\beta$、サンプルサイズを示します。

平均差分	$X_1 - X_2$	3	6	10	12	3
標準偏差		20	20	20	20	20
効果量	差分÷標準偏差	0.15	0.30	0.50	0.60	0.15
サンプルサイズ		698	175	64	45	698

求められたサンプルサイズで検出力が0.8になることを確認します。
対応のないｔ検定、両側検定の検出力です。

全体	n	$n_1 + n_2$	1,396	350	127	89	1,396
男子	n_1		698	175	64	45	698
女子	n_2		698	175	64	45	698
男子平均	X_1		50	50	50	50	50
女子平均	X_2		50	56	60	62	60
平均差分	$X_1 - X_2$		3	6	10	12	3
男子標準偏差	s_1		20	20	20	20	20
女子標準偏差	s_2		20	20	20	20	20
標準偏差	2群の標準偏差の加重平均		20	20	20	20	20
標準誤差	$\sqrt{(s^2/n_1+s^2/n_2)}$		1.07	2.14	3.54	4.24	1.07
検定統計量 K		差分÷標準誤差	2.80	2.81	2.82	2.83	2.80
棄却限界値 G		両側　=TINV(0.05, 自由度)	1.96	1.97	1.98	1.99	1.96
p値		両側　=TDIST(K, 自由度, 2)	0.005	0.005	0.006	0.006	0.005
分布B→ｔ分布、スライド		両側　G－K	−0.84	−0.84	−0.84	−0.84	−0.84
G－Kマイナス		β　G－Kの下側確率	0.20	0.20	0.20	0.20	0.20
G－Kプラス		$1-\beta$　－(G－K)の上側確率					
検出力　$1-\beta$			0.80	0.80	0.80	0.80	0.80

15

15.9 母比率の差の検定の場合のサンプルサイズ

具体例87「男性保有率40%、女性保有率30%で割合差は10%」は、$n = 500$、p値=0.021、検出力=0.36でした。この例は、有意差があったものの、検出力は0.64で80%を下回り、有意差を正しく検出できませんでした。

割合差は10%もあるのに、サンプルサイズが適正でなかったゆえに有意差を正しく検出できなかったと考えられます。

それではいくつぐらいのサンプルサイズであれば、検出力判定80%になり有意差を正しく検出できるかを考えてみましょう。

検出力が 80%となるサンプルサイズの決定方法

検出力が80%となるサンプルサイズの決定方法はz分布を適用します。

(1) 16 ページの図 15.12 において、$1-\beta$が 0.8（80%）となる z 分布の横軸の値をYとする。Yはー 0.84 である。

> Excel関数　=NORMSINV(1－0.8) Enter －0.84

(2) いくつぐらいの割合差があれば有意差が正しく検出できるかを想定する。
男性割合 40%、女性割合 30%と想定し、割合差 10%であれば有意差あるといいたい。

(3) 母集団の割合差は 10%と仮定する。

(4) 母集団の割合の標準偏差は必然的に 47.37%となる。
母標準偏差は想定した男性割合 40%、女性割合 30%から求められる。
男性と女性を合算した全体割合$P = (200 \times 40\% + 300 \times 30\%) \div 500 = 34\%$

$$\text{母集団の割合の標準偏差} = \sqrt{P(1-P)} = \sqrt{0.34 \times (1-0.34)} = 0.4737$$

(5) 標準偏差に対し割合差がどれほど大きいかを示す値を効果量という。
効果量は次式で求められる。

$$\text{効果量} = \frac{\text{母割合差}}{\text{母標準偏差}} \qquad \text{効果量} = \frac{0.1}{0.4737} = 0.211$$

この効果量は 0.21 である。
母割合、母標準偏差を想定できない場合、効果量は通常 0.2 ～ 1 の間で設定する。
効果量の値が小さいほど求めるサンプルサイズは大きくなる。

(6) 検定統計量平均をKとする。
Kは次式によって求められる。

$$K = \frac{\text{群 1 割合} - \text{群 2 割合}}{\text{標準偏差} \times \sqrt{\left(\frac{1}{n_1} + \frac{1}{n_2}\right)}} = \frac{0.4 - 0.3}{0.4737 \times \sqrt{\left(\frac{1}{200} + \frac{1}{300}\right)}} = \frac{0.1}{0.04323} = 2.31$$

(7) Kの式を効果量で表す。

2群のサンプルサイズをn_1、n_2、$n_1 = n_2 = n$とする。

$$K = \frac{\text{群1割合} - \text{群2割合}}{\text{標準偏差}\sqrt{\frac{1}{n} + \frac{1}{n}}} = \frac{\text{割合差}}{\text{標準偏差}\sqrt{\frac{2}{n}}} = \text{効果量} \times \frac{\sqrt{n}}{\sqrt{2}}$$

(8) 2群の割合が等しいという仮説での標本割合の分布はz分布になる。

z分布の有意水準5%（右側2.5%、左側2.5%）となる棄却限界値をGとする。

分布はz分布なので、$G = 1.96$となる。

Excel関数	=NORMSINV(1－0.025) Enter 1.96

(9) 棄却限界値Gと検定統計量Kとの差分を求める。

$$G - K = 1.96 - \text{効果量} \times \frac{\sqrt{n}}{\sqrt{2}}$$

(10) 差分は（1）で求めた$Y = -0.84$である。

$$G - K = -0.84$$

$$1.96 - \text{効果量} \times \frac{\sqrt{n}}{\sqrt{2}} = -0.84$$

(11) 式を整理し、公式を作成する。

$$\sqrt{n} \times \text{効果量} = \sqrt{2}(1.96 + 0.84) \qquad \sqrt{n} = \frac{\sqrt{2}(1.96 + 0.84)}{\text{効果量}}$$

$$n = 2\left(\frac{1.96 + 0.84}{\text{効果量}}\right)^2$$

※母比率の差の検定はz検定なので補正項はない。

(12) サンプルサイズを算出する。

$$n = 2\left(\frac{1.96 + 0.84}{\text{効果量}}\right)^2 = 2\left(\frac{2.8}{0.211}\right)^2 = 352$$

割合差10%、効果量0.211を想定した場合、検出力が0.8となります。
群1サンプルサイズ、群2サンプルサイズは各352人で、計704人です。
具体例のサンプルサイズは500人でしたが704人調査すれば、検出力は80%となりました。

差分、効果量の各値に対するサンプルサイズを示します。

割合差分 $P_1 - P_2$		5%	8%	10%	15%
標準偏差 $\sqrt{P(1-P)}$		46.65%	47.02%	47.37%	48.00%
効果量	割合差分÷標準偏差	0.11	0.16	0.21	0.31
サンプルサイズ		1,366	617	352	161

求められたサンプルサイズで検出力が0.8になることを確認します。

母比率の差の検定、両側検定の検出力です。

全体	n	$n_1 + n_2$	2,733	1,234	705	321
男子	n_1		1,366	617	352	161
女子	n_2		1,366	617	352	161
男子割合	P_1		35%	38%	40%	45%
女子割合	P_2		30%	30%	30%	30%
全体割合	P	$(n_1 \times P_1 + n_2 \times P_2) \div n$	33%	34%	35%	38%
割合差分	$P_1 - P_2$		5%	8%	10%	15%
標準偏差	$\sqrt{P(1-P)}$		46.84%	47.29%	47.70%	48.41%
標準誤差	標準偏差 $\times \sqrt{1/n_1 + 1/n_2}$		1.79%	2.69%	3.59%	5.40%
検定統計量 K		差分÷標準誤差	2.79	2.79	2.78	2.78
棄却限界値 G	両側	=NORMSINV(−0.025)	1.96	1.96	1.96	1.96
p値	両側	=2*(1−NORMSDIST(K))	0.005	0.005	0.005	0.005
分布B→z分布、スライド	両側	G−K	−0.83	−0.83	−0.82	−0.82
G−Kマイナス	β	G−Kの下側確率	0.20	0.20	0.21	0.21
G−Kプラス	$1-\beta$	−(G−K)の上側確率				
検出力 $1-\beta$			0.80	0.80	0.79	0.79

片側検定における差分、効果量の各値に対するサンプルサイズを示します。

割合差分	$P_1 - P_2$	5%	8%	10%	15%
標準偏差	$\sqrt{P(1-P)}$	46.65%	47.02%	47.37%	48.00%
効果量	割合差分÷標準偏差	0.11	0.16	0.21	0.31
サンプルサイズ		1,076	486	277	127

求められたサンプルサイズで検出力が0.8になることを確認します。
母比率の差の検定、片側検定の検出力です。

全体	n	$n_1 + n_2$	2,153	972	555	253
男子	n_1		1,076	486	277	127
女子	n_2		1,076	486	277	127
男子割合	P_1		35%	38%	40%	45%
女子割合	P_2		30%	30%	30%	30%
全体割合	P	$(n_1 \times P_1 + n_2 \times P_2) \div n$	33%	34%	35%	38%
割合差分	$P_1 - P_2$		5%	8%	10%	15%
標準偏差	$\sqrt{P(1-P)}$		46.84%	47.29%	47.70%	48.41%
標準誤差	標準偏差 $\times \sqrt{1/n_1 + 1/n_2}$		2.02%	3.03%	4.05%	6.08%
検定統計量 K		差分÷標準誤差	2.48	2.47	2.47	2.47
棄却限界値 G	**片側**	**=NORMSINV(1−0.05)**	1.64	1.64	1.64	1.64
p値	**片側**	**=1−NORMSDIST(K)**	0.007	0.007	0.007	0.007
分布B→z分布、スライド	両側	G−K	−0.83	−0.83	−0.82	−0.82
G−Kマイナス	β	G−Kの下側確率	0.20	0.20	0.20	0.21
G−Kプラス	$1-\beta$	−(G−K)の上側確率				
検出力 $1-\beta$			0.80	0.80	0.80	0.79

15.10 母比率・母平均推定公式を適用したサンプルサイズの決め方

1 母比率推定公式を適用したサンプルサイズの決定方法

これから集めるサンプルにおける何らかの項目の割合（回答率）が、母集団のそれとあまり変わらないようにしたい場合、サンプルの割合がある程度の誤差範囲内で収まるために必要なサンプルサイズを決めましょう。

公式

標本調査で明らかにしたい項目の想定割合　$\bar{P}$　　誤差　E
信頼区間　$\bar{P} \pm E$　　下限値　$\bar{P} - E$　　上限値　$\bar{P} + E$
信頼度　95%における定数　1.96　（99%とする場合の定数　2.58）

$$n = \frac{\bar{P}(1-\bar{P})}{\left(\frac{E}{1.96}\right)^2}$$

Q. 具体例88

有権者が10万人の都市における内閣支持率を推定するとき、何人調査すればよいでしょうか。
母集団の支持率を50%と想定し、支持率が信頼区間50%±5%に収まるために必要なサンプルサイズを決めなさい。

A. 解答

$\bar{P}$=0.5（50%）　E=5%（0.05）　信頼度95%の公式を適用

$$n = \frac{\bar{P}(1-\bar{P})}{\left(\frac{E}{1.96}\right)^2} = \frac{0.5(1-0.5)}{\left(\frac{0.05}{1.96}\right)^2} = \frac{0.25}{0.00065} = 385$$

サンプルサイズは385人

※385人の標本調査をすれば、割合が50%の信頼区間は50%±5%に収まる。

※標本調査で得た支持率は必ずしも想定した50%±5%でないので、第5章3で示した母比率の推定で信頼区間を算出する。

※母集団サイズが1万人以下の場合、サンプルサイズの決定方法の公式は下記となる。

$$n = \frac{N}{\left(\frac{E}{1.96}\right)^2\left(\frac{N-1}{\bar{P}(1-\bar{P})}\right)+1}$$

ただし、Nは母集団サイズ

2　母平均推定公式を適用したサンプルサイズの決定方法

これから集めるサンプルにおける何らかの項目の平均が、母集団のそれとあまり変わらないようにしたい場合、サンプルの平均がある程度の誤差範囲内で収まるために必要なサンプルサイズを決めたい。このようなサンプルサイズは次の公式によって定められます。

公式

$$n = \frac{s^2}{\left(\frac{E}{1.96}\right)^2}$$

s：想定する標準偏差

E：信頼区間を想定したときのE

例）28,000円→27,700円～28,300円→E=300円

Q. 具体例89

東京都の小学生のお年玉金額平均値を推計する場合、何人の生徒を調査すればよいでしょうか。平均値は30,000円、標準偏差は平均値の半分のs=15,000円、信頼区間30,000円±2,000円、E=2,000と想定し、求めなさい。

A. 解答

$$n = \frac{s^2}{\left(\frac{E}{1.96}\right)^2} = \frac{15,000^2}{\left(\frac{2,000}{1.96}\right)^2} = \frac{225,000,000}{1,020.4^2} = \frac{225,000,000}{1,041,216} = 216$$

216人を調査すれば、30,000±2,000、28,000円～32,000円の幅でお年玉金額の平均値を推計できます。

母集団サイズが1万人以下の場合、サンプルサイズの決定方法の公式は下記となります。

$$n = \frac{N}{\left(\frac{E}{1.96}\right)^2\left(\frac{N-1}{s^2}\right)+1}$$

ただし、Nは母集団サイズ

第16章

t 分布、χ^2 分布、F 分布

この章で学ぶ解析手法を紹介します。解析手法の計算はフリーソフトで行えます。
フリーソフトは第17章17.2を参考にしてください。

解析手法名	英語名	解説ページ
t分布	t distribution	336
χ^2分布	Chi-square distribution	370
F分布	F distribution	373
ガンマ関数	Gamma function	368
確率密度関数	Probability density function	372

16.1 t分布

1　t分布とは

t分布は1908年にウィリアム・シーリー・ゴセットにより発表されました。当時の彼はビール醸造会社に雇用されていました。この会社では従業員論文の公表を禁止していたので、「スチューデント」というペンネームを使用して論文を発表しました。このことからt分布をスチューデントのt分布と呼ばれるようになりました。

t分布は、統計学的検定によく利用される確率分布で、分布の形は標準正規分布（別名z分布：第2章**2.4**）によく似ています。t分布は標準正規分布に比べて、t分布の方が少しだけ、グラフの頂点の位置が低く、左右に広がる裾が厚いです。

t分布は、自由度（第4章**4.4**）と呼ばれるパラメータを持ち、自由度が大きくなるほど、グラフの頂点の位置が高くなっていき、左右に広がる裾が薄くなっていきます。そして、自由度が大きくなるにつれ、標準正規分布に近づいていきます。

自由度$f=1$，$f=5$，$f=100$のt分布を示します。

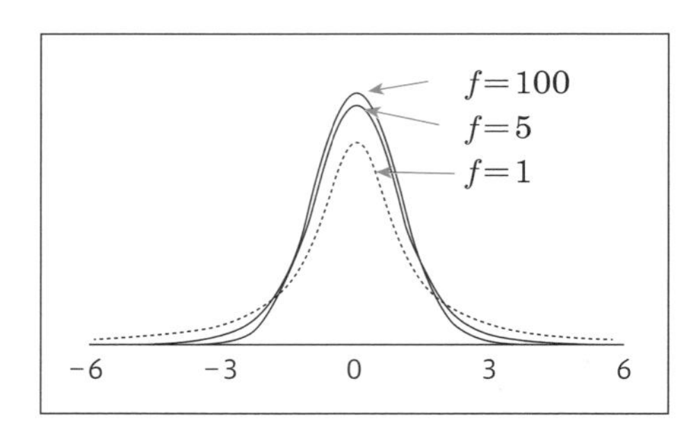

2　t分布の確率、パーセント点

t検定での有意差判定は、t分布の上側確率、パーセント点を求めることによって行うことができます。

t分布の横軸の任意の値tをパーセント点といいます。

パーセント点の上側の確率を上側確率といいます。

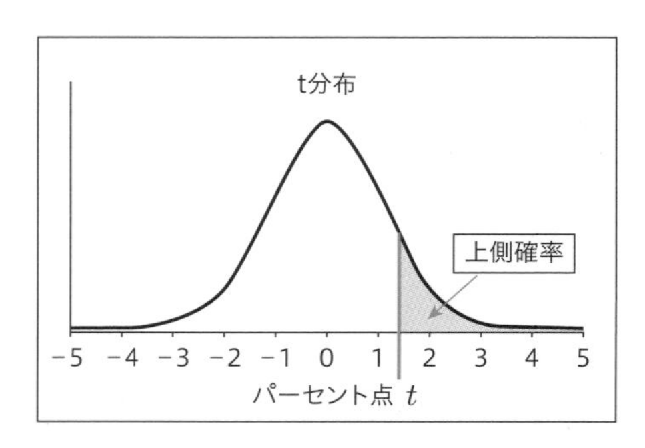

Excel関数

t分布の確率はExcel関数TDISTで求められる。

=TDIST(t, 自由度, 尾部)

t	検定統計量などの上側確率を計算する数値tを指定する。
自由度	t分布の自由度を整数で指定する。
尾部	1か2の整数を指定する。 片側検定は1、両側検定は2を指定する。

Q. 具体例90

下図の$t = 2$における色つき部分の確率を求めなさい。

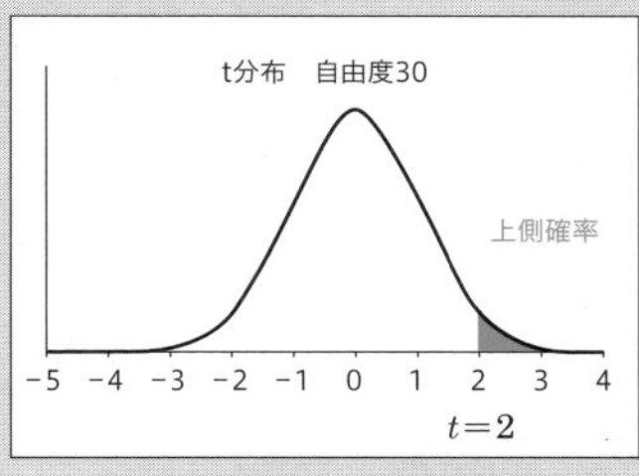

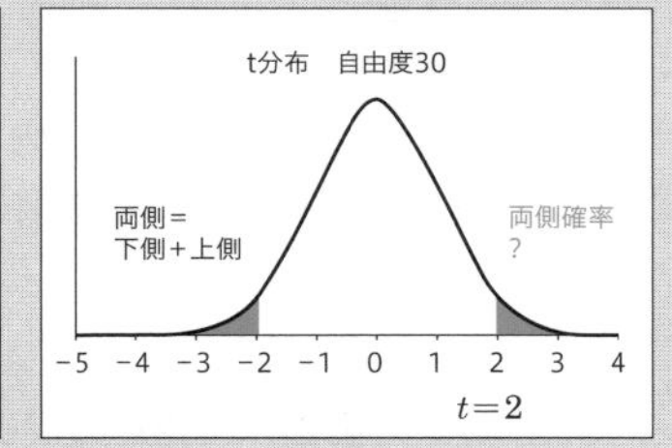

A. 解答

左図の上側確率＝TDIST(2, 30, 1) [Enter] 0.0273

右図の両側確率＝TDIST(2, 30, 2) [Enter] 0.0593

※両側確率は＝TDSIT(2, 30, 1)の2倍の計算のどちらでもよい。

Excel関数

t分布のパーセント点はExcel関数TINVで求められる。

=TINV(上側確率, 自由度)

上側確率	棄却限界値などのパーセント点を計算するための上側確率を指定する。
自由度	t分布の自由度を整数で指定する。

Q. 具体例91

右図の$t = 2$における色つき部分の確率を求めなさい。

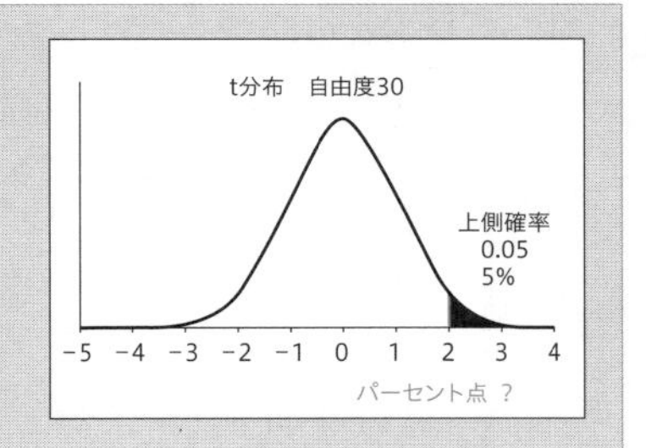

A. 解答

パーセント点 ＝TINV(0.05, 30) [Enter] 2.042

3　t分布の確率密度関数

t分布の確率密度関数を示します。

- 確率変数

x：連続型確率変数　$-\infty < x < \infty$

- パラメータ

f：自由度　　π：円周率3.14159…

$$y = \frac{\Gamma\left(\frac{f+1}{2}\right)}{\Gamma\left(\frac{f}{2}\right)\sqrt{f\pi}\left(1+\frac{x^2}{f}\right)^{\frac{f+1}{2}}} \cdots\cdots \text{(1)}$$

Γ：ガンマ関数　　π：円周率3.14159…

t分布の平均は0、標準偏差は$f/(f-2)$

- ガンマ関数

ガンマ関数は階乗を拡張した関数で、正の整数fを使った式です。

$$\Gamma(f+1) = f! = f \times (f-1) \times (f-2) \times \cdots \times 3 \times 2 \times 1$$

$$\Gamma(1) = 1$$

$f = 4$の場合

$$\Gamma(4+1) = 4! = 4 \times 3 \times 2 \times 1 = 24$$

$$\Gamma\left(f+\frac{1}{2}\right) = \left(f-\frac{1}{2}\right) \times \left(f-\frac{3}{2}\right) \times \left(f-\frac{5}{2}\right) \times \cdots \times \frac{3}{2} \times \frac{1}{2} \times \sqrt{\pi}$$

$$\Gamma\left(\frac{1}{2}\right) = \sqrt{\pi}$$

$f = 4$の場合

$$\Gamma\left(4+\frac{1}{2}\right) = \left(4-\frac{1}{2}\right) \times \left(4-\frac{3}{2}\right) \times \left(4-\frac{5}{2}\right) \times \left(4-\frac{7}{2}\right) \times \sqrt{\pi}$$

$$= 3.5 \times 2.5 \times 1.5 \times 0.5 \times \sqrt{\pi} = 6.5625\sqrt{\pi} = 11.6317$$

Excel関数

ガンマ関数はExcelの関数で求められる。

ワークシート上のセルに次の式を入力する。

=GAMMA(f)

【計算例】

$f = 4$の場合

$\Gamma(f+1) = \Gamma(4+1)$　=GAMMA(5) [Enter] 24

$\Gamma(f+1/2) = \Gamma(4+1/2)$ =GAMMA(4.5) [Enter] 11.6317

$f = 8$の場合のt分布の確率密度関数を示します。
(1) 式のfに8を代入します。

$$y = \frac{\Gamma\left(\frac{8+1}{2}\right)}{\Gamma\left(\frac{8}{2}\right)\sqrt{8\pi}\left(1+\frac{x^2}{8}\right)^{\frac{8+1}{2}}} = \frac{\Gamma(4.5)}{\Gamma(4)\sqrt{8\pi}\left(1+\frac{x^2}{8}\right)^{4.5}}$$

$$\sqrt{8\pi} = \sqrt{8 \times 3.14159} = 5.0133$$

$$\Gamma(4) = \Gamma(3+1) = 3! = 3 \times 2 \times 1 = 6$$

$$\Gamma(4.5) = 3.5 \times 2.5 \times 1.5 \times 0.5 \times \sqrt{\pi} = 6.5625\sqrt{\pi} = 11.6317$$

$$y = \frac{11.6317}{6 \times 5.0133 \times \left(1+\frac{x^2}{8}\right)^{4.5}} = \frac{0.3867}{\left(1+\frac{x^2}{8}\right)^{4.5}}$$

$x=-5, x=-4, x=-3, x=-2, x=-1, x=0, x=1, x=2, x=3, x=4, x=5$に対する$y$の値を求めます。

x	x^2	① $1+x^2/8$	①^2	y
−5	25	4.125	588.041	0.001
−4	16	3.000	140.296	0.003
−3	9	2.125	29.725	0.013
−2	4	1.500	6.200	0.062
−1	1	1.125	1.699	0.228
0	0	1.000	1.000	0.387
1	1	1.125	1.699	0.228
2	4	1.500	6.200	0.062
3	9	2.125	29.725	0.013
4	16	3.000	140.296	0.003
5	25	4.125	588.041	0.001

$f=4$、$f=8$、$f=30$、$f=300$でyを求め、$f=4$と$f=300$のyのグラフを描きました。
fの値が小さいほど、xの幅が拡がります。

x	f=4	f=8	f=30	f=300
−5	0.003	0.001	0.000	0.000
−4	0.007	0.003	0.001	0.000
−3	0.020	0.013	0.007	0.005
−2	0.066	0.062	0.057	0.054
−1	0.215	0.228	0.238	0.242
0	0.375	0.387	0.396	0.399
1	0.215	0.228	0.238	0.242
2	0.066	0.062	0.057	0.054
3	0.020	0.013	0.007	0.005
4	0.007	0.003	0.001	0.000
5	0.003	0.001	0.000	0.000

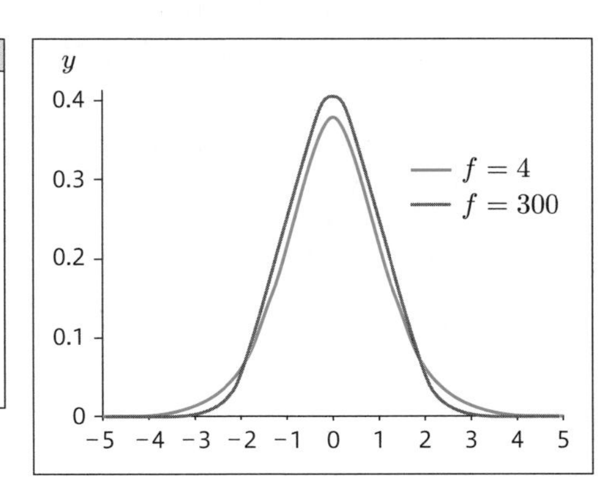

16.2 χ^2分布

1　χ^2分布とは

χ^2分布（カイ2乗分布）は確率分布の一種で、統計的検定（第6章、第8章、第9章、第10章）で最も広く利用されるものです。フリードリヒ・ロベルト・ヘルメルト（1843～1917年、ドイツ）により発見され、カール・ピアソン（1857～1936年、イギリス）により命名されました。

χ^2分布のグラフの形状はパラメータである自由度fという値に依存し、fが大きいときはz分布（標準正規分布）に一致します。一方、fが小さくなるにつれz分布に比べ峰が左に偏ります。

自由度$f=5$、$f=10$、$f=20$のχ^2分布を示します。

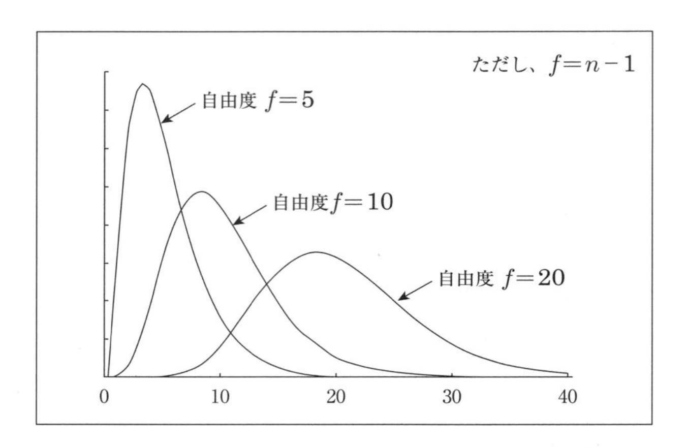

2　χ^2分布の確率、パーセント点

χ^2検定での有意差判定は、χ^2分布の上側確率、パーセント点を求めることによって行うことができます。

χ^2分布の横軸の任意の値xをパーセント点といいます。

パーセント点の上側の確率を上側確率といいます。

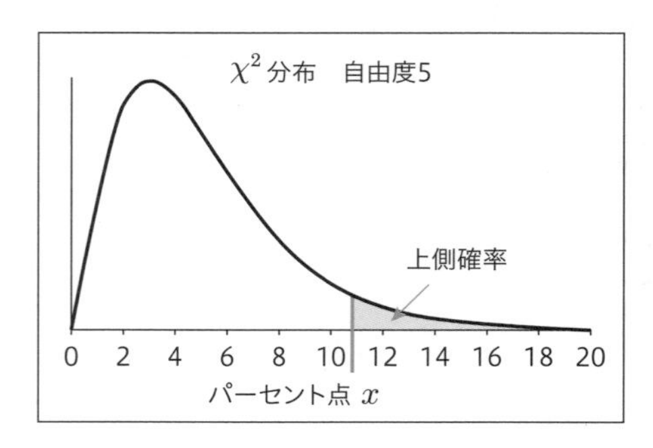

Excel関数

χ^2分布の確率はExcel関数 CHIDISTで求められる。

=CHIDIST(x, 自由度)

x　　検定統計量などの上側確率を計算する数値xを指定する。

自由度　χ^2分布の自由度を整数で指定する。

Q. 具体例92

自由度5のχ^2分布における上側確率と下側確率を求めなさい。

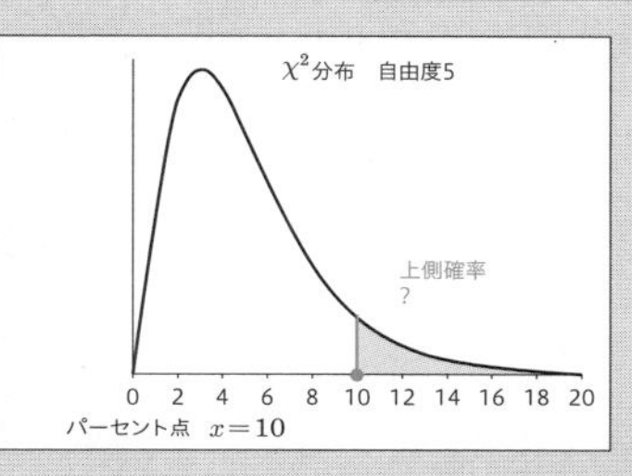

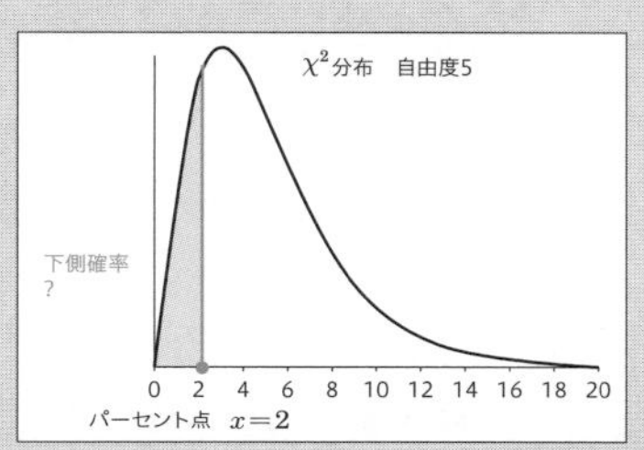

A. 解答

上側確率　=CHIDIST(10, 5) Enter 0.0752

下側確率　=1 − CHIDIST(2, 5) Enter 0.1509

Excel関数

χ^2分布のパーセント点はExcel関数 CHIINVで求められる。

=CHIINV(上側確率, 自由度)

上側確率　棄却限界値などのパーセント点を計算するための上側確率を指定する。

自由度　χ^2分布の自由度を整数で指定する。

Q. 具体例93

下図の上側確率0.05、下側確率0.05のパーセント点を求めなさい。

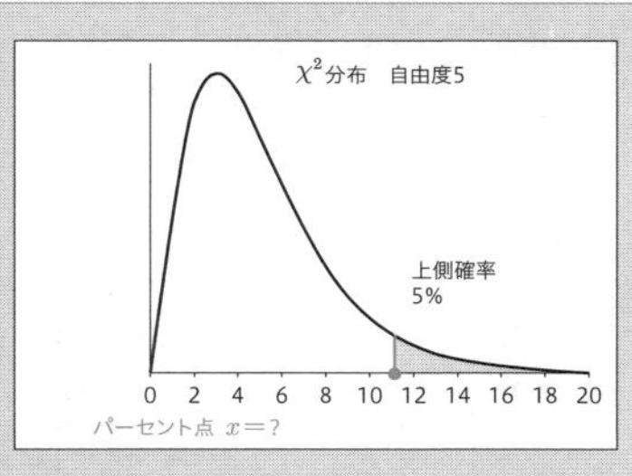

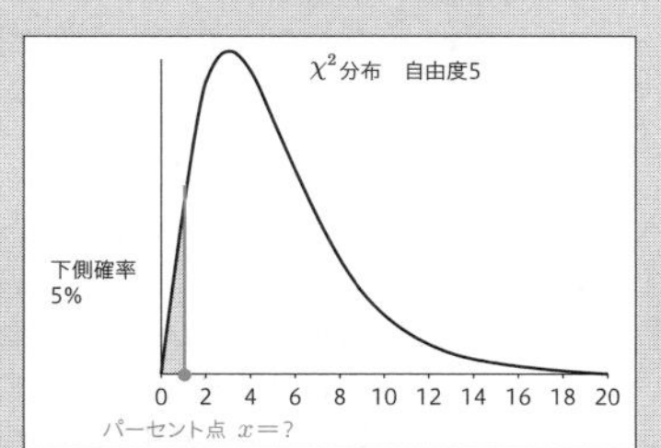

A. 解答

上側のパーセント点　=CHIINV(0.05, 5) Enter 11.07

下側のパーセント点　=CHIINV(1 − 0.05, 5) Enter 1.145

3　χ^2分布の確率密度関数

χ^2分布の確率密度関数を示します。

- 確率変数

  x：連続型確率変数 $0 < x < \infty$

- パラメータ

  f：自由度

$$y = \frac{x^{f/2-1} \cdot e^{-x/2}}{2^{f/2} \cdot \Gamma(f/2)} \cdots\cdots\cdots\cdots\cdots\cdots \text{(1)}$$

Γ：ガンマ関数　　e：自然対数の底2.71828…

χ^2分布の平均はf，標準偏差は$\sqrt{2f}$

- ガンマ関数

  第16章16.1の「3」参照

$f = 5$の場合のχ^2分布の確率密度関数を示します。

(1) の式のfに5を代入します。

$$y = \frac{x^{f/2-1} \cdot e^{-x/2}}{2^{f/2} \cdot \Gamma(f/2)} = \frac{x^{1.5} \cdot e^{-x/2}}{7.5197} \cdots\cdots \text{(2)}$$

$$2^{f/2} = 2^{2.5} = 5.6569 \qquad \Gamma(f/2) = \Gamma(2.5) = 1.3293$$

$$2^{f/2} \cdot \Gamma(f/2) = 5.6569 \times 1.3293 = 7.5197$$

(2) の式に$x = 1, x = 2, x = -3, \cdots, x = 20, x = 21$を代入し$y$の値を求めます。

	①	②	③	④	⑤	⑥	③÷⑥
x	x^a	$e^{-x/2}$	①×②	2^b	Γ(b)	④×⑤	y
1	1.000	0.607	0.607	5.657	1.329	7.520	0.081
2	2.828	0.368	1.041	5.657	1.329	7.520	0.138
3	5.196	0.223	1.159	5.657	1.329	7.520	0.154
4	8.000	0.135	1.083	5.657	1.329	7.520	0.144
5	11.180	0.082	0.918	5.657	1.329	7.520	0.122
6	14.697	0.050	0.732	5.657	1.329	7.520	0.097
7	18.520	0.030	0.559	5.657	1.329	7.520	0.074
8	22.627	0.018	0.414	5.657	1.329	7.520	0.055
9	27.000	0.011	0.300	5.657	1.329	7.520	0.040
10	31.623	0.007	0.213	5.657	1.329	7.520	0.028
11	36.483	0.004	0.149	5.657	1.329	7.520	0.020
12	41.569	0.002	0.103	5.657	1.329	7.520	0.014
13	46.872	0.002	0.070	5.657	1.329	7.520	0.009
14	52.383	0.001	0.048	5.657	1.329	7.520	0.006
15	58.095	0.001	0.032	5.657	1.329	7.520	0.004
16	64.000	0.000	0.021	5.657	1.329	7.520	0.003
17	70.093	0.000	0.014	5.657	1.329	7.520	0.002
18	76.368	0.000	0.009	5.657	1.329	7.520	0.001
19	82.819	0.000	0.006	5.657	1.329	7.520	0.001
20	89.443	0.000	0.004	5.657	1.329	7.520	0.001
21	96.234	0.000	0.003	5.657	1.329	7.520	0.000

yすなわちχ^2分布の確率密度関数のグラフを描いた。

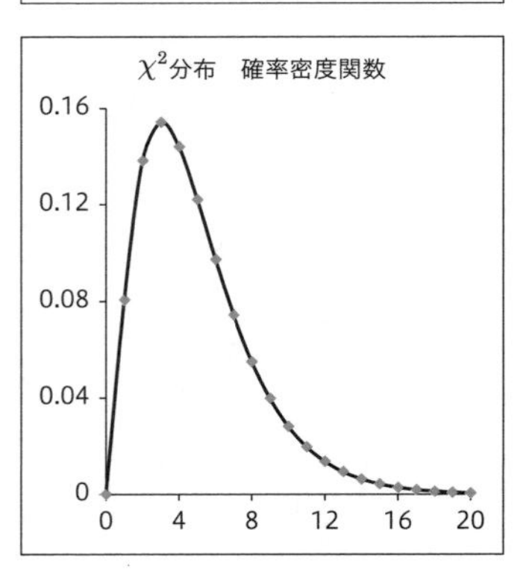

16.3 F分布

1 F分布とは

F分布は確率分布の一種で、統計的検定（第10章、第13章）で最も広く利用されるものです。

スネデカーのF分布（Snedecor's F distribution）、またはフィッシャー-スネデカー分布（Fisher-Snedecor distribution）ともいいます。

F分布のグラフの形状はパラメータである2つの自由度m、nという値に依存し、m、nが大きいときはz分布（標準正規分布）に一致します。一方、m, nが小さくなるにつれz分布に比べ峰が左に偏ります。

自由度（$m = 12$、$n = 12$）、自由度（$m = 12$、$n = 4$）のF分布を示します。

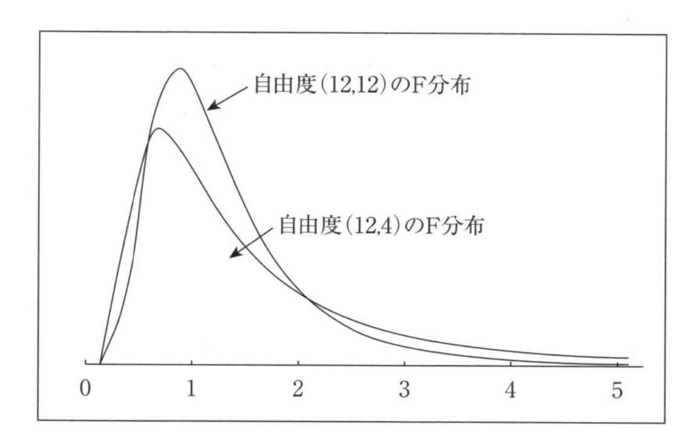

2 F分布の確率、パーセント点

F検定での有意差判定は、F分布の上側確率、パーセント点を求めることによって行うことができます。

F分布の横軸の任意の値xをパーセント点といいます。

パーセント点の上側の確率を上側確率といいます。

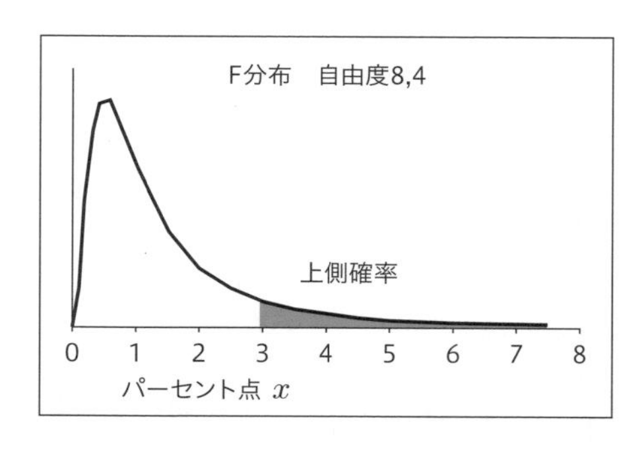

Excel関数

F分布の確率はExcel関数FDISTで求められる。

=FDIST(x, 自由度1, 自由度2)

x　　　検定統計量など上側確率を計算する数値xを指定する。

自由度　　F分布の自由度2個を整数で指定する。

Q. 具体例94

下図の$t=2$における色つき部分の確率を求めなさい。

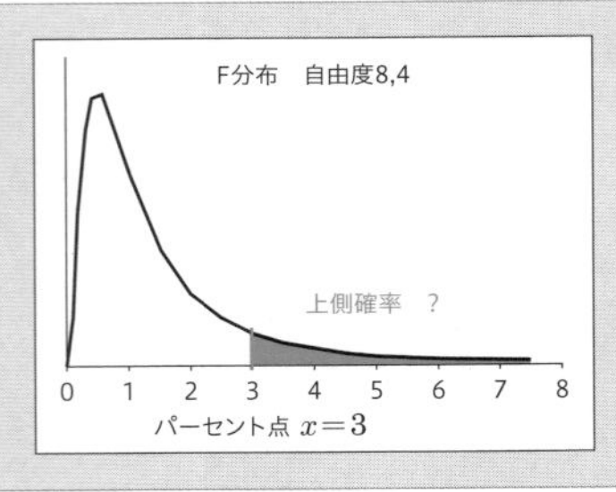

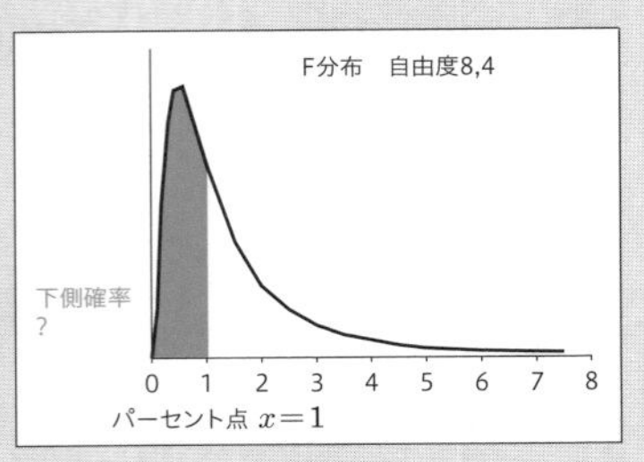

A. 解答

左図の上側確率　=FDIST(3, 8, 4)　Enter　0.1518

右図の下側確率　=1 − FDIST(1, 8, 4)　Enter　0.4609

Excel関数

F分布のパーセント点はExcel関数FINVで求められる。

=FINV(上側確率, 自由度1, 自由度2)

上側確率　棄却限界値などのパーセント点を計算するための上側確率を指定する。

自由度　　F分布の自由度2個を整数で指定する。

Q. 具体例95

上側確率0.05、下側確率0.05のパーセント点を求めなさい。

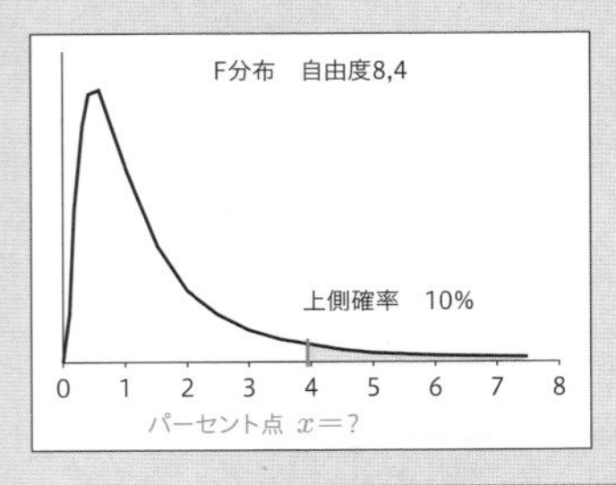

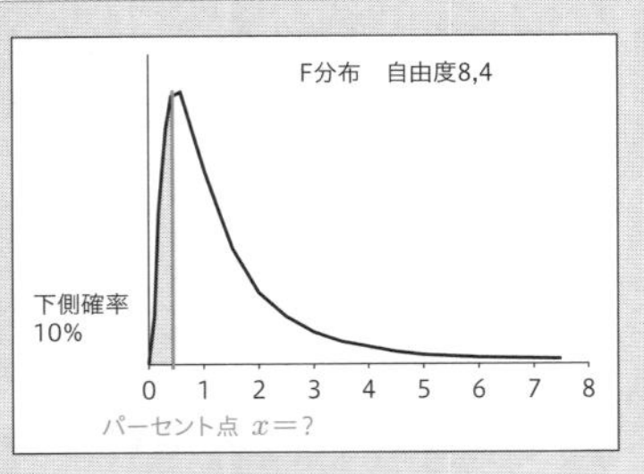

A. 解答

上側パーセント点　=FINV(0.05, 8, 4)　Enter　3.95

下側パーセント点　=FINV(1 − 0.05, 8, 4)　Enter　0.3563

3 F分布の確率密度関数

F分布の確率密度関数を示します。

- 確率変数

  x：連続型確率変数 $0 < x < \infty$

- パラメータ

  m、n：自由度

$$y = \frac{\Gamma\left(\frac{m+n}{2}\right)\left(\frac{m}{n}\right)^{\frac{m}{2}} x^{\frac{m}{2}-1}}{\Gamma\left(\frac{m}{2}\right)\Gamma\left(\frac{n}{2}\right)\left(1+\frac{m}{n}x\right)^{\frac{m+n}{2}}} \cdots\cdots (1)$$

Γ：ガンマ関数は第16章16.1の3を参照

(1) 式に $m = 8$、$n = 4$ を代入します。

$\Gamma((m+n)/2) = \Gamma(6) = 120 \qquad \Gamma(m/2) = \Gamma(4) = 6 \qquad \Gamma(n/2) = \Gamma(2) = 1$

$(m/n)^{m/2} = 2^4 = 16$

$\Gamma((m+n)/2) \times (m/n)^{m/2} = 120 \times 16 = 1920 \qquad \Gamma(m/2) \times \Gamma(n/2) = 6 \times 1 = 6$

$$y = \frac{1920x^3}{6(1+2x)^6} = \frac{320x^3}{(1+2x)^6} \cdots\cdots\cdots\cdots\cdots (2)$$

(2) 式に $x = 0, x = 0.1, \cdots, x = 1, x = 1.5, \cdots, x = 7, x = 7.5$ を代入し y の値を求めます。

求められた y の値を縦軸、x を横軸にとり点グラフを描き点間を直線で結びます。折れ線グラフが自由度 $m = 8$、$n = 4$ のF分布のグラフです。

x	320x³	(1+2x)⁶	y
0.0	0.0	1.0	0.000
0.1	0.3	3.0	0.107
0.2	2.6	7.5	0.340
0.3	8.6	16.8	0.515
0.4	20.5	34.0	0.602
0.6	69.1	113.4	0.610
0.8	163.8	308.9	0.530
1.0	320.0	729.0	0.439
1.5	1,080.0	4,096.0	0.264
2.0	2,560.0	15,625.0	0.164
2.5	5,000.0	46,656.0	0.107
3.0	8,640.0	117,649.0	0.073
3.5	13,720.0	262,144.0	0.052
4.0	20,480.0	531,441.0	0.039
4.5	29,160.0	1,000,000.0	0.029
5.0	40,000.0	1,771,561.0	0.023
5.5	53,240.0	2,985,984.0	0.018
6.0	69,120.0	4,826,809.0	0.014
6.5	87,880.0	7,529,536.0	0.012
7.0	109,760.0	11,390,625.0	0.010
7.5	135,000.0	16,777,216.0	0.008

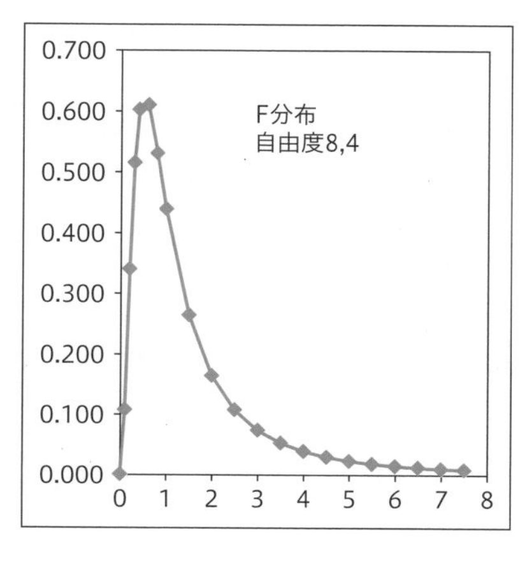

第17章

補遺

17.1　Excel 関数
　1　基本統計量を求める Excel 関数
　2　統計で使う Excel 数学関数
17.2　Excel のアドインソフトウェア
　1　Excel のアドインソフトウェアで実行できる機能
　2　ダウンロード方法
　3　統計解析ソフトウェアの起動
　4　統計解析ソフトウェアの操作方法

※弊社 Web より機能限定のものをダウンロードできます。

17.1 基本統計量を求めるExcel関数

解析手法	関数式
データ件数	=COUNT(範囲)
合計	=SUM(範囲)
平均	=AVERAGE(範囲)
中央値	=MEDIAN(範囲)
最頻値	=MODE(範囲)
偏差平方和	=DEVSQ(範囲)
分散 $n-1$	=VAR(範囲)
分散 n	=VARP(範囲)
標準偏差 $n-1$	=STDEV(範囲)
標準偏差 n	=STDEVP(範囲)
歪度	=SKEW(範囲)
尖度	=KURT(範囲)

標準偏差の求め方を示します。

STDEV　　標準偏差

Excel関数

1 A7のセルに次を入力する。

=STDEV(A2:A6)

	A	B
1	データ	
2	5	
3	3	
4	4	
5	7	
6	6	
7	=STDEV(A2:A6)	
8		

2 Enterキーを押す。

A7に計算された値が表示される。

	A	B
1	データ	
2	5	
3	3	
4	4	
5	7	
6	6	
7	1.581139	
8		

他の基本統計量も同様に範囲指定すれば、求められます。

単相関係数 =CORREL

Excel関数

1 B7のセルに次を入力する。

=CORREL(B2:B6,C2:C6)

	A	B	C	D
1	回答者	コーヒー	タバコ	
2	A	1	10	
3	B	2	0	
4	C	5	20	
5	D	7	20	
6	E	0	0	
7	単相関係数	=CORREL(B2:B6,C2:C6)		
8				

2 Enterキーを押す。

B7に計算された値が表示される。

	A	B	C	D
1	回答者	コーヒー	タバコ	
2	A	1	10	
3	B	2	0	
4	C	5	20	
5	D	7	20	
6	E	0	0	
7	単相関係数	0.857493		
8				

度数分布 =FREQUENCY

Excel関数

1 E2からE6を範囲指定して次を入力する。

=FREQUENCY(B2:B11,D2:D6)

	A	B	C	D	E	F	G
1	No.	数学		階級			
2	1	17		20	=FREQUENCY(B2:B11,D2:D6)		
3	2	20		40			
4	3	27		60			
5	4	40		80			
6	5	45		100			
7	6	55					
8	7	60					
9	8	80					
10	9	90					
11	10	93					
12							

2 Ctrlキー＋Shiftキー＋Enterキーを押す。

E2からE6に計算された値が表示される。

E2 {=FREQUENCY(B2:B11,D2:D6)}

	A	B	C	D	E	F	G
1	No.	数学		階級			
2	1	17		20	2		
3	2	20		40	2		
4	3	27		60	3		
5	4	40		80	1		
6	5	45		100	2		
7	6	55					
8	7	60					
9	8	80					
10	9	90					
11	10	93					
12							

17.2 統計で使うExcel数学関数

FACT　階乗(n!)

Excel関数

FACT関数は、数値の階乗を計算します。

$n!$とは$n \times (n-1) \times (n-2) \times \cdots \times 3 \times 2 \times 1$です。

構文は、=FACT(数値)です。

数値は、0以上の整数です。小数点付きのデータの場合、小数点以下を切り捨てて整数にします。

【例】

数値	FACT	結果
5	=FACT(5)	5×4×3×2×1=120
1	=FACT(1)	1
3.6	=FACT(3.6)	3×2×1=6
0	=FACT(0)	1(ルールとして1)
−2	=FACT(−2)	#NUM!(エラー)

LN、LOG　対数

Excel関数

LN関数は、e(2.7182...)を底とする対数(自然対数)を計算します。

構文は、=LN(数値)です。

数値は、正数のみです。

【例】

数値	LN	結果
10	=LN(10)	2.302
2.718	=LN(2.718)	1.000
0	=LN(0)	#NUM!(エラー)
−5	=LN(−5)	#NUM!(エラー)

LOG関数は、数値bを底とする数値aの対数を計算します。

LOG(数値a, 数値b)=$\log_b a$

構文は、=LOG(数値a, 数値b)です。

a, bは、正数のみです。

数値bを省略した場合は、底が10の常用対数が計算されます。

【例】

式	LOG	結果	備考
$\log_2 8$	=LOG(8,2)	3	2を3乗したら8
$\log 100$	=LOG(100)	$\log_{10} 100 = 2$	10を2乗したら100
$\log 1$	=LOG(1)	$\log_{10} 1 = 0$	10を0乗したら1
$\log 0$	=LOG(0)	#NUM!(エラー)	
$\log(-5)$	=LOG(−5)	#NUM!(エラー)	

SQRT　平方根

Excel関数

SQRT関数は、平方根（ルート）を計算します。
構文は、=SQRT(数値)です。
数値は、正数のみです。

【例】

数値	SQRT	結果
16	=SQRT(16)	4
3	=SQRT(3)	1.732
0	=SQRT(0)	0
−2	=SQRT(−2)	#NUM!(エラー)

EXP　eのべき乗

Excel関数

EXP関数は、e=2.7182...（自然対数の底）のべき乗を計算します。
構文は、=EXP(数値)です。

【例】

数値	EXP	結果
e^5	=EXP(5)	148.41
e^1	=EXP(1)	2.7183
e^0	=EXP(0)	1
e^{-4}	=EXP(−4)	0.0183

RANK　　順位

Excel関数

RANK関数は、指定した数値の順位を返します。
構文は、=RANK(数値,範囲,順序)です。

- 数値　指定した数値について順位が付けられます。
- 範囲　順位付けの対象となるデータです。
- 順序　1または0の値を指定します。
  1は昇順（小さい順）、0は降順（大きい順）です。

1 B2のセルに次を入力する。
=RANK(A2, $A$2:$A$10, 1)

=RANK(調べる数値, 範囲, 順序)
範囲：範囲は同じ範囲を指定しますので絶対参照とします。
順序：昇順→1、降順→0

	A	B	C	D
1	データ	順位		
2	2	=RANK(A2,$A$2:$A$10,1)		
3	4			
4	10			
5	10			
6	15			
7	3			
8	5			
9	10			
10	12			
11				

2 Enter キーを押す。
B2に計算された値が表示される。

	A	B	C
1	データ	順位	
2	2	1	
3	4		
4	10		
5	10		
6	15		
7	3		
8	5		
9	10		
10	12		
11			

3 式をコピーして貼り付けることによって、他のデータについても順位が付けられる。

	A	B	C
1	データ	順位	
2	2	1	
3	4	3	
4	10	5	
5	10	5	
6	15	9	
7	3	2	
8	5	4	
9	10	5	
10	12	8	
11			

17.3 Excelのアドインソフトウェア

1 Excelのアドインソフトウェアで実行できる機能

アイスタットホームページよりExcelアドインソフト「Excel統計解析」フリーソフトがダウンロードできます。

ソフトウェアで実行できる統計手法は下記のとおりです。

基本統計量
箱ひげ図
散布図(相関図)
偏差値(基準値)
相関分析
クロス集計
カテゴリー別平均
単相関係数
スピアマン順位相関
クラメール連関係数
相関比
相関検定
正規分布(グラフ、確率、正規性検定)
対応のないt検定
対応のあるt検定
対応のない母比率の差の検定
対応のある母比率の差の検定(マクネマー検定)
多重比較法(ボンフェローニ)
サンプルサイズの決定(検出力)
サンプルサイズの決定(精度)
中心極限定理
検定統計量T値の分布(母平均)
検定統計量T値の分布(母比率)
実験χ^2分布
実験F分布

ファイル　ホーム　挿入　ページレイアウト　数式　データ　校閲　表示　開発　アドイン　ヘルプ　何をしますか

基本統計量	偏差値	正規分布	対応のない母比率の差の検定	サンプルサイズの決定（精度）	検定統計量T値の分布（母平均）	実験F分布	終了
箱ひげ図	相関分析	対応のないt検定（母平均）	対応のある母比率の差の検定	サンプルサイズの決定（検出力）	検定統計量T値の分布（母比率）	ソフト操作方法	
散布図	クローンバックα係数	対応のあるt検定（母平均）	多重比較法（ボンフェローニ）	中心極限定理	実験χ分布	アイスタットホームページ	

メニュー コマンド

17

2　ダウンロード方法

1 アイスタットホームページ（http://istat.co.jp/）にアクセスし、上部メニューにある［フリーソフトのダウンロード］を選択してください。

2 表示された画面の上のあたりに統計解析ソフトウェアの［フリーソフトお申し込み］というボタンがありますので、それを選択してください。

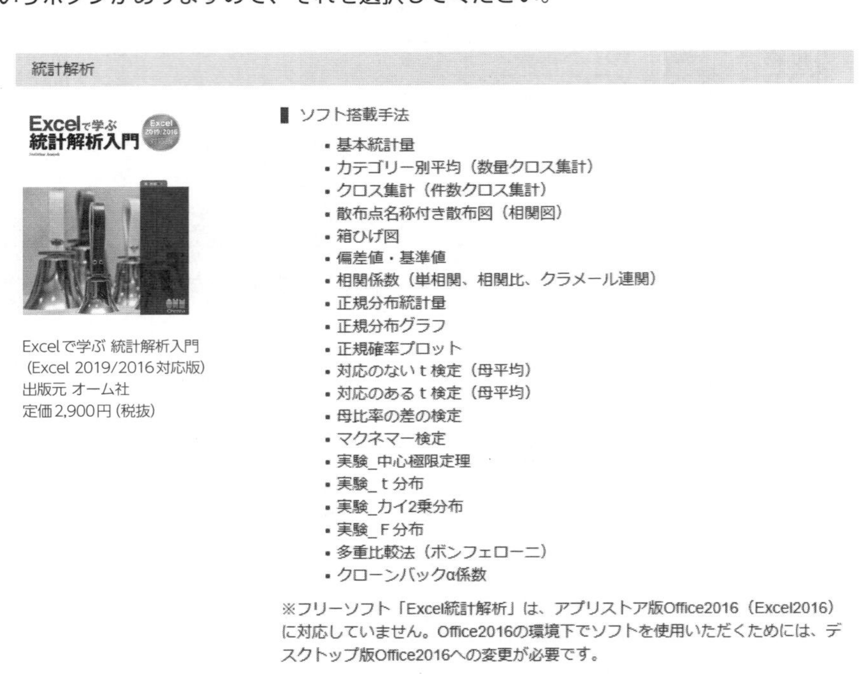

3 パスワードお申し込みフォームが表示されますので、ご氏名やご連絡先を記入してください。なお、赤色の※印の箇所は必須事項です。また、お申し込み後のご連絡はメールにて行いますので、メールアドレスに間違いがないようにしてください。

フリーソフトウェアのダウンロード

株式会社アイスタットでは、解析ソフトを様々取り寄せております。無料貸出しも実施中です。

> フリーソフトウェアの概要 > パスワードお申込みの流れ

フリーソフトウェアのダウンロードお申し込み

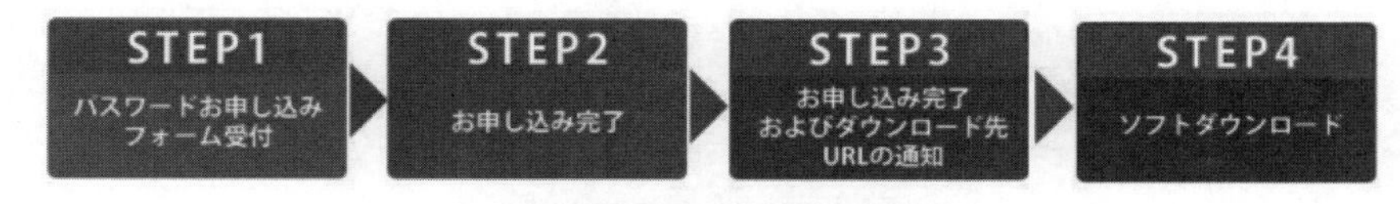

フリーソフトウェア概要に戻る

【お申し込みされる前に必ず下記ご確認ください。】
※フリーソフトウェアのご利用規約に同意後お申し込みをお願いいたします。
※入力フォームの※印は必須入力です。

解凍パスワードお申込フォーム

4 入力が完了しましたら、画面下部にある［確認画面へ］ボタンを選択してください。

弊社では引き続き統計解析ソフトを開発していく予定でございます。今後弊社からの最新ソフトウェア情報をお送りしてもよろしいですか ※	◉はい ◎いいえ

5 確認画面が表示されますので、間違いがなければ［送信する］ボタンを選択してください。なお、入力内容に間違いがありましたら、［入力画面に戻る］ボタンを選択すると、**3** の入力画面に戻りますので、修正して **4** に進んでください。

解凍パスワードお申込フォーム

以下の内容でよろしければ送信ボタンを押してください。

このソフトはどのような媒体で お知りになりましたか	アイスタットＨＰを見て
その他の媒体は具体的に（全角）	
ご氏名（全角）	[illegible]
ご氏名（ふりがな）※全角	[illegible]
フリーソフト名	統計解析
区分	法人
会社名／学校名／その他（全角）	[illegible]
部署名／学部名／その他（全角）	[illegible]
役職（全角）	[illegible]
メールアドレス（半角）	[illegible]
郵便番号（半角）	[illegible]
都道府県	[illegible]
ご住所（区市町村・番地）全角	[illegible]
ご住所（ビル名）全角	[illegible]
電話番号（半角）	[illegible]
ソフトのご利用用途について	仕事で扱うデータの分析に使用
弊社では引き続き 統計解析ソフトを開発していく予定でございます。 今後弊社からの最新ソフトウェア情報を お送りしてもよろしいですか	はい

［入力画面に戻る］　［送信する］

6 送信が完了しますと、次のような画面が表示されます。入力されたメールアドレスに **7** 以降の手順が書かれたメールが届きますので、しばらくお待ちください。

お使いのメールソフトによっては、迷惑メールフォルダーに振り分けられる場合がございます。受信箱（受信トレイ）に届いていない場合は、迷惑メールフォルダー内をご確認ください。
1時間以上経過してもメールが届かない場合、入力したアドレスに誤りがある可能性があります。再度入力を行い送信してください。

フリーソフトウェアのダウンロード
株式会社アイスタットでは、解析ソフトを様々取り寄せております。無料貸出しも実施中です。

> フリーソフトウェアの概要 > パスワードお申込みの流れ

フリーソフトウェアのダウンロードお申し込み

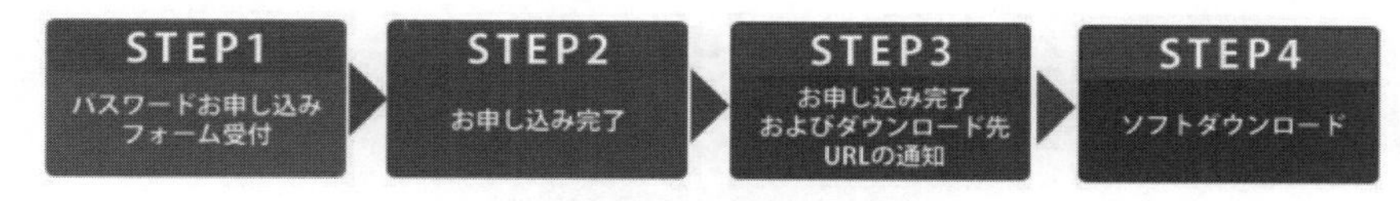

フリーソフトウェア概要に戻る

【お申し込みされる前に必ず下記ご確認ください。】
※フリーソフトウェアのご利用規約に同意後お申し込みをお願いいたします。
※入力フォームの※印は必須入力です。

解凍パスワードお申込フォーム
送信が完了しました。パスワードお申し込みありがとうございます。

7 「お問い合わせフォームからの送信」というタイトルのメールが届きましたら、その本文に次のように書かれているURLからダウンロードを開始してください。なお、このメールには「解凍パスワード」が書かれておりますので、誤って削除しないように注意してください。

【ダウンロードURL】
　実験計画法ソフトウェアおよび多変量解析ソフトウェアおよび統計解析ソフトウェアは下記URLからダウンロードください。
　　↓↓↓
　http://istat.co.jp/download

【パスワードについて】
　解凍パスワードは「*****」です。
　※実験計画法ソフトウェア、多変量解析ソフトウェア、統計解析ソフトウェア、EPA法ソフトウェア全て共通のパスワードです。

【ソフト使用方法】

使用方法につきましては、zipファイルダウンロード後、フォルダー内の「ソフトウェアの使い方.pdf」をご参照ください。

【ダウンロードについての注意事項】

下記の手順に従ってダウンロードおよびフォルダーの解凍を行ってください。

1　ZIPファイルをリンクからダウンロードする。
2　必要に応じてウィルス検査をする。
3　ZIPファイルを解凍する。
4　Excelを起動し、解析するデータ（任意のExcelファイル）を開く。
5　「ファイル」タブから、「●●●（ダウンロードしたソフトウェア名）.xlsm」を開く。

【アドインタブが表示されない場合】

上記方法でZIPファイルを解凍後、「●●●（ダウンロードしたソフトウェア名）.xlsm」ファイルを起動しても「アドイン」タブが表示されない場合は、以下の方法をお試しください。

① USBフラッシュメモリー、ネットワークサーバー、デスクトップなどに「●●●（ソフトウェア名）.xlsm」をコピーする。

② 「エクスプローラー」からコピー先の「●●●（ソフトウェア名）.xlsm」のアイコンを右クリックし、プロパティの「全般」タブを表示させる。右下にある「ブロックの解除」ボタン→「適用」→「OK」をクリック。以下、上記4～5の作業を行う。

【その他】

『「ブロックの解除」ボタンが表示されない』場合を含み、上記操作を行っても「アドイン」タブが表示されない場合や、その他ご不明な点やお気づきの点がございましたら、株式会社アイスタット（http://istat.co.jp）までお問い合わせ下さい。

（アイスタットホームページのトップページ右上に、お問い合わせフォームがあります。）

8 「ダウンロードURL」をクリックすると、次の画面が表示されます。画面の下のほうにある「統計解析」のリンクを選択してください。

フリーソフトダウンロードページ

> フリーソフトダウンロードページ

無料ソフトウェアのダウンロード

・ソフト名のリンクをクリックして、任意の保存場所を指定してご使用のパソコンに保存してください

・zip形式のファイル(※)をダウンロードいただきますが、zipファイル解凍後に表示されるファイルにはパスワードが設定されています。パスワードはすでにお送りしているアイスタット自動返信メールをご参照ください。

・ソフトウェアの使用方法は、zipファイル内に格納の「ソフトウェアの使い方」をご参照ください。

・ソフトウェアにはExcelマクロを使用しています。起動前に、セキュリティを「中」または「警告を表示して全てのマクロを無効にする」にご変更ください。

Excel2003の場合
Excel2007の場合
Excel2010の場合、Excel2013、Excel2016の場合

・ソフト起動時にセキュリティの警告が表示される場合、「マクロを有効にする」を選択します。

※解凍ソフトが必要となります。ご使用のパソコンに解凍ソフトが入っていない場合は、解凍ソフトをインストールしてご使用ください。

統計解析ソフトウェア

「統計解析」ソフトウェアのダウンロードはこちら
↓↓↓

統計解析

9 お使いのブラウザによっては、次のように表示されることがあります。［保存］ボタンの右にある▼マークを選択し、保存場所を選んで、本ソフトウェアを保存してください。

以上で、統計解析ソフトウェアのダウンロードは完了いたしました。

17

17.4 統計解析ソフトウェアの起動

起動方法

1. Excelを起動して、解析するデータ（任意のExcelファイル）を開きます。
2. 解析するデータファイルの［ファイル］タブ（Excel 2007は ボタン）から「統計解析ソフトウェア.xlsm」を開きます。

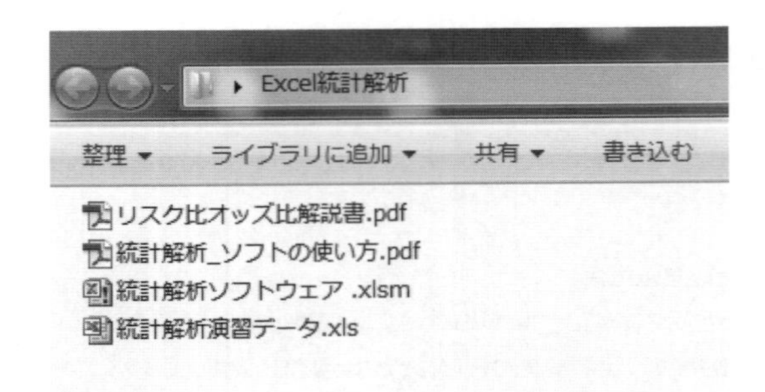

下記の画面が表示される場合、［マクロを有効にする］ボタンをクリックします。

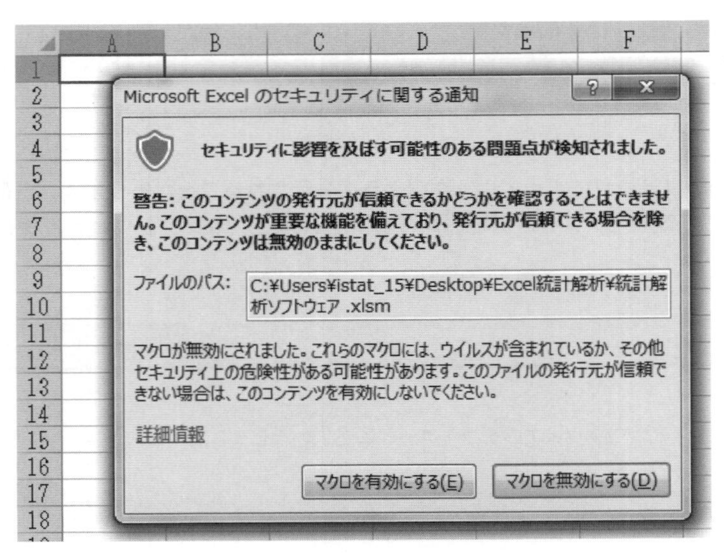

3. Excelのメニューバーにアイスタットソフトウェアが組み込まれます。［アドイン］タブをクリックすると下記が表示されます。
※解析手法をクリックし、[実行] ボタンをクリックすると、ダイアログボックスが表示されます。

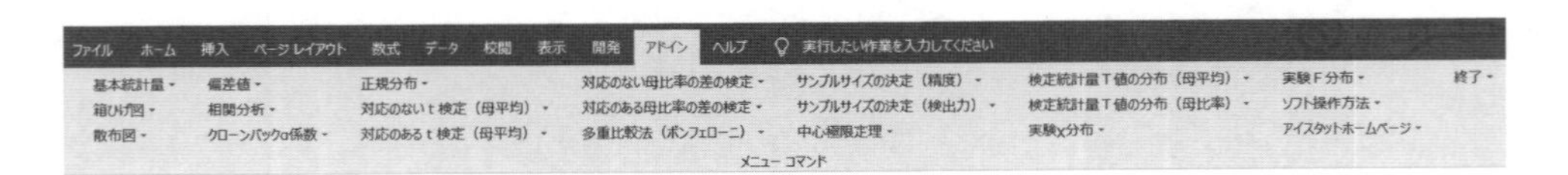

17.5 統計解析ソフトウェアの操作方法

メニューバーから解析手法を選択します。

基本統計量

代表値、散布度、22個の解析手法について出力します。

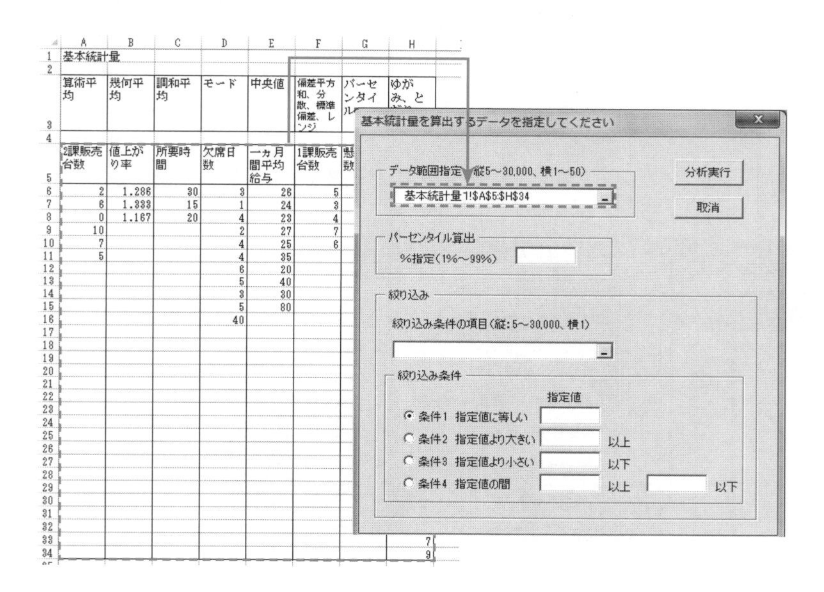

出力結果

基本統計量結果表　　パーセンタイル設定無し　　絞り込み条件無し

	2課販売台数	値上がり率	所要時間	欠席日数	一ヵ月間平均給与	1課販売台数	懸垂回数	海外旅行回数
件数	6	3	3	11	10	5	10	29
算術平均	5.00	1.26	21.67	7.00	33.00	5.00	12.90	2.79
幾何平均	−	1.26	20.80	4.19	30.29	4.79	10.81	−
調和平均	−	1.26	20.00	3.14	28.57	4.58	8.66	−
中央値	5.50	1.29	20.00	4.00	26.50	5.00	12.50	2.00
最頻値	−	−	−	4.00	−	−	8.00	2.00
最大値	10.00	1.33	30.00	40.00	80.00	7.00	25.00	9.00
最小値	0.00	1.17	15.00	1.00	20.00	3.00	3.00	0.00
レンジ	10.00	0.17	15.00	39.00	60.00	4.00	22.00	9.00
偏差平方和	64.00	0.01	116.67	1218.00	2770.00	10.00	464.90	122.76
分散(n)	10.67	0.00	38.89	110.73	277.00	2.00	46.49	4.23
分散(n−1)	12.80	0.01	58.33	121.80	307.78	2.50	51.66	4.38
標準偏差(n)	3.27	0.07	6.24	10.52	16.64	1.41	6.82	2.06
標準偏差散(n−1)	3.58	0.09	7.64	11.04	17.54	1.58	7.19	2.09
変動係数(n)	0.65	0.06	0.29	1.50	0.50	0.28	0.53	0.74
変動係数(n−1)	0.72	0.07	0.35	1.58	0.53	0.32	0.56	0.75
第1四分位点(下ヒンジ)	1.50	1.17	15.00	3.00	23.75	3.50	7.25	1.50
第3四分位点(上ヒンジ)	7.75	1.33	30.00	5.00	36.25	6.50	19.25	4.00
四分位偏差	6.25	0.17	15.00	2.00	12.50	3.00	12.00	2.50
パーセンタイル	−	−	−	−	−	−	−	−
ゆがみ(歪度)	−0.12	−1.16	0.94	3.22	2.55	0.00	0.25	1.17
とがり(尖度)	−0.49	−	−	10.52	7.03	−1.20	−1.05	1.68

相関分析

下記の6つの相関分析を実行できます。

個体データ	1. 件数クロス集計	クロス集計表、クラメール連関係数を算出し、独立性検定を行う。
	2. 数量クロス集計	カテゴリー別（群別）平均、相関比を算出し、無相関検定を行う。
	3. 単相関係数	単相関係数を算出し、無相関検定を行う。
	4. スピアマン順位相関係数	相関係数を算出し、無相関検定を行う。
クロス集計表	5. クラメール連関係数	入力されているクロス集計表について、クラメール連関係数を算出し、独立性検定を行う。
	6. 単相関係数	入力されているクロス集計表について、単相関係数を算出し、無相関検定を行う。

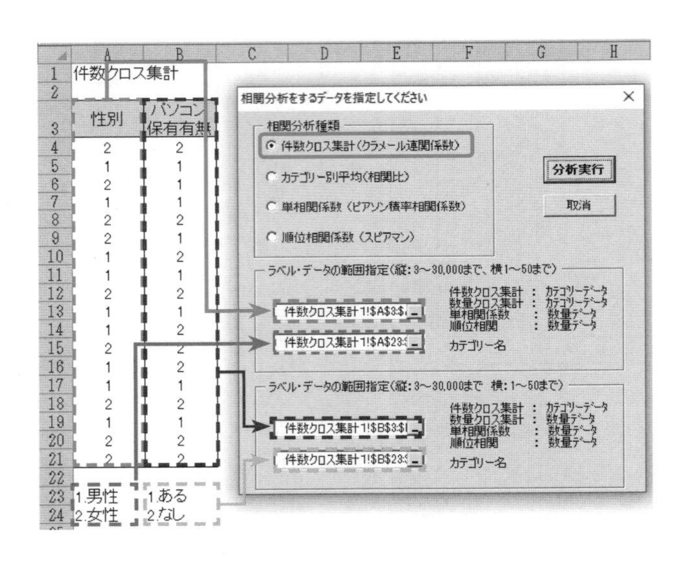

出力結果

性別　　パソコン保有有無

クロス集計件数表

カテゴリー名	1.ある	2.なし	横計
1.男性	6	3	9
2.女性	2	7	9
縦計	8	10	18

クロス集計横%表

カテゴリー名	1.ある	2.なし	横計
1.男性	66.7	33.3	100.0
2.女性	22.2	77.8	100.0
縦計	44.4	55.6	100.0

相関・検定表

クラメール連関係数	0.4472
カイ二乗値	3.6000
自由度	1.0000
p値	0.0578
判定	[ ]

イエツの補正_相関・検定表

クラメール連関係数	0.3354
カイ二乗値	2.0250
自由度	1.0000
p値	0.1547
判定	[ ]

リスク比・オッズ比表

リスク比	3.00
オッズ比	7.00

対応のないt検定(母平均)

個体データ　　平均、標準偏差を計算し、p値、有意差判定を出力する。

統計量データ　入力済みのn、平均、標準偏差について、p値、有意差判定を出力する。等分散性の検定、ウエルチのt検定、両側・片側検定も可。

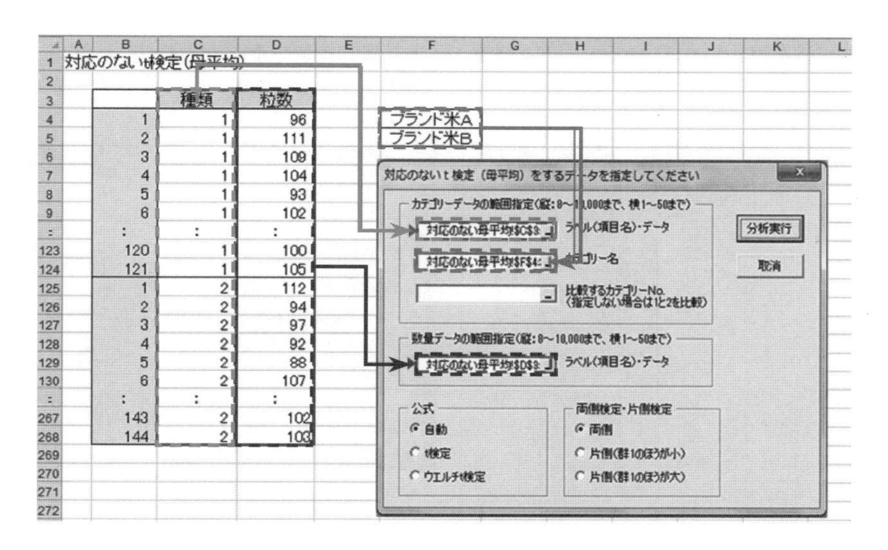

出力結果

種類　　　　粒数

要約統計量

	ブランド米A	ブランド米B
n	121	144
平均値	104.5	102.1
標準偏差	5.8510	5.5503

等分散性も検定(母分散の比の検定)

分散比　F値	1.1113	分散加重平均
棄却限界値(右側)	1.4078	32.3705
棄却限界値(左側)	0.7066	
P値	0.5436	
判定	[ ]	
	母分散は同じ	

t検定 差分統計量

平均値差分	2.4
自由度 f	263
標準誤差(SE)	0.7017

t検定　検定統計量　　両側検定

信頼度	95%	99%
棄却限界値	1.9690	2.5947
棄却限界値×SE	1.3816	1.8206
下限値＝平均値－棄却限界値×SE	1.0201	0.5811
上限値＝平均値＋棄却限界値×SE	3.7832	4.2222
T値	3.4228	3.4228

P値	0.0007
判定	[**]

P＜0.01 [**]　0.01≦P＜0.05 [*]　P≧0.05 [ ]

種類	n_ブランド米A	n_ブランド米B	平均値_ブランド米A	平均値_ブランド米B	平均値差分	P値	判定
粒数	121	144	104.47	102.07	2.40	0.0007	[**]

17

正規分布

1 正規分布グラフ	平均、標準偏差から正規分布のグラフを描く。
2 正規分布と計量	正規分布の確率、パーセント点を計算する。
3 正規確率プロット	個体データの正規性を調べる。
	度数分布の正規性を調べる。
4 正規分布のあてはめ	個体データの度数分布を作成し正規分布を当てはめる。
	入力済み度数分布に正規分布を当てはめる。

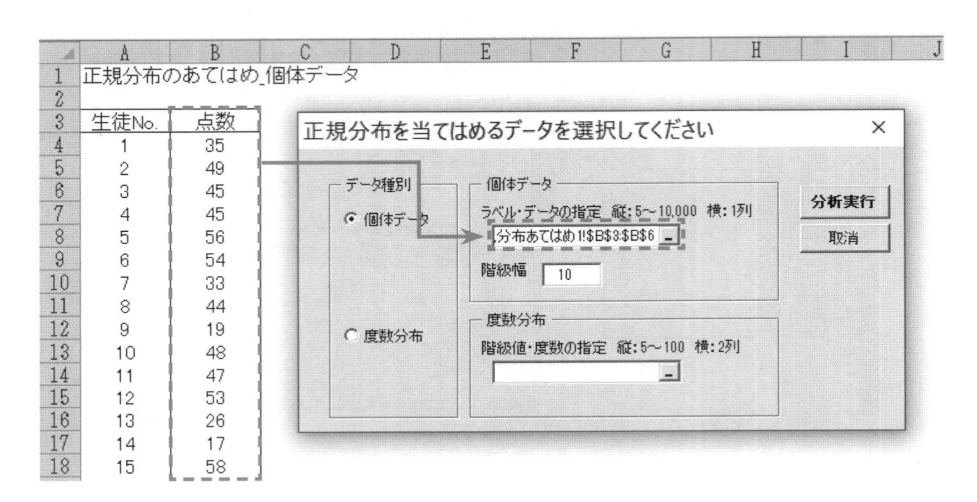

出力結果

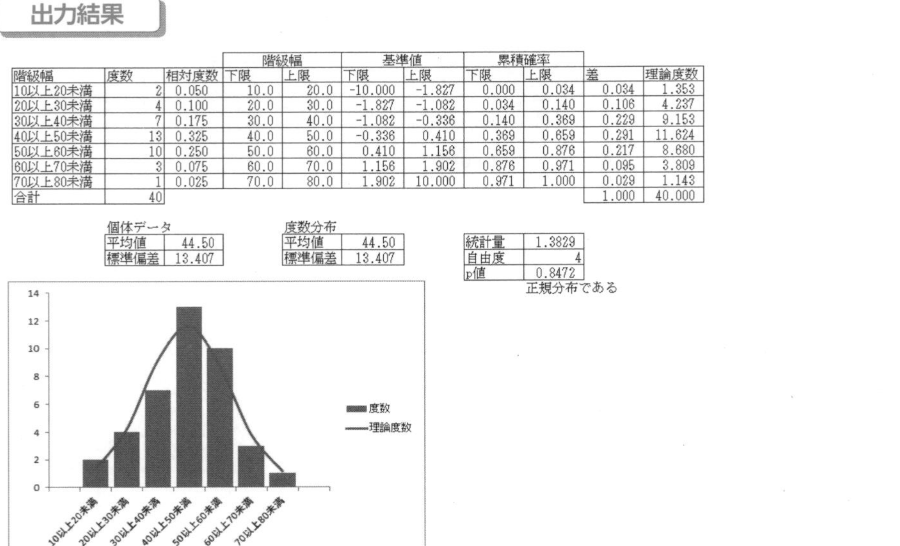

階級幅	度数	相対度数	階級幅 下限	階級幅 上限	基準値 下限	基準値 上限	累積確率 下限	累積確率 上限	差	理論度数
10以上20未満	2	0.050	10.0	20.0	-10.000	-1.827	0.000	0.034	0.034	1.353
20以上30未満	4	0.100	20.0	30.0	-1.827	-1.082	0.034	0.140	0.106	4.237
30以上40未満	7	0.175	30.0	40.0	-1.082	-0.336	0.140	0.369	0.229	9.153
40以上50未満	13	0.325	40.0	50.0	-0.336	0.410	0.369	0.659	0.291	11.624
50以上60未満	10	0.250	50.0	60.0	0.410	1.156	0.659	0.876	0.217	8.680
60以上70未満	3	0.075	60.0	70.0	1.156	1.902	0.876	0.971	0.095	3.809
70以上80未満	1	0.025	70.0	80.0	1.902	10.000	0.971	1.000	0.029	1.143
合計	40								1.000	40.000

個体データ

平均値	44.50
標準偏差	13.407

度数分布

平均値	44.50
標準偏差	13.407

統計量	1.3829
自由度	4
p値	0.8472

正規分布である

その他のメニューや詳しい操作方法は、「ソフト操作方法」メニュー→「実行」で、表示される操作マニュアルを参照してください。

付表

1 スチューデント化した範囲 q表

a=0.05	2	3	4	5	6	8	10	15	20	30
1	17.97	26.98	32.82	37.08	40.41	45.40	49.07	55.36	59.36	65.15
2	6.08	8.33	9.80	10.88	11.73	13.03	13.99	15.65	16.77	18.27
3	4.50	5.91	6.82	7.50	8.04	8.85	9.46	10.52	11.24	12.21
4	3.93	5.04	5.76	6.29	6.71	7.35	7.83	8.66	9.23	10.00
5	3.64	4.60	5.22	5.67	6.03	6.58	6.99	7.72	8.21	8.87
6	3.46	4.34	4.90	5.30	5.63	6.12	6.49	7.14	7.59	8.19
7	3.34	4.16	4.68	5.06	5.36	5.82	6.16	6.76	7.17	7.73
8	3.26	4.04	4.53	4.89	5.17	5.60	5.92	6.48	6.87	7.40
9	3.20	3.95	4.41	4.76	5.02	5.43	5.74	6.28	6.64	7.14
10	3.15	3.88	4.33	4.65	4.91	5.30	5.60	6.11	6.47	6.95
12	3.08	3.77	4.20	4.51	4.75	5.12	5.39	5.88	6.21	6.66
14	3.03	3.70	4.11	4.41	4.64	4.99	5.25	5.71	6.03	6.46
16	3.00	3.65	4.05	4.33	4.56	4.90	5.15	5.59	5.90	6.31
18	2.97	3.61	4.00	4.28	4.49	4.82	5.07	5.50	5.79	6.20
20	2.95	3.58	3.96	4.23	4.45	4.77	5.01	5.43	5.71	6.10
24	2.92	3.53	3.90	4.17	4.37	4.68	4.92	5.32	5.59	5.97
30	2.89	3.49	3.85	4.10	4.30	4.60	4.82	5.21	5.48	5.83
40	2.86	3.44	3.79	4.04	4.23	4.52	4.73	5.11	5.36	5.70
60	2.83	3.40	3.74	3.98	4.16	4.44	4.65	5.00	5.24	5.57
120	2.80	3.36	3.68	3.92	4.10	4.36	4.56	4.90	5.13	5.43
∞	2.77	3.31	3.63	3.86	4.03	4.29	4.47	4.80	5.01	5.30

a=0.01	2	3	4	5	6	8	10	15	20	30
1	90.02	135.04	164.26	185.58	202.21	227.17	245.54	277.00	297.99	325.97
2	14.04	19.02	22.29	24.72	26.63	29.53	31.69	35.43	37.94	41.32
3	8.26	10.62	12.17	13.32	14.24	15.64	16.69	18.52	19.76	21.44
4	6.51	8.12	9.17	9.96	10.58	11.54	12.26	13.53	14.39	15.57
5	5.70	6.98	7.80	8.42	8.91	9.67	10.24	11.24	11.93	12.87
6	5.24	6.33	7.03	7.56	7.97	8.61	9.10	9.95	10.54	11.34
7	4.95	5.92	6.54	7.01	7.37	7.94	8.37	9.12	9.65	10.36
8	4.75	5.64	6.20	6.62	6.96	7.47	7.86	8.55	9.03	9.68
9	4.60	5.43	5.96	6.35	6.66	7.13	7.49	8.13	8.57	9.18
10	4.48	5.27	5.77	6.14	6.43	6.87	7.21	7.81	8.23	8.79
12	4.32	5.05	5.50	5.84	6.10	6.51	6.81	7.36	7.73	8.25
14	4.21	4.89	5.32	5.63	5.88	6.26	6.54	7.05	7.39	7.87
16	4.13	4.79	5.19	5.49	5.72	6.08	6.35	6.82	7.15	7.60
18	4.07	4.70	5.09	5.38	5.60	5.94	6.20	6.65	6.97	7.40
20	4.02	4.64	5.02	5.29	5.51	5.84	6.09	6.52	6.82	7.24
24	3.96	4.55	4.91	5.17	5.37	5.69	5.92	6.33	6.61	7.00
30	3.89	4.45	4.80	5.05	5.24	5.54	5.76	6.14	6.41	6.77
40	3.82	4.37	4.70	4.93	5.11	5.39	5.60	5.96	6.21	6.55
60	3.76	4.28	4.59	4.82	4.99	5.25	5.45	5.78	6.01	6.33
120	3.70	4.20	4.50	4.71	4.87	5.12	5.30	5.61	5.83	6.12
∞	3.64	4.12	4.40	4.60	4.76	4.99	5.16	5.45	5.65	5.91

2　ダネット　両側 0.05

ダネットの方法のための両側5%点（$\rho = 0.1$ の場合）

f \ k	3	4	5	6	7	8	9	10	11	13	15	17	19	21
2	5.57	6.33	6.87	7.29	7.62	7.90	8.14	8.35	8.54	8.85	9.11	9.34	9.53	9.71
3	3.96	4.42	4.75	5.01	5.22	5.39	5.54	5.67	5.79	5.99	6.16	6.30	6.42	6.53
4	3.38	3.74	4.00	4.19	4.36	4.49	4.61	4.71	4.80	4.96	5.09	5.20	5.30	5.38
5	3.09	3.40	3.61	3.78	3.92	4.03	4.13	4.22	4.30	4.43	4.54	4.64	4.72	4.80
6	2.91	3.19	3.38	3.53	3.66	3.76	3.85	3.93	4.00	4.11	4.21	4.30	4.38	4.44
7	2.80	3.05	3.23	3.37	3.48	3.58	3.66	3.73	3.79	3.90	4.00	4.08	4.14	4.21
8	2.72	2.95	3.12	3.25	3.36	3.45	3.52	3.59	3.65	3.75	3.84	3.91	3.98	4.04
9	2.66	2.88	3.04	3.17	3.27	3.35	3.42	3.49	3.54	3.64	3.72	3.79	3.85	3.91
10	2.61	2.83	2.98	3.10	3.19	3.27	3.34	3.40	3.46	3.55	3.63	3.70	3.76	3.81
12	2.54	2.74	2.89	3.00	3.09	3.16	3.23	3.29	3.34	3.42	3.50	3.56	3.62	3.67
16	2.46	2.65	2.78	2.88	2.97	3.03	3.09	3.15	3.19	3.27	3.34	3.40	3.45	3.49
20	2.41	2.59	2.72	2.82	2.89	2.96	3.02	3.06	3.11	3.18	3.25	3.30	3.35	3.39
24	2.38	2.56	2.68	2.77	2.85	2.91	2.96	3.01	3.05	3.13	3.19	3.24	3.28	3.32
30	2.35	2.52	2.84	2.73	2.80	2.86	2.91	2.96	3.00	3.07	3.13	3.18	3.22	3.26
40	2.32	2.49	2.60	2.69	2.76	2.82	2.87	2.91	2.95	3.01	3.07	3.12	3.16	3.18
60	2.29	2.45	2.56	2.55	2.71	2.77	2.82	2.86	2.90	2.96	3.01	3.06	3.10	3.13
120	2.26	2.42	2.53	2.61	2.67	2.72	2.77	2.81	2.85	2.91	2.96	3.00	3.04	3.07
∞	2.24	2.39	2.49	2.57	2.63	2.68	2.72	2.76	2.80	2.85	2.90	2.94	2.98	3.01

ダネットの方法のための両側5%点（$\rho = 0.3$ の場合）

f \ k	3	4	5	6	7	8	9	10	11	13	15	17	19	21
2	5.52	6.24	6.75	7.14	7.45	7.71	7.93	8.12	8.29	8.58	8.82	9.03	9.20	9.36
3	3.93	4.37	4.68	4.92	5.11	5.28	5.41	5.53	5.64	5.82	5.98	6.10	6.22	6.32
4	3.36	3.70	3.94	4.13	4.28	4.40	4.51	4.60	4.69	4.83	4.95	5.05	5.14	5.22
5	3.07	3.36	3.57	3.73	3.85	3.96	4.05	4.13	4.20	4.33	4.43	4.52	4.59	4.66
6	2.90	3.16	3.34	3.49	3.60	3.70	3.78	3.85	3.91	4.02	4.12	4.19	4.26	4.32
7	2.78	3.03	3.20	3.33	3.43	3.52	3.60	3.66	3.72	3.82	3.91	3.98	4.04	4.10
8	2.70	2.93	3.09	3.21	3.31	3.39	3.47	3.53	3.58	3.68	3.76	3.83	3.89	3.94
9	2.64	2.86	3.01	3.13	3.22	3.30	3.37	3.41	3.48	3.57	3.55	3.71	3.77	3.82
10	2.60	2.80	2.95	3.06	3.15	3.23	3.29	3.35	3.40	3.49	3.56	3.62	3.68	3.72
12	2.53	2.73	2.86	2.97	3.05	3.12	3.18	3.24	3.28	3.37	3.43	3.49	3.54	3.59
16	2.45	2.63	2.76	2.85	2.93	3.00	3.05	3.10	3.15	3.22	3.28	3.34	3.38	3.42
20	2.40	2.58	2.70	2.79	2.86	2.93	2.98	3.03	3.07	3.14	3.20	3.25	3.29	3.33
24	2.37	2.54	2.66	2.75	2.82	2.88	2.93	2.98	3.02	3.08	3.14	3.19	3.23	3.27
30	2.34	2.51	2.62	2.71	2.78	2.83	2.88	2.93	2.96	3.03	3.08	3.13	3.17	3.21
40	2.31	2.47	2.58	2.67	2.73	2.79	2.84	2.88	2.92	2.98	3.03	3.08	3.12	3.15
60	2.28	2.44	2.55	2.63	2.69	2.74	2.79	2.83	2.87	2.93	2.98	3.02	3.06	3.09
120	2.26	2.41	2.51	2.59	2.65	2.70	2.75	2.79	2.82	2.88	2.93	2.97	3.00	3.04
∞	2.23	2.38	2.48	2.55	2.61	2.66	2.70	2.74	2.77	2.83	2.88	2.92	2.95	2.98

ダネットの方法のための両側５％点（$\rho=0.5$の場合）

f \ k	3	4	5	6	7	8	9	10	11	13	15	17	19	21
2	5.42	6.06	6.51	6.85	7.12	7.35	7.54	7.71	7.85	8.10	8.31	8.49	8.64	8.77
3	3.87	4.26	4.54	4.75	4.92	5.06	5.18	5.28	5.37	5.53	5.66	5.77	5.87	5.95
4	3.31	3.62	3.83	3.99	4.13	4.23	4.33	4.41	4.48	4.60	4.71	4.79	4.87	4.94
5	3.03	3.29	3.48	3.62	3.73	3.82	3.90	3.97	4.03	4.14	4.23	4.30	4.37	4.42
6	2.86	3.10	3.26	3.39	3.49	3.57	3.64	3.71	3.76	3.86	3.94	4.00	4.06	4.11
7	2.75	2.97	3.12	3.24	3.33	3.41	3.47	3.53	3.58	3.67	3.74	3.81	3.86	3.91
8	2.67	2.88	3.02	3.13	3.22	3.29	3.35	3.41	3.46	3.54	3.61	3.67	3.72	3.76
9	2.61	2.81	2.95	3.05	3.14	3.20	3.26	3.32	3.36	3.44	3.51	3.56	3.61	3.65
10	2.57	2.76	2.89	2.99	3.07	3.14	3.19	3.24	3.29	3.36	3.43	3.48	3.53	3.57
12	2.50	2.68	2.81	2.90	2.98	3.04	3.09	3.14	3.18	3.25	3.31	3.36	3.41	3.45
16	2.42	2.59	2.71	2.80	2.87	2.92	2.97	3.02	3.06	3.12	3.18	3.22	3.26	3.30
20	2.38	2.54	2.65	2.73	2.80	2.86	2.90	2.95	2.98	3.05	3.10	3.14	3.18	3.22
24	2.35	2.51	2.61	2.70	2.76	2.81	2.86	2.90	2.94	3.00	3.05	3.09	3.13	3.16
30	2.32	2.47	2.58	2.66	2.72	2.77	2.82	2.86	2.89	2.95	3.00	3.04	3.08	3.11
40	2.29	2.44	2.54	2.62	2.68	2.73	2.77	2.81	2.85	2.90	2.95	2.99	3.02	3.05
60	2.27	2.41	2.51	2.58	2.64	2.69	2.73	2.77	2.80	2.86	2.90	2.94	2.97	3.00
120	2.24	2.38	2.47	2.55	2.60	2.65	2.69	2.73	2.76	2.81	2.86	2.89	2.93	2.95
∞	2.21	2.35	2.44	2.51	2.57	2.61	2.65	2.69	2.72	2.77	2.81	2.85	2.88	2.91

ダネットの方法のための両側５％点（$\rho=0.7$の場合）

f \ k	3	4	5	6	7	8	9	10	11	13	15	17	19	21
2	5.24	5.76	6.12	6.39	6.61	6.78	6.94	7.07	7.18	7.38	7.54	7.67	7.79	7.90
3	3.76	4.08	4.30	4.47	4.60	4.71	4.80	4.89	4.96	5.08	5.18	5.27	5.34	5.41
4	3.23	3.48	3.65	3.78	3.88	3.97	4.04	4.11	4.16	4.26	4.34	4.41	4.47	4.52
5	2.96	3.18	3.32	3.43	3.52	3.60	3.66	3.71	3.76	3.85	3.91	3.97	4.02	4.07
6	2.80	2.99	3.13	3.23	3.31	3.38	3.43	3.48	3.52	3.60	3.66	3.71	3.76	3.80
7	2.69	2.88	3.00	3.09	3.17	3.23	3.28	3.33	3.37	3.44	3.49	3.54	3.58	3.62
8	2.62	2.79	2.91	3.00	3.07	3.12	3.17	3.22	3.26	3.32	3.37	3.42	3.46	3.49
9	2.56	2.73	2.84	2.92	2.99	3.05	3.09	3.14	3.17	3.23	3.29	3.33	3.37	3.48
10	2.52	2.68	2.79	2.87	2.93	2.99	3.03	3.07	3.11	3.17	3.22	3.26	3.30	3.33
12	2.46	2.61	2.71	2.79	2.85	2.90	2.94	2.98	3.01	3.07	3.12	3.16	3.19	3.22
16	2.38	2.52	2.62	2.69	2.75	2.80	2.84	2.87	2.90	2.96	3.00	3.04	3.07	3.10
20	2.34	2.48	2.57	2.64	2.69	2.74	2.78	2.81	2.84	2.89	2.93	2.97	3.00	3.03
24	2.31	2.44	2.53	2.60	2.66	2.70	2.74	2.77	2.80	2.85	2.89	2.92	2.95	2.98
30	2.28	2.41	2.50	2.57	2.62	2.66	2.70	2.73	2.76	2.81	2.85	2.88	2.91	2.93
40	2.26	2.38	2.47	2.53	2.58	2.63	2.66	2.69	2.72	2.77	2.80	2.84	2.87	2.89
60	2.23	2.35	2.44	2.50	2.55	2.59	2.63	2.66	2.68	2.73	2.76	2.80	2.82	2.85
120	2.20	2.33	2.41	2.47	2.52	2.56	2.59	2.62	2.64	2.69	2.72	2.76	2.78	2.81
∞	2.18	2.30	2.38	2.44	2.48	2.52	2.55	2.58	2.61	2.65	2.69	2.72	2.74	2.76

3 ウイリアムズ 0.05

	2	3	4	5	6	7	8	9
2	2.920	3.217	3.330	3.390	3.427	3.453	3.471	3.484
3	2.353	2.538	2.607	2.642	2.664	2.678	2.688	2.696
4	2.132	2.278	2.330	2.357	2.373	2.384	2.392	2.398
5	2.015	2.142	2.186	2.209	2.223	2.232	2.238	2.243
6	1.943	2.058	2.098	2.119	2.131	2.139	2.144	2.149
7	1.895	2.002	2.039	2.058	2.069	2.076	2.081	2.085
8	1.860	1.962	1.997	2.014	2.024	2.031	2.036	2.040
9	1.833	1.931	1.965	1.981	1.991	1.998	2.002	2.006
10	1.812	1.908	1.940	1.956	1.965	1.971	1.976	1.979
11	1.796	1.889	1.920	1.935	1.944	1.950	1.954	1.958
12	1.782	1.873	1.903	1.918	1.927	1.933	1.937	1.940
13	1.771	1.860	1.890	1.904	1.913	1.919	1.923	1.926
14	1.761	1.849	1.878	1.892	1.901	1.906	1.910	1.913
15	1.753	1.839	1.868	1.882	1.891	1.896	1.900	1.903
16	1.746	1.831	1.860	1.873	1.882	1.887	1.891	1.893
17	1.740	1.824	1.852	1.866	1.874	1.879	1.883	1.885
18	1.734	1.818	1.845	1.859	1.867	1.872	1.876	1.878
19	1.729	1.812	1.840	1.853	1.861	1.866	1.869	1.872
20	1.725	1.807	1.834	1.847	1.855	1.860	1.864	1.866
21	1.721	1.803	1.829	1.843	1.850	1.855	1.859	1.861
22	1.717	1.798	1.825	1.838	1.846	1.851	1.854	1.857
23	1.714	1.795	1.821	1.834	1.842	1.847	1.850	1.853
24	1.711	1.791	1.818	1.830	1.838	1.843	1.846	1.849
25	1.708	1.788	1.814	1.827	1.835	1.839	1.843	1.845
26	1.706	1.785	1.811	1.824	1.831	1.836	1.840	1.842
27	1.703	1.783	1.809	1.821	1.828	1.833	1.837	1.839
28	1.701	1.780	1.806	1.819	1.826	1.831	1.834	1.836
29	1.699	1.778	1.804	1.816	1.823	1.828	1.831	1.834
30	1.697	1.776	1.801	1.814	1.821	1.826	1.829	1.831
31	1.696	1.774	1.799	1.812	1.819	1.824	1.827	1.829
32	1.694	1.772	1.797	1.810	1.817	1.821	1.825	1.827
33	1.692	1.770	1.796	1.808	1.815	1.820	1.823	1.825
34	1.691	1.769	1.794	1.806	1.813	1.818	1.821	1.823
35	1.690	1.767	1.792	1.804	1.811	1.816	1.819	1.822
36	1.688	1.766	1.791	1.803	1.810	1.814	1.818	1.820
37	1.687	1.764	1.789	1.801	1.808	1.813	1.816	1.819
38	1.686	1.763	1.788	1.800	1.807	1.812	1.815	1.817
39	1.685	1.762	1.787	1.799	1.806	1.810	1.813	1.816
40	1.684	1.761	1.785	1.797	1.804	1.809	1.812	1.814
41	1.683	1.759	1.784	1.796	1.803	1.808	1.811	1.813
42	1.682	1.758	1.783	1.795	1.802	1.807	1.810	1.812
43	1.681	1.757	1.782	1.794	1.801	1.805	1.809	1.811
44	1.680	1.756	1.781	1.793	1.800	1.804	1.808	1.810
45	1.679	1.755	1.780	1.792	1.799	1.803	1.807	1.809
46	1.679	1.755	1.779	1.791	1.798	1.802	1.806	1.808
47	1.678	1.754	1.778	1.790	1.797	1.802	1.805	1.807
48	1.677	1.753	1.777	1.789	1.796	1.801	1.804	1.806
49	1.677	1.752	1.777	1.788	1.795	1.800	1.803	1.805
50	1.676	1.751	1.776	1.788	1.795	1.799	1.802	1.804
60	1.671	1.745	1.770	1.781	1.788	1.792	1.795	1.798
80	1.664	1.738	1.762	1.773	1.780	1.784	1.787	1.789
100	1.660	1.734	1.757	1.769	1.775	1.779	1.782	1.785
120	1.658	1.731	1.754	1.765	1.772	1.776	1.779	1.781
240	1.651	1.723	1.747	1.758	1.764	1.768	1.771	1.773
360	1.649	1.721	1.744	1.755	1.761	1.765	1.768	1.770
∞	1.645	1.716	1.739	1.750	1.756	1.760	1.763	1.765

索引

ⒻのあるものはExcel関数です。

記号・数字

1，0データ……10
1 − α……338
1 − β……340
1群t検定……147
1標本母比率検定……172
1標本母平均検定……147
2変量解析……38

A

analysis of variance……270
ANOVA……270
AVERAGE　平均Ⓕ……378
AとBの母平均は異なる……106
AとBの母平均は等しい……106

C

CORREL　単相関係数Ⓕ……379
COUNT　データ件数Ⓕ……378

D

DEVSQ　偏差平方和Ⓕ……378

E

Excel関数……378
EXP……381
EXP　eのべき乗Ⓕ……381
eのべき乗……381

F

F推定……98
FACT……380
FACT　階乗（$n!$）Ⓕ……380
Fisher-Snedecor distribution……373
FREQUENCY……379
F分布……373

I

INTER CEPT　切片、定数項Ⓕ……37

K

KURT　尖度、とがりⒻ……378

L

LN、LOG　対数Ⓕ……380
LN　自然対数Ⓕ……380

M

mean ± SD……73
mean ± SE……73
MEDIAN　中央値（メディアン）Ⓕ……378
MODE　最頻値Ⓕ……378

N

NS……107

P

p値……106
p値による有意差判定……128
Pパーセンタイル……5

R

RANK……382
RANK　順位Ⓕ……382

S

SKEW　尖度、とがりⒻ……378
Snedecor's F distribution……373
SQRT……381
SQRT　平方根Ⓕ……381
STDEV……378
STDEV　分母が$n-1$の場合の標準偏差Ⓕ……378
STDEVP　標準偏差Ⓕ……378
SUM（合計値）Ⓕ……378

T

Type Ⅰエラー……338
Type Ⅱエラー……341
t検定……117
t推定……91
t分布……366
t分布の確率密度関数……368

U

U検定……247

V

VAR　分母が$n-1$の場合の分散Ⓕ……378
VARP　分散Ⓕ……378

Z

z検定……135
z推定……91
Z値……35
z分布……28

あ

α……338

い

イエーツの補正による独立性の検定 182
一元配置分散分析 272
一元配置法 270
因果関係 41

う

ウイリアムズ 315
ウイリアムズ 0.05 399
ウイルコクソンの順位和検定 247
ウイルコクソンの符号順位和検定 254
上内境界点 14
ウェルチのt検定 128
上側 25
上側確率 96

え

エラーバー 74

か

χ^2 推定 101
カイ2乗推定 101
カイ2乗値 56
χ^2 分布 370
回帰分析 45
階級 20
階級幅 31
階乗($n!$) 380
確率分布 370
確率密度関数 368
片側検定 108
仮定 110
カテゴリーデータ 2, 57
カテゴリー別平均 57
間隔尺度 2
関係式の当てはめ 45
頑健 273
関数関係 39
ガンマ関数 368

き

棄却域 124, 338
棄却限界値 123, 339
基準値 16
期待度数 30, 55
既知 115
帰無仮説 106
共分散構造分析 41

く

区間推定 90
クラメール連関係数 54, 232
クラメール連関係数の無相関検定 232
クルスカルワリス検定 261
クロス集計 51
クロス集計表 51, 76
群間分散 276
群間偏差平方和 276
群間変動 60, 275
群内分散 276
群内偏差平方和 276
群内変動 60, 276

け

結論 110
検出力 342

こ

効果がないのに効果がある 338
効果がないのに効果がない 338
効果量 354
コクランのQ検定 176
誤差グラフ 74
コルモゴロフ・スミルノフ検定 198

さ

差 31
最頻値 4
サインランク検定 254
散布図 40
散布度 3
サンプル 64
サンプルサイズ 64, 115

し

シェッフェ 320
事実 110
下内境界点 14
下側 25
下側確率 96
実測度数 55
四分位範囲 12
四分位偏差 12
集計項目 52
自由度 75
順位 382
順位データ 2
順序尺度 2
新棄却限界値 343
信頼区間 91

す

数量データ 2, 57
スチューデント化した範囲　q表 396
スチューデントのt検定 117
スネデカーのF分布 373
スピアマン順位相関係数 48, 230
スピアマン順位相関係数の無相関検定 230

せ

正規確率プロット……35
正規性の検定……36
正規分布……23
正規分布の当てはめ……30
積和……44
説明変数……51
全数調査……64
尖度(センド)……33

そ

相関……40
相関関係……40
相関係数……40
相関図……40, 45
相関に関する検定……225
相関比……57, 58, 62, 235
相関比の無相関検定……235
相関分析……38, 40
相対度数……20

た

タイ……49
第1四分位点……5
第1種の過誤……338
第2四分位点……5
第2種の過誤……340
第3四分位点……5
対応のある……109
対応のある3群以上のデータ……265
対応のあるt検定……140
対応のあるデータ……109
対応のない……109
対応のない3群以上のデータ……261
対応のないデータ……109, 247
対照との比較……298
対数……380
対比……298
代表値……3
対立仮説……106, 108
多重比較法……296
多重比較ウイリアムズ……315
多重比較シェッフェ……320
多重比較ダネット……310
多重比較チューキー……306
多重比較チューキー・クレーマー……309
多重比較ホルム……304
多重比較ボンフェローニ……301
縦%表……52
ダネット……310
ダネット両側 0.05……397
単回帰式……45
単純集計表……76
単相関係数……42
単相関係数の無相関検定……228

ち

中央値……4
チューキー……306
チューキー・クレーマー……309
中心極限定理……65
調整残差分析……182
直線回帰分析……45

つ

対比較……298

て

データのばらつき……8
データ表……75
適合度の検定……193
点推定……90

と

統計的検定……106
統計的推定……90
同等性試験……152
同等性マージン……153
等分散性の検定……217
とがり……33
独立性の検定……182
度数……20
度数の検定……180
度数分布……20
度数分布表……20, 76

に

二元配置分散分析……281
二元配置法……270

の

ノンパラ多重比較スティール・ドゥワス……324
ノンパラメトリック検定……116, 246

は

パーセンタイル……5
バートレット検定……202, 218
箱ひげ図……13
外れ値……14
パラメトリック検定……246

ひ

ピアソン積率相関係数……42
比較値……110
左側検定……108
標準誤差……72
標準誤差 SE……328
標準正規分布……28, 29

標準偏差……8, 9
表側項目……52
表頭項目……52
標本調査……64
標本統計量……64
標本標準偏差……64
標本比率……64
標本平均……64
標本平均の標準偏差……67
標本平均の平均……65, 67
標本割合の基準値……86
比例尺度……2

ふ

フィッシャー - スネデカー分布……373
フィッシャーの正確確率検定……182
不偏分散……11, 77
フリードマン検定……265
ブレイクダウン……52
分散……9
分散比……278
分散分析……270
分散分析表……279
分離表……52
分類項目……52

へ

併記表……52
平均に関する検定……113
平均割合 R……332
平方根……381
β……340
偏差……9, 44
偏差値……17
偏差平方……9
偏差平方和……9, 22, 44
変動係数……11

ほ

棒グラフ……30
母集団……64
母集団サイズ……64
母集団統計量……64
母集団の正規性……117
補正項……91
母相関係数と比較値の差の検定……237
母相関係数の差の検定……239
母相関係数の推定……103
母相関係数の無相関検定……227
母標準偏差……64
母標準偏差が既知の場合の基準値……78
母標準偏差が未知の場合の基準値……78
母標準偏差の推定……101
母比率……64
母比率チューキー多重比較……330
母比率の差の検定……156
母比率の推定……97
母比率の多重比較……325
母比率ライアン多重比較……326
母分散と比較値の差の検定……203
母分散の推定……101
母分散の比の検定……210
母平均……64
母平均差分の信頼区間……121, 128
母平均の差の検定……115
母平均の推定……91
保有率差分 P……327
ホルム……304
ボンフェローニ……301

ま

マクネマー検定……165

み

右側検定……108
未知……115

む

無限母集団……91

め

名義尺度……2
名義的有意水準 z……328

も

モード……4
目的変数……51

ゆ

有意差判定……107
有意水準……106
有限母集団……91
ゆがみ……33

よ

横%表……52

り

両側検定……108
理論度数……30

る

累積相対度数……20
ルビーン検定……202, 221

わ

歪度(ワイド)……33

〈著者略歴〉
菅　民郎（かん　たみお）

1966年　東京理科大学理学部応用数学科卒業
　　　　中央大学理工学研究科にて理学博士取得
2005年　ビジネス・ブレークスルー大学院教授、現在名誉教授
2011年　市場調査・統計解析・予測分析・統計ソフトウェア、統計解析セミナーを行う会社として、株式会社アイスタットを設立、代表取締役会長

〈主な著書〉
『初心者がらくらく読める 多変量解析の実践（上・下）』
『すべてがわかるアンケートデータの分析』
『ホントにやさしい多変量統計分析』
『数量化１類・２類・３類・コレスポンデンス』
（以上、現代数学社）
『Excelで学ぶ統計的予測』
『らくらく図解統計分析教室』
『らくらく図解アンケート分析教室』
『例題とExcel演習で学ぶ実験計画法とタグチメソッド』
『例題とExcel演習で学ぶ多変量解析　生存時間解析・ロジスティック回帰分析・時系列分析編』
『例題とExcel演習で学ぶ多変量解析　回帰分析・判別分析・コンジョイント分析編』
『例題とExcel演習で学ぶ多変量解析　因子分析・コレスポンデンス分析・クラスター分析編』
『アンケート分析入門～Excelによる集計・評価・分析』
（以上、オーム社）
『ドクターも納得！医学統計入門～正しく理解、正しく伝える～』（共著・志賀保夫）
（以上、エルゼビア・ジャパン）

イラスト：黒渕かしこ

Excelで学ぶ統計解析入門
―Excel 2019/2016対応版―

2020年11月26日　　第1版第1刷発行

著　者　菅　民郎
発行者　村上和夫
発行所　株式会社 オーム社
　　　　郵便番号　101-8460
　　　　東京都千代田区神田錦町3-1
　　　　電話　03(3233)0641(代表)
　　　　URL　https://www.ohmsha.co.jp/

組版　トップスタジオ　　印刷・製本　三美印刷
ISBN978-4-274-22641-0　Printed in Japan